浙江省高等教育重点建设教材

# 概率论与生物统计

## （第二版）

倪海儿　　钱国英　　主编

ZHEJIANG UNIVERSITY PRESS
浙江大学出版社

图书在版编目（CIP）数据

概率论与生物统计 / 倪海儿，钱国英主编. —杭州：浙
江大学出版社，2006.8(2021.12 重印)
浙江省高等教育重点建设教材
ISBN 978-7-308-04858-3

Ⅰ.概…　Ⅱ.①倪…②钱…　Ⅲ.①概率论－高等学校－
教材②生物统计－高等学校－教材　Ⅳ.O211　Q-332

中国版本图书馆 CIP 数据核字（2006）第 090494 号

**概率论与生物统计**（第二版）

倪海儿　钱国英　主编

| | | |
|---|---|---|
| **责任编辑** | 周卫群 | |
| **封面设计** | 刘依群 | |
| **出版发行** | 浙江大学出版社 | |
| | （杭州市天目山路 148 号　邮政编码 310007） | |
| | （网址：http://www.zjupress.com） | |
| **排　版** | 杭州青翊图文设计有限公司 | |
| **印　刷** | 广东虎彩云印刷有限公司绍兴分公司 | |
| **开　本** | 787mm×960mm　1/16 | |
| **印　张** | 18.75 | |
| **字　数** | 347 千 | |
| **版 印 次** | 2013 年 8 月第 2 版　2021 年 12 月第 6 次印刷 | |
| **书　号** | ISBN 978-7-308-04858-3 | |
| **定　价** | 35.00 元 | |

# 前　言

　　随着生物科学的进展，在生物学的各个分支里，古老的、描述性的研究方法已逐步地被精确的、更有把握的定量的研究方法所取代。在各种定量的研究方法中，统计方法是被广泛应用的方法之一。到二十世纪初，已形成了一门由生物学和概率统计有机结合而成的边缘学科——生物统计学。它是用概率论与数理统计的原理和方法对生物学科领域中的随机现象进行分析推断的学科。

　　生物统计学研究的对象是生物科学领域中的各种随机现象，而概率论是研究随机现象的工具，因此它是生物统计学的基础。在生物统计学的学习中只会机械地套用生物统计的公式是不够的，只有掌握了统计分析的原理，才能对生物科学中的各种问题用正确的统计分析方法进行分析，对计算的结果进行合理的解释与推断。因此，本书首先叙述了概率论的基本原理，在此基础上，尽量清楚地阐述生物统计的基本概念及基本原理。为体现统计方法在生物科学领域中应用的广泛性，从文献和著作中选取了一些实例，但是因为讲授上的原因，对部分实例作了一些修改，因此在此不再注明它的出处。另外，本教材的例子或习题中的结论，也不能作为生物学上结论看待。

　　本教材参考学时为 50～70 学时，其中多元统计分析的内容可根据各专业和课时进行选择。结合本教材的内容，教师可介绍一些常用的统计分析软件，如 SAS、SPSS 等，这些统计软件的应用已有许多专门的教材和参考书，限于篇幅，本书中不作介绍。

编　者

2006 年 8 月

# 目　　录

# 第1章 事件与概率

## §1.1 事件与概率

### 一、随机现象及随机事件

我们所常见的现象可分为两类:必然现象与随机现象。

如果在一定的条件下其出现的结果是肯定的、可以预言的,这一类现象叫做确定性现象或必然现象。例如,在标准大气压下,把水加热到 100℃(条件组),水必然沸腾(结果),这种在一定的条件组下必然会发生的结果称为必然事件;反之,在一定的条件组下肯定不会发生的结果叫做不可能事件。例如,"在某一池塘中,有 1~4 龄的鱼,从中任抽一条,抽到这条鱼的年龄为 6 龄"是不可能事件;必然事件和不可能事件都是必然现象。除必然现象外,在生物界中还广泛存在着与这类现象有着本质区别的另一类现象——随机现象,下面举几个例子。

**例 1.1.1** 任取一尾鲤鱼,数它的椎骨,所得的结果可能是 36 枚、37 枚或 38 枚。这就是说:尽管条件组(任取一尾鲤鱼,数它的椎骨)是确定的,但所得的结果却是不确定的。

**例 1.1.2** 任取一尾白鲢,测定其卵巢中 DNA 含量,如果这一操作进行多次,可以发现每次测定值不会完全相同。造成这一测定值变化的因素是大量的,如被测个体之间的差异,测试设备及试剂在测试过程中的微小变化等等。这些因素的变化,导致了测定结果的不同。

**例 1.1.3** 在同一地区,种植同一品种的作物,产量会不同。

这一类现象的共同点是:在条件组重复实现时,所出现的结果常常是不同的。这种现象称为随机现象。生物学中所遇到的现象大多数属于这一类型。生物统计方法处理的对象就是生物学中的随机现象。

我们把一个条件组的实现叫做试验。随机现象就是在重复进行试验时,可能会出现不同结果的现象。对应于随机现象的试验叫做随机试验。在本课程中我们只讨论随机试验,并把它简称为试验(Experiment,记为 $E$)。

在生物学中,一次试验会产生什么结果,除了受条件组的影响外,还会受到条件组以外的许多因素的影响。这种除条件组以外的其他作用于受试对象的各种因素,统称为随机因素。在试验中,随机因素是我们未加控制或无法控制的因素。正因为随机因素的影响,导致了试验的随机性,即试验结果的不确定性。

随机试验的结果叫做随机事件,简称为事件。在一定的条件组下必然发生的事件叫做必然事件。反之,在一定的条件组下必然不会发生的事件,叫做不可能事件。必然事件和不可能事件都不具有不确定性,但为了今后讨论的方便,我们把它们当成随机事件的两种极端情况。

**二、频数、频率及概率**

随机试验的特点之一是:就个别试验而言,它可以时而出现这种结果,时而出现那种结果,即某事件是否出现就一次试验来说,具有不确定性,但是,如果试验重复的次数足够多,我们便会发现它具有某种规律性。

例 1.1.4 抛一枚硬币,每次抛掷后可能"出现正面",也可能"出现反面",历史上有人对此作过试验,得出下列结果:

| 实验者 | 抛掷次数 $n$ | 出现正面的次数 $k$ | $k/n$ |
|---|---|---|---|
| Buffon | 4040 | 2048 | 0.5069 |
| K. Pearson | 12000 | 6019 | 0.5016 |
| K. Pearson | 24000 | 12012 | 0.5005 |

这一事实表明,随机现象虽有其偶然性的一面,但也有其必然性的一面。如果抛一枚硬币的次数足够多,我们可以预期出现正面的次数大约是总抛掷次数的一半。

在 $n$ 次重复试验中,某一事件 $A$ 出现的次数 $k$ 叫做该事件的频数,比值 $k/n$ 叫做事件的相对频率,简称为频率。当试验次数 $n$ 足够大时,"抛出正面"这一事件 $A$ 的频率将会在 0.5 附近徘徊。这个规律性,即某个试验重复许多次以后,一个事件 $A$ 出现的频率徘徊在某个数 $p$ 附近,是由随机事件本身的内在属性所决定的。常数 $p$ 可以用来表示在一次试验中事件 $A$ 发生的可能性的大小,把它叫做事件的概率,记为 $P(A) = p$。

例 1.1.5 根据对长江草鱼产卵鱼群的调查,得到下列结果:

| 鉴定鱼数 $n$ | 10 | 20 | 50 | 100 | 500 | 1000 |
|---|---|---|---|---|---|---|
| 雌鱼数 $k$ | 5 | 8 | 15 | 24 | 110 | 232 |
| 雌鱼频率 $k/n$ | 0.50 | 0.40 | 0.30 | 0.24 | 0.22 | 0.23 |

　　虽然整个产卵鱼群的性比是未知的,但我们可以近似地用 0.23 作为在该鱼群中任取一尾鱼恰好取到雌鱼的概率,用 $A$ 表示这一事件,则 $P(A) = 0.23$。

　　有了概率的概念后,我们可以较详细地说明什么叫随机试验。一个随机试验是指具备下列几个特点的试验:

　　(i) 可以重复进行;

　　(ii) 虽然不能断定某特定的结果将在某一次试验中出现,但能对试验的一切可能结果作出描述;

　　(iii) 每一结果(即每一事件)都对应着一个确定的实数,它是这个事件的概率,当试验次数足够大时,该事件的频率将稳定于它的概率。

　　因此,当我们要描述一个随机试验时,除了试验的条件组外,重要的两件事是"事件"和"事件的概率"。

# §1.2　事件的运算

## 一、基本事件与复合事件

　　在一定的研究范围内,不能再"分解"的事件叫做基本事件,由基本事件"复合"而成的事件叫做复合事件。

　　**例 1.2.1**　某水库中有年龄从 1 到 8 龄的鲫鱼,任取一尾鱼观察其年龄。如果以 $e_i$ 表示"取到的是 $i(i = 1, 2, \cdots, 8)$ 龄鱼"这一事件,则 $e_1, e_2, \cdots, e_8$ 都是基本事件;又"取到的鱼的年龄不小于 6 龄"也是一个随机事件,它是由 $e_6, e_7, e_8$ "复合"而成,这个事件便是一个复合事件。

　　**例 1.2.2**　在池中任取一尾鱼,测量其体长,对于每一个特殊的数值 $x$,即"测得体长为 $x$" 是一个基本事件,"体长 $\pi$ 在 $a$ 与 $b$ 之间"则是一个复合事件。

　　一个随机试验 $E$ 的所有基本事件所形成的集合,叫做这个试验的样本空间,记为 $S$。$S$ 中的元素就是试验 $E$ 的基本事件,基本事件也叫做样本点。而复合事件便可理解为样本点所组成的集合,即 $S$ 的子集。

　　容易看到,样本空间对应于必然事件,$S$ 中的空集对应于不可能事件。以后我们把必然事件记为 $U$,不可能事件记为 $\varnothing$。

## 二、事件关系及其运算

用 $e$ 表示随机试验的基本事件,则任一事件 $A$ 可表示成 $A = \{e \mid e \in A\}$. 这里 $e \in A$,表示 $e$ 是组成事件 $A$ 的基本事件。如在例 1.2.1 中,用 $A$ 表示"抽到的鱼的年龄大于 6 龄"这个事件,则有 $A = \{e_7, e_8\}$。

两个事件 $A, B$,当且仅当它们由相同的样本点所组成时,才说它们是相等的,记为 $A = B$。

如果两事件 $A$ 与 $B$ 没有公共的样本点,则称这两个事件是互斥的(或互不相容的)。

可以借助图形来说明事件的互斥,在图 1.2.1 中,正方形表示样本空间 $S$,两个圆分别表示事件 $A$ 及 $B$,$A$ 与 $B$ 互斥意味着这两个圆不相交。

下面我们引进事件的主要运算:

1. 事件 $A$ 与 $B$ 中至少有一个发生所构成的事件("$A$ 或 $B$")称为事件 $A$ 与 $B$ 的和,记为 $A \bigcup B$. 显然,$A \bigcup B$ 由所有属于 $A$ 或 $B$ 的基本事件所构成,见图 1.2.2a。

一般地,用 $\bigcup\limits_{i=1}^{n} A_i$ 表示 $n$ 个事件 $A_1, A_2, \cdots, A_n$ 之和。

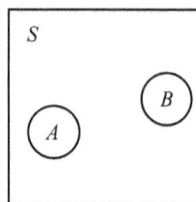

图 1.2.1

2. 由事件 $A$ 与 $B$ 同时发生所构成的事件称为事件 $A$ 与 $B$ 的积(或交),记为 $A \bigcap B$ 或 $AB$. $AB$ 是由所有既属于 $A$ 又属于 $B$ 的基本事件所构成,如图 1.2.2b 所示。

易见,$A$ 与 $B$ 互斥的充要条件是 $AB = \varnothing$。当 $A$ 与 $B$ 互斥时,通常把 $A \bigcup B$ 记作 $A + B$。

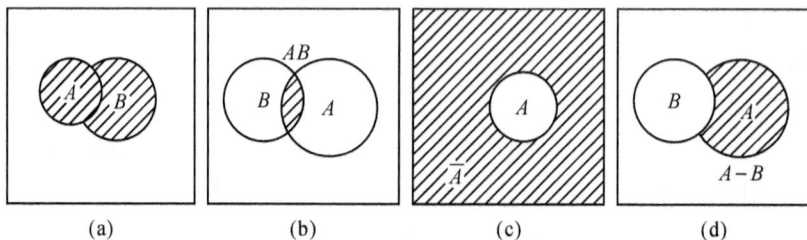

| (a) | (b) | (c) | (d) |

图 1.2.2

3. 若事件 $A$ 与 $B$ 满足以下两条件:

$$A \bigcup B = S; \quad AB = \varnothing$$

则事件 $B$ 是 $A$ 的对立事件,记为 $B = \overline{A}$,显然,此时也有 $A = \overline{B}$,见图 1.2.2c。当 $A$ 与 $B$ 互为对立事件时,在一次试验中,两者中必出现一个且只出现一个。

4. 由事件 $A$ 发生而事件 $B$ 不发生所构成的事件叫做 $A$ 与 $B$ 之差,记为 $A-B$。$A-B$ 是由所有属于 $A$ 但不属于 $B$ 的基本事件所构成,见图 1.2.2d。$A$ 的对立事件即 $S-A$。

## §1.3 古典概型

### 一、古典概型

在本节中,我们将讨论一类最简单的随机现象,其特征是:

(1) 试验的样本空间只含有有限个样本点,记为 $e_1, e_2, \cdots, e_n$;

(2) $e_1, e_2, \cdots, e_n$ 在试验中出现的可能性相同。

这种概率模型称为古典概型。在这个的模型中,定义事件 $A$ 的概率为

$$P(A) = k/n \tag{1.3.1}$$

上式中 $k$ 是组成 $A$ 的基本事件个数。从以上的概率定义可以看到它有下列性质:

(1) 对于任一事件 $A$,$0 \leqslant P(A) \leqslant 1$; $\tag{1.3.2}$

(2) 必然事件的概率为 1,不可能事件的概率为 0,即

$$P(U) = 1; \ P(\varnothing) = 0 \tag{1.3.3}$$

(3) 设事件 $A_1, A_2, \cdots, A_m$ 两两互不相容(即 $A_i A_j = \varnothing, i \neq j$),则

$$P\left(\sum_{i=1}^{m} A_i\right) = \sum_{i=1}^{m} P(A_i) \tag{1.3.4}$$

从性质(3)可以推得:如果 $\overline{A}$ 是 $A$ 的对立事件,则

$$P(\overline{A}) = 1 - P(A) \tag{1.3.5}$$

事实上,由于 $A + \overline{A} = S$,且 $A \cap \overline{A} = \varnothing$,所以

$$1 = P(S) = P(A + \overline{A}) = P(A) + P(\overline{A})$$

亦即

$$P(\overline{A}) = 1 - P(A)$$

**例 1.3.1** 设一口塘中共有 $m+n$ 尾鱼,其中 $m$ 尾是雌鱼,$n$ 尾是雄鱼,从中任取 $r$ 尾$(r < n)$,问对于下面的两种不同的取法,取到的 $r$ 尾鱼均为雄鱼的概率是多少?

(1) 每次取出一尾检查后放回去,再任意地取下一尾(这种做法叫做返回抽样或回置抽样)。

(2) 每次取出检查后的鱼不再放回去(这种做法叫做不返回抽样或不回置

抽样)。

**解**:设 $A$ 是"取出的 $r$ 尾均为雄鱼"这一事件。

(1)由于每次取出检查的鱼都放回去,故每次都可以取到 $m+n$ 尾鱼中的任一尾,于是,基本事件的总数可以用计算重复排列数的公式算出,它等于 $(m+n)^r$。

满足事件 $A$ 所描述的基本事件只能从 $n$ 尾雄鱼中取得,同样的道理,属于事件 $A$ 的基本事件数为 $n^r$。

如果抽取的过程是随机的,由实际知识可以判断,所有 $(m+n)^r$ 个基本事件是等可能的,因此所求的概率为

$$P(A) = \frac{n^r}{(m+n)^r} = \left(\frac{n}{m+n}\right)^r$$

(2)由于鱼在取出检查后不再放回,且我们把取出 $r$ 尾鱼作一组而不考虑它们之间的排列次序,因此可以用组合公式计算基本事件的总数,即

总的基本事件数 $= C_{m+n}^r$

同样,属于 $A$ 的基本事件数 $= C_n^r$

故要求的概率为

$$P(A) = \frac{C_n^r}{C_{m+n}^r} = \frac{n(n-1)\cdot\cdots\cdot(n-r+1)}{(m+n)(m+n-1)\cdot\cdots\cdot(m+n-r+1)}$$

$$= \frac{n}{m+n}\cdot\frac{n-1}{m+n-1}\cdot\cdots\cdot\frac{n-r+1}{m+n-r+1}$$

可以看出,取样方法不同时,所算得的概率也不同,即

$$\left(\frac{n}{m+n}\right)^r \neq \frac{n}{m+n}\cdot\frac{n-1}{m+n-1}\cdot\cdots\cdot\frac{n-r+1}{m+n-r+1}$$

但若 $m+n$ 很大,$r$ 相对于 $m+n$ 又很小,则

$$\frac{n-k}{m+n-k} \approx \frac{n}{m+n}, \ k=1,2,\cdots,r-1$$

此时,近似地有

$$\left(\frac{n}{m+n}\right)^r = \frac{n}{m+n}\cdot\frac{n-1}{m+n-1}\cdot\cdots\cdot\frac{n-r+1}{m+n-r+1}$$

也就是说,此时回置抽样和不回置抽样在本问题中可以近似地看成是一样的。

**二、概率的一般定义**

古典概型有很大的局限性,它要求基本事件的总数是有限的,而且每个基本事件都是等可能的。但是,在生物学中所遇到的随机现象却往往并非如此,例如,初生婴儿的性别是个随机现象,它的样本空间只含有两个基本事件:"男"、"女"。

但据各国人口统计资料表明,男婴的频率稳定于 22/43 左右,即,我们可以认为"婴儿是男的"这一基本事件的概率接近于 22/43,而不是 1/2。换言之,这两个基本事件不是等可能的。又如对某种生物的定量性状进行测定时,所得到的样本点的数目,通常(就理论上说)是无穷的,同样无法把这种情况纳入古典概型。所以,我们有必要根据古典概型所提供的有关事件及概率的一些特征,并联系到频率与概率之间的关系,加以抽象,概括出一般的概率的定义。

**定义 1.3.1** 设随机试验 $E$ 的样本空间为 $S$,对于 $E$ 的每一事件 $A$(即 $S$ 的每一个子集),赋予一个实数,记为 $P(A)$,如果 $P(A)$ 具有下列性质:

1° 对于任一事件 $A$,有 $0 \leqslant P(A) \leqslant 1$;

2° $P(S) = 1$;

3° 对于两两不相容的事件 $A_k(k = 1, 2, \cdots)$,有

$$P\left(\sum_{i=1}^{\infty} A_i\right) = \sum_{i=1}^{\infty} P(A_i) \tag{1.3.6}$$

则称 $P(A)$ 是 $A$ 的概率。

从以上概率的定义我们可以导出下列结论(推导略):

1° 不可能事件的概率为 0,即 $P(\varnothing) = 0$;

2° 概率的有限可加性:如果事件 $A_1, A_2, \cdots, A_n$ 两两互不相容,则

$$P\left(\sum_{i=1}^{n} A_i\right) = \sum_{i=1}^{n} P(A_i);$$

3° 对于任两事件 $A$ 及 $B$,有

$$P(A \bigcup B) = P(A) + P(B) - P(AB) \tag{1.3.7}$$

4° $P(\overline{A}) = 1 - P(A)$

### 三、小概率原理

我们已经知道,概率 $P(A)$ 是用来衡量一次试验中事件 $A$ 出现的可能性大小的数量指标。我们还知道,不可能事件的概率为 0,容易设想如果一个事件的概率接近于 0(这种事件,称之为小概率事件),那么,我们认为它在一次试验中实际上是不可能出现的,这就是在统计推断中起着重要作用的"小概率原理"。

一个事件的概率小到怎样的程度才能算作小概率事件,并没有绝对的标准,要根据实际情况和需要决定。国际上通常取 5% 或 1%(有时也取 10%)作为小概率的上界,即只要一个事件的概率小于 0.05 或 0.01,我们便可认为这个事件在一次试验中实际上是不可能发生(或出现)的。

# §1.4　事件的独立性

## 一、条件概率

先看一个简单的例子,设某池中有 10 尾鱼,其中成鱼及幼鱼各 5 尾,成鱼中有 1 尾患病,幼鱼中有 3 尾患病。现在从该池中任取 1 尾进行检查,以 $A$ 表示"抽到幼鱼",以 $B$ 表示"抽到病鱼",则显然有

$$P(A) = \frac{5}{10}, \ P(B) = \frac{4}{10}$$

现在,我们来考虑事件"在幼鱼中抽到病鱼"。因为共有 5 条幼鱼而其中有 3 条是病鱼,因此,这个事件的概率应当是 3/5。

让我们进一步来剖析这个例子。当我们说:"在幼鱼中任取一条发现是病鱼"时,我们实际上已改变了随机试验的条件组,详细地说,我们是在原有的随机试验的条件组(从有 10 尾具有上述特征的鱼中任取 1 条)中,添加了一个新的条件"在幼鱼中",由于这个新的条件的添加,原来的样本空间被改变了,从而,得出了另一个概率,由于后者是在原有的试验中添加条件后所获得的,所以我们称之为条件概率,确切地说,是在事件 $A$ 出现的条件下,事件 $B$ 出现的概率,称作事件 $B$ 对于事件 $A$ 的条件概率,记为 $P(B/A)$。

在这个例子中,$P(B/A) = \frac{3}{5}$。

我们再来计算 $P(AB)$,此处,事件 $AB$ 的含义是:抽到的一尾鱼既是幼鱼又是病鱼,所以 $P(AB) = \frac{3}{10}$,容易看出

$$P(B/A) = \frac{P(AB)}{P(A)}$$

这个结果在古典概型中是普遍成立的。事实上,设样本空间共有 $n$ 个样本点,其中属于 $A$ 的有 $m$ 个,属于 $B$ 的有 $k$ 个,属于 $AB$ 的有 $r$ 个(见图 1.4.1),则

$$P(AB) = \frac{r}{n}, \ P(A) = \frac{m}{n}$$

当在原有的条件组中添加了"事件 $A$ 已经发生"这个条件后,基本事件只剩 $m$ 个,在这 $m$ 个基本事件中,属于 $B$ 的有 $r$ 个,因此

$$P(B/A) = \frac{r}{m} = \frac{r/n}{m/n} = \frac{P(AB)}{P(A)}$$

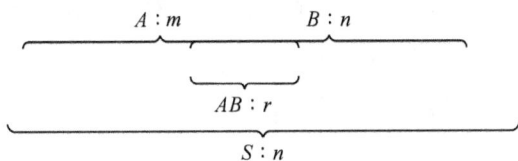

图 1.4.1

注意以上结果是在古典概型的前提下导出的,对于一般的情况,我们给出下列定义:

**定义 1.4.1** 设 $P(A) > 0$,则称分数

$$\frac{P(AB)}{P(A)}$$

为事件 $B$ 对于事件 $A$ 的条件概率,记为 $P(B/A)$,即

$$P(B/A) = \frac{P(AB)}{P(A)} \tag{1.4.1}$$

上式移项即得

$$P(AB) = P(B/A)P(A) \tag{1.4.2}$$

这个公式叫做概率的乘法公式。

**二、事件的独立性**

设考虑两个事件 $A$ 与 $B$,在前面已经说过,$A$ 的发生对于 $B$ 的发生可能提供某种信息,但也可能会有这种情况,$A$ 的发生对于 $B$ 的发生不提供任何信息,此时,应当有

$$P(B/A) = P(B)$$

则(1.4.2)式的乘法公式成为

$$P(AB) = P(A)P(B)$$

**定义 1.4.2** 对于事件 $A,B$,如果等式

$$P(AB) = P(A)P(B) \tag{1.4.3}$$

成立,则说事件 $A$ 与事件 $B$ 独立。

可以证明,如果事件 $A$ 与 $B$ 独立,则事件 $A$ 与 $\overline{B}$,$\overline{A}$ 与 $B$,$\overline{A}$ 与 $\overline{B}$ 也都相互独立。

**例 1.4.1** 罐子里有红球 $r$ 个,黑球 $b$ 个,混合均匀后,任取一个。然后采用放回和不放回方式,再取第二个,求当第一次取到红球(事件 $A$)时,第二次也取到红球(事件 $B$)的概率及两次都取到红球的概率。

**解**:这里有两种抽样方式,回置抽样和不回置抽样,以下分别对这两种抽样方式进行讨论。

（1）回置抽样　此时,第一次取球的结果对第二次取到红球的概率不影响,即 $A,B$ 两事件是独立的,于是有

$$P(B/A) = P(B) = P(A) = \frac{r}{r+b}$$

$$P(AB) = P(A)P(B) = \left(\frac{r}{r+b}\right)^2$$

（2）不回置抽样　因为第一次取出的红球不放回,当第二次抽取时罐中只有 $r+b-1$ 个球,其中红球有 $r-1$ 个,第二次取到红球的概率是

$$P(B/A) = \frac{r-1}{r+b-1}$$

两次都取到红球的概率是

$$P(AB) = P(A)P(B/A) = \frac{r}{r+b} \cdot \frac{r-1}{r+b-1}$$

本例实际上是例 1.3.1 的特殊情况。

以上讲的是两个事件的独立性,对于 $n$ 个事件,则可定义它们的独立性如下：

**定义 1.4.3**　设有 $n$ 个事件 $A_1, A_2, \cdots, A_n$,如果对任何 $k = 2,3,\cdots,n$ 均有

$$P(A_{i_1} \cdots A_{i_k}) = P(A_{i_1}) \cdots P(A_{i_k})$$

则称 $A_1, A_2, \cdots, A_n$ 相互独立。

显然,$n$ 个相互独立的事件一定是两两独立的,而两两独立的事件不一定是相互独立的。

**例 1.4.2**　对菌种进行诱变处理时,优良菌株出现的概率一般很低,在工作中我们怎样把这些优良菌株筛选出来呢?如果对成千上万个变异个体一一进行鉴定,显然是不可能的,客观上只允许取其中一小部分进行鉴定,现在的问题是怎样以较大的把握,较小的工作量找出优良菌株。如果经过诱变处理后,优良菌株的突变率为 $p = 0.05$,现欲以 $95\%$ 的把握至少得到一个优良突变菌株,应该取几个菌株来培养鉴定呢?

挑菌株属不回置抽样,但因菌株数目甚大,故可看作回置抽样(参看例 1.3.1),设应该取 $n$ 个菌株才有 $95\%$ 的把握至少找到一个优良突变菌株,以 $A$ 表示"$n$ 个中至少有一个是优良菌株"这一事件,则

$$P(A) = 1 - P(\overline{A}) = 1 - P(\overline{A}_1 \overline{A}_2 \cdots \overline{A}_n)$$
$$= 1 - P(\overline{A}_1) P(\overline{A}_2) \cdots P(\overline{A}_n)$$

因为 $P(\overline{A}_i) = 1 - P(A_i) = 1 - 0.05$,又,要求 $P(A) = 0.95$,所以 $0.95 = 1 - (1 - 0.05)^n$,故

$$0.95^n = 0.05$$

两边取对数得

$$n \lg 0.95 = \lg 0.05$$

所以 $n = 59$。

同理,在要求有 $95\%$ 的把握下,对不同的突变率可以算出相应的 $n$ 如下:

$p = 0.04$ 时,$n = 74$;$p = 0.03$ 时,$n = 99$;$p = 0.02$ 时,$n = 149$;$p = 0.01$ 时,$n = 298$。

如果要求有 $99\%$ 的把握,对不同的突变率 $p$,可以算出相应的 $n$:

$p = 0.05$ 时,$n = 90$;$p = 0.04$ 时,$n = 113$;$p = 0.03$ 时,$n = 152$;$p = 0.02$ 时,$n = 228$;$p = 0.01$ 时,$n = 459$。

参考以上结果,根据诱变措施的有效程度,一般从经过诱变处理的菌株中抽取 $70 \sim 80$ 个就基本上可以找到突变菌株。

**例 1.4.3**　按照 ABO 血型,人类的血型可分为 A 型、B 型、O 型、AB 型。ABO 血型是由 3 个复等位基因决定,即 $I^A$,$I^B$ 和 $I$。$I^A$ 与 $I^B$ 间表现为并显性,而 $I^A$ 和 $I^B$ 对 $i$ 都是显性。设人群中 $i$,$I^A$,$I^B$ 出现的概率分别为 $r$,$p$,$q$,A 型血的基因型为 $I^A i$ 或 $I^A I^A$。如果把在这个人群中任抽一人,其"血型为 A 型"这个事件记为 $A$,"血型为 O 型"记为 $O$,"血型为 B 型"记为 $B$,"$AB$"为血型是 AB 型,则

$$\begin{aligned}
P(A) &= P(I^A I^A) + P(I^A i) \\
&= P(I^A)P(I^A) + 2P(i)P(I^A) \\
&= p^2 + 2pr
\end{aligned}$$

同理可得

$$P(O) = r^2,\ P(B) = q^2 + 2qr,\ P(AB) = 2pq$$

设在某地进行了调查,所得到的各种血型的频率如表 1.4.1。

表 1.4.1　某地各种血型的频率

| 血型 | O | A | B | AB |
|---|---|---|---|---|
| 概率 | $r^2$ | $p^2 + 2pr$ | $q^2 + 2qr$ | $2pq$ |
| 频率 | 0.500 | 0.15 | 0.312 | 0.038 |

如果将上表中的频率作为概率的近似值,则可求得各基因出现的概率为

$$r = \sqrt{0.500} = 0.7071$$

$$p = 1 - \sqrt{0.500 + 0.312} = 1 - \sqrt{0.812} = 0.09889$$

$$q = 1 - \sqrt{0.500 + 0.15} = 0.1938$$

### 三、全概率公式和贝叶斯(Bayes) 公式

**(一) 全概率公式**

如果 $S$ 中的一组事件 $A_1, A_2, \cdots, A_n$ 满足

$1°$ $A_1, A_2, \cdots, A_n$ 互不相容,而且 $P(A_i > 0)(i = 1, 2, \cdots, n)$;

$2°$ $A_1 + A_2 + \cdots + A_n = S$

则对 $S$ 中的任一事件 $B$,下列公式成立

$$P(B) = \sum_{i=1}^{n} P(A_i) P(B/A_i) \qquad (1.4.4)$$

证: $B = BS = B \sum_{i=1}^{n} A_i = \sum_{i=1}^{n} BA_i$,由于 $BA_i (i = 1, 2, \cdots, n)$ 两两互斥,所以

$$P(B) = P\left(\sum_{i=1}^{n} BA_i\right) = \sum_{i=1}^{n} P(BA_i) = \sum_{i=1}^{n} P(A_i) P(B/A_i)$$

**例 1.4.4**　设一批种子分别来自甲、乙和丙三个种子场,甲、乙两场各提供了 1/4 种子,丙场提供了 1/2,三个场所提供的种子的发芽率分别为 $0.80, 0.85,$ $0.90$,现在从这批种子中任取一颗,问这一颗种子能发芽的概率是多少?

**解:** 以 $A_i (i = 1, 2, 3)$ 表示"抽到的种子分别是来自甲、乙、丙三个种子场的",以 $B$ 表示"所取的种子能发芽",则

$$P(B) = P(A_1) P(B/A_1) + P(A_2) P(B/A_2) + P(A_3) P(B/A_3)$$
$$= \frac{1}{4} \times 0.80 + \frac{1}{4} \times 0.85 + \frac{1}{2} \times 0.90 = 0.8625$$

**(二) 贝叶斯(Bayes) 公式**

如果 $S$ 中的一组事件 $A_1, A_2, \cdots, A_n$ 满足

$1°$ $A_1, A_2, \cdots, A_n$ 互斥,而且 $P(A_i > 0)(i = 1, 2, \cdots, n)$;

$2°$ $A_1 + A_2 + \cdots + A_n = S$

则对 $S$ 中的任一事件 $B$,如果 $P(B) > 0$,有

$$P(A_i/B) = \frac{P(B/A_i) P(A_i)}{\sum\limits_{i=1}^{n} P(B/A_i) P(A_i)}, \quad i = 1, 2, \cdots, n \qquad (1.4.5)$$

**证:** 由条件概率及全概率公式得

$$P(A_i/B) = \frac{P(A_i B)}{P(B)} = \frac{P(B/A_i) P(A_i)}{\sum\limits_{i=1}^{n} P(B/A_i) P(A_i)}$$

$(1.4.5)$ 式称为贝叶斯(Bayes) 公式。

Bayes 公式有着多方面的应用。假定 $A_1, A_2, \cdots, A_n$ 是导致试验结果的所有

可能的"原因",$P(A_i)$ 称为先验概率,一般地说在试验之前是已知的,现在若试验出现的结果为 $B$,我们要据此来探讨事件 $B$ 的出现是各"原因"造成的可能性大小。条件概率 $P(A_i/B)$ 叫做后验概率,它表示出现 $B$ 是由于"原因"$A_i$ 造成的概率。

**例 1.4.5**　设某地人群患肺结核的概率为 $0.1\%$,现用胸部透视来诊断肺结核。如果已知肺结核患者经胸透被诊断为肺结核的概率为 $0.95$,而未患肺结核的人经胸透被误诊为肺结核的概率为 $0.002$。现若该人群中有一人经胸透被诊断为患肺结核,求此人确实患有肺结核的概率。

**解**:设 $T$ 表示"被透视者患有肺结核",$A$ 表示"某人经胸透被诊断为患有肺结核",由已给条件有

$$P(T) = 0.1\% = 0.001, \ P(\overline{T}) = 0.999$$
$$P(A/T) = 0.95, P(A/\overline{T}) = 0.002$$

于是由 Bayes 公式得

$$P(T/A) = \frac{P(T)P(A/T)}{P(T)P(A/T) + P(\overline{T})P(A/\overline{T})}$$
$$= \frac{0.001 \times 0.95}{0.001 \times 0.95 + 0.999 \times 0.002} = 0.32225$$

# §1.5　习　　题

1. 设 $A, B$ 是样本空间 $S$ 中的事件,用文字写出下述每个事件的意思。
   (a)$A + B$　　　(b)$\overline{A} + \overline{B}$　　　(c)$A + \overline{B}$
   (d)$\overline{A}B$　　　(e)$\overline{AB}$　　　(f)$\overline{A}A$

2. 设 $A, B, C$ 是样本空间 $S$ 中的事件,用事件的运算关系表示下列事件。
   (a)$A$ 发生,$B$ 与 $C$ 不发生;
   (b)$A$ 与 $B$ 都发生,而 $C$ 不发生;
   (c)$A, B, C$ 都发生;
   (d)$A, B, C$ 中至少有一个发生;
   (e)$A, B, C$ 都不发生;
   (f)$A, B, C$ 中不多于一个发生。

3. 设某试验的样本空间 $S = \{x \mid -\infty < x < +\infty\}$,事件 $A = \{x \mid x \geqslant 3\}$,事件 $B = \{x \mid 3 \leqslant x \leqslant 3\}$,写出下列各事件。
   (1)$\overline{A}$　(2)$A + B$　(3)$AB$　(4)$A - B$　(5)$B - A$　(6)$A + \overline{A}$

4. 甲批种子共 800 粒,能发芽的占 80%,乙批种子共 1000 粒,能发芽的占 70%,今将两批种子混合后,随机抽取一粒,试求抽到能发芽的种子的概率。

5. 若上题中的两批种子不混合,在两批种子中分别随机抽取一粒种子,试求:

   (1) 所抽到的两粒都能发芽的概率;

   (2) 所抽到的两粒都不能发芽的概率;

   (3) 所抽到的两粒中,一粒能发芽,另一粒不能发芽的概率。

6. 设 $S$ 是必然事件,$\varnothing$ 是不可能事件,$A$ 是 $S$ 中的任一事件,试写出 $S+A$,$SA$, $\varnothing+A$,$\varnothing A$。

7. 概率为 0 的事件是不是不可能事件?能否举一例来说明。

8. 考虑下面的一个矛盾,根据 $A,B$ 两个天气预报台过去的记录,$A$ 台预报正确的概率为 0.9,$B$ 台预报正确的概率为 0.8。某日,$A$ 台预报"晴"(记为 $R$),$B$ 台预报"雨"(记为 $\bar{R}$,姑且认定非雨即晴),因 $R+\bar{R}$ 为必然事件,故 $P(R+\bar{R})=1$,但天晴则 $A$ 台预报正确,天雨则 $B$ 台预报正确,于是 $P(R)=0.9$,$P(\bar{R})=0.8$,由此,又有

$$P(R+\bar{R})=P(R)+P(\bar{R})=0.9+0.8=1.7$$

这就得到了矛盾的结果,错误在哪里?

9. 设某种动物活到 20 岁的概率为 0.8,而活到 25 岁的概率为 0.4,问现龄为 20 岁的这种动物活到 25 岁的概率为多少?

10. 设 $A_1,A_2,\cdots,A_n$ 相互独立,$P(A_k)=p_k$,$k=1,2,\cdots,n$。试求:

   (a) 所有事件均不发生的概率;

   (b) $n$ 个事件中至少发生一件的概率;

   (c) 恰好发生其一(任一事件)的概率。

11. 设 $A$ 与 $B$ 互不相容,且 $P(A)>0$,$P(B)>0$,它们是否相互独立?为什么?

12. 求在任意的 $r$ 个人中,至少有两人同日生的概率(假定在整个一年中,人的出生率是固定不变的,每年以 365 日计算)。

   如果 $r=30$,可以求得 $P=0.6963$,你对这个结果有什么想法?

13. (Polya 问题,有些人把这个问题当作传染病的模型)口袋里有 $b$ 个黑球,$r$ 个红球(红球代表传染病人,黑球代表不是该病患者),任意取出一个,然后放回并再放入 $c$ 个与取出的球颜色相同的球,问:

   (i) 最初取出的球是黑的,第二次取出的也是黑的概率;

   (ii) 如将上述手续进行 $n$ 次,取出的正好是 $n_1$ 个黑球,$n_2$ 个红球($n_1+n_2=n$)的概率。

14. 豌豆的子叶黄色(Y)和绿色(y)是一对相对性状,黄色对绿色显性;子叶饱满(R)和皱缩(r)是另一对相对性状,饱满对皱缩显性。这两对基因的遗传

符合自由组合规律。请给出 Yyrr 型豌豆和 YyRr 型豌豆杂交可能出现的表现型及其相应的概率。

15. 如果一对遗传因子 $A$ 与 $a$ 在亲代中出现的概率分别是 $p$ 和 $q$，$p+q=1$。在随机交配的条件下，子一代属于 $AA$，$Aa$ 或 $aa$ 型的概率分别为多少？

16. 设随机试验中，某一事件 $A$ 出现的概率为 $\varepsilon(\varepsilon>0)$。证明：不论 $\varepsilon$ 如何小，只要不断独立地重复此试验，则 $A$ 迟早会出现（$A$ 出现的概率为 1）。

17. 设某项形态特征 $A$ 在某种鱼的雄鱼中出现的概率为 0.10，在雌鱼中出现的概率为 0.90，已知该种鱼的性比为 ♀：♂ = 3：1，任取一尾鱼，求特征 $A$ 出现的概率。

18. 在上题的条件下，任取一尾鱼，如果它具有特征 $A$，则它为雌鱼的概率是多少？

# 第 2 章　　随机变量及其分布

## §2.1　随机变量

对随机试验的基本事件进行考察,我们可以发现,基本事件往往是直接地与某些数相联系着的,或者说,样本点常常可以借助于数表示出来。

**例 2.1.1**　掷一枚硬币 $n$ 次,观察正面出现的次数(这是一个随机试验)。这个试验的样本点是:"不出现正面"、"正面出现一次"、……、"正面出现 $n$ 次",每个样本点显然与一个数相联系着,换言之,样本空间对应着一个变量 $X$,$X$ 在集合 $\{0,1,2,\cdots,n\}$ 上取值,样本空间与变量 $X$ 之间的对应规律是:样本点"掷出 $k$ 次正面",对应着变量 $X$ 的值 $X = k(k = 1,2,\cdots,n)$。

**例 2.1.2**　淡水贝类血液的 pH 值通常在 7.4 至 8.5 之间。如果我们用变量 $X$ 的一个值 $x$ 表示任取一个淡水贝,所测得的血液的 pH 值,则"pH 值为 $x$"这一基本事件,便可用 $X = x$ 来表示。任一复合事件则可用 $X$ 的值的一个集合表示,例如 $\{x \mid 8 \leqslant x \leqslant 8.2\}$ 表示任意抽取一个贝,它的血液的 pH 值在 8 到 8.2 之间这一事件。

有时我们所遇到的随机试验不是对某些量的测定,它的结果需要予以定性描述,即使对这样的随机试验,用一个变量来表示试验的结果也是方便的。

**例 2.1.3**　在某池中任取一尾鱼,观察它的性别。如果用 $X = 1$ 表示抽到的为雌鱼这一事件,而以 $X = 0$ 表示抽到的为雄鱼,则这个试验的样本空间就对应着点集 $\{1,0\}$。

如果对于一个随机试验,可用一个变量 $X$ 的值来表示它的样本点,这个变量 $X$ 便叫做随机变量,此时,基本事件可用"$X = x$"表示,集合 $\{x \mid a < x < b\}$ 表示一个(复合)事件,它们的概率分别记为 $P(X = x)$ 及 $P(a < X < b)$。

引入了随机变量的概念后,我们可以认为一次随机试验就是对用来表示它的随机变量的一次观察。

在不致引起混淆的场合,我们将把随机变量简称为变量,今后,变量用大写

拉丁字母 $X,Y$ 等表示。

我们所考虑的随机变量可分为两大类:离散型变量及连续型变量。

# §2.2　离散型随机变量

## 一、离散型随机变量及其分布列

如果随机变量所能取的值的集至多可数[①],而且 $X$ 以各种确定的概率取这些不同的数值,我们便称 $X$ 为离散型随机变量(简称为离散型变量)。

设 $X$ 所能取的值为 $x_1,x_2,\cdots,x_i,\cdots$,并且 $X$ 以概率 $p_i$ 取值 $x_i$,即

$$P(X = x_i) = p_i, \ i = 1,2,\cdots \tag{2.2.1}$$

由概率的定义,$p_i$ 满足以下两个条件

$$1° \quad p_i \geqslant 0, \ i = 1,2,\cdots \tag{2.2.2}$$

$$2° \quad \sum_i p_i = 1 \tag{2.2.3}$$

式(2.2.1)叫做离散型变量 $X$ 的概率分布(或 $X$ 的分布),也叫做 $X$ 的分布列,它也可以用矩阵形式来表示

$$\begin{pmatrix} x_1 & x_2 & \cdots & x_i & \cdots \\ p_1 & p_2 & \cdots & p_i & \cdots \end{pmatrix} \tag{2.2.4}$$

## 二、几种重要的离散型分布

(一)(0-1)分布(两点分布)

如果我们所要考察的随机试验仅有两个基本事件 $A$ 及 $\overline{A}$(参看例 2.1.3),令 $P(A) = p(0 < p < 1)$,并且指定 $X = 1$ 与事件 $A$ 对应,$X = 0$ 与 $\overline{A}$ 对应,则随机变量 $X$ 只能取 0 和 1 两个值,它的概率分布为

$$P(X = 1) = p, \ P(X = 0) = 1 - p$$

这时,我们说 $X$ 服从(0-1)分布或者说 $X$ 是(0-1)变量。

(二)二项分布(Bernoulli 分布)

设某水域中某种鱼的性别比为 ♀ : ♂ $= p : q(0 < p < 1, q = 1 - p)$,则"从中任取一尾鱼,抽到的为雌鱼"的概率为 $p$。现在在该水域中任取 $n$ 尾鱼观察它的性别,如果水域中该种鱼数量很大,则取样的方式可认为是回置式的。于是,

---

① 一个集合,如果它的元素能与自然数集一一对应,则称该集合为可数集。

"任取 $n$ 尾"就相当于做 $n$ 次试验,每次试验都对应着一个(0-1)变量,而且各次试验之间没有相互影响。类似的试验是我们经常遇到的。

一般地,若试验 $E$ 重复进行 $n$ 次,且每一次试验中各种结果出现的概率都不受其他各次试验结果的影响,则称这 $n$ 次试验是独立的。

如果试验 $E$ 的样本空间是 $\{A,\overline{A}\}$,且

$$P(A) = p, \ P(\overline{A}) = q, \ 0 < p < 1, q = 1 - p$$

将这个试验独立地重复 $n$ 次,这 $n$ 次试验叫做 $n$ 重贝努里(Bernoulli)试验,当没有必要强调次数时,就简称为贝努里(Bernoulli)试验。

在 $n$ 重 Bernoulli 试验中,如果用 $X$ 表示 $A$ 事件出现的次数,则 $X$ 是一个随机变量,它所有可能取的值为 $0,1,2,\cdots,n$,我们来求 $P(X = k)(k = 0,1,2,\cdots,n)$。

由于试验的独立性,事件 $A$ 在指定的 $k$ 次试验中发生,而在其余的 $n-k$ 次试验中不发生的概率是

$$p^k q^{n-k}$$

由于我们并未指定事件 $A$ 是在哪 $k$ 次试验中发生,因此,事件"$X = k$"能以 $C_n^k$ 种方式发生,由概率的加法定理有

$$P(X = k) = C_n^k p^k q^{n-k}, \ k = 0,1,2,\cdots,n \qquad (2.2.5)$$

有时,为了方便起见,记这个概率为 $B(n,k)$,即

$$B(n,k) = P(X = k) = C_n^k p^k q^{n-k}$$

显然

$$P(X = k) \geqslant 0$$

$$\sum_{k=0}^{n} C_n^k p^k q^{n-k} = (p+q)^n = 1$$

即 $P(X = k)$ 满足条件式(2.2.2)及(2.2.3)。

注意到 $C_n^k p^k q^{n-k}$ 正好是二项式 $(p+q)^n$ 展开式中的第 $k+1$ 项,所以我们称这种分布为二项分布。

**例 2.2.1** 鲤鱼体色由两对基因控制。按孟德尔学说,荷元鲤自交所得的子二代的体色分离应为青灰:橘红 $= 15:1$,如果得到 15 尾子二代个体,求:

(1)恰有一尾为橘红色的概率。

(2)橘红色个体不超过 1 尾的概率。

**解:** $F_2$ 的体色分离是一种 Bernoulli 试验。"在 $F_2$ 中任取一尾,它的体色为橘红"这一事件的概率为 $p = 1/16$。设用 $X$ 表示 15 尾子二代个体中体色为橘红色的鱼的尾数,则这 15 尾 $F_2$ 个体中,恰有一尾体色为橘红的概率是

$$P(X = 1) = C_{15}^1 p^1 q^{15-1} = 15 \times \frac{1}{16} \times \left(\frac{15}{16}\right)^{14} = 0.3798$$

"在 15 尾中,橘红色个体不超过 1 尾"的概率为

$$P(X \leqslant 1) = C_{15}^0 P^0 q^{15-0} + C_{15}^1 P^1 q^{14}$$

$$= \left(\frac{15}{16}\right)^{15} + 15 \times \frac{1}{16} \times \left(\frac{15}{16}\right)^{14} = 0.7596$$

**例 2.2.2**   在 $l$ 个单位(每单位 $\frac{1}{3}$ 升)经过消毒的自来水中有 $n$ 个大肠杆菌,在其中任取一单位化验,设含有大肠杆菌的个数为 $X$,则 $X$ 是一个服从二项分布的变量,即

$$P(X = k) = C_n^k \left(\frac{1}{l}\right)^k \left(1 - \frac{1}{l}\right)^{n-k}, k = 0,1,2,\cdots,n$$

据我国颁布的"生活饮用水卫生规程",大肠杆菌在每升水中不得超过 3 个,于是自来水检验合格的概率为

$$P(X \leqslant 1) = \sum_{k=0}^1 C_n^k \left(\frac{1}{l}\right)^k \left(1 - \frac{1}{l}\right)^{n-k}$$

$$= \left(1 - \frac{1}{l}\right)^n + n\left(\frac{1}{l}\right)^k \left(1 - \frac{1}{l}\right)^{n-1}$$

在式(2.2.5)中除随机变量 $X$ 的值 $k$ 外,还包含了两个数 $n$ 和 $p$($q$ 由 $p$ 决定)。当给定了 $n$ 和 $p$ 时,二项分布便确定了,它们叫做二项分布的参数,所以式(2.2.5)实际上表示了一个具有两个参数的分布簇。其中,$n$ 只能是正整数,$p$ 则可以是 0 与 1 之间任何数值。

对于确定的 $n$ 和 $p$,如果以 $X$ 的值作为横坐标,以 $P(X = k)$ 作为纵坐标,则式(2.2.5)可用平面上的一些点表示图(2.2.1),图(2.2.2),为了便于比较,我们用折线把这些点连结起来。从图(2.2.1)及图(2.2.2)可以看出,$p$ 愈与 $\frac{1}{2}$ 接近,分布愈接近于对称,而无论 $p$ 为何值,当 $n$ 足够大时,二项分布渐变为对称。

(三)泊松(Poisson)分布

我们已经给出了二项分布的分布律

$$P(X_n = k) = C_n^k p_n^k q_n^{n-k}, k = 0,1,2,\cdots,n$$

在许多实际应用中,$n$ 往往很大,此时若 $p_n$ 很小,且 $np_n = \lambda$ 是一个常数($n = 1,2,\cdots$),则可以证明

$$\lim_{n \to \infty} P(X_n = k) = \lim_{n \to \infty} C_n^k p_n^k q_n^{n-k} = \frac{\lambda^k}{k!} e^{-\lambda}, k = 0,1,2,\cdots$$

这就是二项分布的泊松(Poisson)逼近。

如果随机变量 $X$ 能够取值 $k = 0,1,2,\cdots$,它的分布律由

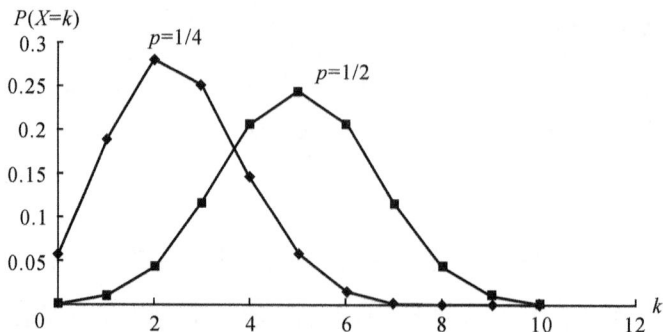

图 2.2.1  $n=10, p=1/4$ 和 $p=1/2$ 的二项分布

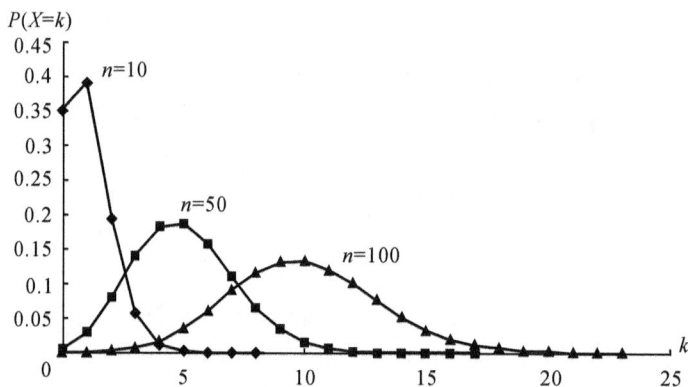

图 2.2.2  $p=0.1, n=10, 50$ 及 100 的二项分布

$$P(X=k) = \frac{\lambda^k}{k!} \mathrm{e}^{-\lambda}, \quad k=0,1,2,\cdots \qquad (2.2.6)$$

给出,其中,$\lambda$ 是一个正的常数,则说 $X$ 服从 Poisson 分布。

**例 2.2.3**  (续例 2.2.2)设经过消毒的总水体共 $l$ 个单位(每单位 $\frac{1}{3}$ 升),其中有 $n$ 个大肠杆菌,由于 $l$ 很大,相应地 $n$ 也较大,而 $p=\frac{1}{l}$ 就很小,符合 Poisson 逼近的条件,故水样中大肠杆菌的个数 $X$ 近似服从 Poisson 分布

$$P(X=k) = \frac{\lambda^k}{k!} \mathrm{e}^{-\lambda}, \quad k=0,1,2,\cdots$$

其中 $\lambda = np = \frac{n}{l}$。若消毒后的总水体正好符合国家标准,即平均每单位恰含一个大肠杆菌,因此有 $n=l, \lambda = np = l\frac{1}{l} = 1$,此时水样中的大肠杆菌个数 $X$ 的分布近似地为

$$P(X=k) = \frac{1}{k!}\mathrm{e}^{-1},\; k=0,1,2,\cdots$$

于是检验认为该水样合格的概率为

$$P(X\leqslant 1) = P(X=0) + P(X=1) = \mathrm{e}^{-1} + \frac{1}{1!}\mathrm{e}^{-1}$$

$$= 2\mathrm{e}^{-1} = 2 \times 0.3679 \approx 0.736$$

如果 $\lambda = 2$(即平均每单位有两个大肠杆菌),则

$$P(X\leqslant 1) = 0.1353 + 0.2707 = 0.4060^{①}$$

而当 $\lambda = 0.9$ 时,有 $P(X\leqslant 1) = 0.7725$。

在生物学领域,服从或近似地服从 Poisson 分布的随机变量是很多的,我们再看一个例子。

**例 2.2.4**　经 X 射线照射会产生染色体交换。在连续照射的过程中,发生交换的概率是保持不变的,理论上说发生交换的次数服从 Poisson 分布,而且参数 $\lambda$ 与照射强度、温度等有关。表 2.2.1 中记录了两种不同的试验结果,表中 $n$ 是经照射处理的细胞数,于是我们可以期望有 $k$ 个交换的细胞数,当 $n$ 很大时,近似地为 $n\dfrac{\lambda^k}{k!}\mathrm{e}^{-\lambda}$,这就是表中所列的理论频数。

**表 2.2.1　由于 X 射线的照射而引起的染色体交换**

| | | 有 $k$ 个交换的细胞数 | | | | 总数 $n$ |
|---|---|---|---|---|---|---|
| | 交换次数 | 0 | 1 | 2 | $\geqslant 3$ | |
| 试验 1 | 观测频数 | 753 | 266 | 49 | 5 | 1073 |
| | 理论频数 ($\lambda = 0.355$) | 752.3 | 267.1 | 47.4 | 6.2 | |
| 试验 2 | 观测频数 | 434 | 195 | 44 | 9 | 682 |
| | 理论频数 ($\lambda = 0.4559$) | 432.2 | 197.1 | 44.9 | 7.7 | |

可以看到理论频数和观测频数非常接近。

## §2.3　连续型随机变量

在例 2.1.2 中曾用随机变量 $X$ 来表示"淡水贝血液的 pH 值",变量 $X$ 的值来自"量测"而不是"计数",前者的特征是它可以取数轴上某一区间内的任何

---

① Poisson 分布表可见中国科学院数学研究所概率统计室编《常用树理统计表》表 16(第 25—29 页)。

值。生物体的许多特征,如长度、重量等均属这种变量。因为数轴上的任何区间都是不可数的,即这类随机变量所能取的值是不能一一列举出来的,所以,我们不能用分布律来描写这种来自"量测"的随机变量。

用来表示生物体量测特征的随机变量还有一个重要性质:它取任一特定值的概率为 0。譬如说,我们研究某种鱼的体长,任取一尾,它的长度恰为(既不大于,又不小于)某一特定的数值的概率为 0(也即对于任一 $x$,$P(X = x) = 0$。对于下面即将讨论的连续型随机变量,这是可以严格地予以证明的,但我们将略去关于它的数学论证),这又是分布律不能用于刻画非离散随机变量的一个根本原因。因而我们转而研究随机变量落在某一区间内的概率,即 $P(x_1 < X \leqslant x_2)$[①],但由于

$$P(x_1 < X \leqslant x_2) = P(X \leqslant x_2) - P(X \leqslant x_1)$$

所以我们只需要知道 $P(X \leqslant x_2)$ 和 $P(X \leqslant x_1)$ 就够了。

**定义 2.3.1** 设 $X$ 为一随机变量,对于任意实数 $x$,把下式规定的函数 $F_X(x)$ 称为 $X$ 的分布函数

$$F_X(x) = P(X \leqslant x) \tag{2.3.1}$$

函数 $F_X(x)$ 中的足标是为了表明它是变量 $X$ 的分布函数,在不至于造成混淆的场合,我们将略去这一足标,仅记它为 $F(x)$。

对于任意实数 $x_1, x_2 (x_1 < x_2)$,有

$$P(x_1 < X \leqslant x_2) = P(X \leqslant x_2) - P(X \leqslant x_1) = F(x_2) - F(x_1)$$
$$\tag{2.3.2}$$

因此,若已知 $X$ 的分布函数,便能知道 $X$ 落在任一区间 $(x_1, x_2)$ 上的概率。正像分布律能完全描写离散型随机变量取值规律性一样,分布函数能完整地描写随机变量的统计规律性。

如果将 $X$ 看成数轴上随机点的坐标,那么,分布函数 $F(x)$ 在 $x$ 处的函数值就表示点 $X$ 落在区间 $(-\infty, x]$ 上的概率。

以上给出的分布函数的定义,也适用于离散型随机变量。例如,对于(0-1)分布

$$X \quad \begin{pmatrix} 0 & 1 \\ q & p \end{pmatrix}$$

我们有

$$F(x) = P(X \leqslant x) = \begin{cases} 0 & x < 0 \\ q & 0 \leqslant x < 1 \\ 1 & x \geqslant 1 \end{cases}$$

---

① 如上所说对于这一类随机变量,$P(X = x_1) = P(X = x_2) = 0$,所以 $P(x_1 \leqslant X < x_2)$、$P(x_1 < X \leqslant x_2)$、$P(x_1 \leqslant X \leqslant x_2)$ 是相等的。

它的图像见图 2.3.1。

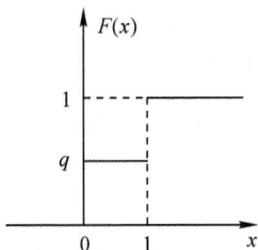

图 2.3.1　(0-1) 分布的分布函数

再如假定 $X$ 服从参数为 $n = 4, p = 0.5$ 的二项分布,则 $X$ 的分布列为

$$X \begin{pmatrix} 0 & 1 & 2 & 3 & 4 \\ 0.0625 & 0.25 & 0.375 & 0.25 & 0.0625 \end{pmatrix}$$

分布函数为

$$F(X) = \begin{cases} 0 & \text{当 } x < 0 \text{ 时} \\ 0.0625 & \text{当 } 0 \leqslant x < 1 \text{ 时} \\ 0.3125 & \text{当 } 1 \leqslant x < 2 \text{ 时} \\ 0.6875 & \text{当 } 2 \leqslant x < 3 \text{ 时} \\ 0.9375 & \text{当 } 3 \leqslant x < 4 \text{ 时} \\ 1 & \text{当 } x \geqslant 4 \text{ 时} \end{cases}$$

它的图形如图 2.3.2 所示。

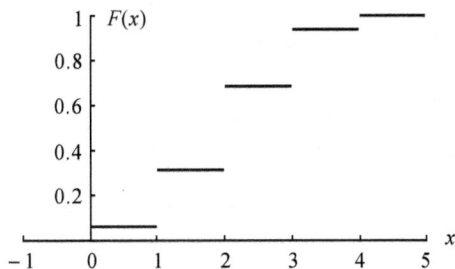

图 2.3.2　$n = 4, p = 0.5$ 的二项分布函数

一般地,设离散型变量 $X$ 的分布律为

$$P(X = x_k) = p_k, \ i = 1, 2, \cdots$$

则 $X$ 的分布函数为

$$F(x) = P(X \leqslant x) = \sum_{x_k \leqslant x} P(X = x_k)$$

即

$$F(x) = \sum_{x_k \leqslant x} p_k \tag{2.3.3}$$

这里和式是对所有使 $x_k \leqslant x$ 的 $k$ 求和。分布函数是一个阶梯函数,在 $X = x_k (k = 1, 2, \cdots)$ 处具有跳跃点,其跳跃高度为 $p_k$。

对于非离散型变量,情况则有所不同,一个最简单的例子是"均匀分布",假定随机点 $X$ 只能落在区间 $(a, b)$ 内,且 $X$ 落在区间 $(a, x)$ 的概率等于 $\dfrac{x-a}{b-a}$,即

$$P(a < X \leqslant x) = \frac{x-a}{b-a}$$

上式的意义是:$X$ 落在 $(a, x)$ 的概率与该区间的长度成正比,除数 $b-a$ 是使当 $x = b$ 时,$P(a < X \leqslant x) = 1$。随机变量 $X$ 的分布函数显然是

$$F(x) = \begin{cases} 0 & x < a \\ \dfrac{x-a}{b-a} & a \leqslant x < b \\ 1 & x \geqslant b \end{cases} \tag{2.3.4}$$

它的图形见图 2.3.3。

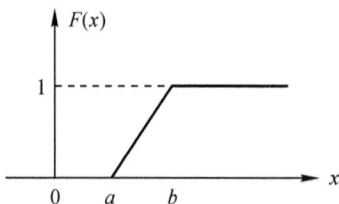

图 2.3.3  均匀分布的分布函数      图 2.3.4  均匀分布的密度函数

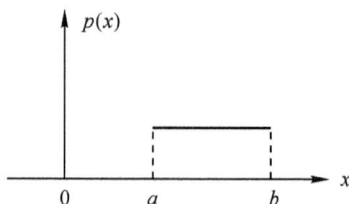

这个函数还有一个重要的特性:它的导数,除 $x = a$ 及 $x = b$ 两点外,处处存在,若记 $F'(x) = p(x)$,则

$$p(x) = \begin{cases} \dfrac{1}{b-a} & a < x < b \\ 0 & x \leqslant a \text{ 或 } x \geqslant b \end{cases} \tag{2.3.5}$$

(见图 2.3.4)并且我们有

$$F(x) = \int_{-\infty}^{x} p(x) \mathrm{d}x \tag{2.3.6}$$

生物统计学中有许多重要的随机变量,它们的分布函数都具有由式(2.3.6)所表示的特征,这类随机变量叫做连续型随机变量。

**定义 2.3.2**  设随机变量 $X$ 的分布函数为 $F(x)$,如果存在非负的函数 $p(x)$,使对任意实数 $x$,有

$$F(x) = \int_{-\infty}^{x} p(x) \mathrm{d}x$$

则说 $X$ 是连续型的随机变量,简称为连续型变量。函数 $p(x)$ 叫做 $X$ 的分布密度,简称 $X$ 的密度。

分布函数 $F(x)$ 具有下列特性:

$1°$ $F(x)$ 是一个不减函数,即当 $x_2 > x_1$ 时,$F(x_2) \geqslant F(x_1)$;

$2°$ $0 \leqslant F(x) \leqslant 1$ 且

$$F(-\infty) = \lim_{x \to -\infty} F(x) = 0$$

$$F(+\infty) = \lim_{x \to +\infty} F(x) = 1$$

$3°$ $F(x)$ 是右连续的,即对任意 $x$ 有

$$F(x+o) = F(x)$$

由分布密度 $p(x)$ 的定义,可以知道 $p(x)$ 具有下列性质:

$1°$ $p(x) \geqslant 0$

$2°$ $\displaystyle\int_{-\infty}^{+\infty} p(x) = 1$

$3°$ $P(x_1 < X \leqslant x_2) = F(x_2) - F(x_1) = \displaystyle\int_{x_1}^{x_2} p(x)\mathrm{d}x$

即随机变量 $X$ 落入区间 $(x_1, x_2)$ 的概率等于 $p(x)$ 在 $(x_1, x_2)$ 上的曲边梯形的面积,参看图 2.3.5。

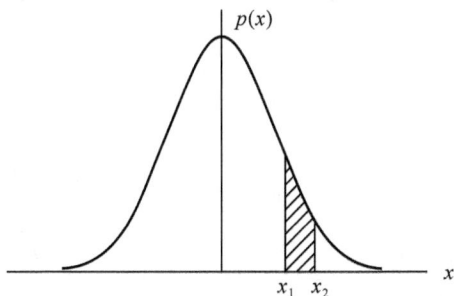

图 2.3.5　曲边梯形的面积

# §2.4　正态分布

正态分布在生物统计中起着非常重要的作用,在各种分布中,它居于首要的地位。正态分布的重要性是多方面的:第一,在生物学中所遇到的随机变量有许多是服从或近似地服从正态分布的。例如生物机体的形态特征(如体长、体高等等);第二,即使被观测的随机变量不遵循正态分布,当对它进行统计处理时,所使用的统计量,往往渐近于正态分布(见第三章);第三,由于建立在正态分布之上的统计理论已有了相当完美的结果,为了尽可能地利用这些结果,我们常常将

一个分布与正态分布比较,或者设法把某一分布变换为近似于正态的分布。

**一、正态分布的定义**

**定义 2.4.1** 如果随机变量 $X$ 具有下列形式的分布密度

$$p_{\mu,\sigma}(x) = \frac{1}{\sqrt{2\pi}\sigma} e^{-\frac{(x-\mu)^2}{2\sigma^2}}, \quad -\infty < x < +\infty \tag{2.4.1}$$

其中 $\sigma > 0$,$-\infty < \mu < +\infty$,则称 $X$ 服从正态分布,记为 $N(\mu,\sigma^2)$,或说 $X$ 是正态变量,简记为

$$X \sim N(\mu,\sigma^2),$$

"$\sim$"读作"服从"。

正态密度曲线(简称正态曲线)有下列性质:

$1°$ $p_{\mu,\sigma}(x) > 0(-\infty < x < +\infty)$,以 $x$ 轴为它的渐近线;

$2°$ 曲线关于直线 $x = \mu$ 对称,曲线在 $(-\infty,\mu)$ 中严格上升;当 $x = \mu$ 时,达到最大值 $\frac{1}{\sqrt{2\pi}\sigma}$;在 $(\mu.TIF, +\infty)$ 中严格下降。

按定义,正态分布以 $\mu$ 及 $\sigma$ 为参数,图 2.4.1 画出了两个 $\sigma$ 相同,但 $\mu$ 分别为 $\mu_1$ 及 $\mu_2$ 的正态密度函数曲线,图 2.4.2 中的三条曲线分别对应于 $N(4,0.25)$,$N(4,1)$ 及 $N(4,4)$。

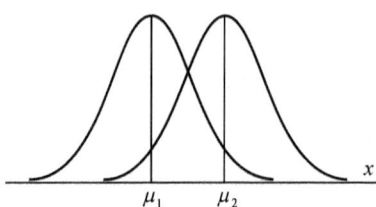

图 2.4.1　不同 $\mu_1,\mu_2$ 的正态曲线

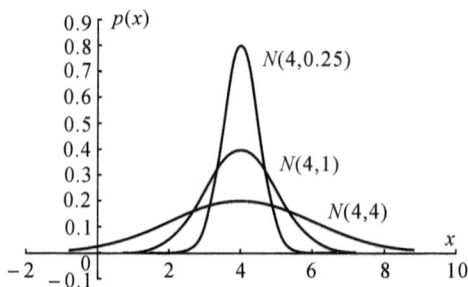

图 2.4.2　$\mu = 4,\sigma^2 = 0.25,\sigma^2 = 1$,
$\sigma^2 = 4$ 的正态曲线

$\mu = 0,\sigma = 1$ 的正态分布叫做标准正态分布,它的分布密度记为 $\varphi(x)$,则

$$\varphi(x) = \frac{1}{\sqrt{2\pi}} e^{-\frac{x^2}{2}} \tag{2.4.2}$$

这个函数的图形见图 2.4.3。

附表 1 给出了标准正态分布的密度函数值,对于 $u \geqslant 0$,从附表 1 可直接查出 $\varphi(u)$ 的值。当 $u < 0$ 时,因为 $\varphi(u) = \varphi(-u)$,故可查 $|u|$ 得到相应的密度函数值。

正态分布的分布函数为

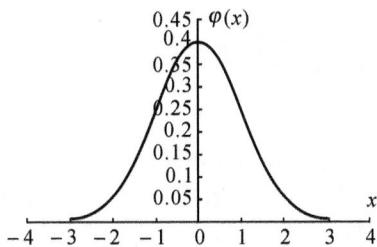

图 2.4.3　标准正态曲线

$$F_{\mu,\sigma}(x) = \frac{1}{\sqrt{2\pi}\,\sigma} \int_{-\infty}^{x} \mathrm{e}^{-\frac{(x-\mu)^2}{2\sigma^2}} \mathrm{d}x \qquad (2.4.3)$$

特别地,当 $\mu = 0$,$\sigma = 1$ 时,分布函数[记为 $\Phi(x)$]为

$$\Phi(x) = \frac{1}{\sqrt{2\pi}} \int_{-\infty}^{x} \mathrm{e}^{-\frac{x^2}{2}} \mathrm{d}x \qquad (2.4.4)$$

$\Phi(x)$ 的图形见图 2.4.4。

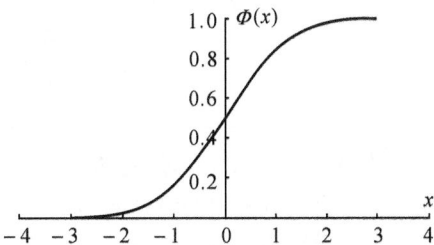

图 2.4.4　标准正态分布函数

对于 $u \leqslant 0$,附表 2 给出了 $\Phi(u)$ 的值。当 $u > 0$ 时,由正态分布的对称性,可得 $\Phi(u) = 1 - \Phi(-u)$。利用附表 2,我们可求得一个标准正态分布的随机变量落在任一区间的概率。例如

$$P(|X| > 1) = 2\Phi(-1) = 2 \times 0.1587$$
$$= 0.3174$$

对于标准正态分布,如果给定了 $\alpha$,由附表 3 可查出 $u_\alpha$,使满足

$$P(X > u_\alpha) = \alpha$$

例如 $u_{0.01} = 2.326$,$u_{0.05} = 1.645$,$u_{0.1} = 1.282$,由正态分布的对称性,可得 $P(|X| > u_{\alpha/2}) = \alpha$。

$u_\alpha$ 称为标准正态分布的上 $100\alpha$ 百分位点。

**二、正态分布的标准化**

设 $X \sim N(\mu, \sigma^2)$,令

$$Y = \frac{X - \mu}{\sigma} \qquad (2.4.5)$$

显然 $Y$ 也是随机变量,现求它的分布,考虑 $Y$ 的分布函数

$$P(Y \leqslant y) = P\left(\frac{X-\mu}{\sigma} \leqslant y\right) = P(X \leqslant \sigma y + \mu)$$

$$= \frac{1}{\sqrt{2\pi}\,\sigma} \int_{-\infty}^{\sigma y + \mu} \mathrm{e}^{-\frac{(x-\mu)^2}{2\sigma^2}} \mathrm{d}x$$

作变换 $x = \sigma t + \mu$,得

$$P(Y \leqslant y) = \frac{1}{\sqrt{2\pi}} \int_{-\infty}^{y} e^{-\frac{t^2}{2}} dt$$

即 $Y$ 是 $N(0,1)$ 变量。

以上,我们证明了一个重要事实:如果 $X \sim N(\mu, \sigma^2)$,则由式(2.4.5)定义的随机变量 $Y$ 服从标准正态分布。利用这一事实,并藉助于标准正态分布函数表(附表 2),我们可以求出服从 $N(\mu, \sigma^2)$ 的正态变量落入任一区间的概率。

**例 2.4.1** 设 $X$ 服从正态分布,$\mu = 25.26$,$\sigma = 5.04$,试求 $P(21.64 < X \leqslant 32.48)$。

**解**:令

$$Y = \frac{X - 25.26}{5.04}$$

则 $Y \sim N(0,1)$。

$$\begin{aligned}
P(21.64 < X \leqslant 32.48) &= P\left(\frac{21.64 - 25.26}{5.04} < Y \leqslant \frac{32.48 - 25.26}{5.04}\right) \\
&= P(-0.72 < Y \leqslant 1.43) \\
&= \Phi(1.43) - \Phi(-0.72) \\
&= 0.9236 - 0.2358 = 0.6878
\end{aligned}$$

当 $X \sim N(\mu, \sigma^2)$ 时,将 $X$ 标准化后,可求得

$$P(|X - \mu| < \sigma) = 0.6826;\ P(|X - \mu| < 2\sigma) = 0.9545;$$
$$P(|X - \mu| < 3\sigma) = 0.9973;$$

从最后一个等式可以看到,正态变量 $X$ 的值几乎总是落在 $(\mu - 3\sigma, \mu + 3\sigma)$ 内。

### 三、二项式分布的正态逼近

在 §2.2 中我们已经知道当 $p$ 很小时二项式分布渐近于 Poisson 分布,而当 $p$ 较大时正态分布是二项式分布的很好的近似,这一事实我们叙述在以下的定理中而不予以证明。

**定理 2.4.1** 德莫佛—拉普拉斯(De Moivre-Laplace)定理 设 $X$ 是服从二项分布的随机变量,

$$P(X_n = k) = C_n^k p^k q^{n-k},\ k = 0, 1, 2, \cdots, n$$

则对任何实数 $a, b(a < b)$,均有

$$\lim_{n \to \infty} P\left(a < \frac{X_n - np}{\sqrt{npq}} \leqslant b\right) = \frac{1}{\sqrt{2\pi}} \int_a^b e^{-\frac{x^2}{2}} dx \tag{2.4.6}$$

或即

$$\lim_{n \to \infty} P(np + a\sqrt{npq} < X_n \leqslant np + b\sqrt{npq}) = \frac{1}{\sqrt{2\pi}} \int_a^b e^{-\frac{x^2}{2}} dx \tag{2.4.7}$$

下面举一个例子说明这个定理的应用。

**例 2.4.2**　设有一大批产品，要从其中抽查若干件以判断这批产品的次品率。问抽查的个数 $N$ 多大时才能至少以 95％的把握保证抽得的次品的频率与该批产品的次品率相差小于 0.1。

**解：**用 $X_N$ 表示抽查的 $N$ 件产品中的次品数，当产品数量很大时，可把这个试验看成有放回抽样，则 $X_N$ 服从二项分布，参数为 $N$ 及 $p$，抽样所得次品的频率为 $X_N/N$，我们的问题是确定 $N$，使得

$$P\left(\left|\frac{X_N}{N}-p\right|<0.1\right)\geqslant 0.95$$

或即

$$P\left(\left|\frac{X_N-Np}{\sqrt{Npq}}\right|<0.1\sqrt{\frac{N}{pq}}\right)\geqslant 0.95$$

根据定理 2.4.1，上式左边的概率对于适当大的 $N$ 近似于

$$\frac{1}{\sqrt{2\pi}}\int_{-0.1\sqrt{N/pq}}^{0.1\sqrt{N/pq}}e^{-\frac{x^2}{2}}dx$$

由正态分布表可查到要使以上积分值不小于 0.95，应有

$$0.1\sqrt{N/pq}\geqslant 1.96$$

或即

$$N\geqslant (1.96)^2 pq\times 100$$

由于 $pq=p(1-p)\leqslant\frac{1}{4}$，故只要 $N$ 满足

$$N\geqslant (1.96)^2\left(\frac{100}{4}\right)\approx 96$$

便能满足上述要求。

以上给出了二项式分布的两种近似分布，一般地，当 $p<0.1$ 或 $np<0.5$ 时，可用 Poisson 分布计算二项式的近似值，否则利用正态分布计算。

# §2.5　多维分布

## 一、二维分布

在生物学的许多问题中，随机试验的结果仅用单个随机变量来描述是不够的，而是需要用几个随机变量联合起来描述。例如，当我们研究某种鱼的生长时，通常是用它的体长和体重来表示，则每测量一尾鱼（即每一次试验），都将得到两个数据，如记体长为 $X$，体重为 $Y$，则一次测量就会得到 $(X,Y)$ 的一组值 $(x,y)$，

这一对数可以看成是二维空间(即平面)上的一个点。类似的由两个随机变量组成的一组变量叫做二维随机变量。这一概念不难推广到高维的情况。由于讨论多维变量需要较多的数学工具,在这一节,我们仅限于对二维变量作一些简单的介绍。

类似于一维随机变量的分布函数,我们定义随机变量$(X,Y)$的二维分布函数(也叫做联合分布函数)为

$$F(x,y) = P(X \leqslant x, Y \leqslant y) \tag{2.5.1}$$

如果把$(X,Y)$看成是平面上随机点的坐标,则$F(x,y)$在$(x,y)$处的值就是随机点落在如图2.5.1所示区域内的概率。不难推知,$(X,Y)$落在矩形域$a < X \leqslant b, c < Y \leqslant d$(见图2.5.2)上的概率为

$$P(a < X \leqslant b, c < Y \leqslant d) = F(b,d) - F(a,d) - F(b,c) + F(a,c)$$

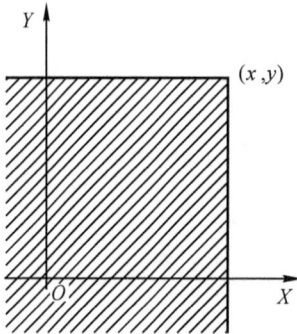

图2.5.1

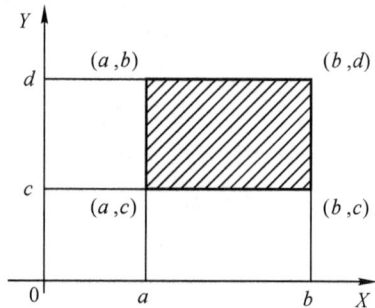

图2.5.2

二维分布函数具有以下一些明显的性质。

1° $F(x,y)$是变量$x$和$y$的非降函数,即

$$F(x_2, y) \geqslant F(x_1, y), x_2 > x_1;$$
$$F(x, y_2) \geqslant F(x, y_1), y_2 > y_1$$

2° $\lim\limits_{x \to -\infty} F(x,y) = \lim\limits_{y \to -\infty} F(x,y) = 0$

$\lim\limits_{\substack{x \to +\infty \\ y \to +\infty}} F(x,y) = 1$

3° 设$X$的分布函数为$F_1(x)$,$Y$的分布函数为$F_2(y)$,则

$$\lim\limits_{x \to +\infty} F(x,y) = F_2(y), \quad \lim\limits_{y \to +\infty} F(x,y) = F_1(x)$$

$F_1(x)$和$F_2(y)$依次叫做二维随机变量$(X,Y)$关于$X$和$Y$的边缘分布函数。

如果$(X,Y)$至多只能取可数对值$(x_i, y_i)$,相对应的概率为$p_{ij}$,则称这二维变量为离散型的二维变量。离散型的二维变量可用分布律来描述:

$$P(X = x_i, Y = y_j) = p_{ij}, i,j = 1,2,\cdots \tag{2.5.2}$$

其中

$$p_{ij} \geqslant 0, \quad \sum_i \sum_j p_{ij} = 1$$

此外,对固定的 $i$

$$\sum_j p_{ij} = p_{i1} + p_{i2} + \cdots + p_{ij} + \cdots = P(X = x_i) = p_i$$

对于每一个 $j$

$$\sum_i p_{ij} = p_{1j} + p_{2j} + \cdots + p_{ij} = P(Y = y_j) = p_j$$

换句话说,由 $(X,Y)$ 的联合分布,对于固定的 $i$ 关于 $j$ 求和,即得随机变量 $X$ 的分布列

$$P(X = x_i) = p_{i\cdot}, \quad i = 1, 2, \cdots \tag{2.5.3}$$

而对固定的 $j$,对 $i$ 求和,得 $Y$ 的分布

$$P(Y = y_i) = p_{\cdot j}, \quad j = 1, 2, \cdots \tag{2.5.4}$$

式(2.5.3)及(2.5.4)分别叫做 $(X,Y)$ 的边缘分布律。

**例 2.5.1** 袋中装有 2 个白球及 3 个黑球,现进行回置摸球,定义下列随机变量

$$X = \begin{cases} 1 & \text{第一次摸出白球} \\ 0 & \text{第一次摸出黑球} \end{cases}$$

$$Y = \begin{cases} 1 & \text{第二次摸出白球} \\ 0 & \text{第二次摸出黑球} \end{cases}$$

则 $(X,Y)$ 的联合分布及边缘分布由表 2.5.1 给出。

表 2.5.1 $(X,Y)$ 的联合分布及边缘分布

| $Y$ \ $X$ | 0 | 1 | $p_{i\cdot}$ |
|---|---|---|---|
| 0 | $\frac{3}{5} \cdot \frac{3}{5}$ | $\frac{2}{5} \cdot \frac{3}{5}$ | $\frac{3}{5}$ |
| 1 | $\frac{3}{5} \cdot \frac{2}{5}$ | $\frac{2}{5} \cdot \frac{2}{5}$ | $\frac{2}{5}$ |
| $p_{\cdot j}$ | $\frac{3}{5}$ | $\frac{2}{5}$ | 1 |

如果摸球采用不回置方式,则 $(X,Y)$ 的联合分布及边缘分布由表 2.5.2 给出。

**表 2.5.2 $(X,Y)$ 的联合分布及边缘分布**

| $Y$ ＼ $X$ | 0 | 1 | $p_{i.}$ |
|---|---|---|---|
| 0 | $\frac{3}{5} \cdot \frac{2}{4}$ | $\frac{2}{5} \cdot \frac{3}{4}$ | $\frac{3}{5}$ |
| 1 | $\frac{3}{5} \cdot \frac{2}{4}$ | $\frac{2}{5} \cdot \frac{1}{4}$ | $\frac{2}{5}$ |
| $p_{.j}$ | $\frac{3}{5}$ | $\frac{2}{5}$ | 1 |

在以上的两个表中,中间部分是$(X,Y)$的联合分布,两边缘部分是 $X$ 及 $Y$ 的分布,它们可以由联合分布经同一行或同一列相加而得到。

比较这两张表,还可以发现,回置抽样和不回置抽样所对应的 $X$ 与 $Y$ 的边缘分布是完全相同的,但是它们的联合分布却完全不同。也就是说,二维随机变量并不能由组成它的两个随机变量的单独性质来完全确定,同时还必须考虑它们之间的联系。

对于二维随机变量$(X,Y)$,如果存在一个非负函数 $p(x,y)$,使

$$F(x,y) = \int_{-\infty}^{x} \int_{-\infty}^{y} p(x,y)\mathrm{d}y\mathrm{d}x$$

对于任一组实数$(x,y)$均成立,则称$(X,Y)$为连续型的二维随机变量,称 $p(x,y)$ 为$(X,Y)$的(联合)分布密度。

分布密度 $p(x,y)$ 满足关系式

$$\int_{-\infty}^{+\infty} \int_{-\infty}^{+\infty} p(x,y)\mathrm{d}x\mathrm{d}y = 1$$

如果 $p(x,y)$ 在点$(x,y)$ 处连续,则有

$$\frac{\partial^2 F(x,y)}{\partial x \partial y} = p(x,y)$$

当$(X,Y)$是连续型的随机变量时,因为

$$P(X \leqslant x, Y < +\infty) = \int_{-\infty}^{x} \left( \int_{-\infty}^{+\infty} p(x,y)\mathrm{d}y \right) \mathrm{d}x$$

所以 $X$ 也是一个连续型的随机变量,且它的分布密度为

$$p_X(x) = \int_{-\infty}^{+\infty} p(x,y)\mathrm{d}y \tag{2.5.5}$$

同理,$Y$ 也是一个连续型变量,它的分布密度为

$$p_Y(y) = \int_{-\infty}^{+\infty} p(x,y)\mathrm{d}x \tag{2.5.6}$$

$p_X(x)$ 和 $p_Y(y)$ 分别叫做$(X,Y)$ 关于 $X$ 和 $Y$ 的边缘分布密度。

若二维随机变量$(X,Y)$的联合分布密度为

$$p(x,y) = \frac{1}{2\pi\sigma_1\sigma_2\sqrt{1-\rho^2}}\exp\left\{-\frac{1}{2(1-\rho^2)}\left[\frac{(x-\mu_1)^2}{\sigma_1^2} - 2\rho\frac{(x-\mu_1)(y-\mu_2)}{\sigma_1\sigma_2} + \frac{(y-\mu_2)^2}{\sigma_2^2}\right]\right\}$$
$$-\infty < x < +\infty, \quad -\infty < y < +\infty \tag{2.5.7}$$

其中 $\mu_1,\mu_2,\sigma_1,\sigma_2,\rho$ 都是常数,且 $\sigma_1 > 0, \sigma_2 > 0, -1 < \rho < 1$,则说 $(X,Y)$ 服从参数为 $\mu_1,\mu_2,\sigma_1,\sigma_2,\rho$ 的二维正态分布。

分布密度函数式(2.5.7)的图像如图 2.5.3 所示。

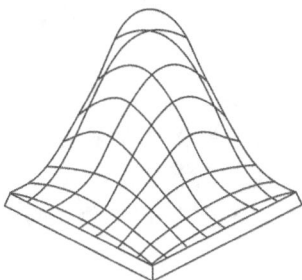

图 2.5.3　二维正态分布的密度函数

根据式(2.5.5)和(2.5.6)可求出,当 $(X,Y)$ 为二维正态变量时,$X,Y$ 分别是一维正态变量,且它们的分布密度分别为

$$p_X(x) = \frac{1}{\sqrt{2\pi}\sigma_1}e^{-\frac{(x-\mu_1)^2}{2\sigma_1^2}}, \quad p_Y(y) = \frac{1}{\sqrt{2\pi}\sigma_2}e^{-\frac{(y-\mu_2)^2}{2\sigma_2^2}}$$

**二、随机变量的独立性**

在 §1.3 中我们已经讨论了随机事件独立性的概念,现在我们由此引出两个随机变量相互独立的概念,在生物统计学中,这是一个十分重要的概念。

以 $F(x,y)$,$F_1(x)$ 及 $F_2(y)$ 分别表示二维随机变量 $(X,Y)$ 的分布函数及随机变量 $X$ 及 $Y$ 的边缘分布函数,如果对于任意一组实数 $(x,y)$ 均有

$$F(x,y) = F_1(x)F_2(y) \tag{2.5.8}$$

即

$$P(X \leqslant x, Y \leqslant y) = P(X \leqslant x)P(Y \leqslant y) \tag{2.5.9}$$

则称随机变量 $X,Y$ 是相互独立的。

当 $(X,Y)$ 是连续型变量时,(2.5.9)式等价于对于任意一组实数,有

$$p(x,y) = p_1(x)p_2(y)$$

其中 $p(x,y)$,$p_1(x)$,$p_2(y)$ 分别是 $(X,Y)$ 及 $X,Y$ 的分布密度。

当 $(X,Y)$ 是离散型变量时,(2.5.9)式等价于:对于 $(X,Y)$ 所有可能的取值,$(x_i,y_j)(i,j=1,2,\cdots)$,有

$$P(X = x_i, Y = y_j) = P(X = x_i)P(Y = y_j)$$

**例 2.5.2** 在例 2.5.1 中,如果采用回置方式摸球,则 $(X,Y)$ 及 $X,Y$ 的分布由表 2.5.1 所表示,此时,显然 $X$ 与 $Y$ 是相互独立的;如果采用不回置方式摸球,则由表 2.5.2 可见,$X,Y$ 不是相互独立的。

**例 2.5.3** 设 $(X,Y)$ 是二维正态变量,它的密度由 (2.5.7) 式表示,已知 $(X,Y)$ 的边缘密度函数分别为

$$p_X(x) = \frac{1}{\sqrt{2\pi}\sigma_1} e^{-\frac{(x-\mu_1)^2}{2\sigma_1^2}}, \quad p_Y(y) = \frac{1}{\sqrt{2\pi}\sigma_2} e^{-\frac{(y-\mu_2)^2}{2\sigma_2^2}}$$

因此,如果 $\rho = 0$,则对所有 $x,y$,有

$$p(x,y) = p_X(x)p_Y(y) \tag{2.5.10}$$

即 $X$ 与 $Y$ 是相互独立的;反之,如果 $X$ 与 $Y$ 相互独立,即对于所有 $x,y$,式 (2.5.10) 均成立,则 $\rho = 0$,综上所述有以下结论:

对于二维正态变量 $(X,Y)$,$X$ 与 $Y$ 相互独立的充要条件是参数 $\rho = 0$。

### 三、随机变量的函数

在 §2.4 中,我们曾讨论了正态变量的标准化。设 $X \sim N(u,\sigma^2)$,则由下式所定义的函数

$$Y = \frac{X - u}{\sigma}$$

是服从 $N(0,1)$ 分布的随机变量。这是一个一元随机变量函数的例子。在这里,我们将对随机变量的函数作一简略的介绍。

(一)一维随机变量的函数

设 $X$ 是连续型随机变量,它的分布函数为 $F_X(x)$,密度函数为 $p_X(x)$。

$1°$ 线性函数 $Y = a + bX (b \neq 0)$

$Y$ 的分布函数为

$$F_Y(y) = P(Y \leqslant y) = P(a + bX \leqslant y)$$

当 $b > 0$ 时,有

$$F_Y(y) = P\left(X \leqslant \frac{y-a}{b}\right) = F_X\left(\frac{y-a}{b}\right)$$

对 $y$ 取导数,$Y$ 的密度为

$$p_Y(y) = \frac{1}{b} p_X\left(\frac{y-a}{b}\right)$$

如果 $b < 0$,用类似的方法可得

$$p_Y(y) = -\frac{1}{b} p_X\left(\frac{y-a}{b}\right)$$

因此

$$p_Y(y) = \frac{1}{|b|} p_X\left(\frac{y-a}{b}\right) \tag{2.5.11}$$

如果 $X \sim N(u, \sigma^2)$，且 $Y = a + bX$，则由式(2.5.11)，$Y$ 的密度为

$$p_Y(y) = \frac{1}{|b| \sigma \sqrt{2\pi}} e^{-\frac{(y-a-bu)^2}{2b^2\sigma^2}}$$

即正态变量 $X$ 的线性函数仍然是正态变量，它服从 $N(a + bu, |b|^2\sigma^2)$ 分布。

2° $Y = X^2$

当 $y > 0$ 时，

$$\begin{aligned}
F_Y(y) = P(X^2 \leqslant y) &= P(-\sqrt{y} \leqslant X \leqslant \sqrt{y}) \\
&= P(X \leqslant \sqrt{y}) - P(X < -\sqrt{y}) \\
&= F_X(\sqrt{y}) - F_X(-\sqrt{y} - \circ)
\end{aligned}$$

当 $y < 0$ 时，

$$F_Y(y) = 0$$

于是，$Y$ 的密度函数为

$$p_Y(y) = \frac{d}{dy} F_Y(y) = \frac{p_X(\sqrt{y}) + p_X(-\sqrt{y})}{2\sqrt{y}}, \quad (y > 0)$$

如果 $X \sim N(0,1)$，则 $Y = X^2$ 的密度函数为

$$\begin{aligned}
p_Y(y) &= \frac{1}{2\sqrt{y}} \left( \frac{1}{\sqrt{2\pi}} e^{-\frac{y}{2}} + \frac{1}{\sqrt{2\pi}} e^{-\frac{y}{2}} \right) \\
&= \frac{1}{\sqrt{2\pi}} y^{-\frac{1}{2}} e^{-\frac{y}{2}}, \quad (y > 0)
\end{aligned} \tag{2.5.12}$$

所得的分布叫做 $\chi^2$（自由度等于 1）分布。

3° $Y = e^X$

$Y$ 的分布函数为

$$F_Y(y) = P(Y \leqslant y) = P(e^X \leqslant y) = P(X \leqslant \ln y) = F_X(\ln y)$$

于是 $Y$ 的密度函数为

$$p_Y(y) = \frac{d}{dy} F_X(\ln y) = \frac{1}{y} p_X(\ln y) \tag{2.5.13}$$

如果 $X \sim N(u, \sigma^2)$，此时 $Y$ 所服从的分布叫做对数正态分布，这是生物学上常见的分布之一。由式(2.5.13)可得对数正态分布的密度函数为

$$p_Y(y) = \frac{1}{y\sigma \sqrt{2\pi}} e^{-\frac{(\ln y - u)^2}{2\sigma^2}}, \quad 0 < y < +\infty \tag{2.5.14}$$

不同参数的对数正态密度曲线如图 2.5.4 所示。

（二）多维随机变量的函数

对多维随机变量的函数作一般讨论，需要多重积分的知识。在这里我们仅举两个例子。

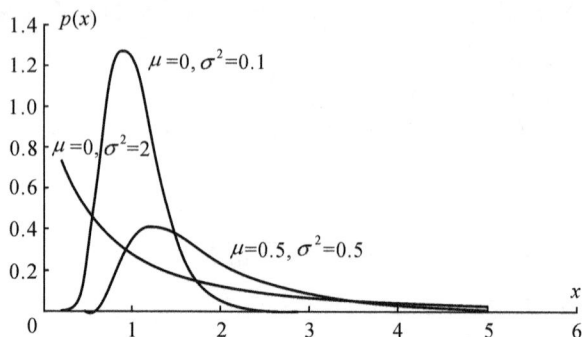

图 2.5.4　不同参数的对数正态密度曲线

**例 2.5.4**　假设在某一鱼群中某种疾病的感染率为 $p$,从该鱼群中任取 $n$ 尾检查,当鱼群很大时,这种抽查可以认为是回置式的。如果把第 $i$ 尾鱼是病鱼记为 $X_i = 1$,不是病鱼记为 $X_i = 0$,则 $X_i$ 是(0-1)变量,它的分布律为

$$X_i \begin{pmatrix} 1 & 0 \\ p & q = 1-p \end{pmatrix}, \; i = 1,2,\cdots,n \tag{2.5.15}$$

在抽取的 $n$ 尾鱼中病鱼的总数 $X$ 可表示成

$$X = X_1 + X_2 + \cdots + X_n$$

即,$X$ 可以表示成 $n$ 个随机变量之和。

按照我们的约定(抽样是回置式的),每次试验对应着一个(0-1)变量,而且这 $n$ 次试验相互独立,则这一试验即为我们所熟知的 $n$ 重 Bernoulli 试验,它所对应的随机变量 $X$ 的分布律为

$$P(X = k) = C_n^k p^k q^{n-k}, \; k = 0,1,2,\cdots,n$$

一般地若 $n$ 个随机变量 $X_1, X_2, \cdots, X_n$ 相互独立地服从式(2.5.15)的(0-1)分布,则它们的和 $X = X_1 + X_2 + \cdots + X_n$ 服从二项分布。

**例 2.5.5**　如果 $X_i \sim N(u_i, \sigma_i^2)(i=1,2,\cdots,n)$,且它们相互独立,则它们的和 $X = X_1 + X_2 + \cdots + X_n$ 服从 $N(\sum_{i=1}^{n} u_i, \sum_{i=1}^{n} \sigma_i^2)$ 分布。更一般地,上述 $n$ 个相互独立的正态变量的线性组合 $Y = a_0 + a_1 X_1 + a_2 X_2 + \cdots + a_n X_n$ 仍然服从正态分布,即

$$Y \sim N(a_0 + \sum_{i=1}^{n} a_i u_i, \sum_{i=1}^{n} a_i^2 \sigma_i^2)$$

其中 $a_0, a_1, \cdots, a_n$ 是不全为零的常数。

# §2.6　一维随机变量的数字特征

我们已经知道分布函数能完整地描述随机变量的统计规律,在实际问题中,我们还常常希望知道随机变量分布的某些主要特征。例如,当我们选择某一种作物品种,往往关心的是这种品种是否高产、稳产。所谓高产,就是产量的平均数较大;所谓稳产,就是在一定的生产条件下,产量的变异程度较小,在这里我们并不关心产量(作为一个随机变量)的分布而仅需知道产量的平均数及变异程度。从这个例子可以看到,与随机变量有关的某些数值虽然不能完全地描述随机变量,但能描述随机变量在某些方面的重要特征,这些数值就叫做随机变量的数字特征。此外,许多重要的分布函数(如正态分布、二项分布、Poisson 分布等等)依赖于几个参数,而这些参数正好是分布的某种特征,知道了这些特征数,分布函数也就确定了。因此,讨论随机变量的数字特征无论在统计学的理论上还是在方法上,都具有重要的意义。

**一、数学期望**

**例 2.6.1**　如果掷三个硬币(质量均匀),那么正面出现的次数 $X$ 服从二项分布

$$X \begin{bmatrix} 0 & 1 & 2 & 3 \\ \dfrac{1}{8} & \dfrac{3}{8} & \dfrac{3}{8} & \dfrac{1}{8} \end{bmatrix}$$

可以设想,如果掷三枚硬币 1000 次,大约有 $1000 \times \dfrac{1}{8} = 125$ 次不出现正面,大约有 $1000 \times \dfrac{3}{8} = 375$ 次会出现一个正面,大约有 375 次会出现两个正面,大约有 125 次会出现三个正面。因此,在 1000 次投掷中,出现正面的总数大约为

$$0 \times 125 + 1 \times 375 + 2 \times 375 + 3 \times 125 = 1500 \text{ 次}$$

于是,每抛掷一次可以预期出现 $\dfrac{1500}{1000} = 1.5$ 个正面,这就是 $X$ 的数学期望。从上述计算中可以看到如果我们把 $X$ 的各个可能值与它所对应的概率相乘,然后再求这些乘积的和应当得到完全同样的结果,事实上

$$0 \times \dfrac{1}{8} + 1 \times \dfrac{3}{8} + 2 \times \dfrac{3}{8} + 3 \times \dfrac{1}{8} = 1.5$$

数学期望是理论的或者说是理想的平均数,实际上,当我们掷三枚硬币时,是不可能出现 1.5 个正面的。但是在大量的重复试验中,我们却可以期望 $X$ 的平

均数将在它的数学期望附近。这就是为什么我们把这种数字特征叫做数学期望的理由。

下面我们分别对离散型及连续型变量给出数学期望的定义。

**(一) 离散型随机变量的数学期望**

**定义 2.6.1** 设离散型变量 $X$ 的分布律为
$$P(X = x_i) = p_i, i = 1, 2, \cdots$$

若级数 $\sum_i |x_i| p_i$ 收敛[①],则称级数 $\sum_i x_i p_i$ 为 $X$ 的数学期望(Expectation)(或期望值) 记为 $E(X)$,即

$$E(X) = \sum_i x_i p_i \tag{2.6.1}$$

期望值在有些著作中也叫均值,此时,应注意分清均值(即数学期望)与平均数这两个概念的区别。

**例 2.6.2** 在一个人数为 $N$ 的团体中要普查某种疾病,需要验血,这可以用两种方法进行。(1) 对每个人都分别验血,这就要化验 $N$ 次;(2) 把每 $k$ 个人分为一组,把这 $k$ 个人的血混在一起进行一次化验,如果结果是阴性,就说明这 $k$ 个人的血都呈阴性反应,那么对这 $k$ 个人来说只作一次化验就够了,如果化验的结果是阳性,则再对这 $k$ 个人的血样一一进行化验,这样 $k$ 个人共需要进行 $k+1$ 次化验。假定对所有的人来说,试验的阳性率为 $p$,且这些人对试验的反应是相互独立的。我们来说明用方法(2)可以减少试验次数。

若记 $q = 1 - p$,则 $k$ 个人的混合血呈阳性反应的概率为 $1 - q^k$,用方法(2)验血时每个人需要验血的次数 $X$ 是随机变量,它所能取的值为 $\frac{1}{k}$( $k$ 个人共需要一次)及 $1 + \frac{1}{k}$,相应的概率为 $q^k$ 及 $1 - q^k$,即 $X$ 的分布列为

$$X \quad \begin{pmatrix} \dfrac{1}{k} & \dfrac{k+1}{k} \\ q^k & 1-q^k \end{pmatrix}$$

因此 $X$ 的数学期望为

$$E(X) = \frac{1}{k} q^k + \left(1 + \frac{1}{k}\right)(1 - q^k) = 1 - q^k + \frac{1}{k}$$

$N$ 个人平均需要化验的次数为

$$N\left(1 - q^k + \frac{1}{k}\right)$$

---

[①] 要求 $\sum_i |x_i| p_i$ 收敛的理由是直观上 $E(X)$ 的值应与 $\sum_i x_i p_i$ 的各项的排列次序无关,这在数学上就应要求 $\sum_i x_i p_i$ 是绝对收敛。

由此可知,当 $p$ 固定时,若选取 $k$ 使得 $1-q^k+\dfrac{1}{k}$ 取到最小值时就得到了最好的分组方法。例如,当 $p=0.03, q=1-p=0.97$ 时, $k=6$ 使 $E(X)$ 取到最小值 $0.3337$,即每平均每 $1000$ 人只要化验 $334$ 次。类似地可对不同的 $p$ 值解出使平均化验次数最少的每组人数,见表 2.6.1。

表 2.6.1　对不同的 $p$ 值使平均化验次数最少的每组人数

| 阳性率 $p$ | 0.02 | 0.03 | 0.04 | 0.05 | 0.06 | 0.07 | 0.08 | 0.09 | 0.1 |
|---|---|---|---|---|---|---|---|---|---|
| 使 $E(X)$ 最小的 $k$ 值 | 8 | 6 | 6 | 5 | 5 | 4 | 4 | 4 | 4 |
| $E(X)$ | 0.2742 | 0.3337 | 0.3839 | 0.4262 | 0.4661 | 0.5019 | 0.5336 | 0.5643 | 0.5939 |
| 阳性率 $p$ | 0.11 | 0.12 | 0.13 | 0.14 | 0.15 | 0.16 | 0.17 | 0.18 | 0.19 |
| 使 $E(X)$ 最小的 $k$ 值 | 4 | 4 | 3 | 3 | 3 | 3 | 3 | 3 | 3 |
| $E(X)$ | 0.6226 | 0.6503 | 0.6748 | 0.6937 | 0.7192 | 0.7406 | 0.7615 | 0.7820 | 0.8019 |

下面我们来计算一些重要的离散型分布的数学期望。

**例 2.6.3**　[(0-1) 分布] 设 $X$ 的分布律为

$$X\begin{pmatrix} 0 & 1 \\ q & p \end{pmatrix}, q=1-p$$

则　$E(X)=0\times q+1\times p=p$

**例 2.6.4**　(二项分布) 设 $X$ 的分布律为

$$P(X=k)=C_n^k p^k q^{n-k}, \ q=1-p, k=1,2,\cdots,n$$

则

$$E(X)=\sum_{k=0}^{n} kC_n^k p^k q^{n-k}=np\sum_{k=1}^{n}\frac{(n-1)!}{(k-1)!(n-k)!}p^{k-1}q^{n-k}$$
$$=np\sum_{i=0}^{n-1}C_{n-1}^i p^i q^{n-1-i}=np(p+q)^{n-1}=np$$

**例 2.6.5**　(Poisson 分布) 设 $X$ 的分布律为

$$P(X=k)=\frac{\lambda^k}{k!}e^{-\lambda}, \ k=0,1,2,\cdots$$

则

$$E(X)=\sum_{k=0}^{\infty} k\frac{\lambda^k}{k!}e^{-\lambda}=\lambda e^{-\lambda}\sum_{k=1}^{\infty}\frac{\lambda^{k-1}}{(k-1)!}=\lambda e^{-\lambda}e^{\lambda}=\lambda$$

**(二) 连续型随机变量的数学期望**

**定义 2.6.2**　设连续型变量 $X$ 的分布密度为 $p(x)$,若 $\int_{-\infty}^{\infty}|x|p(x)\mathrm{d}x$ 收

敛,则称 $\int_{-\infty}^{\infty} xp(x)\mathrm{d}x$ 为 $X$ 的数学期望,记为 $E(X)$,即

$$E(X) = \int_{-\infty}^{\infty} xp(x)\mathrm{d}x \tag{2.6.2}$$

**例 2.6.6** (正态分布)设 $X \sim N(u,\sigma^2)$,则

$$E(X) = \int_{-\infty}^{\infty} xp(x)\mathrm{d}x = \int_{-\infty}^{\infty} \frac{x}{\sqrt{2\pi}\sigma} \mathrm{e}^{-\frac{(x-u)^2}{2\sigma^2}} \mathrm{d}x \left( t = \frac{x-u}{\sigma} \right)$$

$$= \frac{1}{\sqrt{2\pi}} \int_{-\infty}^{\infty} (\sigma t + u) \mathrm{e}^{-\frac{t^2}{2}} \mathrm{d}t = \frac{u}{\sqrt{2\pi}} \int_{-\infty}^{\infty} \mathrm{e}^{-\frac{t^2}{2}} \mathrm{d}t = u$$

**(三) 数学期望的基本性质**

数学期望具有下列基本性质:

1° 设 $c$ 是常数,则有

$$E(c) = c \tag{2.6.3}$$

2° 设 $X$ 是一个随机变量,$c$ 是常数,则有

$$E(cX) = cE(X) \tag{2.6.4}$$

3° 设 $X,Y$ 是任意两个随机变量,则有

$$E(X+Y) = E(X) + E(Y) \tag{2.6.5}$$

这一性质可以推广到任意有限个随机变量的和的情况。

4° 设 $X,Y$ 是两个相互独立的随机变量,则有

$$E(XY) = E(X)E(Y) \tag{2.6.6}$$

这一性质也可以推广到任意有限个相互独立的随机变量之积的情况。

5° 设 $X$ 是离散型变量,分布律为 $P(X=x_i)=p_i(i=1,2,\cdots)$,则随机变量 $u(X)$ 的数学期望是

$$E[u(X)] = \sum_i u(x_i)p_i \tag{2.6.7}$$

如果 $X$ 是连续型变量,它的分布密度为 $p(x)$,则 $u(X)$ 的数学期望是

$$E[u(X)] = \int_{-\infty}^{\infty} u(x)p(x)\mathrm{d}x \tag{2.6.8}$$

在式(2.6.7)中假定 $\sum_i |u(x_i)| p_i$ 收敛,而在式(2.6.8)中假定 $\int_{-\infty}^{\infty} |u(x)| p(x)$ 收敛。

**例 2.6.7** 设 $X_i(i=1,2,\cdots,n)$ 是相互独立的(0-1)变量,它们具有相同的分布列

$$X_i \quad \begin{pmatrix} 0 & 1 \\ q & p \end{pmatrix}$$

若 $X = X_1 + X_2 + \cdots + X_n$,则由性质 3° 应有 $E(X) = \sum_{i=1}^{n} E(X_i) = np$。

在例 2.5.4 中已知 $X$ 服从二项分布,所以我们又一次得到了例 2.6.4 的结果,即当 $X$ 服从二项分布时它的期望值是 $np$。

**例 2.6.8**　设 $X_i \sim N(u_i, \sigma_i^2)(i = 1, 2, \cdots, n)$

由例 2.6.6,$E(X_i) = u_i$。令 $X = X_1 + X_2 + \cdots + X_n$,则

$$E(X) = E(X_1) + E(X_2) + \cdots + E(X_n) = u_1 + u_2 + \cdots + u_n$$

## 二、方差及标准差

在第一章我们已经说过,由于众多随机因素的存在造成了随机试验结果的不确定性,因此产生了随机变量。数学期望当然不具有描述随机变量的变异性的功能,于是,需要找到一个量去度量随机变量的变异程度。

为了给"变异程度"提供一个直观的印象,我们先来看一个例子,设变量 $X_1$ 及 $X_2$ 的分布列分别为

$$X_1 \begin{pmatrix} -2 & -1 & 0 & 1 & 2 \\ 0.3 & 0.1 & 0.2 & 0.1 & 0.3 \end{pmatrix}$$

$$X_2 \begin{pmatrix} -2 & -1 & 0 & 1 & 2 \\ 0.1 & 0.1 & 0.6 & 0.1 & 0.1 \end{pmatrix}$$

$X_1, X_2$ 所能取的值相同,而且 $E(X_1) = E(X_2) = 0$,即它们的期望值都是 0,但是,$X_2$ 的分布较 $X_1$ 的分布明显更"集中"于它的期望值。换言之,$X_1$ 的分布较 $X_2$ 的分布更远离它的分布中心 —— 期望值。在这个意义上,一个随机变量的变异性实即它的"离中性",也就是说,我们可以用 $X - E(X)$ 来表示随机变量的变异程度,$X - E(X)$ 叫做随机变量的离差。

当 $X$ 是随机变量时,$X - E(X)$ 也是一个随机变量,因此,我们可以计算它的期望值,由期望值的性质,有

$$E(X - E(X)) = E(X) - E(X) = 0 \tag{2.6.9}$$

也就是说,任何随机变量的离差的期望值均为 0,这虽然是随机变量的一个简单然而重要的特性,但却无助于解决我们正在讨论的问题,于是,我们进而讨论 $(X - E(X))^2$。

**定义 2.6.3**　设 $X$ 是随机变量,记 $E(X) = u$,若 $E(X - E(X))^2$ 存在,则称 $E(X - u)^2$ 为 $X$ 的方差,记为 $D(X)$(Deviation) 或 $Var(X)$(Variance),即

$$D(X) = Var(X) = E(X - u)^2 \tag{2.6.10}$$

在应用上还引入与随机变量有相同量纲的量 $\sqrt{D(X)}$,记为 $\sigma(X)$,称为 $X$ 的标准差。

如果 $X$ 是具有分布列为

$$X \begin{pmatrix} x_1 & x_2 & \cdots & x_i & \cdots \\ p_1 & p_2 & \cdots & p_i & \cdots \end{pmatrix}$$

的离散型变量,它的期望值为 $\mu$,则由方差的定义及期望值的性质 $5°$,有

$$D(X) = \sum_i (x_i - u)^2 p_i \tag{2.6.11}$$

如果 $X$ 是具有分布密度 $p(x)$ 的连续型变量,$E(X) = u$,则

$$D(X) = \int_{-\infty}^{\infty} (x - u)^2 p(x) \mathrm{d}x \tag{2.6.12}$$

**例 2.6.9**  设 $X_1, X_2$ 的分布列分别为

$$X_1 \begin{pmatrix} -2 & -1 & 0 & 1 & 2 \\ 0.3 & 0.1 & 0.2 & 0.1 & 0.3 \end{pmatrix},$$

$$X_2 \begin{pmatrix} -2 & -1 & 0 & 1 & 2 \\ 0.1 & 0.1 & 0.6 & 0.1 & 0.1 \end{pmatrix}$$

则因 $E(X_1) = E(X_2) = 0$,由 (2.6.11) 式有

$$\begin{aligned} D(X_1) &= (-2)^2 \times 0.3 + (-1)^2 \times 0.1 + 0 \times 0.2 + 1^2 \\ &\quad \times 0.1 + 2^2 \times 0.3 = 2.6 \end{aligned}$$

$$\sigma(X_1) = \sqrt{2.6} = 1.6125$$

$$\begin{aligned} D(X_2) &= (-2)^2 \times 0.1 + (-1)^2 \times 0.1 + 0 \times 0.6 + 1^2 \times 0.1 + 2^2 \times 0.1 \\ &= 1 \end{aligned}$$

$$\sigma(X_2) = \sqrt{1} = 1$$

由方差的定义可以直接推出以下重要计算公式:

$$D(X) = E(X^2) - E^2(X) \tag{2.6.13}$$

**证**:为书写方便,仍记 $E(X) = u$,由数学期望的性质得

$$\begin{aligned} D(X) &= E(X - u)^2 = E(X^2 - 2uX + u^2) \\ &= E(X^2) - 2uE(X) + u^2 = E(X^2) - u^2 \\ &= E(X^2) - E^2(X) \end{aligned}$$

**例 2.6.10**  设 $X$ 具有 (0-1) 分布,其分布列为

$$X \begin{pmatrix} 1 & 0 \\ p & q \end{pmatrix}, \quad q = 1 - p$$

则      $E(X) = p$, $E(X^2) = 1^2 \times p + 0^2 \times q = p$

由式 (2.6.13)

$$D(X) = E(X^2) - E^2(X) = p - p^2 = p(1-p) = pq$$

下面讨论方差的一些基本性质。

$1°$ 当 $k, c$ 为常数时,有

$$D(kX + c) = k^2 D(X) \tag{2.6.14}$$

特别地,当 $k = 0$ 时,有 $D(c) = 0$;当 $k = 1$ 时,有 $D(X + c) = D(X)$,最后一式意味着方差是平移不变量。

设随机变量 $X$ 的数学期望为 $\mu$,方差为 $\sigma^2$,则

$$Y = \frac{X-u}{\sigma} \qquad (2.6.15)$$

叫做 $X$ 的标准化随机变量。对于 $Y$,显然有 $E(Y) = 0, D(Y) = 1$。对正态随机变量,我们已经叙述过它的标准化。

2° 对任意实数 $c$,总有

$$D(X) \leqslant E(X-c)^2 \qquad (2.6.16)$$

这一性质说明,随机变量对于其数学期望的偏离程度比它关于其他任何值的偏离程度都要小。

3° 如果 $X_1, X_2, \cdots, X_n$ 相互独立,$c_1, c_2, \cdots, c_n$ 为常数,则

$$D(c_1 X_1 + c_2 X_2 + \cdots + c_n X_n) = c_1^2 D(X_1) + c_2^2 D(X_2) + \cdots + c_n^2 D(X_n)$$

特别地,有

$$D(X_1 \pm X_2) = D(X_1) + D(X_2) \qquad (2.6.17)$$

4° (切比雪夫不等式) 设 $E(X) = u, D(X) = \sigma^2$,则对任意 $\varepsilon > 0$,有

$$P(|X-u| \geqslant \varepsilon) \leqslant \sigma^2/\varepsilon^2 \qquad (2.6.18)$$

这个不等式说明,如果 $X$ 的方差小,则事件“$|X-u| \geqslant \varepsilon$”发生的概率就小,换句话说,事件“$|X-u| < \varepsilon$”发生的概率就大,也就是说 $X$ 取的值基本上集中于 $\mu$ 附近,这进一步给我们说明了方差的意义。作为这一性质的推论,我们有

5° $D(X) = 0$ 的充要条件是 $P(X = c) = 1$,这里 $c$ 是常数。

**例 2.6.11** (二项分布的方差) 设 $X_i(i = 1, 2, \cdots, n)$ 为 $n$ 个独立同分布的 (0-1) 变量,$X_i$ 的分布列是

$$X_i \begin{pmatrix} 1 & 0 \\ p & q \end{pmatrix}, \quad q = 1-p, i = 1, 2, \cdots, n$$

那么变量 $X = X_1 + X_2 + \cdots + X_n$ 服从二项分布,它的分布律为

$$P(X = k) = C_n^k p^k q^{n-k}, \quad k = 0, 1, 2, \cdots, n$$

由性质 3°

$$D(X) = D(X_1) + D(X_2) + \cdots + D(X_n)$$

由于 $D(X_i) = pq$,所以

$$D(X) = npq, \quad \sigma(X) = \sqrt{npq}$$

**例 2.6.12** (Poisson 分布的方差) 设 $X$ 的分布律为

$$P(X = k) = \frac{\lambda^k}{k!} e^{-\lambda}, \quad k = 0, 1, 2, \cdots, \lambda > 0$$

在例 2.6.5 中已求得 $E(X) = \lambda$,又可算得

$$E(X^2) = E[X(X-1) + X] = E[X(X-1)] + E(X)$$

$$= \sum_{k=0}^{\infty} k(k-1) \frac{\lambda^k}{k!} e^{-\lambda} + \lambda = \lambda^2 \sum_{k=2}^{\infty} \frac{\lambda^{k-2}}{(k-2)!} e^{-\lambda} + \lambda$$

$$= \lambda^2 e^{\lambda} e^{-\lambda} + \lambda = \lambda^2 + \lambda$$

所以
$$D(X) = E(X^2) - E^2(X) = \lambda$$

由此可知 Poisson 分布的随机变量的数学期望与方差都等于分布的参数 $\lambda$。

**例 2.6.13** (正态分布的方差)设 $X$ 的密度函数为

$$p(x) = \frac{1}{\sqrt{2\pi}\sigma} e^{-\frac{(x-u)^2}{2\sigma^2}}$$

则

$$D(X) = \frac{1}{\sqrt{2\pi}\sigma} \int_{-\infty}^{\infty} (x-u)^2 e^{-\frac{(x-u)^2}{2\sigma^2}} dx = \frac{\sigma^2}{\sqrt{2\pi}} \int_{-\infty}^{\infty} t^2 e^{-\frac{t^2}{2}} dt \left( t = \frac{x-u}{\sigma} \right)$$

$$= \frac{\sigma^2}{\sqrt{2\pi}} \left( -te^{-\frac{t^2}{2}} \Big|_{-\infty}^{+\infty} + \int_{-\infty}^{\infty} e^{-\frac{t^2}{2}} dt \right) = \frac{\sigma^2}{\sqrt{2\pi}} \sqrt{2\pi} = \sigma^2$$

在例 2.6.6 中我们已得到 $E(X) = u$,可见正态变量密度函数中的两个参数 $u$ 和 $\sigma$ 分别是该变量的数学期望和标准差。因此正态变量的分布完全可以由它的期望值及标准差决定。

随机变量的数学期望和方差(及标准差)都是有量纲的量,而且与选用的单位有关。因此在不同的随机变量之间,用它们进行比较就有所不便。为此,我们引进下述定义:

**定义 2.6.4** 随机变量 $X$ 的标准差 $\sigma$ 与数学期望 $u$ 的比 $\sigma/u$,叫做 $X$ 的变差系数,用符号 $C_v$(Coefficient of Variation) 表示,即

$$C_v = \frac{\sigma(X)}{E(X)} \tag{2.6.19}$$

# §2.7 条件数学期望、协方差和相关系数

本节介绍几个在生物统计中十分重要的概念。

## 一、条件数学期望

对于二维随机变量 $(X,Y)$,对应于 $X$ 的一定值 $x$,$Y$ 将形成一个分布,这个分布叫做在 $X = x$ 的条件下 $Y$ 的条件分布。例如,以 $X,Y$ 分别表示鱼的体长及体重。在 $X = x$ 下 $Y$ 的条件分布表示对于体长为 $x$ 的鱼,它们体重所形成的分布。

设 $(X,Y)$ 的联合密度函数为 $p(x,y)$,边缘密度函数分别为 $p_1(x)$ 及 $p_2(y)$,此时,仿照条件概率的定义,我们称

$$p(y \mid x) = \frac{p(x,y)}{p_1(x)} [p_1(x) \neq 0] \tag{2.7.1}$$

为在条件 $X=x$ 下，$Y$ 的条件密度函数。同样地

$$p(x\mid y)=\frac{p(x,y)}{p_2(y)}[p_2(y)\neq0] \tag{2.7.2}$$

叫做在条件 $Y=y$ 下，$X$ 的条件密度函数。

**例 2.7.1**　设 $(X,Y)$ 是二维正态变量，它的密度函数为

$$p(x,y)=\frac{1}{2\pi\sigma_1\sigma_2\sqrt{1-\rho^2}}\exp$$

$$\cdot\left[-\frac{1}{2(1-\rho^2)}\left(\frac{(x-\mu_1)^2}{\sigma_1^2}-2\rho\,\frac{(x-\mu_1)(y-\mu_2)}{\sigma_1\sigma_2}+\frac{(y-\mu_2)^2}{\sigma_2^2}\right)\right]$$

求条件密度函数 $p(y\mid x)$。

由式 (2.7.1)，

$$p(y\mid x)=\frac{p(x,y)}{p_1(x)}$$

$$=\frac{1}{\sigma_2\sqrt{2\pi}\,\sqrt{1-\rho^2}}\exp$$

$$\cdot\left\{-\frac{1}{2(1-\rho^2)}\left(\frac{(x-u_1)^2}{\sigma_1^2}-\frac{2\rho(x-u_1)(y-u_2)}{\sigma_1\sigma_2}+\frac{(y-u_2)^2}{\sigma_2^2}\right)+\frac{(x-u_1)^2}{2\sigma_1^2}\right\}$$

$$=\frac{1}{\sqrt{2\pi}\sigma_2\sqrt{1-\rho^2}}\exp\left\{-\frac{1}{2\sigma_2^2(1-\rho^2)}(y-(u_2+\rho\frac{\sigma_2}{\sigma_1}(x-u_1)))^2\right\}$$

由此可见，二维正态分布在 $X=x$ 时的条件分布仍然是正态分布

$$N\left[u_2+\rho\frac{\sigma_2}{\sigma_1}(x-u_1),\sigma_2^2(1-\rho^2)\right] \tag{2.7.3}$$

它的几何意义为：$p(y\mid x)$ 的图形是曲面 $X=p(x,y)$ 被过点 $(x,0,0)$ 且平行于 $YOZ$ 平面所切割，然后乘以常因子 $1/p_1(x)$ 所得的曲线。

我们还可得到在 $Y=y$ 条件下，$X$ 的条件密度函数为

$$p(x\mid y)=\frac{1}{\sqrt{2\pi}\sigma_1\sqrt{1-\rho^2}}\exp\left\{-\frac{1}{2\sigma_1^2(1-\rho^2)}(x-(u_1+\rho\frac{\sigma_1}{\sigma_2}(y-u_2)))^2\right\}$$

**定义 2.7.1**　条件分布的数学期望叫做条件数学期望，详细地说，如果

$$\int_{-\infty}^{\infty}\mid y\mid p(y\mid x)\mathrm{d}y<\infty,\ \int_{-\infty}^{\infty}\mid x\mid p(x\mid y)\mathrm{d}x<\infty$$

记

$$E(Y\mid x)=\int_{-\infty}^{\infty}yp(y\mid x)\mathrm{d}y \tag{2.7.4}$$

并称它为在 $X=x$ 的条件下，$Y$ 的条件数学期望。显然，$E(Y\mid x)$ 是 $x$ 的函数，同理

$$E(X\mid y)=\int_{-\infty}^{\infty}xp(x\mid y)\mathrm{d}x \tag{2.7.5}$$

叫做在条件 $Y = y$ 下，$X$ 的条件数学期望，它是 $y$ 的函数。

**例 2.7.2**　设 $(X, Y)$ 服从二维正态分布，它的密度函数由式 (2.5.7) 给出。求条件数学期望。

在例 2.7.1 中，我们已经知道，二维正态分布的两个条件分布都是正态的，从它们的密度函数易见

$$E(Y \mid x) = \mu_2 + \rho \frac{\sigma_2}{\sigma_1}(x - \mu_1) \tag{2.7.6}$$

$$E(X \mid Y) = \mu_1 + \rho \frac{\sigma_1}{\sigma_2}(y - \mu_2) \tag{2.7.7}$$

式 (2.7.6)、(2.7.7) 是两条直线方程。它们分别叫做 $Y$ 倚 $X$ 的回归直线及 $X$ 倚 $Y$ 的回归直线。

### 二、协方差

对于二维随机变量 $(X, Y)$，除了需要了解 $X$ 与 $Y$ 各自的分布特征外，还需有一个数字特征用来描述 $X$ 与 $Y$ 之间的相互关系。先证明以下的结果。

如果 $X, Y$ 是相互独立的随机变量，则

$$E((X - \mu_1)(Y - u_2)) = 0 \tag{2.7.8}$$

此处，$u_1 = E(X)$，$u_2 = E(Y)$。

事实上我们有

$$\begin{aligned}
E((X - u_1)(Y - u_2)) &= E(XY - u_1 Y - u_2 X + u_1 u_2) \\
&= E(XY) - u_1 u_2
\end{aligned}$$

因为 $X, Y$ 相互独立，所以 $E(XY) = E(X)E(Y) = u_1 u_2$，于是，(2.7.8) 式成立。

由此可见，当 $E[(X - u_1)(Y - u_2)] \neq 0$ 时，$X$ 与 $Y$ 便不是相互独立的，它们之间应当存在着某种依赖关系。

**定义 2.7.2**　量 $E[(X - u_1)(Y - u_2)]$ 叫做随机变量 $X$ 与 $Y$ 的协方差(或相关矩)，记为 $\sigma_{12}$(或 $\text{Cov}(X, Y)$(Covariance))，即

$$\sigma_{12} = E(X - u_1)(Y - u_2)) \tag{2.7.9}$$

协方差具有下列一些性质。

$1°$ (对称性)$\sigma_{12} = \sigma_{21}$

$2°$ $D(aX + bY) = a^2 D(X) + 2ab\sigma_{12} + b^2 D(Y)$，其中 $a, b$ 是常数。事实上令 $u_1 = E(X)$，$u_2 = E(Y)$，则

$$\begin{aligned}
D(aX + bY) &= E[(aX + bY) - (au_1 + bu_2)]^2 \\
&= E[a(X - u_1) + b(Y - u_2)]^2 \\
&= a^2 E(X - u_1)^2 + 2abE[(X - u_1)(Y - u_2)] \\
&\quad + b^2 E(Y - u_2)^2 \\
&= a^2 D(X) + 2ab\sigma_{12} + b^2 D(Y)
\end{aligned}$$

$3°\ E(XY) = E(X)E(Y) + \sigma_{12}$

### 三、相关系数

由协方差的定义可知,协方差不仅描述随机变量 $X$ 与 $Y$ 之间的相关性,而且还与这两个变量的离差有关。如果 $X$ 或 $Y$ 中的任一个的离差很小,则 $\sigma_{12}$ 总是很接近于零的。此外,$\sigma_{12}$ 是有量纲的量,它的量纲等于 $X$ 及 $Y$ 的量纲的乘积。

为了得到能用来表示两个随机变量间的相关性的无量纲的数字特征,我们考虑标准化随机变量 $\dfrac{X-u_1}{\sigma_1}$ 与 $\dfrac{Y-u_2}{\sigma_2}$ 的协方差,并给出如下定义。

**定义 2.7.3** 设 $E(X) = u_1, E(Y) = u_2, D(X) = \sigma_1^2, D(Y) = \sigma_1^2$,记

$$\rho_{12} = Cov\left(\frac{X-\mu_1}{\sigma_1}, \frac{Y-\mu_2}{\sigma_2}\right) \tag{2.7.10}$$

并称它为随机变量 $X$ 与 $Y$ 的相关系数。在不致混淆时,简记为 $\rho$,易见

$$\rho_{12} = \frac{\sigma_{12}}{\sigma_1\sigma_2}$$

相关系数在生物统计方法中起着重要作用,下面我们叙述相关系数的一些重要性质。

**性质 1** $|\rho| \leqslant 1$

**性质 2** $|\rho| = 1$ 的充分必要条件为 $X$ 与 $Y$ 以概率 1 线性相关,即存在常数 $\alpha, \beta(\beta \neq 0)$,使得

$$P\{Y = \alpha + \beta X\} = 1$$

这里,当 $\beta > 0$ 时,$\rho = 1$;当 $\beta < 0$ 时 $\rho = -1$。

这条性质需要解释一下,它断言,当 $|\rho| = 1$ 时,随机变量 $(X, Y)$ 取 $XY$ 平面上的一条直线上的值的概率为 1,即随机点落在直线 $y = \alpha + \beta x$ 上的概率为 1。此时,如果我们选这条直线作为坐标轴,则二维随机变量将退化为一维随机变量。

**性质 3** 如果 $X, Y$ 相互独立,则 $\rho = 0$。

这条性质的逆命题不成立。即当 $X$ 与 $Y$ 的相关系数为 0 时,它们不一定独立。相关系数仅仅反映了两个变量间线性关系的密切程度。

**定义 2.7.4** 若随机变量 $X$ 与 $Y$ 的相关系数 $\rho = 0$,则说 $X$ 与 $Y$(线性)不相关。

上面所讨论的是独立性与不相关性的一般情况,但对密度函数由式(2.5.7)给出的二元正态分布,通过计算可以知道 $X$ 与 $Y$ 的相关系数 $\rho_{12}$ 恰好是式(2.5.7)中的参数 $\rho$。因此,我们有

**性质 4** 对于二元正态分布,不相关性与独立性是等价的。

**性质 5** 设随机变量 $X_1, X_2$ 的方差存在,令

$$Y_1 = a_1 + b_1 X_1$$

$$Y_2 = a_2 + b_2 X_2$$

则 $Y_1$ 与 $Y_2$ 的相关系数为

$$\rho_{Y_1 Y_2} = \frac{b_1 b_2}{\mid b_1 b_2 \mid} \rho_{12}$$

其中 $\rho_{12}$ 为 $X_1, X_2$ 的相关系数。

性质 5 表明,相关系数不依赖于原点和单位的选取。

设我们考虑 $n$ 维随机变量 $(X_1, X_2, \cdots, X_n)$,对于每对变量 $X_i, X_j$,都可以算出它们协方差

$$\sigma_{ij} = Cov(X_i, X_j), \ i, j = 1, 2, \cdots, n$$

由这些协方差组成的矩阵

$$\sigma = \begin{bmatrix} \sigma_{11} & \sigma_{12} & \cdots & \sigma_{1n} \\ \sigma_{21} & \sigma_{22} & \cdots & \sigma_{2n} \\ \cdots & \cdots & & \cdots \\ \sigma_{n1} & \sigma_{n2} & \cdots & \sigma_{nn} \end{bmatrix}$$

叫做 $(X_1, X_2, \cdots, X_n)$ 的协方差矩阵,这是一个对称矩阵。它的对角线上的元素 $\sigma_{ii}$ 是第 $i$ 个分量 $X_i$ 的方差,即

$$\sigma_{ii} = D(X_i), \ i = 1, 2, \cdots, n$$

# §2.8 习 题

1. 下列两个矩阵是不是分布列?

$$X_1 \begin{pmatrix} 1 & 2 & 3 \\ 0.5 & 0.3 & 0.2 \end{pmatrix}, X_2 \begin{pmatrix} 1 & 2 & 3 \\ 0.7 & 0.1 & 0.1 \end{pmatrix}$$

2. 进行某种试验,设试验成功的概率为 3/4,失败的概率为 1/4,以 $X$ 表示试验首次成功所需的试验次数,试写出 $X$ 的分布列。

3. 已知在某水域中二龄鱼占总数的 30%,在一次捕得的 10 尾鱼中,二龄鱼超过半数的概率是多少?

4. 假定某种疾病的感染率是 0.25,为了检验一种免疫法的效果,对 $n$ 个对象进行了免疫注射。如果这种免疫注射不起作用,则这 $n$ 个受试对象中恰有 $k$ 个不感染这种疾病的概率是多少?当 $n = k = 10$ 时,算出这个概率,要是 10 个受试对象中没有 1 个感染这种疾病,你对这种免疫法有什么评价。

又当这种免疫法不起作用时,17 个受试对象中至多只有 1 个感染这种疾病的概率是多少?

5. 设在血球计数器的一个方块中找到的酵母细胞数服从参数 $\lambda = 0.48$ 的普阿松(Poisson)分布,如果观测了 400 个方块,你能预期会有多少个方块恰有一

个酵母细胞。

6. 在 1875 年到 1955 年期间的某 63 年中,上海夏季(即 5—9 月间)共发生暴雨 180 次,每年夏季共有 153 天,每次暴雨如以 1 天计算,则每天发生暴雨的概率为 $p = \dfrac{180}{63 \times 153}$,这个值很小,如果把一天内下暴雨看成稀有事件,对它应用普阿松(Poisson)分布,试求一个夏季发生 4 次暴雨的概率,按理论推算,这 63 年中应有多少年的夏季发生 4 次暴雨(实际记录是 10 年)?

7. 设 $X$ 服从 Poisson 分布,其分布律为

$$P(X = k) = \frac{\lambda^k e^{-\lambda}}{k!}, k = 1, 2, \cdots$$

问当 $k$ 取何值时 $P(X = k)$ 为最大?

8. (繁殖问题)设某种生物产 $k$ 个卵的概率为 $P(X = k) = \dfrac{\lambda^k e^{-\lambda}}{k!}, k = 1, 2, \cdots$,又设一个卵能孵化的概率等于 $p$,若每个卵的孵化是相互独立的,问子一代有 $l$ 个个体的概率是多少?

9. (超几何分布)一批产品共 $N$ 个,其中有 $M$ 个次品,求任意取出的 $n$ 个产品中次品数的分布。

10. 设连续型随机变量的分布函数为

$$F(x) = \begin{cases} 0 & x < 0 \\ kx & 0 \leqslant x < 1 \\ 1 & x \geqslant 1 \end{cases}$$

(1) 确定 $k$ 值,并求分布密度;(2) 求 $P\left(X = \dfrac{1}{2}\right)$;(3) 求 $P\left(|X| < \dfrac{1}{2}\right)$。

11. 设 $X \sim N(0, 1)$,求:

(1) $P(X < 2.2)$　(2) $P(X > 1.76)$　(3) $P(X < -0.78)$

(4) $P(|X| < 1.55)$　(5) $P(|X| > 2.5)$　(6) $P(-0.1 < X < 1.6)$

12. 设 $X \sim N(0, 1)$,求 $x$,使得:

(1) $P(|X| < x) = 0.95$　(2) $P(|X| > x) = 0.1$

13. 设 $X \sim N(-1, 16)$,求:

(1) $P(X < 2.44)$　(2) $P(X > -1.5)$　(3) $P(X < -0.28)$

(4) $P(|X| < 4)$　(5) $P(-5 < X < 2)$　(6) $P(|X - 1| > 11)$

14. 设血型为 O 的人在总人口中占 50%,利用二项分布的正态逼近求:"100 人中血型为 O 的人数在 40 到 60"这一事件的概率。

15. 用 $X$ 表示某种遗传性状,"$X = 1$"表示被观测的个体有该项性状,"$X = 0$"表示无该项性状;用 $Y$ 表示性别,"$Y = 1$"表示♀性,"$Y = 0$"表示♂性。设已知 $(X, Y)$ 的联合分布为

| Y \ X | 0 | 1 |
|---|---|---|
| 0 | 0.1 | 0.2 |
| 1 | 0.4 | 0.3 |

(1) 求 $X,Y$ 的边缘分布。

(2) 如果 $X,Y$ 相互独立,则联合分布该是怎样的?

16. 设 $X$ 的分布列为

$$\begin{pmatrix} -1 & 0 & 1 & 2 & 3 \\ 0.3 & 0.2 & 0.1 & 0.1 & 0.3 \end{pmatrix}$$

求 $X+1, 2X, X^2$ 的分布列。

17. 设 $X,Y$ 都表示 $n$ 重 Bernoulli 试验中成功的次数,成功的概率为 $p$,失败的概率为 $q=1-p$,如果 $X,Y$ 相互独立,求 $X+Y$ 的分布。

18. 某池中鲫鱼的年龄分布为

$$\begin{pmatrix} 1 & 2 & 3 & 4 \\ 0.56 & 0.4 & 0.03 & 0.01 \end{pmatrix}$$

求该池中鲫鱼年龄的期望值及标准差。

19. 设试验成功的概率为 $p$,失败的概率为 $q=1-p$,用 $X$ 表示进行这种试验直至成功所需要的试验次数(习题 2 是本题的特例),求试验次数的期望值与方差。

20. 已知辐射剂量为 $1 \times 10^4 (\gamma)$ 时,鲤鱼受精卵的成活率为 $76\%$,对 642 个受精卵进行辐射处理并观察成活数是一个 $n=642$ 的 Bernoulli 试验,试求成活数的期望值和标准差。

21. 若 $X_1, X_2$ 独立,求证:
$$E(aX_1+bX_2)=aE(X_1)+bE(X_2); D(aX_1+bX_2)=a^2D(X_1)+b^2D(X_2)$$
式中 $a,b$ 是任意常数。

作为特例,我们有
$$E(X_1-X_2)=E(X_1)-E(X_2) \tag{2.8.1}$$
$$D(X_1-X_2)=D(X_1)+D(X_2) \tag{2.8.2}$$

22. 设 $X$ 的密度函数为
$$p(x)=\begin{cases} \lambda e^{-\lambda x} & x \geqslant 0 \\ 0 & x < 0 \end{cases}$$

这里 $\lambda > 0$,这个分布叫做指数分布,它常用来作为寿命分布的近似。求它的数学期望及标准差。

23. 设船舶横向摇摆的随机振幅 $X$ 的密度函数为

$$p(x) = Ax\mathrm{e}^{-x^2/2\sigma^2} \quad (x > 0)$$

求：

(1) $A$；

(2) 遇到大于其振幅均值的概率是多少？

(3) $X$ 的方差。

24. 求超几何分布（见第 9 题）的均值和方差。

25. 求对数正态分布的均值及方差。

26. 设 $X, Y$ 相互独立，它们都服从 $N(0,1)$ 分布，求：

   (1) $X + Y$ 的密度函数；(2) $p(0 \leqslant X + Y < 2)$。

27. 证明：对随机变量 $X, Y, E(XY) = E(X)E(Y)$ 和 $D(X+Y) = D(X) + D(Y)$ 的充要条件为 $\rho = 0$。

28. 设 $X_1, X_2$ 相互独立，都服从 $N(0,1)$ 分布，而 $X = aX_1 + bX_2, Y = aX_1 - bX_2$，求 $X_1, X_2$ 的相关系数 $\rho$。

# 第3章 数理统计的基本知识

## §3.1 总体与样本

在前两章中,我们讨论了一系列用于描述随机现象的数学模型,如概率、随机变量的分布以及它们的数字特征等等。但在实际问题中,随机变量的分布、分布中的各个参数往往是未知的。例如,当我们研究某种鱼的体长时,虽然它的分布是客观存在的,但却是未知的。当然,如果能对古往今来的每一尾这种鱼逐一量测它的体长(理论上讲这种体长有无限个),那么这个分布便会明白地呈现出来。然而这是不可能办到的。我们所能做的只能是在这种鱼中按某种方式抽取若干尾,量测这些被抽取出来的鱼的体长,然后利用所得到的数据去估计、推断这种鱼的体长应当具有怎样的分布。简而言之,我们想要知道的是所研究对象的"全体",而能获得的只是其中的一部分资料。因此,就需要根据从局部资料中得到的信息来对所研究对象的全体作出推断。这就是科学研究中所常用的归纳推理方法。由归纳推理所得的结果自然包含着某种不确定性,统计方法就是要提供从局部到全体的推断方法并且对由此而产生的不确定的程度给出定量的测度。

概括地说,统计方法可分为密切联系着的两个方面:(1) 合理地、有效地获得观察资料的方法。观察资料通常是通过抽样或试验获得。因此,抽样技术及试验设计便成了统计方法的重要组成部分。(2) 如何用已经获得的资料对所关心的问题作出尽可能精确、可靠的结论,即所谓统计推断问题。以下几章我们主要就第二个问题进行详细的讨论。

先引入一些基本概念和术语。

我们所研究对象的全体叫做总体(或母体)。组成总体的每个基本单元叫做个体。例如,当我们讨论某种鱼的体长分布时,所有这种鱼的体长所形成的集合便是总体,每一尾鱼的体长是一个个体。当然,总体是因我们所讨论的问题而异的。如果我们要讨论某年某水域中某种鱼的体长分布,则该年该水域中所有这种鱼的体长的便构成了我们所考虑的总体。在根据我们所获得的资料进行统计推断之前,明确我们所考虑的总体是什么,这是十分重要的。

因为我们所讨论的是随机现象,所以,总体总是与一个随机变量相对应着。今后,我们将认为总体与随机变量这两个概念是等同的,因此,我们说:"总体具有分布 $F(x)$",指的是我们所研究的总体所对应的随机变量的分布函数为 $F(x)$。

如上所述,总体一般是未知的,为了了解总体的分布或它的某些特征,需要进行若干次试验,即重复观察随机变量所取的值,我们就是要根据这些观察所得的值去对总体作出一些推断。为此,自然要求这些观察值必须具有"代表性",通常我们自然地要求在进行每次观察时,总体不能有所改变(譬如说,对于有限总体,我们应进行如前所说的"回置抽样"),在这一要求下对总体的每次观察即相当于在同样的条件组下进行一次试验,而且各次试验应当是相互独立的,于是每次试验就将对应着一个与总体具有相同分布的随机变量,而各随机变量间是互相独立的,这种程序叫做简单随机抽样,除非另有说明,今后将把简单随机抽样简称为抽样。

**定义 3.1.1**　设 $X_1, X_2, \cdots, X_n$ 是 $n$ 个相互独立的随机变量,每一 $X_i$ 都具有和总体 $X$ 相同的分布,则 $n$ 维随机变量 $(X_1, X_2, \cdots, X_n)$ 叫做来自总体 $X$ 的容量为 $n$ 的简单随机样本。

今后,将把简单随机样本简称为样本(或子样)。生物统计的基本问题就是根据对样本的观察去对总体或它的某些特征作出判断。

在不同的抽样观察中,我们得到样本 $(X_1, X_2, \cdots, X_n)$ 的不同的值,对每一次具体的观察结果而论,它们是一组完全确定的值,记为 $(x_1, x_2, \cdots, x_n)$,称为样本值。应当注意区分样本和样本值。

如果总体 $X$ 是连续型随机变量,它的密度函数为 $p(x)$,则来自 $X$ 的简单随机样本 $(X_1, X_2, \cdots, X_n)$ 的联合密度函数显然是 $p(x_1)p(x_2)\cdots p(x_n)$。

# §3.2　期望值与方差的点估计

## 一、样本均值

设 $(X_1, X_2, \cdots, X_n)$ 是来自总体 $X$ 的一个样本,在生物学中经常遇到的问题是,如何利用样本对 $X$ 的数字特征作出估计。

**例 3.2.1**　设我们要估计某水域中草鱼的平均长度,为此,在该水域捕捞了 5 尾草鱼,它们的全长分别为 $200, 150, 250, 154, 185(\text{mm})$,这 5 个数可以看成是容量为 5 的样本 $(X_1, X_2, \cdots, X_5)$ 的一组观察值,我们自然会想到用这 5 个数的平均数

$$\frac{200 + 150 + 250 + 154 + 185}{5} = 187.8 (\text{mm})$$

作为该水域所有草鱼的全长的均值(即总体期望值)的一个估计值。

如果我们又捕了 5 尾草鱼,量出它们的全长,这样,我们得到了样本的另一组观察值,再次计算这 5 个数的平均数,就会得到总体期望的另一个估计值。

一般地,如果我们每次抽取 $n$ 个个体作为一组,反复抽取了若干组,对每一组都算出平均值,所得数据及算得的均值如下

|  | 数据 | 平均数 |
|---|---|---|
| 第一组 | $x_1^{(1)}, x_2^{(1)}, \cdots, x_n^{(1)}$ | $\bar{x}^{(1)} = \frac{1}{n}\sum_{i=1}^{n} x_i^{(1)}$ |
| 第二组 | $x_1^{(2)}, x_2^{(2)}, \cdots, x_n^{(2)}$ | $\bar{x}^{(2)} = \frac{1}{n}\sum_{i=1}^{n} x_i^{(2)}$ |

······

显然,每组数据是容量为 $n$ 的样本 $(X_1, X_2, \cdots, X_n)$ 的一组观察值,而 $\bar{x}^{(1)}$, $\bar{x}^{(2)}, \cdots$ 中的每一个都可以作为总体数学期望的一个估计。

从样本 $(X_1, X_2, \cdots, X_n)$ 可以构造出这 $n$ 个随机变量的一个函数

$$\bar{X} = \frac{1}{n}\sum_{i=1}^{n} X_i$$

各组数据的平均数就是这个函数当"自变量" $(X_1, X_2, \cdots, X_n)$ 取某组值时的函数值,换言之,是 $\bar{X}$ 的一个观察值。由以上所述的数学期望的估计方法,可归纳为以下步骤:

1. 从总体 $X$ 中抽取一个样本 $(X_1, X_2, \cdots, X_n)$;

2. 构造这个样本的一个函数: $\bar{X} = \frac{1}{n}\sum_{i=1}^{n} X_i$;

3. 对于样本的一组观测值,算出相应的 $\bar{X}$ 的值。

**定义 3.2.1** 设 $(X_1, X_2, \cdots, X_n)$ 是一个样本,则 $\frac{1}{n}(X_1 + X_2 + \cdots + X_n)$ 叫做这个样本的样本均值,记为 $\bar{X}$,即

$$\bar{X} = \frac{1}{n}\sum_{i=1}^{n} X_i \tag{3.2.1}$$

设 $(x_1, x_2, \cdots, x_n)$ 是样本的一组观察值,将这组值代入式(3.2.1)的右边,所得的结果今后将用 $\bar{x}$ 表示,即

$$\bar{x} = \frac{1}{n}\sum_{i=1}^{n} x_i \tag{3.2.2}$$

## 二、统计量和估计量

更普遍地说,如果总体 $X$ 的某一参量 $\theta$ 是未知的,为了估计 $\theta$,我们从 $X$ 中抽

取容量为 $n$ 的样本 $(X_1, X_2, \cdots, X_n)$，构造这个样本的一个函数 $\hat{\theta}(X_1, X_2, \cdots, X_n)$，对于样本的一组观察值，可以算出 $\hat{\theta}$ 的一个值 $\hat{\theta}(x_1, x_2, \cdots, x_n)$，我们就可以取这个值作为待估参数 $\theta$ 的估计值。为了叙述方便起见，给出下列定义：

**定义 3.2.2**　样本 $(X_1, X_2, \cdots, X_n)$ 的函数 $\hat{\theta}(X_1, X_2, \cdots, X_n)$，如果它不包含总体的任何未知参数，称为统计量。

统计量是随机变量。当统计量被用于对总体的未知参数 $\theta$ 作出估计时，我们又把它叫做估计量（更明确地说，$\theta$ 的估计量），一般地，参数 $\theta$（这是一个未知常数）的估计量（这是一个随机变量）用 $\hat{\theta}$ 表示。

**定义 3.2.3**　对于样本的一组值 $(x_1, x_2, \cdots, x_n)$，估计量的值 $\hat{\theta}(x_1, x_2, \cdots, x_n)$ 叫做 $\theta$ 的估计值。

用估计量或估计值作出总体未知参数的估计，叫做参数的点估计。

根据这些术语，我们说，$\overline{X}$（或 $\overline{x}$）是总体数学期望 $\mu$ 的点估计。

从理论上说，对于未知参数 $\theta$，我们可以构造多种估计量用来对它进行估计，这就需要我们能有一些标准去衡量估计量的好坏，对这方面作详细讨论需要许多准备知识，这里我们仅叙述这些要求之一，即无偏性。

因为估计量是一个随机变量，我们要评价一个估计量的好坏就不能仅仅根据其某一个估计值来衡量，而是希望它在多次抽样观测中所得到的估计值在它所估计的参数附近摆动，即要求，$\hat{\theta}$ 的期望值就是 $\theta$。

**定义 3.2.4**　设 $\hat{\theta}$ 为未知参数 $\theta$ 的估计量，如果 $E(\hat{\theta}) = \theta$，则称 $\hat{\theta}$ 为 $\theta$ 的无偏估计量。

现在让我们来看看总体期望 $\mu$ 的估计量 $\overline{X}$ 是否具有这种性质。

$$E(\overline{X}) = E\left(\frac{1}{n}\sum_{i=1}^{n} X_i\right) = \frac{1}{n}\sum_{i=1}^{n} E(X_i) = \frac{1}{n}\sum_{i=1}^{n} \mu = \mu$$

可见，$\overline{X}$ 是 $\mu$ 的无偏估计量。

### 三、样本方差

方差 $\sigma^2$ 是母体的另一个重要的数字特征，同时它也是许多重要分布（如正态分布）的参量，当 $\sigma^2$ 为未知时，仿照上段的想法，我们用统计量

$$\widetilde{S}^2 = \frac{1}{n}\sum_{i=1}^{n} (X_i - \overline{X})^2 \tag{3.2.3}$$

作为 $\sigma^2$ 的估计量，为了检查它是否满足无偏性要求，我们来计算 $E(\widetilde{S}^2)$。

$$E(\widetilde{S}^2) = E\left[\frac{1}{n}\sum_{i=1}^{n}(X_i - \overline{X})^2\right] = \frac{1}{n}E\left\{\sum_{i=1}^{n}\left[(X_i - u) - (\overline{X} - u)\right]^2\right\}$$

$$= \frac{1}{n}E\left[\sum_{i=1}^{n}(X_i - u)^2 - 2\sum_{i=1}^{n}(X_i - u)(\overline{X} - u) + n(\overline{X} - u)^2\right]$$

$$= \frac{1}{n}\Big[\sum_{i=1}^{n}E(X_i-u)^2 - nE(X-u)^2\Big]$$

$$= \frac{1}{n}\Big(n\sigma^2 - n\frac{\sigma^2}{n}\Big) = \frac{n-1}{n}\sigma^2$$

即,$\widetilde{S}^2$ 不是总体方差 $\sigma^2$ 的无偏估计,由于 $\frac{n-1}{n} < 1$,所以,一般说来,它失之过小。为此,我们另外构造一个统计量。

**定义 3.2.5** 设 $(X_1, X_2, \cdots, X_n)$ 是总体 $X$ 的样本,统计量

$$S^2 = \frac{1}{n-1}\sum_{i=1}^{n}(X_i-\overline{X})^2 \tag{3.2.4}$$

叫做样本方差。$S = \sqrt{S^2}$ 叫做样本标准差。

显然,$E(S^2) = \sigma^2$,所以以 $S^2$ 作为总体方差 $\sigma^2$ 的估计量,它的值通常记作 $s^2$。

**例 3.2.2** 在例 3.2.1 中已列出了 5 尾草鱼的全长:200,150,250,154,185,求 $s^2$。

**解:**由例 3.2.1 已知 $\overline{x} = 187.8$,

$$s^2 = \frac{1}{4}\Big[(200-187.8)^2 + (150-187.8)^2 + \cdots + (185-187.8)^2\Big]$$

$$= \frac{1}{4} \times 6596.8 = 1649.2$$

$$s = \sqrt{1649.2} = 40.61$$

随机变量之差 $X_i - \overline{X}$ 以及 $x_i - \overline{x}$ 都叫做离差,离差的平方和

$$\sum_{i=1}^{n}(x_i-\overline{x})^2 = \sum_{i=1}^{n}(x_i^2 - 2x_i\overline{x} + \overline{x}^2)$$

$$= \sum_{i=1}^{n}x_i^2 - 2\overline{x}\sum_{i=1}^{n}x_i + n\overline{x}^2 = \sum_{i=1}^{n}x_i^2 - n\overline{x}^2 \tag{3.2.5}$$

所以 $s^2$ 也可以写成

$$s^2 = \frac{1}{n-1}\Big(\sum_{i=1}^{n}x_i^2 - n\overline{x}^2\Big) \tag{3.2.6}$$

(3.2.6) 式较 (3.2.4) 式减少了减法的运算次数,不仅简化了计算,而且可减小计算误差。

**例 3.2.3** (续例 3.2.2)由已知数据,我们有

$$\sum_{i=1}^{5}x_i^2 = 200^2 + 150^2 + 250^2 + 154^2 + 185^2 = 182941$$

已知 $\overline{x} = 187.8$,所以

$$s^2 = \frac{1}{5-1}\Big[182941 - 5 \times (187.8)^2\Big] = \frac{1}{4}(182941 - 176344.2)$$

$$= \frac{1}{4} \times 6596.8 = 1649.2$$

### 四、极差

样本方差是总体方差的一个估计量,我们知道方差是用来衡量总体分布离散程度的一个数字特征,在生物科学中,除了使用样本方差作为总体方差的估计外,也常使用另一个简单的估计量 —— 样本极差。

**定义 3.2.6**   设 $(X_1, X_2, \cdots, X_n)$ 是 $X$ 的样本,记

$$R = \max(X_1, X_2, \cdots, X_n) - \min(X_1, X_2, \cdots, X_n) \tag{3.2.7}$$

并称它为样本极差,简称为极差。样本极差是一个统计量。它的值通常也用 $R$ 来表示。

**例 3.2.4**   例 3.2.1 中给出了 5 个数据 $200, 150, 250, 154, 185$,它们的极值为

$$R = 250 - 150 = 100$$

有了极值 $R$,可以用它来估计正态总体的标准差 $\sigma$,$\sigma$ 的估计值 $\hat{\sigma}$ 和 $R$ 有如下关系:   $\hat{\sigma} = \dfrac{1}{d_n} R$。

$d_n$ 叫做极差系数,它的数值见表 3.2.1

表 3.2.1   极差系数表

| $n$ | 2 | 3 | 4 | 5 | 6 | 7 | 8 | 9 | 10 |
|---|---|---|---|---|---|---|---|---|---|
| $d_n$ | 1.128 | 1.693 | 2.059 | 2.326 | 2.534 | 2.704 | 2.847 | 2.970 | 3.078 |
| $1/d_n$ | 0.886 | 0.591 | 0.486 | 0.430 | 0.395 | 0.370 | 0.351 | 0.337 | 0.325 |

更详细的可见《常用数理统计表》(中国科学院数学研究所概率统计室编)表 27。

在例 3.2.4 中,我们已经得到 $R = 100$,于是

$$\hat{\sigma} = \frac{R}{d_n} = 100 \times 0.430 = 43.00$$

可以把它用作总体标准差的一个估计值。

一般地,说总体的分布不同,极值系数 $d_n$ 也不同,当 $2 \leqslant n \leqslant 10$ 时,$1/d_n$ 可近似地取为

$$\frac{1}{d_n} \approx \frac{1}{n} \sqrt{n - \frac{1}{2}}$$

### 五、变异系数

与总体的变异系数 $\sigma/\mu$ 相对应,可以定义样本变异系数为 $S/\overline{X}$,对于一组样本值,样本变异系数的值为 $s/\overline{x}$,通常,用 $c_v$ 表示它。例如由例 3.2.1 所给出的数据,已算出 $\overline{x} = 187.8$,$s = 40.61$,所以变异系数

$$c_v = \frac{40.61}{187.8} = 0.2162$$

变异系数常常用百分数形式表示,即把刚才算出的 $c_v$ 值写成 21.26%。

# §3.3 频数分布表

## 一、频数分布表

当总体分布未知时,我们希望通过样本对总体的分布有一个直观的了解。要从一批抽样得来的杂乱无章的数据中获得总体分布的大概的信息,有时需要对数据进行分组整理。分组整理的步骤如下:

1. 找出样本观测值中的最大值、最小值,求出极差。

2. 决定所分的组数和组距。组数 $k$ 主要根据实际情况并参看样本容量 $n$ 和极差 $R$ 的大小决定。原则是:如果 $n$ 较大 $R$ 较小,也就是说,数据多而集中,则可以分得细致一些,多分几组;如果 $n$ 较小 $R$ 较大,也就是说数据不很多并且比较分散,则可以分得粗略些。通常以 8~20 组为宜。

每个组对应着数轴上的一个区间,这个区间的左端点和右端点所对应的数依次叫做该组的下限和上限,统称组限。上限与下限之差,即组区间的长度,叫做组距。

分组时,可以等分,也可以不等分,即组距可以是相等的也可以是不相等的,如无特殊的原因(如数据在某些范围内特别密集而在某一些范围特别稀疏)一般采用等分法,此时组距可以参照 $R/k$ 的值决定。

3. 统计各组的频数,即每一区间内观测值的个数,然后列成表。

**例 3.3.1** 测量了 100 尾小黄鱼的体长 $x$,所得数据(单位:mm)如下:

| 184 | 199 | 242 | 218 | 271 | 208 | 191 | 241 | 218 | 217 |
|-----|-----|-----|-----|-----|-----|-----|-----|-----|-----|
| 270 | 188 | 230 | 230 | 216 | 266 | 191 | 202 | 196 | 196 |
| 211 | 240 | 256 | 190 | 224 | 201 | 250 | 223 | 200 | 223 |
| 250 | 228 | 183 | 212 | 221 | 227 | 227 | 250 | 208 | 203 |
| 213 | 212 | 184 | 168 | 246 | 252 | 254 | 244 | 240 | 220 |
| 237 | 226 | 209 | 200 | 174 | 256 | 250 | 254 | 247 | 217 |
| 231 | 233 | 216 | 198 | 203 | 196 | 192 | 186 | 238 | 234 |
| 225 | 216 | 205 | 186 | 175 | 232 | 221 | 180 | 234 | 210 |
| 242 | 250 | 231 | 274 | 270 | 215 | 224 | 260 | 214 | 204 |

| 206 | 190 | <u>284</u> | 238 | 220 | 208 | 210 | 214 | 212 | 170 |

这些数据的最小值是 168,最大值是 284,极差 $R = 116$。采用等距分组,并取组数 $k = 12$,组距为 10mm,第一组要包含最小的观测值,可取下限为 165,第十二组要包含最大的观测值,可取上限为 285,于是,就可定出各组的组限,并统计落在每一组内数据的个数(即频数),将结果汇成表 3.3.1,这样的表叫做频数分布表。

表 3.3.1　小黄鱼体长的频数分布表

| 组限 | 组中值 $C_i$ | 频数 $f_i$ | 频率 $f_i/n$ | 组限 | 组中值 $C_i$ | 频数 $f_i$ | 频率 $f_i/n$ |
|---|---|---|---|---|---|---|---|
| $165 \sim 175$ | 170 | 3 | 0.03 | $225 \sim 235$ | 230 | 13 | 0.13 |
| $175 \sim 185$ | 180 | 5 | 0.05 | $235 \sim 245$ | 240 | 9 | 0.09 |
| $185 \sim 195$ | 190 | 8 | 0.08 | $245 \sim 255$ | 250 | 10 | 0.1 |
| $195 \sim 205$ | 200 | 12 | 0.12 | $255 \sim 265$ | 260 | 3 | 0.03 |
| $205 \sim 215$ | 210 | 16 | 0.16 | $265 \sim 275$ | 270 | 5 | 0.05 |
| $215 \sim 225$ | 220 | 15 | 0.15 | $275 \sim 285$ | 280 | 1 | 0.01 |

表中第二列为组中值,是每一区间的中点值,例如,对于第三组,组中值

$$C_3 = \frac{195 + 185}{2} = 190$$

只要组距不太大,我们可以近似地认为所有落入第 $i$ 组的数据都近似地等于该组的组中值 $C_i$。按照这一想法,我们可以近似地认为,在我们所获得的 $n$ 个数据中,有 $f_1$ 个等于 $C_1$,$f_2$ 个等于 $C_2$,等等。

**二、频率直方图**

每组的频数 $f_i$ 与样本容量 $n$ 之比叫做该组的频率,很明显 $f_i/n$ 可以近似地表示随机变量 $X$ 落入该区间的概率(表 3.3.1 的第四列列出了例 3.3.1 各组的频率)。

如果以组区间为底,在其上以频率 / 组距为高作矩形,则小矩形的面积等于该组频率,这样的图形(如图 3.3.1)叫做样本直方图。

容易设想,如果随机变量是连续型的,直方图中的折线应当是总体分布密度曲线的一种近似,而且如果我们增加样本的容量,并使分组渐趋细密,则直方图中的折线将趋于总体的分布密度曲线,因此,在画出直方图后,我们便在直观上得到总体密度曲线形状的一个大概形象。图 3.3.1 中的曲线是一条正态密度曲线。关于这一方面的问题,将在第四章中作进一步的讨论。

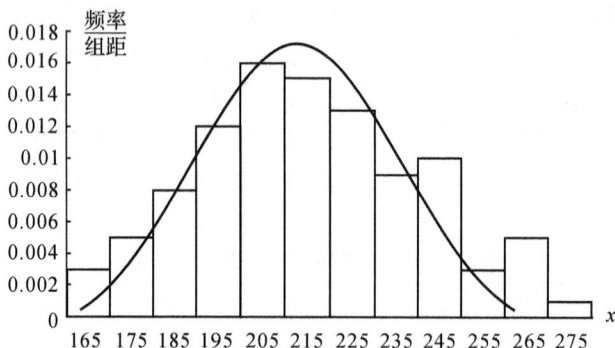

图 3.3.1　例 3.3.1 直方图与正态曲线

# §3.4　参数估计中的两个问题

## 一、最优无偏估计

我们曾经指出,为估计总体 $X$ 的未知参数 $\theta$,通常是构造一个统计量 $\hat{\theta}$ 作为 $\theta$ 的估计量,$\hat{\theta}-\theta$ 意味着估计误差,显然它是随机变量。因为

$$E(\hat{\theta}-\theta)^2 = D(\hat{\theta}) + [E(\hat{\theta}) - \theta]^2$$

我们自然希望估计量 $\hat{\theta}$ 能够满足以下条件:

(1)$E(\hat{\theta}) = \theta$,这就是在 §3.2 中曾讨论过的估计的无偏性。

(2)在我们所考虑的一类估计(即满足一定要求的一系列估计)中,$D(\hat{\theta})$ 应当是最小的。

把这两个要求结合起来,如果我们能在无偏估计中找到方差最小的估计,则这个估计叫做最小方差无偏估计,简称为最优无偏估计。

设 $X$ 为连续型变量,它的密度函数为 $p(x,\theta)$,其中 $\theta$ 是未知参数,令

$$I(\theta) = E\left[\frac{\partial \ln p(X,\theta)}{\partial \theta}\right]^2 \tag{3.4.1}$$

可以证明,对 $\theta$ 的任何无偏估计 $\hat{\theta}$,总有

$$D(\hat{\theta}) \geqslant \frac{1}{nI(\theta)} \tag{3.4.2}$$

式中,$n$ 是样本容量,不等式(3.4.2)叫做罗 — 克拉美(Rao-Cramér)不等式,它给出了无偏估计类中方差的下界。

**例 3.4.1**　设 $X$ 是正态变量,均值 $\mu$ 为未知,它的密度函数为

$$p(x,u) = \frac{1}{\sqrt{2\pi}\sigma}e^{-\frac{(x-u)^2}{2\sigma^2}}$$

于是

$$\ln p(x,u) = \ln \frac{1}{\sqrt{2\pi}\sigma} e^{-\frac{(x-u)^2}{2\sigma^2}}, \quad \frac{\partial \ln p(x,u)}{\partial \mu} = \frac{1}{\sigma^2}(x-u)$$

$$I(u) = E[\frac{1}{\sigma^2}(x-\mu)]^2 = \frac{1}{\sigma^4}E(x-\mu)^2 = \frac{1}{\sigma^2}$$

所以,由 Rao-cramér 不等式,$\mu$ 的无偏估计的方差下界为

$$\frac{1}{nI(u)} = \frac{\sigma^2}{n}$$

即,不论我们怎样去构造 $\mu$ 的无偏估计,所得到的估计量的方差不会小于 $\frac{\sigma^2}{n}$。

达到方差下界的无偏估计量,叫做有效估计量。

对于 $\theta$ 的任一无偏估计 $T$,令

$$e(T) = \frac{1/nI(\theta)}{D(T)} \tag{3.4.3}$$

并叫做估计 $T$ 的有效率,显然 $0 \leqslant e(T) \leqslant 1$,有效估计的有效率为 1。

**例 3.4.2**　对于正态分布的未知数学期望 $\mu$,我们用样本均值 $\overline{X} = \frac{1}{n}\sum X_i$ 去估计它。已经知道,$\overline{X}$ 是 $\mu$ 的无偏估计,且

$$D(\overline{X}) = D\frac{1}{n}\sum_{i=1}^{n}X_i = \frac{\sigma^2}{n}$$

按例 3.4.1,它正好等于 $\mu$ 的无偏估计类的方差下界,所以,$\overline{X}$ 是 $\mu$ 的有效估计。

设总体服从正态分布 $N(u,\sigma^2)$,其中 $\mu$ 及 $\sigma^2$ 都是未知参数,可以证明

$$S^2 = \frac{1}{n-1}\sum_{i=1}^{n}(X_i - \overline{X})^2$$

是 $\sigma^2$ 的最优无偏估计,它的方差为

$$D(S^2) = \frac{2\sigma^4}{n-1}$$

通过计算可以得到 $\sigma^2$ 的有效估计量的方差为 $\frac{2\sigma^4}{n}$。因此,以 $S^2$ 作为 $\sigma^2$ 的估计时,它的有效率为 $\frac{n-1}{n}$,这说明罗 - 克拉美不等式中的方差下限不一定可达到。

值得注意的是:虽然 $S^2$ 是 $\sigma^2$ 的无偏估计,但 $S$ 却不是 $\sigma$ 的无偏估计。例如,可以证明,如果 $X$ 服从正态分布,则它的标准差 $\sigma$ 的无偏估计应为 $k_n S$,对于不同的 $n$,$k_n$ 的值如下:

| $n$ | 5 | 10 | 15 | 20 | 25 | 30 | 35 | 40 | 45 | 50 |
|---|---|---|---|---|---|---|---|---|---|---|
| $k_n$ | 1.0640 | 1.0280 | 1.0180 | 1.0134 | 1.0104 | 1.0087 | 1.0072 | 1.0064 | 1.0056 | 1.0051 |

## 二、极大似然法(M-L 法)

极大似然法是参数点估计中最重要的方法之一。

设总体 $X$ 的密度函数为 $p(x;\theta_1,\theta_2,\cdots,\theta_m)$，其中 $\theta_1,\theta_2,\cdots,\theta_m$ 是未知参数。如果从 $X$ 中抽取容量为 $n$ 的样本，则样本的联合密度函数为

$$\prod_{i=1}^{n} p(x_i;\theta_1,\theta_2,\cdots,\theta_m) \tag{3.4.4}$$

它表示当参数值为 $\theta_1,\theta_2,\cdots,\theta_m$ 时，样本点落在 $(x_1,x_2,\cdots,x_n)$ 的"概率密度"，因此，如果给定样本的一组值 $(x_1,x_2,\cdots,x_n)$，在未知参数 $(\theta_1,\theta_2,\cdots,\theta_m)$ 所有可能取的值中，使得式(3.4.4)达到最大值的一组参数值为 $(\theta_1,\theta_2,\cdots,\theta_m)$，则当未知参数取这组值时，样本点落在 $(x_1,x_2,\cdots,x_n)$ 邻域里的可能性最大，我们自然选择这一组参数值作为未知参数的估计，这就是极大似然法估计未知参数的基本思想。

当 $(x_1,x_2,\cdots,x_n)$ 给定时，式(3.4.4)是 $\theta_1,\theta_2,\cdots,\theta_m$ 的函数，记为 $L(\theta_1,\theta_2,\cdots,\theta_m)$，即

$$L(\theta_1,\theta_2,\cdots,\theta_m) = \prod_{i=1}^{n} p(x_i;\theta_1,\theta_2,\cdots,\theta_m) \tag{3.4.5}$$

并称它为 $\theta_1,\theta_2,\cdots,\theta_m$ 的似然函数。

因为 $\ln x$ 是 $x$ 的单调上升函数，因而 $\ln L$ 与 $L$ 有相同的极大值点。根据微积分的知识，$\ln L$ 在极大值点的一阶偏导数等于 0，方程组

$$\frac{\partial \ln L(\theta_1,\theta_2,\cdots,\theta_m)}{\partial \theta_i} = 0, \quad i=1,2,\cdots,m \tag{3.4.6}$$

叫做似然方程组，这组方程的解 $\hat\theta_1,\hat\theta_2,\cdots,\hat\theta_m$ 叫做 $\theta_1,\theta_2,\cdots,\theta_m$ 的极大似然估计。

**例 3.4.3** 设 $X \sim N(\mu,\sigma^2)$，其中 $\mu,\sigma^2$ 未知，求 $\mu,\sigma$ 的极大似然估计。

**解**：$X$ 的密度函数为 $p(x;\mu,\sigma) = \frac{1}{\sqrt{2\pi}\sigma}e^{-\frac{(x-\mu)^2}{2\sigma^2}}$，所以似然函数为

$$L(\mu,\sigma) = \prod_{i=1}^{n}\left(\frac{1}{\sqrt{2\pi}\sigma}e^{-\frac{(x_i-\mu)^2}{2\sigma^2}}\right) = \frac{1}{(\sqrt{2\pi}\sigma)^n}e^{-\frac{1}{2\sigma^2}\sum_{i=1}^{n}(x_i-\mu)^2}$$

似然方程组为

$$\begin{cases} \frac{\partial \ln L}{\partial u} = \frac{1}{\sigma^2}\sum_{i=1}^{n}(x_i-\mu) = 0 \\ \frac{\partial \ln L}{\partial \sigma^2} = -\frac{n}{2\sigma^2} + \frac{1}{2\sigma^4}\sum_{i=1}^{n}(x_i-\mu)^2 = 0 \end{cases}$$

解得

$$\hat\mu = \frac{1}{n}\sum_{i=1}^{n}x_i = \overline{x}, \quad \hat\sigma^2 = \frac{1}{n}\sum_{i=1}^{n}(x_i-\mu)^2$$

将式中的 $x_i$ 改成 $X_i$,即得 $\mu$ 及 $\sigma^2$ 的极大似然估计量

$$\hat{\mu} = \frac{1}{n}\sum_{i=1}^{n}X_i = \overline{X}, \quad \hat{\sigma}^2 = \frac{1}{n}\sum_{i=1}^{n}(X_i - \overline{X})^2$$

可以证明,当存在一个有效估计量时,似然方程就有一个等于有效估计量的唯一解,当 $n \to \infty$ 时,M—L 法的解趋于正态分布并且它的有效率趋于 1。

# §3.5　几个重要统计量的分布

## 一、样本均值的分布

### (一) 样本均值的标准误差

设总体 $X$ 的均值为 $\mu$,方差为 $\sigma^2$,从 $X$ 中抽取了容量为 $n$ 的样本 $(X_1, X_2, \cdots, X_n)$,并由此得到样本均值 $\overline{X} = \frac{1}{n}\sum_{i=1}^{n}X_i$。我们已经知道 $E(\overline{X}) = u$ 且 $D(\overline{X}) = \frac{\sigma^2}{n}$,于是样本均值 $\overline{X}$ 的标准差为 $\sigma(\overline{X}) = \frac{\sigma}{\sqrt{n}}$。由于它在生物统计中的重要性,特别称它为样本均值的标准误差,简称为标准误差或标准误,通常用 $\sigma_x$ 表示,即

$$\sigma_x = \frac{\sigma}{\sqrt{n}}$$

在许多文献中,标准误差用 S. E. (standard error) 表示。

实际工作中往往不知道 $\sigma$ 的真值,常用 $S$ 代替 $\sigma$ 作出 $\sigma_x$ 的估计,即取 $\sigma_x$ 的估计为

$$S_x = \frac{S}{\sqrt{n}}$$

### (二) 正态总体样本均值的分布

如果总体 $X \sim N(\mu, \sigma^2)$,则 $\overline{X} = \frac{1}{n}\sum_{i=1}^{n}X_i$ 是 $n$ 个独立正态变量的线性组合,它服从正态分布,已知 $E(\overline{X}) = u, D(\overline{X}) = \frac{\sigma^2}{n}$,所以有

**定理 3.5.1**　设 $X \sim N(\mu, \sigma^2)$,$(X_1, X_2, \cdots, X_n)$ 是来自 $X$ 的样本,$\overline{X} = \frac{1}{n}\sum_{i=1}^{n}X_i$,则 $\overline{X} \sim N\left(u, \frac{\sigma^2}{n}\right)$。

**例 3.5.1**　设 $(X_1, X_2, \cdots, X_{16})$ 是从总体 $N(1,4)$ 中抽取的容量为 16 的样本,求 "$0 \leqslant \overline{X} \leqslant 2$" 的概率。

**解**：由定理 3.5.1,样本均值 $\overline{X} = \frac{1}{16}\sum_{i=1}^{16} X_i$ 服从期望为 1,标准差为 $\frac{\sigma}{\sqrt{n}} = \frac{2}{\sqrt{16}}$ $= 0.5$ 的正态分布,由于

$$P(0 \leqslant \overline{X} \leqslant 2) = P\left(-2 \leqslant \frac{\overline{X}-1}{0.5} \leqslant 2\right)$$

而 $\frac{\overline{X}-1}{0.5} \sim N(0,1)$,查正态分布表可得 $P(0 \leqslant \overline{X} \leqslant 2) = 0.9544$。

作为比较,我们来计算"$0 \leqslant X \leqslant 2$"的概率

$$P(0 \leqslant X \leqslant 2) = P\left(-\frac{1}{2} \leqslant \frac{X-1}{2} \leqslant \frac{1}{2}\right) = 0.3830$$

容易看到 $\overline{X}$ 的取值比 $X$ 更集中。

（三）极限定理

按照简单随机样本的定义,$X_1, X_2, \cdots, X_n$ 是 $n$ 个与总体 $X$ 的分布相同且相互独立的随机变量,样本均值就是这 $n$ 个独立同分布随机变量的平均值,研究它的极限分布是十分重要的。"极限定理"所讨论的问题便是随机变量和的极限分布。在这里,我们针对样本均值的极限和它的极限分布简略地介绍两个定理。

**定理 3.5.2** （大数定律）设 $X_1, X_2, \cdots, X_n \cdots$ 是独立同分布的随机变量序列,$E(X_i) = u(i = 1, 2, \cdots), D(X_i)$ 存在,则对任何 $\varepsilon > 0$,有

$$\lim_{n \to \infty} P\left(\left|\frac{1}{n}\sum_{i=1}^{n} X_i - u\right| \geqslant \varepsilon\right) = 0 \tag{3.5.1}$$

**例 3.5.2** 设事件 $A$ 在一次试验中出现的概率为 $p$,令

$$X_i = \begin{cases} 1 & \text{第 } i \text{ 次试验 } A \text{ 出现} \\ 0 & \text{第 } i \text{ 次试验 } A \text{ 不出现} \end{cases}$$

则 $X_i$ 的分布为

$$X_i \quad \begin{pmatrix} 1 & 0 \\ p & q \end{pmatrix}$$

如果 $n$ 次试验是独立的,易见 $\frac{1}{n}\sum_{i=1}^{n} X_i$ 表示在 $n$ 次重复试验中事件 $A$ 的频率,且 $E(X_i) = p$,由定理 3.5.2,对任何 $\varepsilon > 0$,有 $\lim_{n \to \infty} P\left(\left|\frac{1}{n}\sum_{i=1}^{n} X_i - p\right| \geqslant \varepsilon\right) = 0$,即随着试验次数的增加,$A$ 发生的频率与概率 $p$ 几乎可以任意接近。

下面我们介绍中心极限定理

定理 3.5.1 告诉我们,如果总体服从正态分布,那么它的样本均值也是正态变量。但在实际问题中,常见的情况是总体的分布是未知的,此时,一般地说,样本均值的分布也就难以确知。

回顾 §2.4,在其中我们曾介绍过 De Moivre-Laplace 定理（定理 2.4.1）,用

我们现在使用的术语,可以把这个定理叙述成:如果总体 $X$ 服从(0-1)分布,记它的样本均值为

$$\overline{X}_n = \frac{1}{n} \sum_{i=1}^{n} X_i^{①}$$

则变量

$$\frac{\overline{X}_n - p}{\sqrt{pq/n}} \tag{3.5.2}$$

是渐近正态的(见式(2.4.6))。

如果我们注意到:当 $X$ 服从(0-1)分布时,有 $E(X) = p, D(X) = pq$,则 $E(\overline{X}_n) = p, \sigma(\overline{X}_n) = \sqrt{pq/n}$,所以式(3.5.2)所示的变量是对 $\overline{X}_n$ 进行了标准化的结果,即它的均值为 0,方差为 1。

这一事实给我们以启示:当 $X$ 的分布未知时,虽然 $\overline{X}_n$ 的确切分布一般来说也是未知的,但当 $n$ 很大时,$\overline{X}_n$ 的分布是否可能逼近正态分布呢?答案是肯定的,这就是下述定理。

**定理 3.5.3**　(中心极限定理)设总体 $X$ 的均值为 $\mu$,方差为 $\sigma^2$,$(X_1, X_2, \cdots, X_n)$ 是它的样本,则对任意 $a, b(a < b)$,恒有

$$\lim_{n \to \infty} P\left( a < \frac{\overline{X}_n - u}{\sigma/\sqrt{n}} \leqslant b \right) = \frac{1}{\sqrt{2\pi}} \int_a^b e^{-\frac{x^2}{2}} dx \tag{3.5.3}$$

其中

$$\overline{X}_n = \frac{1}{n} \sum_{i=1}^{n} X_i$$

中心极限定理表明,不论总体 $X$ 服从什么分布,只要它的均值和方差存在,那么,从这个总体得到的样本均值,经标准化后,渐近地服从正态分布 $N(0,1)$。

中心极限定理在统计学的理论和应用中,都起着重要的作用,在下一章我们将会看到它是许多假设检验方法的基础。

## 二、$\chi^2$ 分布、$t$ 分布及 $F$ 分布

### (一)$\chi^2$ 分布

设 $X_1, X_2, \cdots, X_n$ 是相互独立的标准正态变量,记它们的平方和为 $\chi^2$,即

$$\chi^2 = X_1^2 + X_2^2 + \cdots + X_n^2 \tag{3.5.4}$$

则 $\chi^2$ 是一个随机变量,可以证明,它的分布密度为

---

①　首先请注意我们在这里所使用的符号的含义不同于定理 2.4.1 中所用的。其次,因为样本均值与样本容量有关,为了强调这一点,在这里我们用 $\overline{X}_n$ 表示样本均值,而不是用 $\overline{X}$。

$$p_{\chi^2}(x) = \begin{cases} \dfrac{1}{2^{n/2}\,\Gamma(n/2)}\,\mathrm{e}^{-x/2}\,x^{n/2-1} & x \geqslant 0_① \\ 0 & x < 0 \end{cases} \tag{3.5.5}$$

具有这样的密度函数的随机变量叫做自由度(degrees of freedom,记作 $df$)为 $n$ 的 $\chi^2$ 变量。

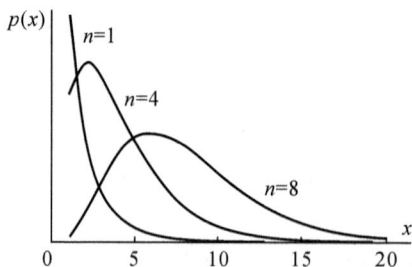

图 3.5.1　自由度为 1,4 及 8 的 $\chi^2$ 分布曲线

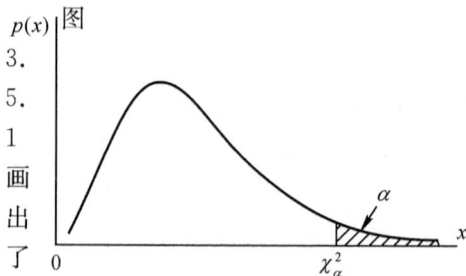

图 3.5.2　$\chi^2$ 分布的上侧临界值 $\chi_\alpha^2$

图 3.5.1 画出了自由度为 1,4 及 8 的 $\chi^2$ 分布曲线,由图 3.5.1 可见,$\chi^2$ 的值不小于 0(这也容易从(3.5.4)看出),分布是偏态的,其偏斜的程度随自由度的减少而加剧。

$\chi^2$ 分布有下列重要性质:

**定理 3.5.4**　设 $Y_1,Y_2,\cdots,Y_m$ 是 $m$ 个独立的随机变量,它们分别服从自由度为 $n_i(i=1,2,\cdots,m)$ 的 $\chi^2$ 分布。则 $Y_1+Y_2+\cdots+Y_m$ 服从自由度为 $n_1+n_2+\cdots+n_m$ 的 $\chi^2$ 分布。

**定理 3.5.5**　设 $Y_1$ 与 $Y_2$ 为两个相互独立的连续型随机变量,若 $Y_1+Y_2$ 为 $df=n_1+n_2$ 的 $\chi^2$ 变量,且 $Y_1$ 为 $df=n_1$ 的 $\chi^2$ 变量,则 $Y_2$ 必为 $\chi^2$ 变量,其自由度为 $n_2$。

定理 3.5.5 叫做 $\chi^2$ 的分解定理,它在方差分析中起着重要作用。

**定理 3.5.6**　如果 $(X_1,X_2,\cdots,X_n)$ 是正态总体 $N(\mu,\sigma^2)$ 的一个样本,$\overline{X}=\dfrac{1}{n}\sum_{i=1}^{n}X_i, S^2=\dfrac{1}{n-1}\sum_{i=1}^{n}(X_i-\overline{X})^2$,则

1°　$\overline{X}$ 与 $S^2$ 相互独立;

2°　$\dfrac{(n-1)}{\sigma^2}S^2$ 服从 $df=n-1$ 的 $\chi^2$ 分布。

**定理 3.5.7**　若 $X$ 服从自由度为 $n$ 的 $\chi^2$ 分布,则 $X$ 的数学期望和方差分别

---

①　函数 $\Gamma(\alpha)=\displaystyle\int_0^\infty \mathrm{e}^{-x}x^{\alpha-1}\mathrm{d}x$ 叫做 $\Gamma$ 函数,这个积分当 $\alpha>0$ 是收敛。当 $\alpha>0$ 时,有递推公式 $\Gamma(\alpha+1)=\alpha\Gamma(\alpha)$。特别地,若 $\alpha$ 为正整数时 $\Gamma(\alpha+1)=\alpha!$。容易算出 $\Gamma\left(\dfrac{1}{2}\right)=\sqrt{\pi}$。

为

$$E(X) = n, D(X) = 2n$$

对于自由度 $df \leqslant 90$ 及其概率 $\alpha$，满足关系式 $P(\chi^2 > \chi_\alpha^2) = \alpha$ 的 $\chi^2$ 数值列于附表 4 中（如图 3.5.2 所示），例如当自由度为 5 时，如给定 $\alpha = 0.05$，则 $\chi_{0.05}^2 = 11.070$，即

$$P(\chi^2 > 11.070) = 0.05$$

今后将 $df = n$ 的上 $100\alpha$ 百分位点（上侧临界值）简记为 $\chi_\alpha^2(n)$（见图 3.5.2）。

实际上只要当自由度 $\gamma$ 大于 30 时，$\sqrt{2\chi^2}$ 接近于数学期望为 $\sqrt{2\gamma - 1}$，标准差为 1 的正态分布，因此，对于自由度较大的 $\chi^2$ 分布的临界值也可以利用正态分布表（附表 3）来近似地计算。例如，要求 $df = 41$ 时的 $\chi_{0.05}^2$，可先在附表 3 中查出 $u_{0.05} = 1.645$，于是

$$\sqrt{2\chi_{0.05}^2} = \sqrt{2 \times 41 - 1} + 1.645 = 9.000 + 1.645 = 10.645$$

所以 $\chi_{0.05}^2 = \dfrac{1}{2}(10.645)^2 = 56.658$，与附表 4 中查到的 $\chi_{0.05}^2$ 的值（56.942）非常接近。

（二）t 分布

设 $X \sim N(0,1)$，$Y$ 是 $df = n$ 的 $\chi^2$ 变量，且 $X$ 与 $Y$ 相互独立，则由下式定义的随机变量

$$t = \frac{X}{\sqrt{Y/n}} \tag{3.5.6}$$

叫做自由度为 $n$ 的 $t$ 变量，它所服从的分布叫做 $t$ 分布[①]。

$t$ 分布的密度函数是

$$p(t) = \frac{\Gamma\left(\dfrac{n+1}{2}\right)}{\sqrt{n\pi}\,\Gamma\left(\dfrac{n}{2}\right)}\left(1 + \frac{t^2}{n}\right)^{-\frac{n+1}{2}}, \quad -\infty < t < +\infty \tag{3.5.7}$$

图 3.5.3 画出了自由度为 1，5 时的 $t$ 分布。

设 $X_1, X_2, \cdots, X_n$ 是正态总体 $N(u, \sigma^2)$ 的一个样本，因为 $\overline{X} \sim N(\mu, \sigma^2/n)$，所以 $\dfrac{\overline{X} - \mu}{\sigma/\sqrt{n}} \sim N(0,1)$，由定理 3.5.6，$\dfrac{(n-1)}{\sigma^2}S^2$ 服从 $df = n-1$ 的 $\chi^2$ 分布，并且 $\dfrac{\overline{X} - \mu}{\sigma/\sqrt{n}}$ 与 $\dfrac{(n-1)}{\sigma^2}S^2$ 相互独立，从而 $\dfrac{\dfrac{\overline{X} - u}{\sigma/\sqrt{n}}}{\sqrt{\dfrac{(n-1)S^2/\sigma^2}{n-1}}} = \dfrac{(\overline{X} - u)\sqrt{n}}{S}$ 服从 $df =$

---

① $t$ 分布也叫做 Student 分布，"Student" 是提出这个分布的 Gossett 的笔名。

$n-1$ 的 $t$ 分布,即

$$t = \frac{\overline{X} - u}{S/\sqrt{n}} \tag{3.5.8}$$

是 $df = n-1$ 的 $t$ 变量,这个结果是统计检验中 $t$ 检验法的依据。

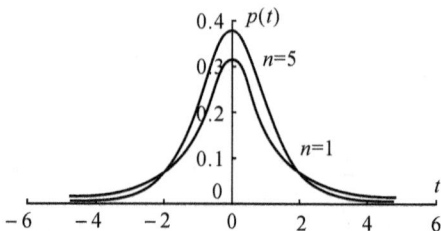

图 3.5.3　自由度为 1,5 的 $t$ 分布曲线　　　　图 3.5.4　分布的上侧临界值 $t_a$

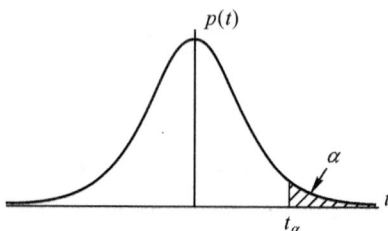

附表 5 给出了对于给定的 $\alpha$ 及不同的自由度 $df$,满足关系式 $P(t > t_a) = \alpha$ 的值 $t_a$(如图 3.5.4 所示)。

如自由度为 9,$\alpha = 0.05$,由附表 5 可查得 $t_a = 1.8331$,即

$$P(t > 1.8331) = 0.05$$

由于 $t$ 分布是关于原点对称的,所以有

$$P(t < -1.8331) = 0.05$$

因此

$$P(|t| > 1.8331) = 0.10$$

今后,我们将 $df = n$ 时的 $t_a$ 值记作 $t_a(n)$。

可以证明,当 $n \to \infty$ 时,$t$ 分布以 $N(0,1)$ 为极限分布。换言之,$N(0,1)$ 可以看成为 $df = \infty$ 的 $t$ 分布。事实上,只要自由度大于 30,$t$ 分布与 $N(0,1)$ 就已相差无几了。这可从比较附表 5 和附表 3 直接看出。最后,应当指出,当 $df = 1$ 时,$t$ 分布的均值与方差都不存在。

(三)F 分布

设 $X,Y$ 分别是自由度为 $n_1$ 及 $n_2$ 的 $\chi^2$ 变量,并且 $X$ 与 $Y$ 相互独立,则称随机变量

$$F = \frac{X/n_1}{Y/n_2} \tag{3.5.9}$$

为服从自由度为 $(n_1, n_2)$ 的 $F$ 分布,或者说,由上式定义的变量 $F$ 是自由度为 $(n_1, n_2)$ 的 $F$ 变量,可以证明它的分布密度为

$$p_F(x) = \begin{cases} \dfrac{\Gamma[(n_1+n_2)/2]}{\Gamma(n_1/2)\Gamma(n_2/2)} \left(\dfrac{n_1}{n_2}\right) \left(\dfrac{n_1}{n_2}x\right)^{\frac{n_1}{2}-1} \left(1 + \dfrac{n_1}{n_2}x\right)^{-\frac{n_1+n_2}{2}} & x \geqslant 0 \\ 0 & x < 0 \end{cases} \tag{3.5.10}$$

图 3.5.5 画出了自由度为 $(5,5),(5,26),(20,10)$ 的 $F$ 分布密度曲线。

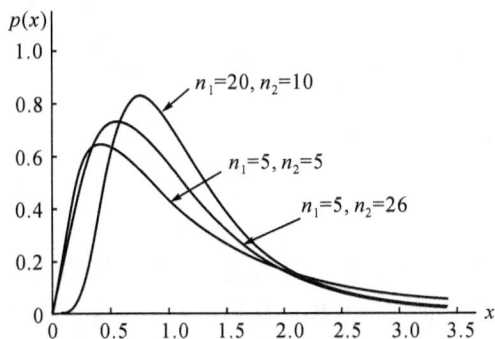

图 3.5.5　自由度为 $(5,26),(5,5),(20,10)$ 的 $F$ 分布密度曲线

如果 $n_1 = 1$，即 $X = X_1^2$，其中 $X_1$ 是标准正态变量，此时

$$F = \frac{X_1^2}{Y/n_2} = t^2$$

式中，$t = \dfrac{X_1}{\sqrt{Y/n_2}}$ 是 $df = n_2$ 的 $t$ 变量，换句话说，当 $df = (1,n_2)$ 时，$F$ 变量等于自由度为 $n_2$ 的 $t$ 变量的平方。这一事实容易从 $t$ 分布临界值表及 $F$ 分布临界值表（附表 6）中得到验证。对于各种自由度，附表 6 给出了当 $\alpha = 0.1,0.05,0.025$ 和 $0.01$ 时，满足关系式 $P(F > F_\alpha) = \alpha$ 的 $F_\alpha$ 值（如图 3.5.6 所示）。

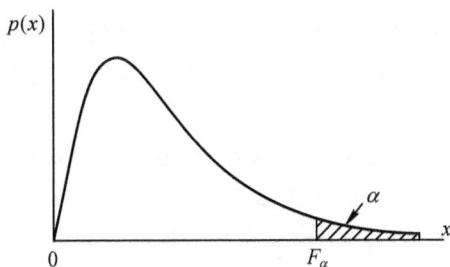

图 3.5.6　$F$ 分布的上侧临界值 $F_\alpha$

$F_{1-\alpha}$ 的值可以由下式来确定

$$F_{1-\alpha}(n_1,n_2) = \frac{1}{F_\alpha(n_2,n_1)}$$

如当自由度为 $(5,7)$、$\alpha = 0.05$ 时，$F_{0.05} = 3.97$，即

$$P(F > 3.97) = 0.05$$

而

$$F_{0.95}(5,7) = \frac{1}{F_{0.05}(7,5)} = \frac{1}{4.88} = 0.2049$$

即

$$P(F > 0.2049) = 0.95$$

因此

$$P(0.2049 < F < 3.97) = 0.90$$

## §3.6 习 题

1. 举一个总体以及从这个总体中所抽取的简单随机样本的例子。

2. 假设以 100 尾初始重量相等的鱼进行某种增重试验,在试验结束时,在其中随机地取 10 尾,测得增重的数据,如果将这 10 个数据作为一个样本,你认为它是来自怎样的总体。

3. 无尾竹夹鱼的含脂量(占体重的百分数)如下:12.5,13.5,10.0,11.5,13.0,求出均值并通过计算离差之和来验证其计算无误,然后算出标准差。

4. 利用二苯碳酰二肼法测定六价铬,加入量为 0.100mg,共作了 6 次测定,所得的数据为:0.105,0.115,0.115,0.116,0.116,0.123,求均值及标准差。

5. 对 9 个污水样品,用一种定量分析方法测定了在37℃ 下经过 37 小时绝氧发酵后的硫化氢含量(单位:ppm),所得数据如下:210,221,218,228,220,227,224,224,192,求均值及标准差。

6. 已知总体的标准差 $\sigma = 4$,在其中抽取容量为 20 的样本,问样本均值的标准误差是多少?若抽取一容量为 40 的样本,则样本均值的标准误差是多少?

7. 在总体 $N(52, 6.3^2)$ 中随机抽取一容量为 36 的样本,求样本均值 $\overline{X}$ 落在 50.8 到 53.8 之间的概率。

8. 在总体 $N(80, 20^2)$ 中随机抽取一容量为 100 的样本,问样本均值与总体期望值之差的绝对值大于 3 的概率是多少?

9. 设 $X$ 是参数 $\lambda = 4$ 的 Poisson 分布,在其中抽取一容量为 100 的样本,用中心极限定理求 $P(|\overline{X}| \leqslant 4)$。

10. 设 $X$ 是正态变量,从其中抽取容量为 100 的样本,则可得随机变量 $\overline{X}$,试问 $X$ 的数学期望与 $\overline{X}$ 的数学期望间的关系是什么?两个方差间的关系是什么?$X$ 及 $\overline{X}$ 所能取的值的范围相同吗?将 $X$ 及 $\overline{X}$ 看作两个总体,从它们中分别取得容量为 100 的样本,得到样本值$(x_1, x_2, \cdots, x_{100})$ 及 $(\overline{x}_1, \overline{x}_2, \cdots, \overline{x}_{100})$,你期望两个极差相比较会如何?

11. 求 $c$,使

(i) $P(\chi^2 \geqslant c) = 0.05, df = 5$

(ii) $P(\chi^2 \geqslant c) = 0.20, df = 15$

(iii) $P(\chi^2 \leqslant c) = 0.20, df = 15$

12.求下列概率：

  (i)$P(\chi^2 > 7.267), df = 10$

  (ii)$P(\chi^2 > 17.00), df = 11$

13.按下列条件求 $c$,使满足 $P(|t| > c) = \alpha$。

  (i)$df = 8, \alpha = 0.05$

  (ii)$df = 10, \alpha = 0.01$

14.求下列概率：

  (i)$P(|t| \geqslant 0.866), df = 15$

  (ii)$P(t > 2.845), df = 20$

15.找出 $c$,满足

  (i)$P(F < c) = 0.95, df = (10,12)$

  (ii)$P(F > c) = 0.01, df = (3,8)$

# 第4章 假设检验与区间估计

## §4.1 概　述

### 一、置信区间

在上一章我们讨论了总体参数的点估计问题,通过计算样本均值及样本方差的值,给出总体相应的数字特征的估计值。但是任何一种估计如果不附以有关估计误差的说明,是没有多大意义的。我们常说,某种水域中鱼的数量大概在 10000 至 12000 尾之间;10 岁儿童的身高大约在 $100 \sim 120$cm 之间等等;这些都是用区间来估计真值的例子。区间的长度反映了估计的误差,这种形式的估计是常见的,也很有用。但是,在这些估计中附加的副词"大概"、"约莫"、"可能"等等表示我们还不能百分百地肯定所给的区间里是否包含待估计的真值。既然如此,这种估计的"可靠程度"究竟有多大呢?这个问题是不容忽视的,否则,我们总可以把估计区间定得任意的狭窄而使得估计更精确。在生物统计中,将附有估计误差及可靠程度说明的估计叫做区间估计。

**例 4.1.1**　设总体 $X$ 服从 $N(\mu, 1)$ 分布,其中 $\mu$ 未知。在其中抽取了容量为 100 的样本,我们以样本均值 $\overline{X} = \frac{1}{n} \sum_{i=1}^{n} X_i$ 作为 $\mu$ 的点估计,由定理 3.5.1,$\overline{X} \sim N\left(\mu, \frac{1}{100}\right)$,即 $\dfrac{\overline{X} - \mu}{1/10}$ 是标准正态变量,利用正态分布表,可查出它落入任一区间内的概率,例如,我们有

$$P\left(\left|\frac{\overline{X} - \mu}{0.1}\right| < 1.96\right) = 0.95$$

或即

$$P(\overline{X} - 0.196 < \mu < \overline{X} + 0.196) = 0.95 \qquad (4.1.1)$$

上式说明,我们能以 95% 的可靠程度断言:区间 $(\overline{X} - 0.196, \overline{X} + 0.196)$ 包含着未知参数 $\mu$。

**定义 4.1.1** 设总体 $X$ 的分布中含有未知参数 $\theta$,构造样本 $(X_1, X_2, \cdots, X_n)$ 的两个函数 $\theta_1^*(X_1, X_2, \cdots, X_n)$ 及 $\theta_2^*(X_1, X_2, \cdots, X_n)$,设对一切样本值均有 $\theta_1^* < \theta_2^*$。如果对于给定的数 $\alpha(0 < \alpha < 1)$,关系式 $P(\theta_1^* < \theta < \theta_2^*) = 1 - \alpha$ 成立,则称随机区间 $(\theta_1^*, \theta_2^*)$ 是 $\theta$ 的一个 $100(1-\alpha)\%$ 置信区间,$\alpha$ 又叫做置信系数或信度,通常取 0.05 或 0.01,数 $1 - \alpha$ 叫做置信度。

例如,在例 4.1.1 中,我们有 $\alpha = 0.05$,$\theta_1^* = \overline{X} - 0.196$,$\theta_2^* = \overline{X} + 0.196$。随机区间 $(\overline{X} - 0.196, \overline{X} + 0.196)$ 是 $\mu$ 的 95% 置信区间。

对于 $(X_1, X_2, \cdots, X_n)$ 的一组值,可以算出相应的 $\theta_1^*$ 及 $\theta_2^*$ 的值,从而得到一个数值的区间,如例 4.1.1 中的 $(\overline{x} - 0.196, \overline{x} + 0.196)$,习惯上把这样的区间也叫做 $\theta$ 的 $100(1-\alpha)\%$ 置信区间。

**二、参数检验**

与母体参数的区间估计具有一定的内在联系的另一类问题是母体参数的假设检验,我们先从一个具体例子说起。

**例 4.1.2** 假定在一般的饲养条件下,团头鲂经五个月饲养后的体重(单位:g)服从 $N(77.7, 9.5^2)$ 分布。现在,对一种新的饲养方法作了 10 次试验,在出塘时,团头鲂的平均体重 $\overline{x}$ 为 101.6g,如果我们有理由相信采取这种新的饲养方法不会改变标准差,则我们是否可认为新的饲养方法会使团头鲂的生长速度改变呢。

这一类问题一般地可以叙述为:已知一个总体服从 $N(\mu_0, \sigma^2)$,现在抽得一个容量为 $n$ 的样本,依此来判断这个样本是否来自这个已知总体。或者,换一种说法,样本所来自的总体(为方便起见,称它为"未知总体")是否与已知总体相同。

假定,未知总体是正态的,而且具有已知的方差 $\sigma^2$,因此,以上的问题归结为未知总体的期望值 $\mu$ 是否为 $\mu_0$,为此,我们作出假设

$$H_0 : \mu = \mu_0 \tag{4.1.2}$$

然后利用样本获得的信息来判断这个假设的真伪。这种有待判定的假设称为原假设(也叫做解消假设或零假设)(null hypothesis)。

要检验原假设是否为真,很自然地我们应考察样本均值 $\overline{x}$ 与 $\mu_0$ 之间的差异,一般说来,$\overline{x}$ 不会恰巧等于 $\mu_0$,两者之间存在差异的原因可能是:

1. 未知总体确实不同于已知总体。即在上述假定下,两个总体的数学期望 $\mu$ 及 $\mu_0$ 是不相等的,换言之,原假设 $H_0$ 不成立,因此造成的差异称为系统差异或系统误差。

2. 一般地说,即使 $H_0$ 成立,$\overline{x}$ 也不会正好与 $\mu_0$ 相等,这种差异称为随机差异或随机误差。

随机误差是不可能避免的,当系统误差存在时,这两种误差混杂在一起,这就需要我们定出一个标准,当 $\bar{x}$ 与 $\mu_0$ 间的差异超过这个标准时,我们可以认为这个差异不能仅用"随机"原因来说明,从而判定系统误差存在,也就是说,否定原假设。

因此,对原假设 $H_0$ 的检验可以如下进行:寻求一个正数 $d$,当 $|\bar{x}-\mu_0|>d$ 时,否定 $H_0$,否则,接受 $H_0$。

$d$ 的确定是依据 §1.3 中介绍的"小概率原理"。如果事先认定 $\alpha$ 是小概率的上限,则当假设 $H_0$ 成立时,样本所属的总体 $X \sim N(\mu_0,\sigma^2)$,于是 $\bar{X} \sim N(\mu_0,\frac{\sigma^2}{n})$,从而由

$$P\left(\left|\frac{\bar{X}-\mu_0}{\sigma/\sqrt{n}}\right|>u_{\alpha/2}\right)=\alpha \tag{4.1.3}$$

可确定 $u_{\alpha/2}$,这样, $|\bar{X}-\mu_0|>u_{\alpha/2}\frac{\sigma}{\sqrt{n}}$ 便是小概率事件。因此,进行了一次试验(即进行了一次抽样)后,如果居然有 $|\bar{x}-\mu_0|>u_{\alpha/2}\frac{\sigma}{\sqrt{n}}$,也就是说,如果原假设 $H_0$ 为真, $|\bar{x}-\mu_0|>u_{\alpha/2}\frac{\sigma}{\sqrt{n}}$ 实际上是不可能发生的,如果这个事件居然发生了,这就自然使我们认为原假设 $H_0$ 不成立。

回到例 4.1.2,我们作出假设
$$H_0 : \mu = 77.7$$
如果 $H_0$ 为真,则 $\bar{X} \sim N\left(77.7,\frac{9.5^2}{10}\right)$,若取 $\alpha=0.05$,与之相应的 $u_{0.05/2}=1.96$, $(\sigma/\sqrt{n})u_{\alpha/2}=3.0042 \times 1.96=5.8882$,已知 $\bar{x}=101.6$, $|\bar{x}-\mu_0|=101.6-77.7=23.9$ 因 $23.9>5.8882$,所以,拒绝原假设。

综上所述,当 $X$ 是正态变量且方差 $\sigma^2$ 已知时,检验原假设 $H_0 : \mu=\mu_0$ 的步骤如下:

选定一小概率 $\alpha$, $0<\alpha<1$,按式(4.1.3)确定 $u_{\alpha/2}$,若 $|\bar{x}-\mu_0|>u_{\alpha/2}\frac{\sigma}{\sqrt{n}}$,则拒绝假设 $H_0$,反之若 $|\bar{x}-\mu_0| \leqslant u_{\alpha/2}\frac{\sigma}{\sqrt{n}}$,则接受原假设 $H_0$。

### 三、几点说明

1. 在上述讨论中可以看到,数 $\alpha$ 的确定是参数检验中一个重要的组成部分,确定了 $\alpha$ 以后,才能给出 $u_{\alpha/2}$,从而得到判断差异 $|\bar{x}-\mu_0|$ 是否显著的标准 $u_{\alpha/2}\frac{\sigma}{\sqrt{n}}$,数 $\alpha$ 叫做显著性水平,如在 §1.3 所说,通常取 $\alpha=0.05$ 或 0.01,有时也

取 0.10。

当显著性水平 $0.05 < \alpha \leqslant 0.1$ 时,原假设被否定,我们通常说 $\bar{x}$ 与 $\mu_0$ 间有一定差异;当 $0.01 < \alpha \leqslant 0.05$ 时,我们说 $\bar{x}$ 与 $\mu_0$ 间有显著差异;当 $\alpha \leqslant 0.01$ 时,我们说 $\bar{x}$ 与 $\mu_0$ 有高度显著差异。

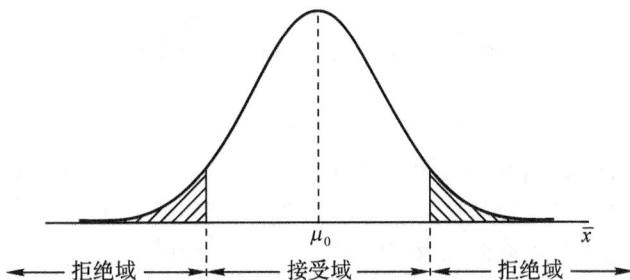

图 4.1.1　双侧检验的接受域和拒绝域

2. 数 $u_{\alpha/2} \dfrac{\sigma}{\sqrt{n}}$ 把数轴 $\bar{x}$ 分成了两部分(见图 4.1.1)

$$W_\alpha = \left\{ \bar{x} : \mid \bar{x} - \mu_0 \mid \leqslant u_{\alpha/2} \frac{\sigma}{\sqrt{n}} \right\} \text{及} W_r = \left\{ \bar{x} : \mid \bar{x} - \mu_0 \mid > u_{\alpha/2} \frac{\sigma}{\sqrt{n}} \right\}$$

$$(4.1.4)$$

上述检验法是:如果由样本算得的 $\bar{x} \in W_\alpha$,则接受原假设,如果 $\bar{x} \in W_r$,则拒绝原假设,所以 $W_r$ 叫做检验的拒绝域。制定一个检验方案,实际上就是确定拒绝域,而显著性水平 $\alpha$ 就是当 $H_0$ 成立时,$\bar{X}$ 落入拒绝域内的概率。

应当注意,满足条件

$$P(\bar{X} \in W_r) = \alpha$$

的区域并不是唯一的,譬如说,对于给定的显著水平 $\alpha$,我们可以从正态分布表上查出一个数 $u_\alpha$,使得

$$P\left( \frac{\bar{X} - \mu_0}{\sigma / \sqrt{n}} > u_\alpha \right) = \alpha \qquad (4.1.5)$$

因而可取拒绝域为 $\bar{x} > \mu_0 + u_\alpha \dfrac{\sigma}{\sqrt{n}}$(见图 4.1.2)。

当拒绝域对称地位于 $\mu_0$ 的两侧时,叫做双侧检验,而当拒绝域位于 $\mu_0$ 的一侧时,叫做单侧检验。

3. 拒绝一个假设不等于这个假设一定不成立;反之,"接受"一个假设时,更不意味着这个假设便是正确的。我们特别说明这一点是因为有些工作者常常有这样的误解:经过检验没有被拒绝的假设,便认为是正确的假设。再强调一下,如果我们在经过假设检验后接受了一个假设,那仅仅是因为没有统计意义上否定它的证据。

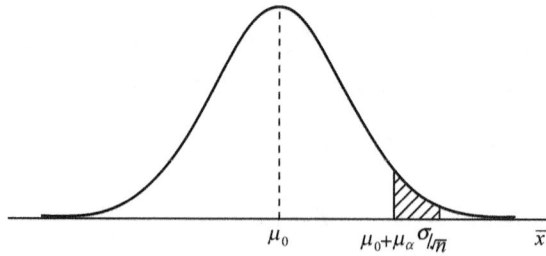

图 4.1.2　单侧检验的拒绝域

　　4.如上所述,我们按一定检验法拒绝或是接受原假设都有可能犯错误。如果原假设是正确的,而我们却拒绝了它("弃真"),这叫做犯第一类错误,这种错误之所以发生,是因为当原假设成立时,$P(\bar{X} \in W_r)$虽然是个小概率事件,但他们仍可能发生,只不过出现的概率是个"小"的数,这也就是说按上述检验法,犯第一类错误的概率是 $\alpha$,它等于这个检验的显著性水平。反之,如果原假设是错误的,我们却接受了它("纳伪"),这叫做犯第二类错误。上述情况归纳在表 4.1.1 中。

表 4.1.1　假设检验的两类错误

| 所作判断<br>真实情况 | 接受 $H_0$ | 拒绝 $H_0$ |
|---|---|---|
| $H_0$ 为真 | 正确 | 犯第一类错误 |
| $H_0$ 不真 | 犯第二类错误 | 正确 |

　　当样本容量确定后,如果我们取一个较小的弃真概率,则纳伪概率就会变大。为了进一步说明这个问题,我们设想一种最简单的情况,总体的数学期望只可能取两个值:$\mu_0$ 及 $\mu_1$,如果我们用例 4.1.2 的检验方法来检验假设 $H_0 : \mu = \mu_0$,则当 $H_0$ 为真,而 $|\bar{x} - \mu_0| > d$ 时,此处 $d = \dfrac{\sigma}{\sqrt{n}} \mu_{\alpha/2}$,我们就拒绝了原假设,因此犯了第一类错误,在图 4.1.3 上用竖线所示的区域的面积表示了这一事件(即"弃真")的概率;当 $H_0$ 不真时,则有 $\mu = \mu_1$,此时,如果 $|\bar{x} - \mu_0| \leqslant d$,我们将接受原假设,因而犯了第二类错误,这个事件的概率在图中用斜线所示的区域的面积表示。

　　由图 4.1.3 可见,如果要减少弃真概率 $\alpha$,则必须增加 $d$,从而,纳伪概率也将随之而增大。

　　在以上的讨论中,除原假设 $H_0$ 外,还存在着与 $H_0$ 对立的另一个假设 $H_1$,当 $H_0$ 被拒绝时,我们就接受了 $H_1$。假设 $H_1$ 叫做备择假设。在选择检验方法时,必须兼顾原假设与备择假设。因此,这种假设检验问题的完整提法应当是,原假

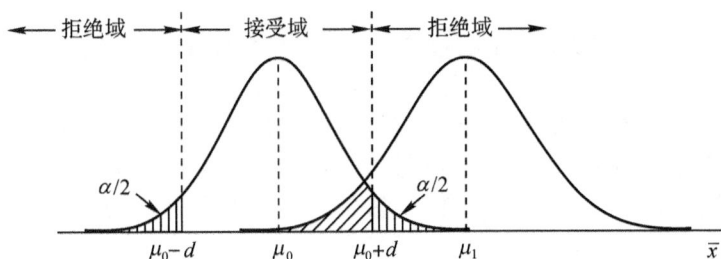

图 4.1.3　原假设 $H_0 : \mu = \mu_0$ 对备择假设 $H_1 : \mu = \mu_1$ 的检验

设 $H_0$ 对备择假设 $H_1$ 的检验,不过通常在备择假设为明白无误的情况下,我们略去备择假设 $H_1$,只说检验原假设 $H_0$。

对假设检验的原理作一般性的讨论超出了我们所能讨论的范围,本章中,我们只能就生物学中常用的检验方法作一些介绍。

5. 作为本节的结束,我们来看假设检验与区间估计之间的关系,从例 4.1.1 及例 4.1.2 容易看到,为了作出区间估计或假设检验,我们所使用的都是式 $\dfrac{\overline{X} - \mu}{\sigma / \sqrt{n}}$,并且如果我们对给定的置信系数作出了置信区间,则如果这个区间包含了原假设中的 $\mu_0$,即

$$\overline{x} - u_{a/2} \frac{\sigma}{\sqrt{n}} < \mu_0 < \overline{x} + u_{a/2} \frac{\sigma}{\sqrt{n}} \tag{4.1.6}$$

或即

$$| \overline{x} - \mu_0 | < u_{a/2} \frac{\sigma}{\sqrt{n}} \tag{4.1.7}$$

我们便在显著性水平 $\alpha$ 下接受原假设 $H_0 : \mu = \mu_0$,因为式(4.1.7)正好就是例 4.1.2 中接受域。反之,如果置信区间不包含 $\mu_0$,我们就拒绝 $H_0$。因此,我们把假设检验与区间估计这两个问题放在同一章讨论。

# §4.2　对比检验

在生产和科研中所遇到的最简单而又常见的假设检验问题是对比检验。

当我们考虑生产方法的改变时,首先面临的问题是:这种改变是否有好处,比如说,能否提高产量,如果用"老的"生产方法,平均产量是已知的,这就需要检验用"新的"生产方法,产量是否有所提高。用统计的语言来说,就是要在已知("老的")总体的期望值与未知("新的")总体的期望值间作出比较。另一种情况是:要对两种生产方法作出比较,此时,我们要检验的是两个总体是否有相同的

期望值。

在 §4.1 中我们所讨论的假设检验方法是用来检验样本$(X_1, X_2, \cdots, X_n)$是否来自已知总体 $N(\mu_0, \sigma^2)$，或者说，设若样本$(X_1, X_2, \cdots, X_n)$来自正态总体 $N(\mu, \sigma^2)$，其中 $\mu$ 为未知，我们要检验这个总体与已知总体 $N(\mu_0, \sigma^2)$ 是否一致。在检验过程中，我们假定了两个总体的方差是相等的，并且是已知的。作为本节的开始，我们首先讨论当方差未知时，怎么对这个问题作出检验。

## 一、$t$ 检验法

（一）原假设 $H_0 : \mu = \mu_0$，备择假设 $H_1 : \mu \neq \mu_0$

首先我们应当选择一个适当的统计量作为检验的工具。如果我们从方差未知的正态总体中抽取了容量为 $n$ 的样本，当原假设 $H_0 : \mu = \mu_0$ 成立时，由式(3.5.8)，统计量

$$t = \frac{\overline{X} - \mu_0}{S/\sqrt{n}} \tag{4.2.1}$$

服从 $df = n - 1$ 的 $t$ 分布。

对于备择假设 $H_1 : \mu \neq \mu_0$，我们决定拒绝抑或接受原假设的标准是看样本均值 $\overline{x}$ 与 $\mu_0$ 的距离 $|\overline{x} - \mu_0|$ 是否太大，所以，可选取双侧检验，即选取关于 $\mu_0$ 对称的区间作为拒绝域。注意到 $t$ 分布的对称性，对于给定的显著水平 $\alpha$，由于

$$P\left[\left|\frac{\overline{X} - \mu_0}{S/\sqrt{n}}\right| > t_{\alpha/2}(n-1)\right] = \alpha \tag{4.2.2}$$

所以我们可以取

$$|\overline{x} - \mu_0| > t_{\alpha/2}(n-1)s/\sqrt{n} \tag{4.2.3}$$

作为检验的拒绝域。

请将式(4.2.2)与式(4.1.5)比较。

（二）原假设 $H_0 : \mu = \mu_0$，备择假设 $H_1 : \mu > \mu_0$

按照备择假设的意义，如果我们拒绝了假设 $\mu = \mu_0$，则接受了假设 $\mu > \mu_0$，这种情况发生在：

（1）我们有可靠的证据说明 $\mu < \mu_0$ 是不可能发生的。例如当对一种理论上认为先进的饲养方法进行试验时，当然会期望得到较高的产量，而且可以相信这种新的饲养方法至少不会降低产量(否则，便应该用备择假设 $H_1 : \mu \neq \mu_0$)；

（2）虽然 $\mu < \mu_0$ 也可能发生，但我们对它不感兴趣。例如，在检查一个被污染的水域中鱼体肌肉的汞含量时，我们要知道的是，鱼体中汞的含量是否超过了临界值，准确地说，此时，我们所作的是原假设 $H_0 : \mu \leqslant \mu_0$，备择假设 $H_1 : \mu > \mu_0$，但为了能方便地给出检验方法，我们还是取原假设为 $H_0 : \mu = \mu_0$。

显然，针对这种备择假设，我们应当采用单侧检验，即拒绝域应当取为 $\overline{x} -$

$\mu_0 > k$，现在的问题是如何确定临界值 $k$。

因为当原假设 $H_0 : \mu = \mu_0$ 成立时，

$$t = \frac{\overline{X} - \mu_0}{S/\sqrt{n}}$$

服从 $df = n-1$ 的 $t$ 分布，对于给定的显著水平 $\alpha$，

$$P[t > t_\alpha(n-1)] = \alpha$$

于是拒绝域为

$$t > t_\alpha(n-1)$$

或即

$$\overline{x} > \mu_0 + t_\alpha(n-1) s/\sqrt{n} \tag{4.2.4}$$

**例 4.2.1**　将平均柄长为 $5.7(\mathrm{cm})$ 的"海青一号"海带的子一代密植，从中随机抽取了 18 株样品，测得其柄长为 $7.8 \pm 1.48(\mathrm{cm})$[①]。设海带的柄长服从正态分布，检验过分密植是否可使海带的柄长增长。

**解：**原假设 $H_0 : \mu = 5.7$，备择假设 $H_1 : \mu > 5.7$，由已知数据可算出

$$t = \frac{\overline{x} - \mu_0}{s/\sqrt{n}} = \frac{7.8 - 5.7}{1.48/\sqrt{18}} = \frac{2.1}{0.3488} = 6.02$$

查 $t$ 分布表，当 $df = 17$ 时，$t_{0.001}(17) = 3.965$，由于 $t = 6.02 > 3.965$，所以拒绝 $H_0$，认为经密植后，海带的柄长大于原来的柄长。

如果要检验的是原假设 $H_0 : \mu = \mu_0$ 对备择假设 $H_1 : \mu < \mu_0$，则类似于刚才的做法，可以取拒绝域为

$$\overline{x} < \mu_0 - t_\alpha(n-1) \frac{s}{\sqrt{n}} \tag{4.2.5}$$

进行假设检验的一般步骤可归纳如下：

(1) 根据实际问题提出原假设 $H_0$ 和备择假设 $H_1$；

(2) 建立检验用的统计量并找出它的分布；

(3) 按照适当的显著性水平 $\alpha$ 确定拒绝域；

(4) 根据样本观察值作出拒绝或接受原假设的决策。

## 二、$U$ 检验法

### （一）方差已知的正态母体期望值的检验

在构造一种检验法时，一个关键的问题显然是找出合适的统计量。在上面对方差未知的正态总体期望值的检验中，我们使用了统计量 $\dfrac{\overline{X} - \mu_0}{S/\sqrt{n}}$，并且知道它

---

① 这里的数据为"均值 ± 标准差"，下同。

服从 $t$ 分布。如果我们已经获知正态母体的方差 $\sigma^2$,则因为 $\dfrac{\overline{X} - \mu_0}{\sigma/\sqrt{n}}$ 是 $N(0,1)$ 变量,这就不必使用统计量(4.2.1)式。

事实上在例 4.1.2 中,我们已经将统计量

$$\frac{\overline{X} - \mu_0}{\sigma/\sqrt{n}}$$

用于方差已知的正态总体期望值的检验,在例 4.1.2 中,检验的拒绝域由

$$\left| \frac{\overline{x} - \mu_0}{\sigma/\sqrt{n}} \right| > u_{\alpha/2}$$

给出(参看式(4.1.3)),因为这里使用的临界值是 $u_\alpha$,所以我们把这一统计量记为

$$U = \frac{\overline{X} - \mu_0}{\sigma/\sqrt{n}} \tag{4.2.6}$$

并称这种检验法为 $U$ 检验法。

仿照上面的做法,针对不同的备择假设,对于方差已知的正态总体的期望值也可以作出单侧检验。为此,只需采用统计量(4.2.6),并将上面相应[式(4.2.4)或式(4.2.5)]的拒绝域中的 $t_\alpha(n-1)$ 改为 $u_\alpha$。

(二)大样本检验

以上的讨论都是在总体分布为正态的前提下进行的,在生物学的许多问题中,往往不知道总体的分布,或总体的分布虽然已知但并非正态,这就使以上的检验无法进行。

我们现在面临的问题显然在于无法或难以找到上述统计量的分布,但是,由中心极限定理(定理 3.5.3)知道,不论总体 $X$ 服从什么分布,只要它的方差是有限的,那么 $\dfrac{\overline{X} - \mu}{\sigma/\sqrt{n}}$ 渐近地服从 $N(0,1)$ 分布。运用这一定理,如果总体方差 $\sigma^2$ 是已知且有限的,当样本容量很大时,可把统计量 $\dfrac{\overline{X} - \mu}{\sigma/\sqrt{n}}$ 近似地看成 $N(0,1)$ 变量,据此便可对母体期望值进行检验,这就是所谓大样本检验。

如果不仅总体的分布是未知或非正态的,而且它的标准差也是未知的,则 $\dfrac{\overline{X} - \mu}{\sigma/\sqrt{n}}$ 仍然不能用来检验,此时如果样本的容量足够大,那么我们可以用样本标准差 $s$ 来近似地代替 $\sigma$,但一般只有当样本容量不少于 100 时才可这样做。

**例 4.2.2** 对某种化合物的浓度进行 150 次测定,从测定的数据中得到 $\overline{x} = 54.76, s = 2.053$,现在要检验原假设 $H_0 : \mu = 55$,备择假设 $H_1 : \mu < 55$。

如上所述,我们取检验的统计量为

$$\frac{\overline{X} - 55}{2.053/\sqrt{150}}$$

当原假设成立时,它近似于 $N(0,1)$,将 $\overline{x} = 54.76$ 代入上式,得

$$\frac{\overline{x} - 55}{2.053/\sqrt{150}} = \frac{-0.24}{0.1676} = -1.4318$$

因为 $N(0,1)$ 分布在左侧的 $0.05$ 临界值 $-u_{0.05} = -1.645$,所以我们不能拒绝原假设。

以上所述的总体均值的假设检验法汇总在表 4.2.1 和 4.2.2 中。

表 4.2.1　正态总体数学期望的检验　（方差 $\sigma^2$ 已知）

| 原假设 $H_0$ | 备择假设 $H_1$ | 统计量及其分布 | 拒绝域 |
|---|---|---|---|
| $\mu = \mu_0$ | $\mu \neq \mu_0$ | | $\lvert \overline{x} - \mu_0 \rvert > u_{a/2} \dfrac{\sigma}{\sqrt{n}}$ |
| $\mu = \mu_0$（或 $\mu \leqslant \mu_0$） | $\mu > \mu_0$ | $U = \dfrac{\overline{X} - \mu_0}{\sigma/\sqrt{n}} \overset{H_0}{\sim} N(0,1)$① | $\overline{x} > \mu_0 + u_a \dfrac{\sigma}{\sqrt{n}}$ |
| $\mu = \mu_0$（或 $\mu \geqslant \mu_0$） | $\mu < \mu_0$ | | $\overline{x} < \mu_0 - u_a \dfrac{\sigma}{\sqrt{n}}$ |

表 4.2.2　正态总体数学期望的检验　（方差 $\sigma^2$ 未知）

| 原假设 $H_0$ | 备择假设 $H_1$ | 统计量及其分布 | 拒绝域 |
|---|---|---|---|
| $\mu = \mu_0$ | $\mu \neq \mu_0$ | | $\lvert \overline{x} - \mu_0 \rvert > t_{a/2}(n-1) \dfrac{s}{\sqrt{n}}$ |
| $\mu = \mu_0$（或 $\mu \leqslant \mu_0$） | $\mu > \mu_0$ | $t = \dfrac{\overline{X} - \mu_0}{S/\sqrt{n}} \overset{H_0}{\sim} t(n-1)$ | $\overline{x} > \mu_0 + t_a(n-1) \dfrac{s}{\sqrt{n}}$ |
| $\mu = \mu_0$（或 $\mu \geqslant \mu_0$） | $\mu < \mu_0$ | | $\overline{x} < \mu_0 - t_a(n-1) \dfrac{s}{\sqrt{n}}$ |

### 三、两总体均值差数的假设检验

有一些最常见的试验是专为比较两种不同的处理所产生效果是否有显著差异而设计的。例如,两种浓度不同的海水对海带增重的影响;某种预防措施对于预防疾病是否有效②,等等。如果把两种处理的结果看成是两个总体,比较两种处理是否会产生不同的结果,主要就是比较两总体的均值是否不同。因此问题就归结为两总体均值差数的假设检验,本段就两种不同的试验设计来讨论假设检

---

① $U = \dfrac{\overline{X} - \mu_0}{\sigma/\sqrt{n}} \overset{H_0}{\sim} N(0,1)$ 表示当原假设 $H_0$ 成立时,$U = \dfrac{\overline{X} - \mu_0}{\sigma/\sqrt{n}}$ 服从 $N(0,1)$ 分布,下同。

② 为了判定某种预防措施或药物是否有效,常将接受了这种措施或药物的生物的某些相关指标与未接受这种措施或药物的生物进行比较。不施加处理的一组试验,叫做“对照”,我们常将对照称作“空白”试验。

验的方法。

（一）成对比较

为了避免或减少受试对象(称为试验单元)本身的差异对试验结果所产生的影响,我们通常把两种不同处理施于初始情况相同或基本相同的("成对"的)试验单元,然后再对试验结果进行检验,这就是成对比较法。

假如经过上述试验,我们得到了 $n$ 对数据 $(x_{11},x_{21}),(x_{12},x_{22}),\cdots,(x_{1n},x_{2n})$,这里 $x_{1i}$ 表示第一种处理的结果,$x_{2i}$ 表示第二种处理的结果。于是,我们就有 $n$ 个差数

$$d_i = x_{1i} - x_{2i}, \quad i = 1,2,\cdots,n \tag{4.2.7}$$

记

$$\bar{x}_{1.} = \frac{1}{n}\sum_{i=1}^{n} x_{1i}, \quad \bar{x}_{2.} = \frac{1}{n}\sum_{i=1}^{n} x_{2i}$$

则

$$\bar{d} = \frac{1}{n}\sum_{i=1}^{n} d_i = \bar{x}_{1.} - \bar{x}_{2.} \tag{4.2.8}$$

现在可以把 $(d_1,d_2,\cdots,d_n)$ 看成是随机变量 $D$ 的容量为 $n$ 的一组样本值,如果试验的目的在于发现或证实这两种处理结果的期望之差为 $\mu_0$,即 $D$ 的期望值为 $\mu_0$,则可作原假设 $H_0 : \mu = \mu_0$。特别地,如果试验的目的仅在于考察两种处理是否有差异,则可作原假设 $H_0 : \mu = 0$。因此,问题就转化成利用样本来对一个总体的期望值是否为一个已知的数作检验,这是我们已经讨论过的问题。

**例 4.2.3**　有人曾对用双硫腙比色法及 AgI 电极法两种测定污水中总汞含量的方法作了比较试验。将从 6 个不同地点取得的水样各分作 2 份,分别用比色法及电极法测定总汞,所得的结果见表 4.2.3 的第一、第二列,要检验用这两种方法测量结果是否有显著不同。

表 4.2.3　两种方法测定结果

| 水样 | 比色法 $x_{1i}$ | 电极法 $x_{2i}$ | $d_i = x_{1i} - x_{2i}$ |
|------|------|------|------|
| 1 | 13.65 | 13.16 | 0.49 |
| 2 | 24.50 | 25.40 | −0.90 |
| 3 | 24.00 | 24.60 | −0.60 |
| 4 | 21.12 | 20.90 | 0.22 |
| 5 | 45.30 | 47.00 | −1.70 |
| 6 | 43.40 | 43.54 | −0.14 |

由上表算得 $\bar{d} = -0.438$,标准差 $s_d = 0.802$,要检验的假设是

$$H_0 : \mu = 0, \quad H_1 : \mu \neq 0$$

假设 $D$ 服从正态分布,因总体方差未知,所以,采用统计量

$$t = \frac{\overline{D} - 0}{S / \sqrt{n}}$$

将已算出的样本均值及样本标准差代入,得

$$t = \frac{-0.438}{0.802 / \sqrt{6}} = \frac{-0.438}{0.3274} = -1.338$$

从 $t$ 分布表查得 $t_{0.05/2}(5) = 2.571$,因为 $|t| = 1.338 < t_{0.05/2}(5) = 2.571$,所以不能认为两种测定法测定的结果有显著差异。

(二) 成组比较

如果试验单元之间的差异比较大,利用配对试验可消除试验单元之间的差异,降低试验误差。但是,在许多试验中配对的安排是不能实现的。例如,比较两水域中某种鱼的体形特征时,通常没有可以配对的依据,而且有时接受两种处理的实验单元的数目不相同,配对也是不可能的,在这些情况下,一般使用下述的成组比较法。

我们把两种处理的结果看成两个总体 $X_1$ 与 $X_2$,分别用 $\mu_1$ 及 $\mu_2$ 表示它们的数学期望。现在分别从 $X_1$ 及 $X_2$ 中独立地抽取容量为 $n_1$ 及 $n_2$ 的样本,设样本均值及标准差分别为 $\overline{X}_1$、$\overline{X}_2$ 和 $S_1$、$S_2$,根据样本检验原假设 $H_0 : \mu_1 - \mu_2 = 0$。

1. 正态总体,且 $\sigma_1^2 = \sigma_2^2$

先考虑一个特殊情况。假定 $X_1 \sim N(\mu_1, \sigma_1^2)$,$X_2 \sim N(\mu_2, \sigma_2^2)$,$\sigma_1^2 = \sigma_2^2$,但 $\sigma_1^2$ 及 $\sigma_2^2$ 未知。在这些假定下,容易证明

$$t = \frac{(\overline{X}_1 - \overline{X}_2) - (\mu_1 - \mu_2)}{S_p \sqrt{\dfrac{1}{n_1} + \dfrac{1}{n_2}}} \tag{4.2.9}$$

服从 $df = n_1 + n_2 - 2$ 的 $t$ 分布,式中

$$S_p^2 = \frac{\displaystyle\sum_{i=1}^{n_1} (X_{1i} - \overline{X}_1)^2 + \sum_{i=1}^{n_2} (X_{2i} - \overline{X}_2)^2}{n_1 + n_2 - 2} = \frac{(n_1 - 1)S_1^2 + (n_2 - 1)S_2^2}{n_1 + n_2 - 2} \tag{4.2.10}$$

仿照表 4.2.2,可以对各种备择假设列出表 4.2.4。

表 4.2.4　两总体数学期望检验

| 原假设 $H_0$ | 备择假设 $H_1$ | 拒绝域 |
|---|---|---|
| $\mu_1 - \mu_2 = 0$ | $\mu_1 - \mu_2 \neq 0$ | $|t| > t_{\alpha/2}(n_1 + n_2 - 2)$ |
| $\mu_1 - \mu_2 = 0$ 或 $\mu_1 - \mu_2 \leqslant 0$ | $\mu_1 - \mu_2 > 0$ | $t > t_\alpha(n_1 + n_2 - 2)$ |
| $\mu_1 - \mu_2 = 0$ 或 $\mu_1 - \mu_2 \geqslant 0$ | $\mu_1 - \mu_2 < 0$ | $t < -t_\alpha(n_1 + n_2 - 2)$ |

当 $n_1 = n_2 = n$ 时,式(4.2.9)的分母可简化为

$$S_p \sqrt{\frac{1}{n_1} + \frac{1}{n_2}} = \sqrt{\frac{(n-1)(S_1^2 + S_2^2)}{2(n-1)}} \times \sqrt{\frac{2}{n}} = \sqrt{\frac{S_1^2 + S_2^2}{n}}$$

于是,式(4.2.9)成为

$$t = \frac{(\overline{X}_1 - \overline{X}_2) - (\mu_1 - \mu_2)}{\sqrt{\dfrac{S_1^2 + S_2^2}{n}}} \tag{4.2.11}$$

**例 4.2.4** 从瓯江及甬江分别捕得圆吻鲴 35 尾及 30 尾,测定它们的头长 / 尾柄长,并从所得数据分别算出均值及标准差,结果如表 4.2.5。

**表 4.2.5 圆吻鲴头长 / 尾柄长的均值及标准差**

|  | 尾数 | 均值 | 标准差 |
|---|---|---|---|
| 瓯江圆吻鲴 | 35 | 1.43 | 0.106 |
| 甬江圆吻鲴 | 30 | 1.37 | 0.085 |

设头长 / 尾柄长服从正态分布,试检验两水域中圆吻鲴的头长 / 尾柄长是否有显著差异。

**解:** 为判断这两水域圆吻鲴头长 / 尾柄长是否有显著差异,给出原假设 $H_0$:$\mu_1 - \mu_2 = 0$[①],这里的 $\mu_1$ 和 $\mu_2$ 分别代表瓯江和甬江圆吻鲴的头长 / 尾柄长的数学期望。

将表 4.2.5 中的数值代入式(4.2.9),有

$$t = \frac{1.43 - 1.37}{\sqrt{\dfrac{34 \times 0.106^2 + 29 \times 0.085^2}{63}} \sqrt{\dfrac{65}{35 \times 30}}}$$

$$= \frac{0.06}{\sqrt{9.3897 \times 10^{-3}} \cdot \sqrt{0.0619}}$$

$$= \frac{0.06}{\sqrt{5.8122 \times 10^{-4}}} = \frac{0.06}{0.024} = 2.489$$

统计量的自由度为 $df = n_1 + n_2 - 2 = 35 + 30 - 2 = 63$,从 $t$ 分布表查得 $t_{0.05/2}(63) = 2.000$,$t_{0.01/2}(63) = 2.660$,以上算出的 $|t| = 2.50$ 在 2.000 和 2.660 之间,所以,可以认为这两水域圆吻鲴的头长 / 尾柄长的差异是显著的。该文的作者说:"这个差异可能是由于水体环境不同而引起的。"

**例 4.2.5** 在当年 12 月为一批草鱼注射肠炎病福尔马林脏器疫苗,并将它们与正常草鱼同塘饲养,于次年 2 月各随机捕取 5 尾,求得免疫草鱼与未免疫草

---

① 当备择假设为 $H_1$:$\mu_1 - \mu_2 \neq 0$ 时,通常不必写出备择假设。

鱼的免疫球蛋白(IgM)的含量(%)的均值与标准差分别为 $9.8\pm1.88, 5.4\pm1.78$。如果我们可以认为免疫草鱼的 IgM 含量不会比正常草鱼减少,因此,我们检验原假设 $H_0 : \mu_1 = \mu_2$,备择假设 $H_1 : \mu_1 > \mu_2$(假定免疫球蛋白(IgM)的含量服从正态分布)。

**解**:将 $\overline{x}_1 = 9.8$, $\overline{x}_2 = 5.4$, $s_1 = 1.88$, $s_2 = 1.78$, $n_1 = n_2 = 5$ 代入式 (4.2.11),得

$$t = \frac{9.8 - 5.4}{\sqrt{\dfrac{1.88^2 + 1.78^2}{5}}} = \frac{4.4}{\sqrt{\dfrac{6.7028}{5}}} = \frac{4.4}{1.1578} = 3.80$$

当 $df = 10 - 2 = 8$ 时,$t_{0.01} = 2.896$,因为 $t = 3.8 > t_{0.01} = 2.896$,所以我们拒绝原假设 $H_0$,接受备择假设 $H_1$,即认为免疫鱼的 IgM 含量显著地超过正常鱼。

2. 总体分布未知或非正态,但 $\sigma_1^2 = \sigma_2^2$

当总体分布未知或非正态但方差 $\sigma_1^2$ 与 $\sigma_2^2$($\sigma_1^2$、$\sigma_2^2$ 未知)相等时,可抽取大样本,对两总体期望的差数进行假设检验,如在本节二中所说的,这里可用 $U$ 检验法。

**例 4.2.6**　对花生壳经 NaOH 厌气处理 3 天及 21 天后,分别测得 100 个个体的体外消化率数据,算得的均值及标准差为

| 处理天数 | 均值(%) | 标准差(%) |
| --- | --- | --- |
| 3 | 28.8 | 1.5 |
| 21 | 30.2 | 1.6 |

要检验处理时间是否对消化率有影响,我们将这两个样本认为是大样本,则统计量

$$U = \frac{\overline{X}_1 - \overline{X}_2}{\sqrt{\dfrac{S_1^2 + S_2^2}{n}}} \tag{4.2.12}$$

近似地服从 $N(0,1)$ 分布,代入已知数据得

$$U = \frac{28.8 - 30.2}{\sqrt{\dfrac{1.5^2 + 1.6^2}{100}}} = \frac{-1.4}{\sqrt{\dfrac{4.81}{100}}} = \frac{-1.4}{0.219} = -6.383$$

由正态分布表查得 $u_{0.01/2} = 2.576$,因为 $|U| = 6.383 > u_{0.01/2} = 2.576$,所以经 21 天处理后花生壳的体外消化率与经 3 天处理的有高度显著差异。

3. 正态总体,但 $\sigma_1^2 \neq \sigma_2^2$

当两正态总体的方差均未知且不相等时,检验两总体均值是否相等的统计量为

$$t' = \frac{(\overline{X}_1 - \overline{X}_2) - (\mu_1 - \mu_2)}{\sqrt{\dfrac{S_1^2}{n_1} + \dfrac{S_2^2}{n_2}}} \qquad (4.2.13)$$

可以证明以上统计量近似地服从 $t$ 分布,它的自由度为

$$\gamma = \frac{(S_1^2/n_1 + S_2^2/n_2)^2}{\dfrac{(S_1^2/n_1)^2}{n_1 - 1} + \dfrac{(S_2^2/n_2)^2}{n_2 - 1}} \qquad (4.2.14)$$

实际计算时,常取 $[\gamma] + 1$ 为自由度,其中 $[\gamma]$ 表示 $\gamma$ 的整数部分。

**例 4.3.7** 为了检验某种催化剂在一种化学反应中的效果,将试验分为两组,一组不加催化剂,作为对照,另一组加浓度为 $1.0\%$ 的催化剂,试验进行了 3 次,所得结果如表 4.2.6:

表 4.2.6 催化剂效果测定结果

| 组别 | 催化剂浓度(%) | 组均值 $\overline{x}_i$ | 方差 |
|---|---|---|---|
| 1 | 0.0 | 4.92 | 0.0076 |
| 2 | 1.0 | 5.67 | 0.07325 |

假定测定结果服从正态分布,利用以上数据对催化剂的效果进行检验。

**解:**现在我们要检验的是催化剂是否有效,为此,给出原假设 $H_0 : \mu_1 = \mu_2$。

从上述计算结果可以看到,两者方差相差较大(以后,我们可进一步对两个方差是否相等作检验),于是我们使用式(4.2.13)所给定的统计量进行检验,用式(4.2.14)计算自由度

$$\gamma = \frac{(S_1^2/n_1 + S_2^2/n_2)^2}{\dfrac{(S_1^2/n_1)^2}{n_1 - 1} + \dfrac{(S_2^2/n_2)^2}{n_2 - 1}} = \frac{[(0.07325 + 0.0076)/3]^2}{\dfrac{(0.07325/3)^2 + (0.0076/3)^2}{2}}$$

$$= \frac{0.02695^2}{0.0003013} = 2.41$$

$df = [\gamma] + 1 = 3$,由 $t$ 分布表,有 $t_{0.05/2}(3) = 3.182$,将以上样本均值及标准差代入式(4.2.13)得

$$t' = \frac{\overline{x}_2 - \overline{x}_1}{\sqrt{\dfrac{s_1^2}{n_1} + \dfrac{s_2^2}{n_2}}} = \frac{5.67 - 4.92}{\sqrt{0.02695}} = 4.5686$$

因为 $|t'| = 4.586 > t_{0.05/2}(3) = 3.182$,于是拒绝原假设,认为加入催化剂的效果是显著的。

## 四、区间估计

在 §4.1 我们已经讨论过总体均值的区间估计,并指出区间估计与假设检

验之间的关系。当我们对均值的差数进行了检验并否定了原假设 $H_0: \mu_1 = \mu_2$ 后,有时,还希望知道它们之间的差异究竟有多大,也就是说,要对 $\mu_1 - \mu_2$ 作出估计。这里通过下面的例子来介绍求 $\mu_1 - \mu_2$ 的置信区间的方法。

**例 4.2.8**　在例 4.2.6 中,我们已经看到,增加用 NaOH 处理花生壳的天数,会提高花生壳的体外消化率,现在,我们关心的是,当处理天数从 3 天增加到 21 天时,消化率提高了多少。

设 $\mu_1$ 及 $\mu_2$ 分别为经 3 天及 21 天处理的花生壳的消化率。则

$$U = \frac{(\overline{X}_2 - \overline{X}_1) - (\mu_2 - \mu_1)}{\sqrt{\dfrac{S_1^2 + S_2^2}{n}}}$$

近似地服从 $N(0,1)$ 分布,于是对于给定的置信系数 $\alpha$,有 $u_{\alpha/2}$,使

$$P(|U| < u_{\alpha/2}) = 1 - \alpha$$

即

$$P\left[ \overline{X}_2 - \overline{X}_1 - u_{\alpha/2}\sqrt{\frac{S_1^2 + S_2^2}{n}} < \mu_2 - \mu_1 < \overline{X}_2 - \overline{X}_1 + u_{\alpha/2}\sqrt{\frac{S_1^2 + S_2^2}{n}} \right] = 1 - \alpha$$

则 $\mu_2 - \mu_1$ 的 $(1-\alpha)100\%$ 的置信区间为

$$(\overline{X}_2 - \overline{X}_1) - u_{\alpha/2}\sqrt{\frac{S_1^2 + S_2^2}{n}} < \mu_2 - \mu_1 < (\overline{X}_2 - \overline{X}_1) + u_{\alpha/2}\sqrt{\frac{S_1^2 + S_2^2}{n}}$$

$$(4.2.15)$$

在例 4.2.6 中 $\overline{x}_1 = 28.8, \overline{x}_2 = 30.2, n = 100$,并且已算出 $\sqrt{\dfrac{S_1^2 + S_2^2}{n}} = 0.219$,若取置信系数为 $\alpha = 0.01$,则 $u_{0.01/2} = 2.576$,将这些数代入式(4.2.15)得

$$1.4 - 2.576 \times 0.219 < \mu_2 - \mu_1 < 1.4 + 2.576 \times 0.219$$

即

$$0.84 < \mu_2 - \mu_1 < 1.96$$

所以我们可以以 99% 的可信度说把处理天数从 3 天延长到 21 天,消化率的均值可增加 $0.84\% \sim 1.96\%$。

对于方差未知的正态总体或成对比较的试验模型,可仿照上例给出 $\mu$ 或 $\mu_1 - \mu_2$ 的置信区间。

**五、样本容量的确定**

置信区间在一定置信度下给出了被估计参数可能的取值范围。显然置信区间的长度反映了估计的精确程度。从以上的讨论中可以看到置信区间的长度与样本的容量有关,如果我们增加样本的容量,就可提高估计的精度,即缩短估计

区间的长度。

在实际工作中,常要求我们在一定的置信度下以一定的精度对待估计参数作出估计,此时,就需要确定样本容量,以使估计达到所要求的精度。

如果总体服从正态分布,方差 $\sigma^2$ 已知,我们使用

$$U = \frac{\overline{X} - \mu}{\sigma / \sqrt{n}} \qquad (4.2.16)$$

在置信系数 $\alpha$ 下对总体的数学期望 $\mu$ 作估计时,置信区间为(见例 4.1.1)

$$\left( \overline{X} - u_{\alpha/2} \frac{\sigma}{\sqrt{n}}, \ \overline{X} + u_{\alpha/2} \frac{\sigma}{\sqrt{n}} \right)$$

于是,置信区间的长度为

$$\delta = 2u_{\alpha/2} \frac{\sigma}{\sqrt{n}} \qquad (4.2.17)$$

如果给定了 $\delta$,便可从其中解出 $n$。

通常总体方差是未知的,则代替式(4.2.16),我们使用随机变量

$$t = \frac{\overline{X} - \mu}{S / \sqrt{n}}$$

此时,置信区间的长度为

$$\delta = 2t_{\alpha/2} \frac{S}{\sqrt{n}} \qquad (4.2.18)$$

现在问题在于式(4.2.18)中的 $S$ 要在抽样后才能确定,为了能利用(4.2.18)算出所需要的样本容量,我们可以作出两阶段抽样,先抽一个容量为 $n_1$ 的样本,算出样本标准差 $s_1$,代入式(4.2.18)可得

$$n = 4t_{\alpha/2}^2 s_1^2 / \delta^2 \qquad (4.2.19)$$

其中 $t_{\alpha/2} = t_{\alpha/2}(n_1 - 1)$,如果 $n \leqslant n_1$,则可以用已抽得的样本进行计算,如果 $n > n_1$,则需要再取得 $n - n_1$ 个观察数据,使样本的容量达到所需的数 $n$。

**例 4.2.9** 要有 95% 的可靠性对盐腌 8 天后经 105℃ 烘干的海带的平均含碘量作出区间估计,并要求区间长度不超过 0.06(%)。先抽得 10 个样品,测得含碘数据为 0.30,0.18,0.25,0.27,0.29,0.30,0.32,0.36,0.30,0.28,从而算出 $\overline{x} = 0.285(\%)$,$s = 0.047(\%)$,现在 $n_1 = 10$,$t_{0.05/2}(9) = 2.262$,代入式(4.2.19)得

$$n = \frac{4 \times (2.262)^2 (0.047)^2}{(0.06)^2} = 12.6$$

因此,只要再添加 3 个数据,并算出所有 13 个数据的 $\overline{x}$,我们就能以 95% 的把握保证由容量为 13 的样本得到的 $\overline{X}$ 与平均含碘量的误差不超过 0.03。

# §4.3　成数(Proportion)的假设检验

## 一、原假设 $H_0$ : $p = p_0$ 的检验

在生物学中,有很多试验结果需要用成数表示。例如,生物的成活率、死亡率、性比等等,都是用来表示具有某种特征的个体(如成活的个体)在总体中所占的比例,这种比例称为成数。

容易想到,如果某一总体具有某种特征的成数为 $p$,则在一次试验中观察到具有这种特征的个体("事件 $A$")的概率即为 $p$。如果我们引入随机变量 $X$,它取值 1 与 0,$X = 1$ 对应事件 $A$ 发生,$X = 0$ 对应事件 $A$ 不发生,则 $X$ 的分布律是

$$X \begin{pmatrix} 1 & 0 \\ p & 1-p \end{pmatrix}$$

这正好是我们熟知的(0-1)分布,由例 2.6.3 有 $E(X) = p$,所以,对总体成数的估计和假设检验亦就是对(0-1)变量的期望值的估计和假设检验。

若从总体 $X$ 中抽取了容量为 $n$ 的样本$(X_1, X_2, \cdots, X_n)$,则

$$T = X_1 + X_2 + \cdots + X_n$$

服从参数 $n, p$ 的二项分布(见例 2.5.4),即 $T$ 的分布律为

$$P(T = x) = C_n^x p^x (1-p)^{n-x} \quad x = 1, 2, \cdots, n \tag{4.3.1}$$

随机变量 $T$ 实际上是在 $n$ 次独立的重复观察中事件 $A$ 出现的次数("频数"),而样本均值 $\overline{X} = \dfrac{1}{n} \sum_{i=1}^{n} X_i = \dfrac{T}{n}$ 是事件 $A$ 在 $n$ 次试验中出现的频率,我们知道 $\overline{X}$ 是 $E(X)$ 的无偏估计量,所以事件 $A$ 的频率是事件 $A$ 的概率的无偏(点)估计,早在 §1.1,事实上我们已经用频率去估计概率,就是利用了这一事实。

由例 2.6.10,$\sigma(X) = \sqrt{pq}$,由于 $\overline{X}$ 的标准误差是 $\sigma_{\overline{X}} = \dfrac{\sigma}{\sqrt{n}}$,所以,对于(0-1)分布,我们有

$$\sigma_{\overline{X}} = \sqrt{\frac{pq}{n}} \tag{4.3.2}$$

于是,当 $n$ 很大时

$$\frac{\overline{X} - p}{\sqrt{pq/n}} \tag{4.3.3}$$

近似于 $N(0,1)$ 变量,利用这个结果,对于大样本,可以作出 $p$ 的假设检验和区间估计。

**例 4.3.1** 假设在某一湖中放入了 1000 尾加上标记的鱼,隔一段时间以后,捕上 1000 尾鱼,发现其中有 100 尾标有记号,现在要对该湖中的鱼的总数作出估计。

在捕到的鱼中,有标记的占 $100/1000 = 0.1$,如果捕捞是随机的,则我们就可以用 0.1 去估计有标记的鱼在该湖中的成数,即用 $\bar{x} = 0.1$ 作为 $p$ 的点估计,因为湖中有标记的鱼共有 1000 尾,所以,可以估计该湖中鱼的总数为 $1000 \times 10 = 10000$ 尾。

这种估计太粗略,我们进一步给出区间估计,如果给定置信系数 $\alpha = 0.05$,则

$$P\left(\left|\frac{\bar{X} - p}{S_X}\right| < 1.96\right) = 0.95$$

现在 $\bar{x} = 0.1, s_{\bar{x}} = \sqrt{\dfrac{0.1 \times 0.9}{1000}} = 0.0095$,所以 $p$ 的 95% 置信区间为

$$0.1 - 0.0095 \times 1.96 < p < 0.1 + 0.0095 \times 1.96$$
$$0.1 - 0.0186 < p < 0.1 + 0.0186$$

即

$$0.0814 < p < 0.1186$$

所以,湖中的鱼数在 8432 到 12285 尾之间。

以上的区间估计是在大样本的条件下作出的。如果样本的容量不大,则不能用渐近分布,注意到待估计的成数 $p$ 是二项分布式(4.3.1)的一个参数,所以,当 $n$ 不大时,可以直接用二项分布参数 $p$ 的置信区间表查出 $p$ 的置信区间(见《常用数理统计表》(科学出版社)表 15)。

**例 4.3.2** 在用某种青、精饲料喂养的 32 尾草鱼亲鱼中有 8 尾产卵,产卵率为 $8/32 = 0.25$,查二项分布参数 $p$ 置信区间表,当 $k = 8, n - k = 32 - 8 = 24$ 时,表值为 $0.115, 0.434$(置信度为 95%),即在这种喂养条件下,草鱼亲鱼产卵率在 0.115 到 0.434 之间。

当我们有一个大样本时,也可用式(4.3.3)对 $p$ 作假设检验。

**例 4.3.3** 从宜昌附近的长江捕得草鱼 112 尾,其中雄鱼占 $77.7\%$,雌鱼占 $22.3\%$。据当地渔民说,在正常情况下,草鱼的性比为 $3:10$,能否认为这 112 尾草鱼来自具有正常性比的群体。

**解** 作原假设 $H_0: p = 3/13 = 0.231$,备择假设 $H_1: p \neq 0.231$,当原假设为真时,$U = \dfrac{\bar{X} - 0.231}{\sqrt{\dfrac{0.231 \times 0.769}{112}}}$ 近似于 $N(0,1)$ 变量,取显著性水平为 0.05,则

检验的临界值为 $u_{0.05/2} = 1.96$,将 $\bar{x} = 0.223$ 代入,算得

$$U = \frac{0.223 - 0.231}{\sqrt{\dfrac{0.231 \times 0.769}{112}}} = \frac{-0.008}{0.0398} = -0.201 , 因为 \mid U \mid = \mid -0.201 \mid < 1.$$

96，所以接受原假设，即没有理由认为这批草鱼来自具有异常性比的群体。

**二、原假设 $H_0 : p_1 = p_2$ 的检验**[①]

设 $X_1$ 及 $X_2$ 是具有参数 $p_1$ 及 $p_2$ 的(0-1)变量，$p_1$，$p_2$ 未知，要在显著水平 $\alpha$ 下比较 $p_1$ 与 $p_2$，通常需对 $H_0 : p_1 = p_2 = p_c$ 作出检验。

从 $X_1$，$X_2$ 中分别抽取样本 $(X_{11}, X_{12}, \cdots, X_{1n_1})$ 及 $(X_{21}, X_{22}, \cdots, X_{2n_2})$，则频率

$$p_1 = \frac{1}{n_1} \sum_{i=1}^{n_1} X_{1i}, p_2 = \frac{1}{n_2} \sum_{j=1}^{n_2} X_{2i}$$ 依次是 $p_1$，$p_2$ 的无偏估计量，为比较 $p_1$ 及 $p_2$，我们考虑差数 $p_1 - p_2$，因为 $E(p_1 - p_2) = p_1 - p_2$

$$
\begin{aligned}
D(p_1 - p_2) &= D(p_1) + D(p_2) \\
&= \frac{p_1(1-p_1)}{n_1} + \frac{p_2(1-p_2)}{n_2} \overset{H_0}{=} p_c(1-p_c)\left(\frac{1}{n_1} + \frac{1}{n_2}\right)
\end{aligned}
$$

所以

$$U = \frac{(p_1 - p_2) - (p_1 - p_2)}{\sqrt{p_c(1-p_c)(1/n_1 + 1/n_2)}} \tag{4.3.4}$$

当 $n_1$，$n_2$ 很大时，近似于 $N(0,1)$ 变量，由式(4.3.4)可对原假设 $H_0 : p_1 = p_2 = p_c$ 作出检验。

**例 4.3.4**　从鱼池中捞取全长为 $8 \sim 11\text{mm}$ 的兰罗非鱼苗 350 尾，分为二组，每组 175 尾，对其中一组用雌三醇处理 5 周，另一组作为对照，处理组的成活率为 94%，对照组的成活率为 89%。检验用雌三醇处理后，是否会使成活率变化。

**解：**$H_0 : p_1 = p_2 = p_c$

已知 $n_1 = n_2 = 175$，$p_1 = 0.94$，$p_2 = 0.89$，于是 $p_c = \dfrac{0.94 + 0.89}{2} = 0.915$

$$U = \frac{0.94 - 0.89}{\sqrt{0.915(1 - 0.915)(2/175)}} = 1.6771$$

因为 $\mid U \mid = 1.6771 < u_{0.05/2} = 1.96$，所以接受 $H_0 : p_1 = p_2 = p_c$，没有理由认为雌三醇30处理后会影响鱼苗的成活率。

---

①　这里的讨论，只适于大样本。

# §4.4　正常值范围的确定

正常生物个体的各种生理数据,组织或排泄物中各种成分的含量等统称为正常值。在不同的个体间,正常值存在着个体变异,即使对于同一个体,正常值也会因内外环境的改变而呈现出波动。因此,需要对机体的生理、生化的各种指标确定正常值的范围,作为判断异常值的依据。正常值范围的确定,是生物科学中的一个重要问题。

正常值有变异性,它是随机变量,我们需要确定一个正常值的取值范围。假如某一个体某项测定指标在这个范围内,则称这个个体的这一指标属正常,否则就不正常。根据所讨论指标的实际意义,有时需要确定正常值的上限及下限,而在另一些情况下,则只需确定上限或下限,前者如血液中红细胞的含量,后者如红细胞沉降率,因为对血沉来说,只有增高才是异常的,所以只需要确定血沉的正常值上限。

正常值范围的确定是根据小概率原理,设某一指标用随机变量 $X$ 表示,对于给定的小概率上限$\alpha$(一般取 0.05 或 0.01),如某一个体的某一指标是正常的,则它的值 $X$ 应满足 $P(a < X < b) = 1 - \alpha$,或对于只需确定上限(或下限)的为 $P(X \leqslant b) = 1 - \alpha$ 或 $P(X \geqslant a = 1 - \alpha)$,现在只需确定 $a$ 和(或)$b$ 的值,就可确定正常值的范围。但 $a$ 和(或)$b$ 的确定需知道 $X$ 的分布及其分布的参数。下面以正态分布为例说明正常值范围的确定。

**例 4.4.1**　调查 100 名健康女青年的血清总蛋白的含量($g\%$),得到 $\bar{x} = 7.3456, s = 0.3818$,假如可认为健康女青年的血清总蛋白含量服从正态分布,求女青年的血清总蛋白含量的正常值范围($\alpha = 0.05$)。

**解**:设健康女青年的血清总蛋白的含量为 $X$,则

$$\frac{X - \mu}{\sigma} \sim N(0,1)$$

因为 $\mu, \sigma$ 未知,分别用 $\bar{x}$ 和 $s$ 估计,则

$$\frac{X - 7.3456}{0.3818}$$

近似地服从 $N(0,1)$。从而有

$$P\left(\frac{|X - 7.3456|}{0.3818} < 1.96\right) = 0.95$$

即

$$P(7.3456 - 1.96 \times 0.3818 < X < 7.3456 + 1.96 \times 0.3818) = 0.95$$
$$7.3456 - 1.96 \times 0.3818 = 6.60, \quad 7.3456 + 1.96 \times 0.3818 = 8.09$$

所以女青年血清总蛋白含量的 95% 的正常值范围为 $6.60 \sim 8.09$。

**例 4.4.2**　调查了 200 例正常的血铅含量（mg/100g），得到的频数分布表如下：

**表 4.4.1　血铅含量的频数分布表**

| 血铅含量 | 3- | 5- | 10- | 15- | 20- | 25- | 30- | 35- | 40- | 45- | 50- | 55- | 60- |
|---|---|---|---|---|---|---|---|---|---|---|---|---|---|
| 频数 | 6 | 48 | 43 | 36 | 26 | 13 | 14 | 4 | 4 | 1 | 2 | 0 | 1 |

因为血铅含量过高为异常，试确定血铅正常值的上限（$\alpha = 0.05$）。

**解：**从表 4.4.1 易见，血铅含量的频数分布偏于血铅值较小的一侧（这种情况叫做负偏态，即 §2.5 中介绍的对数正态分布），在生物学中常遇到的许多分布是呈负偏态的，这种类型的分布常常可以通过对数变换 $Y = \lg X$ 变换成正态分布。对测得的 200 个数据进行变换 $y = \lg x$，$x$ 表示血铅含量。为方便计算，我们再按 $y = \lg x$ 进行等距分组，编制频数分布表如下：

**表 4.4.2　经变换 $y = \lg x$ 后的频数分布表①**

| Y 的组限 | 0.45- | 0.55- | 0.65- | 0.75- | 0.85- | 0.95- | 1.05- |
|---|---|---|---|---|---|---|---|
| 对应 $x$ 的组限 | 2.8- | 3.5- | 4.4- | 5.6- | 7.1- | 8.9- | 12.2- |
| 频数 | 1 | 5 | 10 | 20 | 11 | 21 | 29 |

| Y 的组限 | 1.15- | 1.25- | 1.35- | 1.45- | 1.55- | 1.65- | 1.75- | 1.85 |
|---|---|---|---|---|---|---|---|---|
| 对应 $x$ 的组限 | 14.1- | 17.7- | 22.3- | 28.1- | 35.4- | 44.6- | 56.2- | 70.7 |
| 频数 | 25 | 30 | 20 | 16 | 8 | 3 | 1 | |

用 §4.6 将介绍的方法进行检验，可以认为 $Y$ 是正态变量。由上表算得 $\bar{y} = 1.15, s = 0.2703$，于是 $\dfrac{Y - 1.15}{0.2703}$ 服从 $N(0,1)$ 分布，由正态分布表查得

$$P\left(\frac{Y - 1.15}{0.2703} < 1.645\right) = 0.95$$

所以 $Y$ 的 95% 上限为：

$$1.15 + 1.645 \times 0.2703 = 1.5947$$

换算成 $x$ 为，$10^{1.5947} = 39.3$。故该市成年人血铅正常值的 95% 上限为 39.3（mg/100g）。

## §4.5　正态总体方差的假设检验

前几节我们介绍了总体数学期望的假设检验与区间估计，这一节我们将对总体分布的另一个数字特征 —— 方差进行检验。

---

① 编制频数分布表当然要从原始数据着手，但为了节省篇幅，这里省去了原始数据。

## 一、$\chi^2$ 检验

设样本 $X_1, X_2, \cdots, X_n$ 来自正态总体 $N(\mu, \sigma^2)$，$\mu$ 及 $\sigma$ 未知，要检验原假设 $H_0$：$\sigma^2 = \sigma_0^2$ 对备择假设 $H_1$：$\sigma^2 > \sigma_0^2$。如果原假设成立，由定理 3.5.6，统计量

$$\chi^2 = \frac{(n-1)S^2}{\sigma_0^2}$$

服从 $df = n-1$ 的 $\chi^2$ 分布，因此对于给定的显著水平 $\alpha$，有 $\chi_\alpha^2(n-1)$，使

$$P(\chi^2 > \chi_\alpha^2(n-1)) = \alpha$$

于是，可取

$$S^2 > \frac{\sigma_0^2}{n-1}\chi_\alpha^2(n-1)$$

作为检验的拒绝域。

类似地，可得到当备择假设为 $H_1$：$\sigma^2 < \sigma_0^2$ 或 $H_1$：$\sigma^2 \neq \sigma_0^2$ 时检验的拒绝域，将它们汇总成表 4.5.1。

表 4.5.1　正态总体方差的检验

| 原假设 $H_0$ | 备择假设 $H_1$ | 拒绝域 |
|---|---|---|
| $\sigma^2 = \sigma_0^2$ 或 $\sigma^2 \leqslant \sigma_0^2$ | $\sigma^2 > \sigma_0^2$ | $s^2 > \dfrac{\sigma_0^2}{n-1}\chi_\alpha^2(n-1)$ |
| $\sigma^2 = \sigma_0^2$ 或 $\sigma^2 \geqslant \sigma_0^2$ | $\sigma^2 < \sigma_0^2$ | $s^2 < \dfrac{\sigma_0^2}{n-1}\chi_{1-\alpha}^2(n-1)$ |
| $\sigma^2 = \sigma_0^2$ | $\sigma^2 \neq \sigma_0^2$ | $s^2 > \dfrac{\sigma_0^2}{n-1}\chi_{\alpha/2}^2(n-1)$ 或 $s^2 < \dfrac{\sigma_0^2}{n-1}\chi_{1-\alpha/2}^2(n-1)$ |

**例 4.5.1**　对交换器的冷水流速进行了 5 次测定，所得数值为 5.84, 5.76, 6.03, 5.90, 5.87，测定的精度是重要的，由这些数据我们能否认为测定的方差不超过 0.01(假定测定的结果服从正态分布)？

**解**：作原假设 $H_0$：$\sigma^2 \leqslant 0.01$，备择假设 $H_1$：$\sigma^2 > 0.01$，取 $\alpha = 0.05$。

从已知数据求得 $s^2 = 0.00975$，统计量

$$\chi^2 = \frac{(n-1)S^2}{0.01}$$

服从 $df = 4$ 的 $\chi^2$ 分布。由表 4.5.1，拒绝域是 $s^2 > \dfrac{0.01}{4}\chi_{0.05}^2(4) = \dfrac{0.01}{4} \times 9.488 = 0.02372$

因为 $s^2 = 0.00975 < 0.02372$，所以接受原假设 $H_0$：$\sigma^2 \leqslant 0.01$，可以认为这种测定法的方差不超过 0.01。

由 § 4.1 介绍的方法,我们不难给出 $\sigma^2$ 的一个 $100(1-\alpha)\%$ 的置信区间为

$$\left[\frac{(n-1)S^2}{\chi_{\alpha/2}^2}, \frac{(n-1)S^2}{\chi_{1-\alpha/2}^2}\right]$$

## 二、F 检验

在 § 4.2 中,当我们讨论两个总体期望值的比较时,曾分别就总体方差相等及不相等两种情况给出了检验方法,在那里,显然存在着一个问题,当总体方差未知时,怎样利用样本去推断它们是否相等呢?

设 $X, Y$ 是两个正态变量,它们的方差 $\sigma_1^2$ 及 $\sigma_2^2$ 未知,我们要检验原假设 $H_0$: $\sigma_1^2 = \sigma_2^2$。

如果 $(X_1, X_2, \cdots, X_{n_1})$ 和 $(Y_1, Y_2, \cdots, Y_{n_2})$ 分别是 $X, Y$ 的样本,由定理 3.5.6 有

$$\frac{(n_1-1)}{\sigma_1^2}S_1^2 \sim \chi^2(n_1-1), \quad \frac{(n_2-1)}{\sigma_2^2}S_2^2 \sim \chi^2(n_2-1)$$

式中 $S_1^2, S_2^2$ 分别是两个样本的样本方差。由式 (3.5.9) 可得

$$F = \frac{S_1^2/\sigma_1^2}{S_2^2/\sigma_2^2} \sim F(n_1-1, n_2-1)$$

因此当原假设 $H_0$ 成立时,

$$F = \frac{S_1^2}{S_2^2} \tag{4.5.1}$$

服从自由度为 $(n_1-1, n_2-1)$ 的 $F$ 分布。

藉助于 $F$ 变量,容易得到在不同的备择假设下,检验 $H_0: \sigma_1^2 = \sigma_2^2$ 的拒绝域 (见表 4.5.2)。

表 4.5.2　两个总体方差的检验

| 原假设 $H_0$ | 备择假设 $H_1$ | 拒绝域 |
|---|---|---|
| $\sigma_1^2 = \sigma_2^2$ | $\sigma_1^2 \neq \sigma_2^2$ | $F > F_{\alpha/2}(n_1-1, n_2-1)$ 或 $F < F_{1-\alpha/2}(n_1-1, n_2-1)$ |
| $\sigma_1^2 = \sigma_2^2$ 或 $\sigma_1^2 \leqslant \sigma_2^2$ | $\sigma_1^2 > \sigma_2^2$ | $F > F_\alpha(n_1-1, n_2-1)$ |
| $\sigma_1^2 = \sigma_2^2$ 或 $\sigma_1^2 \geqslant \sigma_2^2$ | $\sigma_1^2 < \sigma_2^2$ | $F < F_{1-\alpha}(n_1-1, n_2-1)$ |

表中的 $F_{1-\alpha}(n_1, n_2) = \dfrac{1}{F_\alpha(n_2, n_1)}$。

**例 4.5.2**　在催化剂的两个不同浓度下,各得到 13 个化学反应的产率 $(g)$ 见下表,求 $\sigma_1^2/\sigma_2^2$ 的 98% 置信区间。

| 浓度 1 | 310.95  308.86  312.80  309.74  311.03  311.89  310.39  310.24  311.89 |
| | 309.65  311.85  310.73  310.93 |
| 浓度 2 | 308.94  310.23  309.98  311.59  309.46  311.15  309.16  310.68  311.86 |
| | 310.98  310.29  311.21  311.29 |

由已知数据可求得 $s_1^2 = 1.1867, s_2^2 = 1.5757$。因为 $df = (12, 12)$，从附表 6 查出 $F_{0.01}(12, 12) = 4.16$，于是 $F_{0.99}(12, 12) = \dfrac{1}{4.16} = 0.24$，则 $\sigma_1^2/\sigma_2^2$ 的一个 98% 的置信区间是

$$\frac{1.1867}{1.5757} \times (0.24) \leqslant \frac{\sigma_1^2}{\sigma_2^2} \leqslant \frac{1.1867}{1.5757} \times (4.16)$$

即

$$0.18 \leqslant \frac{\sigma_1^2}{\sigma_2^2} \leqslant 3.133$$

因为置信区间内包含了 1，所以我们不能拒绝 $\dfrac{\sigma_1^2}{\sigma_2^2} = 1$，即可认为 $\sigma_1^2 = \sigma_2^2$。

# §4.6  总体分布的鉴定

### 一、分布的拟合性

对生物学问题所作的统计分析，往往基于对总体分布形式的某种假定。例如，本章以前各节所讨论的假设检验及区间估计问题，大多是在总体服从正态分布的假定下进行的(虽然总体的某些参数是未知的)。但在许多实际问题中，总体的分布形式往往是未知的，在这种情况下，就需要对总体的分布形式进行假设检验。

这里我们介绍一种常用于检验总体分布形式的方法——$\chi^2$ 检验法，它不仅可以用于检验总体的正态性，也可对其他分布形式进行检验，为了方便，我们还是从总体的正态性检验说起。

如果我们从总体 $X$ 获得了一容量为 $n$ 的样本，并从样本的频数分布表或直方图猜想总体是服从正态分布的，当计算出样本均值 $\bar{x}$ 和样本标准差 $s$ 后，以 $\bar{x}$ 及 $s$ 作为正态分布的参数，便可画出曲线 $N(\bar{x}, s^2)$(参看图 3.3.1)。当然，直方图与 $N(\bar{x}, s^2)$ 曲线之间总是有偏差的，偏差的来源不外乎以下两个：

(1) 由于抽样的总体不服从正态分布所造成，这种偏差叫做系统偏差。

（2）虽然总体是正态的，但由于样本容量的有限性（因此在直方图上我们只能得到一条折线）以及抽样的随机性所引起的偏差，由这种原因造成的总体分布曲线与直方图上的折线之间的偏差叫做随机偏差。

类似于我们曾在参数的假设检验问题中所讨论过的，分布曲线与直方图间的随机偏差是不可避免的。问题在于判断系统偏差的有无，这就需要寻找一个标准藉以判断当这种偏差大到何种程度时，就应该（在一定的概率意义下）认为在这个偏差中，除了随机偏差外，还包含着系统偏差。这个标准可以用下述方法建立：

提出原假设 $H_0$：总体 $X$ 的分布函数为 $F(x)$.

取 $m-1$ 个实数，$-\infty < a_1 < a_2 < \cdots < a_{m-1} < +\infty$，把数轴分为 $m$ 个区间

$$(-\infty, a_1], (a_1, a_2], \cdots, (a_{m-1}, +\infty)$$

计算在 $H_0$ 成立下，$X$ 落入每个区间 $(a_{k-1}, a_k)(k=2, \cdots, m-1)$ 的概率

$$p_k = P(a_{k-1} < X \leqslant a_k) = F(a_k) - F(a_{k-1}), k = 2, \cdots, m-1$$
$$p_1 = F(a_1), \quad p_m = 1 - F(a_{m-1}) \tag{4.6.1}$$

这些 $p_k$ 是样本值落入区间 $(a_{k-1}, a_k](p_1, p_m$ 分别表示落在 $(-\infty, a_1]$ 和 $(a_{m-1}, +\infty)$ 的频率的期望值，所以，如果我们抽取了容量为 $n$ 的样本，可以预期在 $n$ 个样本值中，将有 $np_k$ 个落入 $(a_{k-1}, a_k]$，$np_k(k=1, \cdots, m)$ 叫做理论频数。

设我们所观察到的 $n$ 个数据中，实际上有 $n_k$ 个落入 $(a_{k-1}, a_k](k=2, \cdots, m-1)$，$n_1$ 个和 $n_m$ 个分别落入 $(-\infty, a_1]$ 和 $(a_{m-1}, +\infty)$，$n_k(k=1, \cdots, m)$ 叫做观察频数。通常，在选取分点时，要求落入每一区间的频数不小于 5。

差数 $n_k - np_k$ 反映了在区间 $(a_{k-1}, a_k]$ 上直方图与假设分布（理论分布）间的偏差。K. Pearson 曾证明了下述定理。

**定理 4.6.1**  若 $n$ 充分大（一般要求 $n \geqslant 50$），不管总体分布形式怎样，统计量

$$\chi^2 = \sum_{k=1}^{m} \frac{(n_k - np_k)^2}{np_k} \tag{4.6.2}$$

近似地服从 $df = m - r - 1$ 的 $\chi^2$ 分布。其中，$r$ 是计算理论频数时估计的总体参数的个数。

Pearson 定理为我们提供了总体分布的检验所需的一个统计量，对于给定的显著水平 $\alpha$，从 $\chi^2$ 分布表可以查出临界值 $\chi_\alpha^2(m-r-1)$，如果将已知数据代入式（4.6.2）所得到的 $\chi^2$ 值满足 $\chi^2 > \chi_\alpha^2(m-r-1)$，则拒绝原假设 $H_0$，即不能认为样本来自分布函数为 $F(x)$ 的总体，否则接受 $H_0$。

**例 4.6.1**  调查某地 164 位正常人血清胆固醇含量（mg%），测定结果如表 4.6.1。试判断正常人血清胆固醇含量是否服从正态分布。

表 4.6.1　164 位正常人血清胆固醇含量频数分布表

| 胆固醇含量 | $70 \sim$ 100 | $100 \sim$ 130 | $130 \sim$ 160 | $160 \sim$ 190 | $190 \sim$ 220 | $220 \sim$ 250 | $250 \sim$ 280 | $280 \sim$ |
|---|---|---|---|---|---|---|---|---|
| 频数 $f_i$ | 6 | 19 | 58 | 40 | 23 | 12 | 5 | 1 |

总体的参数是未知的,由这个样本算得 $\bar{x} = 166.22, s = 40.98$(这里要求用 $\sigma^2$ 的极大似然估计量),分别用它们作为 $\mu$ 及 $\sigma$ 的估计,在此基础上建立原假设:

$H_0$:总体 $X$ 服从 $N(166.22, 40.98^2)$ 分布

由于进行总体分布的 $\chi^2$ 检验时,要求每组的频率不少于 5,所以我们将最后两组合并,计算过程列在表 4.6.2 中。

表 4.6.2　例 4.6.1 数据的计算表

| 组上限 $a_k$ | 频数 $n_k$ | $b_k = \dfrac{a_k - 166.22}{40.98}$ | $\Phi(b_k)$ | $p_k = \Phi(b_k) - \Phi(b_{k-1})$ | $np_k$ |
|---|---|---|---|---|---|
| 100 | 6 | $-1.6159$ | 0.0526 | 0.0526 | 8.63 |
| 130 | 19 | $-0.8838$ | 0.1894 | 0.1368 | 22.44 |
| 160 | 58 | $-0.1518$ | 0.4364 | 0.247 | 40.51 |
| 190 | 40 | 0.5803 | 0.719 | 0.2826 | 46.35 |
| 220 | 23 | 1.3123 | 0.9049 | 0.1854 | 30.41 |
| 250 | 12 | 2.0444 | 0.9793 | 0.0749 | 12.28 |
| $+\infty$ | 6 | $+\infty$ | 1 | 0.0207 | 3.39 |
| 和 | 164 | | | | 164 |

为了算出理论频数,需要将变量标准化,使用变换

$$Y = \frac{X - 166.22}{40.98}$$

经此变换后,表 4.6.2 第一列的各组限分别变换成第三列所列的各组限。表 4.6.2 的最后一列列出了理论频数。利用式(4.6.2)得到

$$\chi^2 = \frac{(6 - 8.63)^2}{8.63} + \frac{(19 - 22.44)^2}{22.44} + \cdots + \frac{(6 - 3.39)^2}{3.39}$$

$$= 13.57$$

因为在计算理论频数时,估计了正态分布的数学期望与方差,因此 $\chi^2$ 的自由度为 $7 - 2 - 1 = 4$,由于 $\chi^2 = 13.57 > \chi_{0.01}(4) = 13.2777$,所以认为人的血清胆固醇含量不服从正态分布。

在定理 4.6.1 中,并未对总体的假设分布的类型有任何限制,因此,$\chi^2$ 检验法不仅可以用来检验总体的正态性,也可用于检验其他类型的理论分布。

**例 4.6.2**　受到伦琴射线照射的细胞会造成染色体断裂,如果用 $X$ 表示染色体的断裂数,则在很多情况下 $X$ 服从 Poisson 分布。有一个试验是用 $62.5\gamma$ 伦琴射线照射 320 个神经芽细胞,由此造成的染色体断裂数的频数分布为

| 染色体断裂数 | 0 | 1 | 2 | 3 | 4 |
|---|---|---|---|---|---|
| 细 胞 数 | 174 | 112 | 28 | 5 | 1 |

可否认为这是来自 Poisson 分布的样本。

为了计算理论频数,先估计 Poisson 分布的参数 $\lambda$,已知 Poisson 分布的分布律为

$$P(X = k) = \frac{\lambda^k}{k!}e^{-\lambda}, \ k = 0,1,2,\cdots$$

$$E(X) = \lambda$$

因此,参数 $\lambda$ 可用 $\overline{X}$ 来估计,从已知数据可得

$$\bar{x} = \frac{1}{320}(0 \times 174 + 1 \times 112 + 2 \times 28 + 3 \times 5 + 4 \times 1) = 0.5844$$

合并最后两列,并计算理论频数:

当 $k = 0$ 时　$np_0 = 320e^{-0.5844} = 320 \times 0.5575 = 178.4$

当 $k = 1$ 时　$np_1 = 178.4 \times 0.5844 = 104.2$

当 $k = 2$ 时　$np_2 = 104.2 \times \frac{0.5844}{2} = 30.5$

当 $k \geqslant 3$ 时　$np_3 = 320 - (178.4 + 104.2 + 30.5) = 6.9$

于是,统计量 $\chi^2$ 的值为

$$\chi^2 = \frac{(174 - 178.4)^2}{178.4} + \frac{(112 - 104.2)^2}{104.2} + \frac{(28 - 30.5)^2}{30.5} + \frac{(6 - 6.9)^2}{6.9}$$

$$= 1.03$$

现被估计的总体参数只有一个,所以自由度为 $4 - 1 - 1 = 2$,从 $\chi^2$ 分布表查得 $\chi^2_{0.05}(2) = 5.991, \chi^2 = 1.03 < \chi^2_{0.05}(2) = 5.991$,可认为染色体的断裂数服从 Poisson 分布。

**例 4.6.3**　考虑生物某两对相对性状的遗传,按 Mendel 的自由组合定律,它的子二代 $F_2$ 的表现型应遵循 $9 : 3 : 3 : 1$ 的比例。有一遗传试验的子二代的各种表现型的频数如表 4.6.3,检验这两对基因的遗传是否符合自由组合定律。

**表 4.6.3　各种表现型的观察频数**

| 表现型 | B_C_ | B_cc | bbC_ | bbcc | 总数 |
|---|---|---|---|---|---|
| 观察频数 | 1260 | 625 | 610 | 5 | 2500 |

如果,按照 $9:3:3:1$ 的比例,则 2500 个子二代,期望应该有如表 4.6.4 的理论频数。

表 4.6.4　各种表现型的理论频数

| 表现型 | B_C_ | B_cc | bbC_ | bbcc | 总数 |
|--------|------|------|------|------|------|
| 理论频数 | 1406.25 | 468.75 | 468.75 | 156.25 | 2500 |

将理论频数及观察频数代入式(4.6.2),得

$$\chi^2 = \frac{(1260-1406.25)^2}{1406.25} + \frac{(625-468.75)^2}{468.75} + \frac{(610-468.75)^2}{468.75}$$

$$+ \frac{(5-156.25)^2}{156.25} = 256.2667$$

现 $m=4, r=0$,所以统计量 $\chi^2$ 的自由度为 $4-1=3$。因为 $\chi_{0.01}^2(3) = 11.345$,故在显著水平 0.01 上拒绝原假设,认为这两对等位基因的遗传不符合自由组合规律 $9:3:3:1$。

上面的观察频数与理论频数的显著不符合,显然是因为表现型 B_C_ 及 bbcc 的观察频数太少,而 B_cc 及 bbC_ 的观察频数又太多,这种情况表明为连锁遗传,根据数量遗传学的理论,可从表 4.6.4 的资料中算出重组值为 9%,因此,在子二代中,基因的各种不同组合所占的百分率应为表 4.6.5 所示。

表 4.6.5　各种基因型的百分率

| | | F₁ 的雄配子 | | | |
|--|--|--|--|--|--|
| | | Bc | bC | BC | bc |
| | | 0.455 | 0.455 | 0.045 | 0.045 |
| F₁ 的雌配子 | Bc 0.455 | BBcc 0.207025 | BbCc 0.207025 | BBCc 0.020475 | Bbcc 0.020475 |
| | bC 0.455 | BbCc 0.207025 | bbCC 0.207025 | BbCC 0.020475 | bbCc 0.020475 |
| | BC 0.045 | BBCc 0.020475 | BbCC 0.020475 | BBCC 0.002025 | BbCc 0.002025 |
| | bc 0.045 | Bbcc 0.020475 | bbCc 0.020475 | BbCc 0.002025 | bbcc 0.002025 |

因此,四种表现型所占的百分率应为

| 表现型 | B_C_ | B_cc | bbC_ | bbcc |
|--------|------|------|------|------|
| 百分率 | 50.2025% | 24.7975% | 24.7975% | 0.2025% |

子二代的总数为 2500,所以理论频数为

| 表现型 | B_C_ | B_cc | bbC_ | bbcc |
|---|---|---|---|---|
| 理论频数 | 1255 | 620 | 620 | 5 |

因此有

$$\chi^2 = \frac{(1260-1255)^2}{1255} + \frac{(625-620)^2}{620} + \frac{(610-620)^2}{620} + \frac{(5-5)^2}{5}$$

$$= 0.0199 + 0.0403 + 0.1613 + 0 = 0.2215$$

注意理论频数是依据表 4.6.4 中的数据估计重组值得到的,所以统计量 $\chi^2$ 的自由度 $4-1-1=2$,而 $\chi^2_{0.05}(2) = 5.991$,所以,观察所得的频数分布与理论分布的差异不显著。

### 二、样本间的不纯一性

在 §4.1 关于假设检验的说明中已指出:当经过检验我们接受一个原假设 $H_0$ 时,并不意味着 $H_0$ 一定正确,只不过是根据已有的样本资料,我们没有理由否定 $H_0$。经常发生的一种情况是:已有的样本容量还不够大,根据它不能把系统变异与随机变异区分开来。因此,当经过假设检验不能否定原假设 $H_0$,但按照生物学的理论或经验对原假设还有怀疑时,应当再作一些观测,来增大样本容量,以求增加检验的灵敏度,随之而来的问题是,两次或多次抽取的样本是否可以合并起来构成一个较大的样本。

**例 4.6.4**　在三个家系中,由两对基因 Aa 与 Bb 所决定的遗传性状的分离情况如下表:

表 4.6.6　遗传性状的分离情况

| 家系 | A_B_ | A_bb | aaB_ | aabb | 和 |
|---|---|---|---|---|---|
| 1 | 94 | 25 | 26 | 15 | 160 |
| 2 | 102 | 17 | 36 | 5 | 160 |
| 3 | 72 | 43 | 39 | 6 | 160 |
| 和 | 268 | 85 | 101 | 26 | 480 |

分别检验这三个家系这一遗传性状的分离比是否符合 9∶3∶3∶1 的比例,为此算出各家系相应的 $\chi^2$ 值见表 4.6.7。

表 4.6.7　三个家系相应的 $\chi^2$ 值

| 家系 | 自由度 | $\chi^2$ | $\chi^2$ 临界值 |
|---|---|---|---|
| 1 | 3 | 4.044 | $\chi^2_{0.05} = 7.815, \chi^2_{0.01} = 11.345$ |
| 2 | 3 | 10.9333* | |
| 3 | 3 | 13.5333** | |

如果将这三个家系合并起来考虑,则由表 4.6.6 的最后一行可算出

$$\chi^2 = \frac{(268-270)^2}{270} + \frac{(85-90)^2}{90} + \frac{(101-90)^2}{90} + \frac{(26-30)^2}{30}$$

$$= 2.1703$$

未超过 5% 的 $\chi^2$ 临界值 7.815。

表 4.6.7 告诉我们,三个家系的分离情况有所不同,但上面的结果却表明,将这三个家系合并起来考虑,则可接受 9:3:3:1 的比例。这就产生了问题:这种合并是否可行。

如果我们将三个家系所对应的三个 $\chi^2$ 变量相加,则由 $\chi^2$ 变量的可加性可得到一个新的 $\chi^2$ 变量,它的自由度为这三个 $\chi^2$ 变量之和,即 $3+3+3=9$,将这个 $\chi^2$ 变量记为 $\chi_s^2$。

三个家系合并后,又得到一个 $\chi^2$ 变量(我们已算出它的值为 2.1703),记为 $\chi_t^2$,在本例中,它的自由度为 3。

$\chi_s^2$ 与 $\chi_t^2$ 之差 $\chi_s^2 - \chi_t^2$(当 $\chi_s^2$ 与 $\chi_t^2$ 相互独立时)也是一个 $\chi^2$ 变量,记为 $\chi_h^2$,即 $\chi_h^2 = \chi_s^2 - \chi_t^2$,它的自由度为 $9-3=6$。

如果三个家系是来自同一总体的三个样本,则 $\chi_h^2$ 的值应较小,如果样本不是来自同一总体(此时,我们说各样本间有不纯一性(heterogeneity)),则 $\chi_h^2$ 的值较大。因此,可以藉助 $\chi_h^2$ 的值来判断这些样本是否来自同一个总体,从而决定是否可以把这些样本合并起来。

在本例中,由以上的计算结果,我们得到下表:

**表 4.6.8 样本的不纯一性检验**

| $\chi^2$ 值 | 自由度 | $\chi^2$ 临界值 | |
|---|---|---|---|
| $\chi_s^2 = 28.5106^{**}$ | 9 | $\chi_{0.05}^2 = 16.919$ | $\chi_{0.01}^2 = 21.666$ |
| $\chi_t^2 = 2.1703$ | 3 | $\chi_{0.05}^2 = 7.815$ | $\chi_{0.01}^2 = 11.345$ |
| 不纯一性 $\chi_h^2 = 26.3403^{**}$ | 6 | $\chi_{0.05}^2 = 12.592$ | $\chi_{0.01}^2 = 16.812$ |

因为 $\chi_h^2 = 26.3403 > \chi_{0.01}^2(6) = 16.812$,所以三个家系不能合并。

**例 4.6.5** 在不同月份采集铜锈环棱螺样本,得到雌雄个体的频数分布见表 4.6.9。假设铜锈环棱螺的性比为 1:1,对各月份分别进行检验,所求得的 $\chi^2$ 值也列在表 4.6.9 中。

表 4.6.9　各月份检验的 $\chi^2$ 值

| 采集时间 | 个体总数 | 不同性别的出现频数 | | $\chi^2$ 值 | $\chi^2_{0.05}(1)$ | $\chi^2_{0.01}(1)$ |
|---|---|---|---|---|---|---|
| | | 雌 | 雄 | | | |
| 1963 年 12 月 | 114 | 65 | 49 | 2.2456 | 3.841 | 6.635 |
| 1964 年 1 月 | 161 | 79 | 82 | 0.0559 | | |
| 1964 年 3 月 | 90 | 51 | 39 | 1.6000 | | |
| 1964 年 4 月 | 85 | 53 | 32 | 5.1882* | | |
| 1964 年 5 月 | 179 | 83 | 96 | 0.9440 | | |
| 1964 年 6 月 | 111 | 50 | 61 | 1.0900 | | |
| 合计 | 740 | 381 | 359 | 11.1238 | | |

由表 4.6.9, 进一步检验样本的不纯一性见表 4.6.10。

表 4.6.10　样本的不纯一性检验

| | $\chi^2$ 值 | $df$ | 临界值 | |
|---|---|---|---|---|
| | | | 5% | 1% |
| $\chi^2_s$ | 11.1238 | 6 | 3.4811 | 6.635 |
| $\chi^2_t$ | 0.6540 | 1 | | |
| 不纯一性 $\chi^2_h$ | 10.4696 | 5 | 11.070 | |

用以度量各样本间的不纯一性的统计量 $\chi^2_h$ 的值小于 $\chi^2_{0.05}(5)$, 所以我们可以认为各月的性比是一致的, 因此, 将这 6 个样本数据合并起来检验性比是合理的。合计的 $\chi^2$ 值 $\chi^2_t = 0.6542$, 加强了性比为 1∶1 的证据。

# §4.7　列联表分析

## 一、2×2 列联表

(一)2×2 列联表中相互独立性检验

**例 4.7.1**　观察某种鱼卵的形状和颜色得到如下资料, 判断该种鱼卵的形状和颜色有无联系。

表 4.7.1 鱼卵的形状和颜色的观察数

| 颜色＼形状 | 圆形 | 长形 | 合计 |
|---|---|---|---|
| 深黄 | 2197 | 614 | 2811 |
| 浅黄 | 583 | 7897 | 8480 |
| 合计 | 2780 | 8511 | 11291 |

　　类似的问题,在生物学中是较为常见的。一般地说,如果一个样本中的诸元素可按两种特性 $X,Y$ 分类,如果 $X$ 可分为 $a$ 类,$A_1,A_2,\cdots,A_a$,$Y$ 可分为 $b$ 类,$B_1,B_2,\cdots,B_b$,且具有特性 $A_iB_j$ 的元素共 $n_{ij}$ 个,则可将分类的结果用表 4.7.2 表示。

表 4.7.2 $a \times b$ 列联表的一般型式

| | $B_1$ | $B_2$ | $\cdots$ | $B_b$ | 合计 |
|---|---|---|---|---|---|
| $A_1$ | $n_{11}$ | $n_{12}$ | $\cdots$ | $n_{1b}$ | $n_{1.}$ |
| $A_2$ | $n_{21}$ | $n_{22}$ | $\cdots$ | $n_{2b}$ | $n_{2.}$ |
| $\cdots$ | $\cdots$ | | | | $\cdots$ |
| $A_a$ | $n_{a1}$ | $n_{a2}$ | $\cdots$ | $n_{ab}$ | $n_{a.}$ |
| 合计 | $n_{.1}$ | $n_{.2}$ | $\cdots$ | $n_{.b}$ | $n$ |

其中

$$n_{i.} = \sum_{j=1}^{b} n_{ij}, \quad n_{.j} = \sum_{i=1}^{a} n_{ij}$$

显然

$$n = \sum_{i=1}^{a} n_{i.} = \sum_{j=1}^{b} n_{.j} = \sum_{i=1}^{a} \sum_{j=1}^{b} n_{ij}$$

表 4.7.2 叫做 $a \times b$ 列联表,我们要检验假设 $H_0$:$X$ 和 $Y$ 相互独立。

　　先来讨论最简单的情况,$a = b = 2$,此时,表 4.7.2 成为表 4.7.3。

表 4.7.3 $2 \times 2$ 列联表

| | $B_1$ | $B_2$ | 合计 |
|---|---|---|---|
| $A_1$ | $n_{11}$ | $n_{12}$ | $n_{1.}$ |
| $A_2$ | $n_{21}$ | $n_{22}$ | $n_{2.}$ |
| 合计 | $n_{.1}$ | $n_{.2}$ | $n$ |

记

$$P(A_1) = p_{1.},\ P(A_2) = p_{2.},\ P(B_1) = p_{.1},\ P(B_2) = p_{.2}$$

则当原假设 $H_0$ 成立时,由事件独立性的定义有

$$p_{ij} = p_{i.}\, p_{.j},\ i = 1,2,;\ j = 1,2$$

因此,由抽样所得的 $n$ 个个体落入第 $ij$ 格中(既属于 $A_i$ 又属于 $B_j$)的期望频数(或预期数)$E_{ij}$ 由下式给出

$$E_{ij} = np_{i.}\, p_{.j},\ i = 1,2;\ j = 1,2 \tag{4.7.1}$$

因为,$p_{i.}$ 及 $p_{.j}$ 分别为 $A_i$ 及 $B_j$ 的概率,我们用相应的频率加以估计,即

$$p_{i.} = \frac{n_{i.}}{n},\ p_{.j} = \frac{n_{.j}}{n}$$

所以当 $n$ 很大时,事件 $A_iB_j$ 的期望频数 $E_{ij}$ 可以用

$$\hat{E}_{ij} = np_{i.}\, p_{.j} = n \times \frac{n_{i.}}{n} \times \frac{n_{.j}}{n} = \frac{n_{i.}\, n_{.j}}{n}$$

估计,于是,在原假设 $H_0$ 成立的条件下,当 $n$ 很大时,根据公式(4.6.2)

$$\chi^2 = \sum_{i=1}^{2} \sum_{j=1}^{2} \frac{(\hat{E}_{ij} - n_{ij})^2}{\hat{E}_{ij}} = n \sum_{i=1}^{2} \sum_{j=1}^{2} \frac{\left( \dfrac{n_{i.}\, n_{.j}}{n} - n_{ij} \right)^2}{n_{i.}\, n_{.j}} \tag{4.7.2}$$

近似于 $\chi^2$ 分布。

我们还需要确定这个分布的自由度,对于 $2 \times 2$ 列联表,组数为 4,在计算理论频数时,$p_{1.}$,$p_{2.}$ 及 $p_{.1}$,$p_{.2}$ 中各有一个需要估计(另一个可由 $p_{1.} + p_{2.} = 1$ 及 $p_{.1} + p_{.2} = 1$ 算出),所以自由度

$$df = 4 - 2 - 1 = 1$$

根据以上讨论,构成 $2 \times 2$ 列联表的随机变量相互独立性的检验可按下列步骤进行:

(1)建立原假设　　$H_0: p_{ij} = p_{i.}\, p_{.j}, i = 1,2; j = 1,2$。

(2)构造统计量

$$\chi^2 = n \sum_{i=1}^{2} \sum_{j=1}^{2} \frac{\left( \dfrac{n_{i.}\, n_{.j}}{n} - n_{ij} \right)^2}{n_{i.} \cdot n_{.j}}$$

当原假设成立时,这个统计量近似地服从 $df = 1$ 的 $\chi^2$ 分布。

3. 将观察频数代入式(4.7.2),算出 $\chi^2$ 值并与 $\chi^2$ 分布的临界值比较,以决定接受或拒绝原假设。现在让我们回到例 4.7.1,从表 4.7.1,有

$$n_{1.} = 2811,\ n_{2.} = 8480,\ n_{.1} = 2780,\ n_{.2} = 8511, n = 11291$$

所以

$$\frac{n_{1.}\, n_{.1}}{n} = \frac{2811 \times 2780}{11291} = 692,\qquad \frac{n_{2.}\, n_{.1}}{n} = \frac{8480 \times 2780}{11291} = 2088$$

$$\frac{n_{1.}n_{.2}}{n} = \frac{2811 \times 8511}{11291} = 2119, \quad \frac{n_{2.}n_{.2}}{n} = \frac{8480 \times 8511}{11291} = 6392$$

为清楚起见,将这 4 个理论频数记入表 4.7.1 中(括号内),得表 4.7.4。

**表 4.7.4　例 4.7.1 的观察频数和理论频数**

| 颜色 ＼ 形状 | 圆形 | 长形 | 合计 |
|---|---|---|---|
| 深黄 | 2197(692) | 614(2119) | 2811 |
| 浅黄 | 583(2088) | 7897(6392) | 8480 |
| 合计 | 2780 | 8511 | 11291 |

将表 4.7.4 数据代入式(4.7.2)得

$$\chi^2 = \frac{(2197-692)^2}{692} + \frac{(614-2119)^2}{2119} + \frac{(583-2088)^2}{2088} + \frac{(7897-6392)^2}{6392}$$

$$= 5781$$

$\chi^2$ 的值是如此之大,无需查表也可知道理论频数与观测频数间的差异极为显著,从而断定鱼卵的颜色和形状有密切的关系。

(二)$2 \times 2$ 列联表的 $\chi^2$ 简算公式

$2 \times 2$ 列联表的 $\chi^2$ 值,可用下式简单算出:

$$\chi^2 = \frac{n(n_{11}n_{22} - n_{12}n_{21})^2}{n_{1.}n_{2.}n_{.1}n_{.2}} \tag{4.7.3}$$

以下给出(4.7.3)式的证明。为书写方便,将 $2 \times 2$ 列联表改写成表 4.7.5。

**表 4.7.5　$2 \times 2$ 列联表**

| | $B_1$ | $B_2$ | 合计 |
|---|---|---|---|
| $A_1$ | $a$ | $b$ | $a+b$ |
| $A_2$ | $c$ | $d$ | $c+d$ |
| 合计 | $a+c$ | $b+d$ | $n$ |

我们先证明,对于每一行或每一列,两个理论频数与观察频数之差为相反数,例如,对第一行,两个理论频数分别为

$$\frac{(a+b)(a+c)}{n} \text{ 及 } \frac{(a+b)(b+d)}{n}, \text{于是}$$

$$\left[ \frac{(a+b)(a+c)}{n} - a \right] + \left[ \frac{(a+b)(b+d)}{n} - b \right]$$

$$= \frac{1}{n} \left[ (a+b) + (a+c) + (a+b)(b+d) - (a+b)n \right]$$

$$= \frac{1}{n}[(a+b)(a+b+c+d)-(a+b)n] = 0$$

所以,在式(4.7.2)右端的四项中,各分子是相等的,于是式(4.7.2)可改写成

$$\chi^2 = (\hat{E}_{11}-n_{11})^2 \sum_{i=1}^{2}\sum_{j=1}^{2}\frac{1}{\hat{E}_{ij}} = \left(\frac{(a+b)(a+c)}{n}-a\right)^2$$

$$\times n\left(\frac{1}{(a+b)(a+c)}+\frac{1}{(a+b)(b+d)}+\frac{1}{(c+d)(a+c)}+\frac{1}{(c+d)(b+d)}\right)$$

因为

$$\frac{(a+b)(a+c)}{n}-a = \frac{1}{n}[(a+b)(a+c)-na]$$

$$= \frac{1}{n}[(a+b)(a+c)-a(a+b+c+d)] = \frac{1}{n}(bc-ad)$$

$$\frac{1}{(a+b)(a+c)}+\frac{1}{(a+b)(b+d)}+\frac{1}{(c+d)(a+c)}+\frac{1}{(c+d)(b+d)}$$

$$= \frac{(b+d)(c+d)+(a+c)(c+d)+(a+b)(b+d)+(a+b)(a+c)}{(a+b)(c+d)(a+c)(b+d)}$$

$$= \frac{n^2}{(a+b)(c+d)(a+c)(b+d)}$$

所以

$$\chi^2 = \frac{n(ad-bc)^2}{(a+b)(c+d)(a+c)(b+d)} \tag{4.7.4}$$

回到表 4.7.2 中所用的符号,便得式(4.7.3)。将表 4.7.1 中的数据代入(4.7.3)得

$$\chi^2 = \frac{11291\times(2197\times7897-614\times583)^2}{2811\times8480\times2780\times8511} = \frac{3.2599\times10^{18}}{5.6400\times10^{14}} = 5780$$

与上面得到的 $\chi^2$ 值仅因计算误差而在末位相差 1。

**例 4.7.2**　表 4.7.6 为研究某种药物的疗效进行试验得到的结果。

**表 4.7.6　给药组和对照组痊愈的人数**

|  | 给药 | 对照 | 合计 |
|---|---|---|---|
| 痊愈 | 130 | 190 | 320 |
| 未愈 | 30 | 50 | 80 |
| 合计 | 160 | 240 | 400 |

将表中的数据代入式(4.7.4)得

$$\chi^2 = \frac{400\times(130\times50-190\times30)^2}{320\times80\times160\times240} = 0.260$$

由于 $\chi^2_{0.05}(1) = 3.841$, $\chi^2 < \chi^2_{0.05}(1)$,两类特征相互独立的假设不被拒绝,换言

之,这种药的疗效尚不能予以置信。

**(三)为连续性而作的修正**

统计量式(4.7.3)是离散型随机变量,而我们用一个连续的随机变量 $\chi^2$ 作为它的近似,为改善近似程度需要对式(4.7.3)或与其相当的式(4.7.4)作一个修正,修正后的计算式为

$$\chi^2 = \frac{n(\mid ad - bc \mid - n/2)^2}{(a+b)(c+d)(a+c)(b+d)} \tag{4.7.5}$$

其中 $n/2$ 是为改善近似程度而引入的,当然,如果样本容量足够大(如容量达数百),这个修正可以略去。

式(4.7.5)计算的 $\chi^2$ 值,叫做连续性修正后的 $\chi^2$ 值。

**例 4.7.3** 为了解甲、乙两地虹鳟的带菌情况是否相同,检验了甲、乙两地虹鳟的带菌情况,结果见表 4.7.7。

表 4.7.7 两地虹鳟的带菌情况

| | 阳性 | 阴性 | 合计 |
|---|---|---|---|
| 甲地 | 3 | 27 | 30 |
| 乙地 | 5 | 9 | 14 |
| 合计 | 8 | 36 | 44 |

建立原假设 $H_0$:带菌情况与采样地无关。为检验这一假设,由式(4.7.5)计算修正的 $\chi^2$ 值,得

$$\chi^2 = \frac{(\mid 3 \times 9 - 5 \times 27 \mid - 44/2)^2 \times 44}{30 \times 14 \times 8 \times 36} = 2.6903$$

当 $df = 1$ 时,$\chi^2_{0.1} = 2.706$,所以接受原假设。而如果不作修正,则可得到 $\chi^2 = 4.2429 > \chi^2_{0.05} = 3.841$,所以在 0.05 水平上 $\chi^2$ 值是显著的,于是,将导致否定原假设。由此可见对 $\chi^2$ 值的计算如不予以修正,可能得出错误的结论。

**二、$a \times b$ 列联表**

**(一)$a \times b$ 列联表中独立性检验**

对 $a \times b$ 列联表(见表 4.7.2),当假设 $H_0$:$p_{ij} = p_{i.} p_{.j}(i = 1, 2, \cdots, a; j = 1, 2, \cdots, b)$ 成立时,理论频数可用

$$\hat{E}_{ij} = \frac{n_{i.} n_{.j}}{n}, \quad i = 1, 2, \cdots, a; j = 1, 2, \cdots, b \tag{4.7.6}$$

估计。

$$\chi^2 = n \sum_{i=1}^{a} \sum_{j=1}^{b} \frac{(n_{i.} n_{.j}/n - n_{ij})^2}{n_{i.} n_{.j}} \tag{4.7.7}$$

当原假设 $H_0$ 为真时,近似地服从 $df = (a-1)(b-1)$ 的 $\chi^2$ 分布。

**例 4.7.4**　在某虹鳟养殖场取得 185 尾鱼,按健康状况及脾脏受链球菌感染的程度分类,结果见表 4.7.8。这是一张 $3 \times 4$ 列联表,要检查鱼的健康状况与脾脏受链球菌感染的程度是否相互独立,括号内是按(4.7.6)式算出的理论频数。

表 4.7.8　虹鳟健康状况与脾脏受链球菌感染程度的观察频数

|  | 0 | + | ++ | +++ | 合计 |
|---|---|---|---|---|---|
| 健康鱼 | 6(6.54) | 12 (32.11) | 28 (23.19) | 64 (48.16) | 110 |
| 病鱼 | 3 (3.09) | 32 (15.18) | 6 (10.96) | 11 (22.77) | 52 |
| 经治疗的鱼 | 2 (1.37) | 10 (6.71) | 5 (4.85) | 6 (10.07) | 23 |
| 合计 | 11 | 54 | 39 | 81 | 185 |

0:未被感染;+:轻度感染;++:中等程度感染;+++:严重感染。

由式(4.7.7) 有

$$\chi^2 = \frac{(6-6.54)^2}{6.54} + \frac{(12-32.11)^2}{32.11} + \cdots + \frac{(6-10.07)^2}{10.07}$$
$$= 49.3676$$

现在 $df = (4-1)(3-1) = 6, \chi^2_{0.01}(6) = 16.812, \chi^2 > \chi^2_{0.01}(6)$,所以不能认为鱼的健康状况与脾脏受链球菌感染的程度无关。

**(二) $a \times 2$ 列联表中 $\chi^2$ 的简便算法**

在生物学中 $a \times 2$ 列联表可能是各种列联表中最常见的一种,本段介绍 $a \times 2$ 列联表 $\chi^2$ 计算所使用的几个公式。

对 $a \times 2$ 列联表 4.7.9,式(4.7.7)可改写成

$$\chi^2 = \frac{n^2}{n_{.1} n_{.2}} \left( \sum_{i=1}^{a} \frac{n_{i1}^2}{n_{i.}} - \frac{n_{.1}^2}{n} \right) \tag{4.7.8}$$

或

$$\chi^2 = \frac{n^2}{n_{.1} n_{.2}} \left( \sum_{i=1}^{a} \frac{n_{i2}^2}{n_{i.}} - \frac{n_{.2}^2}{n} \right) \tag{4.7.9}$$

注意到 $n_{i1} + n_{i2} = n_{i.}$,因此,若已知具有特性 $A_i$ 的个体数 $n_{i.}$ (以下简称为组内数目)及事件 $A_i B_1$ 的观察频数 $n_{i1}$,便可算出 $n_{i2}$,所以 $B_2$ 列可以不必列出。为方便起见,改记

$n_{i.} = n_i, n_{i1} = x_i$,则

$$n_{.1} = \sum_{i=1}^{a} x_i$$

令

$$p_i = \frac{x_i}{n_i}, \ p = \frac{1}{n}\sum_{i=1}^{a} x_i, \ q = 1 - p$$

则可将式(4.7.8)改写成更便于计算的形式:

$$\chi^2 = \frac{1}{pq}\left(\sum_{i=1}^{a} x_i p_i - p\sum_{i=1}^{a} x_i\right) \qquad (4.7.10)$$

式(4.7.10)的计算可列成计算表如表 4.7.10。

**表 4.7.9  $a \times 2$ 列联表的一般型式**

|  | $B_1$ | $B_2$ | 合计 |
|---|---|---|---|
| $A_1$ | $n_{11}$ | $n_{12}$ | $n_{1.}$ |
| $A_2$ | $n_{21}$ | $n_{22}$ | $n_{2.}$ |
| … | … | | … |
| $A_a$ | $n_{a1}$ | $n_{a2}$ | $n_{a.}$ |
| 合计 | $n_{.1}$ | $n_{.2}$ | $n$ |

**表 4.7.10  $a \times 2$ 列联表 $\chi^2$ 计算表**

| 组别 | 组内数目 | $x_i$ | $p_i$ | $x_i p_i$ |
|---|---|---|---|---|
| 1 | $n_1$ | $x_1$ | $p_1$ | $x_1 p_1$ |
| 2 | $n_2$ | $x_2$ | $p_2$ | $x_2 p_2$ |
| … | … | … | … | … |
| $a$ | $n_a$ | $x_a$ | $p_a$ | $x_a p_a$ |
| 合计 | $n$ | $\sum x_i$ | | $\sum x_i p_i$ |

**例 4.7.5**  冬令泥蚶越冬死亡率见表 4.7.11,试检验泥蚶越冬死亡率是否与年龄有关。

**表 4.7.11  不同年龄泥蚶死亡率**

| 年龄 | 检查总数 | 活蚶数 | 死亡数 | 死亡率(%) |
|---|---|---|---|---|
| 1 | 545 | 187 | 358 | 65.7 |
| 2 | 297 | 130 | 167 | 56.2 |
| $\geqslant 3$ | 78 | 33 | 45 | 57.7 |

**解:**$H_0$:泥蚶越冬死亡率与年龄无关。为计算 $\chi^2$ 的值,列出以下计算表。

表 4.7.12　例 4.7.5 计算表

| 年龄 | 检查总数 $n_i$ | 死亡数 $x_i$ | 死亡率 $p_i$ | $x_i p_i$ |
|------|----------------|--------------|--------------|-----------|
| 1 | 545 | 358 | 0.657 | 235.21 |
| 2 | 297 | 167 | 0.562 | 93.85 |
| ≥ 3 | 78 | 45 | 0.577 | 25.97 |
| 合计 | 920 | 570 | | 355.03 |

由上表的最后一行有

$$n = 920, \quad \sum x_i = 570, \quad \sum x_i p_i = 355.03$$

于是

$$p = \frac{1}{n} \sum_{i=1}^{3} x_i = \frac{570}{920} = 0.6196, q = 1 - p = 0.3804$$

$$p \sum x_i = 0.6196 \times 570 = 353.17$$

代入式(4.7.10)得

$$\chi^2 = \frac{355.02 - 353.17}{0.6196 \times 0.3804} = \frac{1.86}{0.2357} = 7.891$$

因为 $df = 2, \chi_{0.05}^2 = 5.991, \chi_{0.01}^2 = 9.210$,所以,在 0.05 水平上拒绝 $H_0$,不能认为泥蚶越冬死亡率与年龄无关。

# §4.8　秩和检验

前面所介绍的对总体数字特征的各种检验,往往依赖于对总体分布形式的某种了解。例如,$t$ 检验法、$U$ 检验法及 $F$ 检验法都要求总体是正态的。但是总体的正态性的假定却不是经常能满足的,即使是大样本,虽然有中心极限定理可应用,仍然存在着统计量的真实分布与正态分布的近似程度是否足够的问题。而当样本的容量固定时,统计量的真实分布与正态分布之间差异显然取决于总体的分布类型。简言之,为使用我们已经介绍过的检验方法,应当首先对总体的分布形式有所了解。但在许多实际问题中,却没有这方面的信息,在这种情况下,上述检验方法不再适用,因此需要有一些不依赖于总体分布形式的统计方法,在样本容量较小时,尤其如此。这一类方法叫做非参数方法。

本节将对非参数方法之一秩和检验法作一简单的介绍。已知两个样本 $X_1$, $X_2, \cdots, X_{n_1}; Y_1, Y_2, \cdots, Y_{n_2}$ 分别来自总体 $X$ 和 $Y$,要检验的原假设是:

　　$H_0$:两个总体的分布相同

为此,将两个样本的 $n_1 + n_2$ 个观察值按从小到大次序排列,各观察值在排序中的序号叫做它的秩。于是,最小观察值的秩为 1,最大观察值的秩为 $n_1 + n_2$。

将容量较小的这一样本各观察值的秩的和记为 $T$,如果两样本容量相等,则取秩和较小者为 $T$。为确定起见,不妨认为 $X$ 的样本符合上述条件,则

$T = X$ 的观察值的秩的和

$T$ 是一个统计量,可以证明

$$E(T) = \frac{n_1(n_1 + n_2 + 1)}{2} \tag{4.8.1}$$

$$D(T) = \frac{n_1 n_2(n_1 + n_2 + 1)}{12} \tag{4.8.2}$$

检验的基本思想是:如果原假设成立,当 $n_1$ 与 $n_2$ 确定后,秩和 $T$ 不应与其均值 $E(T)$ 相差过大,也就是说 $T$ 不应当太大或太小。由秩和检验表(附表 7)可查出对应于不同的 $n_1$ 及 $n_2$ 的秩和的临界值 $T_1$ 及 $T_2$,若 $T < T_1$ 或 $T > T_2$,则拒绝原假设,认为两总体分布有显著差异;若 $T_1 \leqslant T \leqslant T_2$,则接受原假设,认为两总体分布无显著差异。

这种检验法叫做秩和检验法。

如果 $n_1$ 和 $n_2$ 较大,$T$ 近似地服从正态分布,且只要 $n_1$ 和 $n_2$ 大于 7,正态近似是十分精确的,因此当 $n_1$ 和 $n_2$ 大于 7 时,使用正态近似就能进行秩和检验。

**例 4.8.1** 甲、乙两人作某气体中 $CO_2$ 含量的分析,测得数据如下:

甲　　14.7　14.8　15.2　15.6

乙　　14.6　15.0　15.1

问两人分析的结果是否有显著差异?

**解:**先确定各数据的秩,为此将两组数据混合编序

| 甲 | | 14.7 | 14.8 | | | 15.2 | 15.6 |
|---|---|---|---|---|---|---|---|
| 乙 | 14.6 | | | 15.0 | 15.1 | | |
| 秩 | 1 | 2 | 3 | 4 | 5 | 6 | 7 |

$n_1 = 3, n_2 = 4, T = 1 + 4 + 5 = 10$,对于 $\alpha = 0.05$,由秩和检验表查得 $T_1 = 7, T_2 = 17, T_1 < T < T_2$,所以不能否定原假设,即不能认为两人分析的结果有显著差异。

在将 $n_1 + n_2$ 个数按从小到大的次序排列时,有时会遇到几个数据相等的情况,此时,若相等的数据来自不同的样本,则可以排列次序的平均值计秩;如果相等的数据来自同一样本,则仍按排列次序计秩而不必代以秩的平均值。

**例 4.8.2** 6 尾红鳍鲅、6 尾汪氏红鳍鲅的眼径(单位:mm)及它们的相应秩见下表[表中括号内的数字是平均秩 $(2+3+4)/3 = 3$],试检验两种鱼的眼径是

否有显著差异。

表 4.8.1 红鳍笈和汪氏红鳍笈眼径的测量值

| 红鳍笈 | 9.2 9.5 | | 9.5 10.1 | | 11.2 11.2 | | | |
|---|---|---|---|---|---|---|---|---|
| 汪氏红鳍笈 | | 9.5 | | 10.2 10.9 | | | 11.5 11.5 19.5 | | |
| 秩 | 1 | 2－4(3) | 5 | 6 | 7 | 8 | 9 | 10 | 11 | 12 |

因为 $n_1 = n_2 = 6$,且红鳍笈的秩和较小,对它计算 $T$,则
$$T = 1+3+3+5+8+9 = 29$$

从秩和检验表查得,当 $n_1 = n_2 = 6$, $\alpha = 0.05$ 时, $T_1 = 28$, $T_2 = 50$,因为 $T_1 < T < T_2$,所以不能认为这两种笈的眼径有显著的差异。

# §4.9 习 题

1. 什么叫做置信系数、置信度和显著水平?

2. 设总体 $X$ 服从 $N(\mu,1)$ 分布, $\mu$ 为未知,从其中抽取容量为 100 的样本,并求得 $\bar{x} = 1.100$,由例 $4.1.1\mu$ 的一个 95% 置信区间为 $(1.100 - 0.196, 1.100 + 0.196) = (0.904, 1.296)$。当 $\sigma = 1, n = 100, \bar{x} = 1.100$ 给定后,考虑

   (i) $\mu$ 的 95% 的置信区间是不是唯一的,若不是,有多少?

   (ii) 你能否再找出两个 $\mu$ 的 95% 的置信区间,并比较这三个区间的长度。

3. 若 $\mu$ 的一个 95% 置信区间为 $(0.904, 1.296)$,是否意味着 $\mu$ 在该区间内的概率为 95%?

4. 设总体 $X \sim N(\mu, 16)$, $\mu$ 为未知,要求从中抽取一容量为 36 的样本来检验原假设 $H_0 : \mu = 50$

   如果取显著水平为 $\alpha = 0.05$,则检验的拒绝或是什么?

5. 如果上题中的备择假设是 $H_1 : \mu = 55$,则犯第一类错误及犯第二类错误的概率各是多少?

6. 设 $(-2, -1, 2, 5)$ 是从正态总体抽取的一个样本。

   (i) 如果 $\sigma = 2$,检验原假设 $H_0 : \mu = 4$,备择假设 $H_1 : \mu \neq 4$, $\alpha = 0.05$。

   (ii) 如果 $\sigma$ 未知,检验上述假设。

   (iii) 求 $\mu$ 的 95% 置信区间。

7. 对某种含铜溶液进行四次测定,算得溶液的平均含铜量为 $\bar{x} = 8.30(\%)$,标准差 $S = 0.03(\%)$,若测定值服从正态分布,试在显著水平 $\alpha = 0.05$ 下检验假设:

$H_0 : \mu = 8.32$，$H_1 : \mu < 8.32$。

8. 一篇论文中提到，测定了 5 尾正常草鱼的鱼肉蛋白含量，得到 $\bar{x} = 48.8$，$S_x \cdot t_{0.05} = 3.35$。但作者未给出 $S$ 的数值，试从以上数据计算 $S$。

9. 设从一正态总体抽得容量为 16 的样本，算 $\bar{x} = 5.0$，$S = 1.20$，试在显著性水平 $\alpha = 0.01$ 下检验下列假设：

(i) $H_0 : \mu = 5.8$，$H_1 : \mu \neq 5.8$；

(ii) $H_0 : \mu = 5.8$，$H_1 : \mu > 5.8$；

(iii) $H_0 : \mu = 5.8$，$H_1 : \mu < 5.8$。

10. 如果鲫鱼的体高／体长的均值在 40％ 以上，这种鲫鱼叫做高型。测量了某水域的 149 尾鲫鱼，得到 $\bar{x} = 40.20$，$S = 0.249$，在显著性水平 $\alpha = 0.05$ 下检验该水域中的鲫鱼是否属于高型。

11. 在某水域的 7 个不同地点采得 7 份水样，将每份水样分为两份，分别用两种方法测定它的含氯量(ppm)，测定的结果如下：

| 方法 A | 1.15 | 1.86 | 0.75 | 1.82 | 1.14 | 1.65 | 1.70 |
|--------|------|------|------|------|------|------|------|
| 方法 B | 1.15 | 1.90 | 0.90 | 1.80 | 1.20 | 1.70 | 1.90 |

试检验两种方法所测定的结果是否有显著不同。

12. 在辐射对血管的收缩效应的研究中，用血管体积描记器测量 6 根血管在照射前及用 $800\gamma$ 的 $\gamma$ 射线照射时每分钟流过血管的培养液的体积，所得数据为

| 照射前 | 12 | 16 | 11 | 18 | 13 | 14 |
|--------|----|----|----|----|----|----|
| 照射时 | 12 | 14 | 8 | 13 | 12 | 13 |

以此检验辐射对血管的收缩或舒张是否有显著影响，并求出照射前与照射时每分钟流过血管的培养液的体积的均值差数的 95％ 置信区间。

13. 鲤鱼脑垂体促性腺激素的含量，可用它促使蟾蜍离体卵巢跌卵的最低有效剂量表示，今用由 3 月、10 月、11 月取得的鲤鱼脑垂体各五组做试验，所得结果如下：

| 脑垂体取样 | 最低有效剂量(mg/50ml) | |
|------------|-------|-------|
| 月　　份 | 均　　值 | 标 准 差 |
| 3 | 2.66 | 0.767 |
| 10 | 5.83 | 0.600 |
| 11 | 5.20 | 0.751 |

试分别检验 3 月份及 11 月份取得的样本与 10 月的样本之间有无显著差异。

14. 下表是从一篇关于圆吻鲴生物学的研究报告中摘录下来的数据。

| 性　　状 | 瓯　江 | | | 甬　江 | | |
|---|---|---|---|---|---|---|
| | 尾数 | 均值 | 标准差 | 尾数 | 均值 | 标准差 |
| 鳃耙数① <br>（右外） | 35 | 96.03 | 5.190 | 30 | 91.63 | 6.900 |

试检验这两个水体的圆吻鲴的鳃耙数有无显著差异,作者的结论是:这个差异可能是由于水体环境不同而引起的。

15. 注射锚头鳋疫苗的免疫鱼与对照鱼的血清球蛋白测定值(%) 如下:

    免疫组　 26.98　 26.21　 31.75　 31.88　 25.21　 28.02

    对照组　 32.8　　 21.33　 27.41　 17.62　 26.20　 22.36

试检验两组间血清球蛋白的量有无显著差异。原文的作者说:"据一些文献报导,如果鱼体产生免疫力后,其血清蛋白组成比例中 $\gamma$ 球蛋白会显著增加,根据我们的初步试验,试验组的 $\gamma$ 球蛋白比对照组没有显著增加⋯⋯(可能是因为)试验次数不足,有待进一步研究。"

18. 用 $C_0^{60}$—$\gamma$ 射线照射海葵,在剂量 20000 伦照射后,外胚层细胞及细胞核大小的变化如下表:

| 组别 | 细胞数 | 细胞的面积($\mu$) |
|---|---|---|
| 照射 | 117 | 142.50±55.27 |
| 对照 | 115 | 116.00±50.22 |

| 组别 | 细胞数 | 细胞核的面积($\mu$) |
|---|---|---|
| 照射 | 175 | 37.50±14.60 |
| 对照 | 155 | 21.75±9.52 |

检验照射组与对照组细胞和细胞核大小差异的显著性,并求出照射组与对照组细胞和细胞核均值差数的 95% 置信区间。

19. 测得雌雄鳗肥满度分别为 ♀:$1.42±0.053(\bar{x}+s)$(测定鱼数:230 尾);♂: $1.15±0.052$(测定鱼数:150 尾),试检验两者的肥满度是否有显著差异。

20. 下丘脑外侧结节核前部受损伤的金鱼及对照组的转换率 CR(一种甲腺活动的指标)如下:

---

① 鳃耙数是离散型随机变量,它不可能服从正态分布,因此,对上述数据使用 $t$ 检验法是没有根据的,但是如同一般文献作者们所做的,我们姑且认为 $t$ 检验法也是可用的,但这还需要作进一步的说明。

|      | 尾数 | 均值 | 标准差 |
|------|------|------|--------|
| 试验组 | 11 | 34.0 | 15.0 |
| 对照组 | 14 | 23.0 | 7.3 |

注意两组的标准差不能认为是相等的,用以上数据研讨原作者的结论:受伤鱼的甲腺活动比对照组有明显提高。

21.取两组总重量均为 1030 克的两岁镜鲤,每组 8 尾,第一组喂以软体动物(如椎实螺、扁螺等)的肉,第二组喂以油菜饼,试验进行了 50 天,所得增重数据如下:

第一组　7.0　20.4　18.1　18.5　18.1　20.0　17.5　15.5

第二组　6.4　13.6　25.4　15.7　6.2　2.3　21.9　32.6

求两组鱼增重均值差数的 95% 置信区间。

22.某湖底层水的溶氧量(ml/L)如下:

| 采样地点的深度(m) | 6 | 8 | 18 | 30 | 25 | 18 | 9 | 5 |
|------|------|------|------|------|------|------|------|------|
| 紧邻淤泥 | 5.09 | 2.36 | 1.79 | 0.51 | 0.86 | 1.60 | 1.75 | 1.17 |
| 淤泥上 5~6cm | 5.50 | 2.50 | 2.00 | 0.78 | 1.24 | 1.90 | 2.01 | 1.55 |

试验证实了湖泥耗氧的论点,求湖泥耗氧的 95% 置信区间。

23.对两渔区小黄鱼的体长进行了测定。甲区 100 尾小黄鱼的测定值为 $23.96 \pm 3.80$cm,乙区为 $21.57 \pm 2.85$cm,求两渔区小黄鱼体长均值差数的 95% 置信区间。

24.从一个大样本估计得到的 5 月到 6 月上旬溯河鲋鱼体重的标准差为 $\sigma = 0.32$ 公斤,今欲以 95% 的可靠性估计体重的均值,并要求估计误差不超过 0.10 斤,须称量多少尾鲋鱼?

25.用脱色栅列藻制成的合成饲料的生物价的 5 次测定值为 68.0,71.1,69.2,74.5,71.2,要在 95% 的置信度下估计合成饲料生物价的期望值,并使估计的误差不超过 2.0,应当做多少次试验。

26.在腹腔注射肠型点状极毛杆菌菌液的 30 尾两龄鱼中,有 28 尾发病,求发病率的 95% 与 99% 置信区间。

27.一批种子如果有 60% 发芽便可接受。今从三批种子中各抽 400 粒检验,如果在第一批中有 208 粒发芽,第二批中有 228 粒发芽,第三批中有 260 粒发芽,问这三批中哪些可以接受。

28.鲤鱼受精卵被辐射后的成活率及孵化后的正常胚胎率如下:

| 辐射剂量($\gamma$) | 受精卵数 | 卵成活率(%) | 正常胚胎率 |
|---|---|---|---|
| 0 | 1243 | 68 | 96 |
| $1 \times 10^4$ | 642 | 76 | 95 |
| $1 \times 10^5$ | 2112 | 70 | 96 |

作者的结论是:辐射后受精卵的成活率与正常胚胎率与没有辐射的受精卵
"彼此间没有什么不同",从统计学的观点,你是否同意这个结论。

29. 201 尾某种鱼血液中的大单核细胞占白细胞百分数的频数分布为:

| 组限(%) | $0 \sim 2$ | $2 \sim 4$ | $4 \sim 6$ | $6 \sim 8$ | $8 \sim 10$ | $10 \sim 12$ |
|---|---|---|---|---|---|---|
| 频数 | 24 | 40 | 55 | 37 | 27 | 18 |

试据此确定单核细胞百分数正常值的 95% 上限。

30. 已知 2 龄刀鲚的体长为 230cm,标准差 $\sigma = 18.5$,现捕得 1 尾 2 龄刀鲚的体长
为 176cm,问这尾鱼的体长是否属正常。

31. 调查了 231 尾海鳗的体重,频数分布为:

| 体重(克) | 50 | $50 \sim 100$ | $100 \sim 150$ | $150 \sim 200$ | $200 \sim 250$ | $250 \sim 300$ | $300 \sim 350$ | 350 以上 |
|---|---|---|---|---|---|---|---|---|
| 频数 | 7 | 48 | 57 | 45 | 23 | 20 | 16 | 15 |

检验海鳗的体重是否服从正态分布。

32. 血球计的 400 个方块上的酵母细胞数的分布为:

| 细胞数 | 0 | 1 | 2 | 3 | 4 | 5 | 25 |
|---|---|---|---|---|---|---|---|
| 频数 | 213 | 128 | 37 | 18 | 3 | 1 | 0 |

由上表可算出 $\bar{x} = 273/400 = 0.6825$,试检验它与泊松分布的拟合性。

33. 铜锈环螺每天产螺数的频数分布为:

| 每天产螺数 | 0 | 1 | 2 | 3 | 4 | 5 | 6 | 7 | 8 |
|---|---|---|---|---|---|---|---|---|---|
| 母螺频数 | 121 | 59 | 21 | 5 | 1 | 1 | 1 | 0 | 1 |

用 $\chi^2$ 分布检验它与泊松分布的拟合情况,原作者在检验后说:"可以认为该螺
的胚体在子宫内是不断成熟和不断地排出体外"。

34. 调查了 1279 人的三种类型 MN 抗原,得到如下结果:

| 抗原型 | MM | MN | NN | 合计 |
|---|---|---|---|---|
| 人数 | 363 | 634 | 282 | 1279 |

在无显性遗传并且遗传受一对等位基因控制的假说下,M 和 N 基因频率的估
计量 $p$ 和 $q$ 分别为

$$p = \frac{2 \times 363 + 634}{2 \times 1276} = 0.532, \quad \hat{q} = 1 - p = 0.468$$

以上三种表现型的期望人数可按二项分布算出,它们依次为

MM  $np^2 = 1279 \times 0.532^2 = 361$

MN  $2npq = 2 \times 1279 \times 0.532 \times 0.463 = 637$

NN  $nq^2 = 1279 \times 0.468^2 = 218$

试检验观察分布与理论分布是否拟合。

(提示:因为参数 $p$ 由样本估计得到,所以 $\chi^2$ 分布的自由度为 $3-1-1=1$。)

37. 对鲤鱼的遗传性状的研究得出如下结果:

兴国红鲤  $\times$  散鳞镜鲤

(全鳞,红色)  $\downarrow$  (散鳞,青灰色)

   $F_1$       丰鲤

     (全鳞,青灰色)

将 $F_1$ 代进行自交,$F_2$ 的表现型及其频数为:

| 表现型 | 杂种型 | 镜鲤型 | 红鲤型 | 红镜鲤型 |
|---|---|---|---|---|
| 频数 | 228 | 77 | 10 | 5 |

试检验观察频数是否与理论分离比例 45:15:3:1 拟合。又青灰色对红色显性,在 $F_2$ 中,体色分离的实测比例是 228:77,试检验它与理论比例 15:1 的拟合性,所得的结论有助于说明鲤鱼的体色是由两对基因所控制。

38. 下表是铜锈环棱螺雌雄个体在样本中的出现频数,请按月检验性别比是否符合 1:1 的理论值。然后检验各月份样本间的不纯一性,你会发现各月性比情况是纯一性的,再对合计的频数分布使用 $\chi^2$ 检验法,以加强性比符合 1:1 的证据。

| 采集时间 | 当年 12 月 | 次年 1 月 | 3 月 | 4 月 | 5 月 | 6 月 | 合计 |
|---|---|---|---|---|---|---|---|
| 个体总数 | 114 | 161 | 90 | 85 | 179 | 111 | 740 |
| 雌体个数 | 65 | 79 | 51 | 53 | 83 | 50 | 381 |
| 雄体个数 | 49 | 82 | 39 | 32 | 96 | 61 | 359 |

39. 对性基因待测的莫桑比克罗非鱼雄鱼与 XX 型雌鱼的子代的观察结果如下:

| 观察总数 | 34 | 84 | 85 | 30 | 20 | 50 | 15 | 105 | 24 | 75 | 39 |
|---|---|---|---|---|---|---|---|---|---|---|---|
| 雄鱼数 | 32 | 59 | 49 | 16 | 12 | 27 | 10 | 59 | 13 | 43 | 19 |
| 雄鱼比例(%) | 65.8 | 70.2 | 57.4 | 53.3 | 54.5 | 54.0 | 66.7 | 55.1 | 57.1 | 57.3 | 47.5 |

原作者说:"待测雄鱼与正常雌鱼(XX)交配后,其后代皆是非全雄鱼,一般雌鱼的百分率在 $47.5\% \sim 66.7\%$ 之间,接近 $50\%$ 的理论值,这些资料说明,这些雄鱼皆为 XY 型雄鱼。"你能否证实作者的这个结论。

40. 设总体 $X$ 是 $(0-1)$ 变量,即 $X$ 的分布列是

$$X \quad \begin{pmatrix} 1 & 0 \\ p & q \end{pmatrix}, q = 1 - p$$

且 $p : q = r : 1$,如果 $X$ 的观察频数为:

| $X$ 的值 | 1 | 0 |
|---|---|---|
| 频数 | $n_1$ | $n_2$ |

验证 $\chi^2$ 的计算公式可改写为

$$\chi^2 = \frac{(n_1 - rn_2)^2}{r(n_1 + n_2)} \qquad (4.9.1)$$

41. 在草鱼出血病免疫的攻击试验中,得到如下结果

| 结　　果 ＼ 免疫方法 | 高渗 | 低渗 |
|---|---|---|
| 死亡数 | 18 | 19 |
| 存活数 | 22 | 6 |

试检验两免疫组免疫力有无显著差异。

42. 下表是用不同月份制备的白鲈脑垂体的催产效果

| 制备脑垂体的时间(月) | 受试雌鱼数 | 成熟数 |
|---|---|---|
| 10 | 22 | 16 |
| 11 | 27 | 14 |
| 12 | 25 | 20 |
| 1 | 28 | 20 |
| 2 | 25 | 19 |
| 3 | 25 | 22 |
| 4 | 25 | 18 |

试检验脑垂体的促性腺能力与制备时间是否有关。

43. 在对虾的饵料中加入甾醇(0.5 克 /100 克饵料),经一段时间饲养后,对虾成活如下:

| 甾醇种类 | 胆甾醇 | 麦角甾醇 | 豆甾醇 | $\beta$ 谷甾醇 |
|---|---|---|---|---|
| 对虾数 | 104 | 96 | 119 | 72 |
| 成活数 | 93 | 87 | 106 | 63 |
| 成活率(%) | 89.4 | 90.6 | 89.1 | 87.5 |

试检验加入的甾醇种类与对虾的成活是否有关。

44. 从两个水库分别捕得鲫鱼各 150 尾,算出的标准差依次为 3.23 和 1.76,可否认为这两个总体的标准差相等?

45. 用 A 和 B 两种方法喂养鲤鱼,出塘时它们的肉重／体壳重的标准差分别为 3.9(%)(43 尾)和 4.3(%)(37 尾),试问 A 法喂养的鲤鱼的肉重／体壳重的总体标准差是否比 B 法小?

用秩和检验法解以下各题

46. 用康为扩散法测定冷冻对虾的挥发性盐基氮的含量(mg%),得到以下数据:

| 40% 氢氧化钾 | 26.3 | 33.3 | 41.0 | 46.2 | 47.7 | 98.0 | 100.1 |
|---|---|---|---|---|---|---|---|
| 50% 碳酸钾 | 19.6 | 26.3 | 24.9 | 38.4 | 44.5 | 90.6 | 92.1 |

试比较用两种碱溶液测得的结果是否相同。

47. 脊腹褐虾在不同泥质的海区的出现频率(%)如下:

| 砂质泥 | 42.9 | 41.4 | 41.6 | 16.9 | 25.0 | 12.5 | 12.5 | 35.7 | 22.6 |
|---|---|---|---|---|---|---|---|---|---|
| 软泥 | 38.6 | 34.6 | 36.1 | 54.5 | 35.8 | 47.5 | 7.1 | 41.9 | |

试检验这种虾的分布是否与底质有关。

# 第5章 方差分析

## §5.1 单因素方差分析

方差分析是生物统计中的一种基本方法,为了对方差分析所能解决的问题有个大致的了解,先看几个例子。

**例 5.1.1** 为了研究温度对某种鱼的耗氧率的影响,我们可以采用如下的实验设计:

取一系列温度值:$T_1, T_2, \cdots, T_r$(℃),在每一个温度值 $T_i$ 下测定若干尾鱼的耗氧量,设所得的数据为 $x_{i1}, x_{i2}, \cdots, x_{in_i}$,然后根据这 $r$ 组数据去推断温度的变化是否对耗氧率有影响。

**例 5.1.2** 在藻类培养中,希望能找到最适的光照和温度,使得藻的生长速度最快。为此取不同的温度和不同的光照对某种藻进行培养,测得在不同培养条件下藻的生长速度,然后找出培养这种藻的最适培养温度和光照。

在以上两个例子中,我们所考虑的是某一因素(如例 5.1.1 中的温度)对我们所研究的指标是否有显著影响。温度(例 5.1.1)和温度及光照(例 5.1.2)都是我们在试验中要考虑的可能会对试验结果产生影响的条件,称为因素(或因子)。因素通常用大写的拉丁字母表示,如因素 $A$、$B$、$C$ 等。如果在一个试验中只考虑一个因素,则这个试验称为单因素试验(如例 5.1.1),如果试验中考虑两个(如例 5.1.2)或两个以上的因素则称为双因素试验或多因素试验。

为了考察某一因素对试验结果是否有影响,我们选择了因素的不同状态或数值,这种因素所处的不同状态或数值称为水平。某一因素的不同水平通常用它下面的足标表示,如 $A_1, A_2, \cdots, A_r$ 等分别表示因素 $A$ 的不同水平。如鱼的耗氧量(例 5.1.1)、藻的生长速度(例 5.1.2)是用来衡量试验结果好坏的指标,这种指标称为试验指标。

在这一章中,我们要解决的问题是因素对试验指标有没有影响,如果有影响的话,如何选出优水平或优水平组合。

我们先从单因素的问题开始讨论。一般地,为了考虑因素 $A$ 是否对试验指标有影响,我们在因素 $A$ 的不同水平 $A_1, A_2, \cdots, A_r$ 下进行试验,如果在每一水平 $A_i$ 下,进行了 $n_i$ 次观察,从而得到 $n_i$ 个数据 $x_{i1}, x_{i2}, \cdots, x_{in_i} (i = 1, 2, \cdots, r)$,把因素 $A$ 每一水平下的试验指标看成一个随机变量 $X_i$,则这 $n_i$ 个数据就是 $X_i$ 的一个容量为 $n_i$ 的样本 $(X_{i1}, X_{i2}, \cdots, X_{in_i})$ 的值。现在我们要研究的是这 $r$ 个总体 $X_1, X_2, \cdots, X_r$ 是否具有相同的分布,或 $r$ 个样本 $(X_{i1}, X_{i2}, \cdots, X_{in_i})(i = 1, 2, \cdots, r)$ 是否来自同一个总体。

**一、方差分析的线性模型**

假定　　$X_i \sim N(\mu_i, \sigma^2), i = 1, 2, \cdots, r$

其中 $\mu_i, \sigma^2$ 均为未知,但所有的 $X_i$ 方差相等(这时我们说方差是齐性的)。在 $X_i$ 的正态性及方差齐性的假定下,要检验这些变量 $X_i$ 是否具有相同的分布,就完全等同于检验假设

$$H_0 : \mu_1 = \mu_2 = \cdots = \mu_r \tag{5.1.1}$$

因为 $(X_{i1}, X_{i2}, \cdots, X_{in_i})$ 是从 $X_i$ 中抽取的一个样本,则每个变量 $X_{ik}(i = 1, 2, \cdots, r; k = 1, 2, \cdots, n_i)$ 都是 $N(\mu_i, \sigma^2)$ 变量,因此把 $X_{ik}$ 写成

$$X_{ik} = \mu_i + \varepsilon_{ik}, \ i = 1, 2, \cdots, r; \ k = 1, 2, \cdots, n_i \tag{5.1.2}$$

则

$$\varepsilon_{ik} \sim N(0, \sigma^2) \tag{5.1.3}$$

且各 $\varepsilon_{ik}$ 相互独立。式(5.1.2)连同(5.1.3)构成了单因素方差分析的线性模型。

为了便于讨论,将(5.1.2)改写如下:

令　　$\mu = \dfrac{1}{n} \displaystyle\sum_{i=1}^{r} n_i \mu_i \tag{5.1.4}$

式中

$$n = n_1 + n_2 + \cdots + n_r \tag{5.1.5}$$

并令

$$\delta_i = \mu_i - \mu, \ i = 1, 2, \cdots, r \tag{5.1.6}$$

于是(5.1.2)式可改写成

$$X_{ik} = \mu + \delta_i + \varepsilon_{ik} \tag{5.1.7}$$

而我们要检验的假设式(5.1.1)则等价于检验

$$H_0 : \delta_1 = \delta_2 = \cdots = \delta_r = 0 \tag{5.1.8}$$

$\delta_i$ 叫做因素 $A$ 第 $i$ 水平的效应。由式(5.1.6)很容易看到

$$\sum n_i \delta_i = 0 \tag{5.1.9}$$

为便于分析,把 $r$ 组数据整理成下表。

**表 5.1.1　单因素试验数据表**

| 水平 | 样 | | 本 | | 容量 | 和 | 均值 |
|------|------|------|------|------|------|------|------|
| $A_1$ | $X_{11}$ | $X_{12}$ | $\cdots$ | $X_{1n_1}$ | $n_1$ | $T_1.$ | $\overline{X}_{1.}$ |
| $A_2$ | $X_{21}$ | $X_{22}$ | $\cdots$ | $X_{2n_2}$ | $n_2$ | $T_2.$ | $\overline{X}_{2.}$ |
| $\cdots$ | | $\cdots$ | | | $\cdots$ | $\cdots$ | $\cdots$ |
| $A_r$ | $X_{r1}$ | $X_{r2}$ | $\cdots$ | $X_{rn_r}$ | $n_r.$ | $T_r.$ | $\overline{X}_{r.}$ |
| $\sum$ | | | | | $n$ | $T$ | |

上表中 $T_{i.} = \sum_{k=1}^{n_i} X_{ik}$；$\overline{X}_{i.} = \dfrac{1}{n_i} \sum_{k=1}^{n_i} X_{ik}$ 是第 $i$ 个样本的平均值，称为组均值；

$\overline{X} = \dfrac{1}{n} \sum_{i=1}^{r} \sum_{k=1}^{n_i} X_{ik}$ 称为总均值。

## 二、方差分析表

为了从样本资料中对 $A$ 因素各水平的效应显著与否作出推断，我们应该考虑样本观察值的变异性。我们已经知道变异性可用样本值与均值之差 $X_{ij} - \overline{X}$ 来描述，记

$$SS_T = \sum_{i=1}^{r} \sum_{k=1}^{n_i} (X_{ik} - \overline{X})^2 \tag{5.1.10}$$

$$S^2 = \frac{1}{n-1} SS_T = \frac{1}{n-1} \sum_{i=1}^{r} \sum_{k=1}^{n_i} (X_{ik} - \overline{X})^2 \tag{5.1.11}$$

$SS_T$ 叫做总离差平方和，$n-1$ 叫做它的自由度。如果假设 $H_0: \mu_1 = \mu_2 = \cdots = \mu_r$ 为真，则由 § 3.2 $S^2$ 是 $\sigma^2$ 的无偏估计。

在一般情况下，导致数值 $x_{ij}$ 之间参差不齐的原因有二。其一是因为各水平 $A_i$ 的效应 $\delta_i$ 不同，因而使得各组数据之间存在着变异；其二是因为 $\varepsilon_{ik}$ 的存在，使得即使是在同一水平下得到的数据，也存在着差异。前者叫做系统变异（或系统误差），后者叫做随机变异（或随机误差）。为了检验假设 $H_0$，需要从总变异中把系统变异分离出来，并且设法判断被分离出来的部分是否达到不能用随机误差来解析的程度。为此，对总离差平方和进行分解，因为

$$SS_T = \sum_{i=1}^{r} \sum_{k=1}^{n_i} (X_{ik} - \overline{X})^2$$

$$= \sum_{i=1}^{r} \sum_{k=1}^{n_i} (X_{ik} - \overline{X}_{i.} + \overline{X}_{i.} - \overline{X})^2$$

$$= \sum_{i=1}^{r} \sum_{k=1}^{n_i} (X_{ik} - \overline{X}_{i.})^2 + 2 \sum_{i=1}^{r} \sum_{k=1}^{n_i} (X_{ik} - \overline{X}_{i.})(\overline{X}_{i.} - \overline{X})$$

$$+ \sum_{i=1}^{r} n_i (\overline{X}_{i.} - \overline{X})^2$$

但

$$\sum_{i=1}^{r} \sum_{k=1}^{n_i} (X_{ik} - \overline{X}_{i.})(\overline{X}_{i.} - \overline{X}) = \sum_{i=1}^{r} \left[ (\overline{X}_{i.} - \overline{X}) \sum_{k=1}^{n_i} (X_{ik} - \overline{X}_{i.}) \right] = 0$$

所以

$$SS_T = \sum_{i=1}^{r} \sum_{k=1}^{n_i} (X_{ik} - \overline{X}_{i.})^2 + \sum_{i=1}^{r} n_i (\overline{X}_{i.} - \overline{X})^2$$

记

$$SS_A = \sum_{i=1}^{r} n_i (\overline{X}_{i.} - \overline{X})^2 \tag{5.1.12}$$

$$SS_e = \sum_{i=1}^{r} \sum_{k=1}^{n_i} (X_{ik} - \overline{X}_{i.})^2 \tag{5.1.13}$$

则

$$SS_T = SS_A + SS_e \tag{5.1.14}$$

$SS_A$ 叫做组间(或因素 $A$)离差平方和, $SS_e$ 叫做组内(或误差)离差平方和。

容易证明

$$E(SS_e) = (n-r)\sigma^2 \tag{5.1.15}$$

$$E(SS_A) = (r-1)\sigma^2 + \sum_{i=1}^{r} n_i \delta_i^2 \tag{5.1.16}$$

令

$$S_e^2 = \frac{1}{n-r} SS_e, \quad S_A^2 = \frac{1}{r-1} SS_A \tag{5.1.17}$$

则 $S_e^2$ 是 $\sigma^2$ 的无偏估计, 当假设 $H_0 : \delta_1 = \delta_2 = \cdots = \delta_r = 0$ 成立时, $S_A^2$ 也是 $\sigma^2$ 的无偏估计, 但当 $H_0$ 不成立时, 即诸 $\delta_i$ 中至少有一个不为 0 时, $E(S_A^2)$ 将大于 $\sigma^2$。由此可见, $S_A^2$ 中存在着效应的信息, 而 $S_e^2$ 则与效应无关, 它可作随机变异的一种度量, 于是, 原假设 $H_0$ 的检验的问题便可归结为 $S_A^2$ 与 $S_e^2$ 间的比较。

$S_A^2$ 及 $S_e^2$ 分别叫做 $SS_A$ 和 $SS_e$ 的均方, $r-1$ 及 $n-r$ 分别叫做 $SS_A$ 和 $SS_e$ 的自由度[①]。由定理 3.5.6, $SS_e/\sigma^2$ 服从自由度为 $n-r$ 的 $\chi^2$ 分布, 当 $H_0$ 成立时,

---

① 与离差平方和的分解相对应, 易见, $n-1 = (n-r) + (r-1)$, 即 $SS_T$ 的自由度等于 $SS_A$ 与 $SS_e$ 的自由度之和。

$SS_T$ 服从自由度为 $n-1$ 的 $\chi^2$ 分布,可以证明 $SS_A/\sigma^2$ 与 $SS_e/\sigma^2$ 相互独立,则由定理 3.5.5 它是自由度为 $r-1$ 的 $\chi^2$ 变量。因此,当原假设 $H_0$ 为真时

$$F = \frac{S_A^2}{S_e^2} \tag{5.1.18}$$

服从自由度为 $(r-1, n-r)$ 的 $F$ 分布。于是,对于给定的显著水平 $\alpha$,可以从 $F$ 分布表中找到 $F_a(n-1, n-r)$,使

$$P(F > F_a(r-1, n-r)) = \alpha$$

如果由样本值算出的 $F > F_a(r-1, n-r)$,则拒绝 $H_0$,否则就接受 $H_0$。

以上的讨论结果汇总在表 5.1.2 中。

表 5.1.2　单因素方差分析表

| 离差来源 | 离差平方和 | 自由度 | 均方 | $F$ 比 |
|---|---|---|---|---|
| 组间 | $SS_A = \sum\limits_{i=1}^{r} n_i(\overline{X}_{i.} - \overline{X})^2$ | $r-1$ | $S_A^2 = \dfrac{SS_A}{r-1}$ | $S_A^2/S_e^2$ |
| 组内 | $SS_e = \sum\limits_{i=1}^{r}\sum\limits_{k=1}^{n_i}(X_{ik} - \overline{X}_{i.})^2$ | $n-r$ | $S_e^2 = \dfrac{SS_e}{n-r}$ | |
| 总和 | $SS_T = \sum\limits_{i=1}^{r}\sum\limits_{k=1}^{n_i}(X_{ik} - \overline{X})^2$ | $n-1$ | | |

### 三、离差平方和的计算公式

为计算方便起见,还可将离差平方和改写成下列形式:

$$
\begin{aligned}
SS_T &= \sum_{i=1}^{r}\sum_{k=1}^{n_i}(X_{ik} - \overline{X})^2 \\
&= \sum_{i=1}^{r}\sum_{k=1}^{n_i}(X_{ik}^2 - 2\overline{X}X_{ik} + \overline{X}^2) \\
&= \sum_{i=1}^{r}\sum_{k=1}^{n_i}X_{ik}^2 - 2\overline{X}\sum_{i=1}^{r}\sum_{k=1}^{n_i}X_{ik} + n\overline{X}^2 \\
&= \sum_{i=1}^{r}\sum_{k=1}^{n_i}X_{ik}^2 - n\overline{X}^2
\end{aligned}
\tag{5.1.19}
$$

记全部数据的总和为 $T$,即

$$T = \sum_{i=1}^{r}\sum_{k=1}^{n_i}X_{ik} \tag{5.1.20}$$

则上式又可写成

$$SS_T = \sum_{i=1}^{r}\sum_{k=1}^{n_i}X_{ik}^2 - \frac{T^2}{n} \tag{5.1.21}$$

$$SS_A = \sum_{i=1}^{r} n_i (\overline{X}_{i.} - \overline{X})^2 = \sum_{i=1}^{r} n_i (\overline{X}_{i.}^2 - 2\overline{X}\overline{X}_{i.} + \overline{X}^2)$$

$$= \sum_{i=1}^{r} n_i \overline{X}_{i.}^2 - 2 \sum_{i=1}^{r} n_i \overline{X}\overline{X}_{i.} + n\overline{X}^2$$

$$= \sum_{i=1}^{r} n_i \overline{X}_{i.}^2 - n\overline{X}^2 \tag{5.1.22}$$

以 $T_{i.}$ 记第 $i$ 组数据之和,即

$$T_{i.} = \sum_{k=1}^{n_i} X_{ik}, \ i = 1, 2, \cdots, r \tag{5.1.23}$$

则式(5.1.22)又可写成

$$SS_A = \sum_{i=1}^{r} \frac{T_{i.}}{n_i} - \frac{T^2}{n} \tag{5.1.24}$$

而 $SS_e$ 则可由下式算得

$$SS_e = SS_T - SS_A = \sum_{i=1}^{r} \sum_{k=1}^{n_i} X_{ik}^2 - \sum_{i=1}^{r} \frac{T_{i.}^2}{n_i} \tag{5.1.25}$$

**例 5.1.3** 为研究 4 种肥料对某农作物产量的影响,用每种肥料进行了 4 次独立试验,并记录了空白试验的 4 次结果(不施任何肥料),所得到的 20 个试验结果列于表 5.1.3 中。

表 5.1.3 不同肥料的作物产量

| 组别 | 肥　料 | 产　　量 $x_{ik}$ | | | | $T_{i.}$ |
|------|--------|------|------|------|------|------|
| 1 | 对照 | 67 | 67 | 55 | 42 | 231 |
| 2 | $K_2O + N$ | 98 | 96 | 91 | 66 | 351 |
| 3 | $K_2O + P_2O_5$ | 60 | 69 | 50 | 35 | 214 |
| 4 | $N + P_2O_5$ | 79 | 64 | 80 | 70 | 293 |
| 5 | $K_2O + P_2O_5 + N$ | 90 | 70 | 79 | 88 | 327 |

用 $\mu_i$ 代表第 $i$ 组的数学期望($i = 1, 2, \cdots, 5$)。现在,要检验原假设

$$H_0: \mu_1 = \mu_2 = \mu_3 = \mu_4 = \mu_5$$

即这些肥料对该作物的产量没有影响。

由上表的数据计算得到

$$T = 1416, \sum_{i=1}^{5} \sum_{k=1}^{4} x_{ik}^2 = 105932, \frac{T^2}{n} = \frac{1416^2}{20} = 100252.8$$

$$\sum_{i=1}^{5} \frac{T_{i.}^2}{n_i} = \frac{231^2 + 351^2 + \cdots + 327^2}{4} = 103784$$

因此各离差平方和为

$$SS_T = \sum_{i=1}^{5} \sum_{k=1}^{4} x_{ik}^2 - \frac{T^2}{n} = 105932 - 100252.8 = 5679.2$$

$$SS_A = \sum_{i=1}^{5} \frac{T_i^2}{n_i} - \frac{T^2}{n} = 103784 - 100252.8 = 3531.2$$

$$SS_e = SS_T - SS_A = 5679.2 - 3531.2 = 2148.0$$

从这些结果,可列出如下方差分析表。

**表 5.1.4　肥料试验的方差分析表**

| 离差来源 | 离差平方和 | 自由度 | 均方 | $F$ 比 | $F$ 临界值 |
|---|---|---|---|---|---|
| 组间 | 3531.2 | 4 | 882.8 | 6.6148** [1] | $F_{0.01} = 4.89$ |
| 组内 | 2148.0 | 15 | 143.2 | | |
| 总和 | 5679.2 | 19 | | | |

因此,在 0.01 水平上拒绝原假设 $H_0$,认为这些肥料对该作物的产量有高度显著影响。

## §5.2　多重比较

在上一节中我们已讨论了当 $X_1, X_2, \cdots, X_r$ 是 $r$ 个相互独立的等方差的正态变量时,检验假设 $H_0: \mu_1 = \mu_2 = \cdots = \mu_r$ 的方法。在实际问题中,当 $H_0$ 被否定后,我们常常希望进一步了解哪些平均值之间存在差异,也就是需要进一步判断 $\mu_i$ 和 $\mu_j$ 是否相等,或给出 $\mu_i - \mu_j$ 的置信区间[2],这种各均值之间比较的方法叫做多重比较。下面介绍几种常用的多重比较方法。

**一、$T$ 法**

由 §5.1 的假定,$X_1, X_2, \cdots, X_r$ 是 $r$ 个相互独立的正态变量,它们的方差都等于 $\sigma^2$,$X_{i1}, X_{i2}, \cdots, X_{im}(i=1,2,\cdots,r)$ 是分别来自这 $r$ 个总体的容量为 $m$ 的样本(注意到这里每个样本的容量都是 $m$),我们已经知道 $\overline{X}_i - \overline{X}_j$ 是 $\mu_i - \mu_j$ 的无偏估计,而且

$$S_e^2 = \frac{1}{n-r} \sum_{i=1}^{r} \sum_{k=1}^{m} (X_{ik} - \overline{X}_{i.})^2$$

---

[1]　我们通常用"**"表示均值之间的差异是高度显著的,用"*"表示均值之间的差异是显著的。

[2]　本节中所说的"置信区间"的意义与第 4 章所说的有所不同,但我们不拟分清两者之间的区别,请参看 A. M. Mood 和 F. A. Graybill 著《统计学导论》,科学出版社 1978 年版,第 304 页。

是 $\sigma^2$ 的无偏估计。

给定了置信度 $1-\alpha$,我们要对所有的 $i,j(1 \leqslant i,j \leqslant r)$ 找出 $\mu_i - \mu_j$ 的置信区间 $(\hat{\theta}'_{ij}, \hat{\theta}''_{ij})$,使对所有的 $i,j$ 有

$$P(\hat{\theta}'_{ij} < \mu_i - \mu_j < \hat{\theta}''_{ij}) = 1 - \alpha$$

成立。

为此,考虑随机变量

$$q = \max_{i,j} \frac{|\,(\overline{X}_i - \overline{X}_j) - (\mu_i - \mu_j)\,|}{S_e / \sqrt{m}} \qquad (5.2.1)$$

这个随机变量叫做 $t$ — 化极差,它有两个自由度:$(r, n-r)$,其中 $n = rm$。

$q$ 的分布密度函数非常复杂,这里不再给出。附表 8 对不同的自由度,给出了 $\alpha = 0.05$ 及 $0.01$ 的临界值,即满足

$$P(q \geqslant q_\alpha) = \alpha$$

的 $q_\alpha$ 值,这张表通常称为 $q$ 表。

于是,对于给定的置信度 $1-\alpha$,$\mu_i - \mu_j$ 的置信区间为

$$\left( \overline{X}_i - \overline{X}_j - q_\alpha \frac{S_e}{\sqrt{m}},\ \overline{X}_i - \overline{X}_j + q_\alpha \frac{S_e}{\sqrt{m}} \right) \qquad (5.2.2)$$

**例 5.2.1** 在例 5.1.3 中,通过方差分析已经拒绝了这些肥料对该作物的产量没有影响的假设。下面进一步考虑在哪些肥料种类之间产量有差异。从表 5.1.3 算得

$$\overline{x}_1 = 57.75,\ \overline{x}_2 = 87.75,\ \overline{x}_3 = 53.50,\ \overline{x}_4 = 73.25,\ \overline{x}_5 = 81.75$$

在例 5.1.3 的方差分析表中,我们还得到了 $s_e^2 = 143.2$,于是

$$\frac{s_e}{\sqrt{m}} = \frac{\sqrt{143.2}}{\sqrt{4}} = 5.98$$

现在,随机变量 $q$ 的自由度为 $(r, n-r) = (5.15)$,取 $\alpha = 0.05$,则 $q_{0.05} = 4.37$

$$q_\alpha \frac{s_e}{\sqrt{m}} = 5.98 \times 4.37 = 26.13$$

因为有 5 个总体,所以共有 $\dfrac{5(5-1)}{2} = 10$ 个均值之差,它们的 $95\%$ 置信区间列在表 5.2.1 中。

表 5.2.1  例 5.1.3 均值差数的 $95\%$ 置信区间

| $\mu_i - \mu_j$ | $\overline{x}_i - \overline{x}_j$ | $95\%$ 置信区间 |
|---|---|---|
| $\mu_1 - \mu_2$ | $57.75 - 87.75 = -30.00$ | $(-56.13, -3.86)$ |
| $\mu_1 - \mu_3$ | $57.75 - 53.50 = 4.25$ | $(-21.88, 30.38)$ |

续表

| $\mu_i - \mu_j$ | $\overline{x}_i - \overline{x}_j$ | 95% 置信区间 |
|---|---|---|
| $\mu_1 - \mu_4$ | $57.75 - 73.50 = -15.50$ | $(-41.63, 10.63)$ |
| $\mu_1 - \mu_5$ | $57.75 - 81.75 = -24$ | $(-50.13, 2.13)$ |
| $\mu_2 - \mu_3$ | $87.75 - 53.50 = 34.25$ | $(8.12, 60.38)$ |
| $\mu_2 - \mu_4$ | $87.75 - 73.25 = 14.50$ | $(-11.63, 40.63)$ |
| $\mu_2 - \mu_5$ | $87.75 - 81.75 = 6.00$ | $(-20.13, 32.13)$ |
| $\mu_3 - \mu_4$ | $53.50 - 73.25 = -19.75$ | $(-45.88, 6.38)$ |
| $\mu_3 - \mu_5$ | $53.50 - 81.75 = -28.25$ | $(-54.38, -2.12)$ |
| $\mu_4 - \mu_5$ | $73.25 - 81.75 = -8.50$ | $(-34.63, 17.63)$ |

因为 $\mu_1 - \mu_2, \mu_2 - \mu_3, \mu_3 - \mu_5$ 的置信区间不包含 0,故在置信度 95% 下可以认为这 3 对均值的每一对有显著差异。

### 二、S 法

$T$ 法只能用于各样本的容量是相等的情况,当各样本的容量不相等时,要求得 $\mu_i - \mu_j$ 的置信区间,可用 $S$ 法。

要求得 $\mu_i - \mu_j$ 的置信区间,我们同样考虑 $\overline{X}_i - \overline{X}_j$。$\overline{X}_i - \overline{X}_j$ 的方差为

$$D(\overline{X}_i - \overline{X}_j) = D(\overline{X}_i) + (\overline{X}_j) = \frac{\sigma^2}{n_i} + \frac{\sigma^2}{n_j} = \sigma^2 \left( \frac{1}{n_i} + \frac{1}{n_j} \right)$$

如同 $T$ 法一样,我们用 $S_e^2$ 作为总体方差 $\sigma^2$ 的估计,则 $S_e^2 \left( \frac{1}{n_i} + \frac{1}{n_j} \right)$ 便可作为 $D(\overline{X}_i - \overline{X}_j)$ 的估计,可以证明,如果给定置信系数 $\alpha$,则对一切 $i, j$

$$\frac{|(\overline{X}_i - \overline{X}_j) - (\mu_i - \mu_j)|}{S_e \sqrt{\frac{1}{n_i} + \frac{1}{n_j}}} < S_a \tag{5.2.3}$$

同时成立的概率为 $1 - \alpha$,式中,$S_a$ 依赖于 $\alpha$ 及两个参数 $r - 1, n - r$。对于 $\alpha = 0.01$ 及 $0.05$,$S_a$ 的值由附表 9 给出。所以,$\mu_i - \mu_j$ 的 $100(1 - \alpha)\%$ 的置信区间为

$$\left( (\overline{X}_i - \overline{X}_j) - S_a S_e \sqrt{\frac{1}{n_i} + \frac{1}{n_j}}, \ (\overline{X}_i - \overline{X}_j) + S_a S_e \sqrt{\frac{1}{n_i} + \frac{1}{n_j}} \right) \tag{5.2.4}$$

**例 5.2.2** 在某产卵场捕得 12 尾鲥鱼,它们的成熟系数按年龄分组记在表 5.2.2 中,试分析成熟系数是否因年龄不同而不同。

表 5.2.2    不同年龄鲕鱼的成熟系数

| 组别 | 年龄 | 成熟系数 $x_{ik}$(%) | | | | | $n_i$ | $T_i$ | $\bar{x}_i$ |
|------|------|------|------|------|------|------|------|------|------|
| 1 | 2 | 11.5 | 14.0 | 14.3 | 12.0 | | 4 | 51.8 | 12.95 |
| 2 | 3 | 13.2 | 18.5 | 19.0 | 15.7 | 12.6 | 5 | 79.0 | 15.80 |
| 3 | ≥4 | 18.1 | 18.6 | 20.9 | | | 3 | 57.6 | 19.20 |

已知 $n=12$,由上表算得 $T=188.4, \bar{x}=15.70$,则

$$\frac{T^2}{n} = \frac{(188.4)^2}{12} = 2957.88, \sum_{i=1}^{3}\frac{T_i^2}{n_i} = \frac{51.8^2}{4} + \frac{79^2}{5} + \frac{57.6^2}{3} = 3024.93,$$

$$\sum_{i=1}^{3}\sum_{k=1}^{n_i} x_{ik}^2 = 11.5^2 + 14^2 + \cdots + 20.9^2 = 3069.86$$

各离差平方和为

$$SS_T = \sum_{i=1}^{3}\sum_{k=1}^{n_i} x_{ik}^2 - \frac{T^2}{n} = 3069.86 - 2957.86 = 111.98$$

$$SS_A = \sum_{i=1}^{3}\frac{T_i^2}{n_i} - \frac{T^2}{n} = 3024.93 - 2957.88 = 67.05$$

$$SS_e = SS_T - SS_A = 111.98 - 67.05 = 44.93$$

把这些结果汇总成方差分析表如下:

表 5.2.3    例 5.2.2 的方差分析表

| 离差来源 | 离差平方和 | 自由度 | 均方 | $F$ 比 | $F$ 临界值 |
|------|------|------|------|------|------|
| 组间 | 67.05 | 2 | 33.525 | 6.72* | $F_{0.05} = 4.26$ |
| 组内 | 44.93 | 9 | 4.992 | | $F_{0.01} = 8.02$ |
| 总和 | 111.98 | 11 | | | |

由上表可见,三个年龄组间的成熟系数有显著不同。下面进一步求各成熟系数期望值之差的 95% 置信区间。

在方差分析中已求得 $s_e^2 = 4.992$,从附表 9 查得,当 $r-1=2, n-r=9, \alpha=0.05$ 时,$S_\alpha = 2.92$。根据这些数值及表 5.2.2 中的 $\bar{x}_i$,可算得 $\bar{x}_i - \bar{x}_j$,$s_e\sqrt{\frac{1}{n_i}+\frac{1}{n_j}}$,$S_\alpha s_e\sqrt{\frac{1}{n_i}+\frac{1}{n_j}}$ 及各 $\mu_i - \mu_j$ 的 95% 置信区间如下表。

表 5.2.4 $\mu_i - \mu_j$ 的 95% 置信区间

| $\mu_i - \mu_j$ | $\bar{x}_i - \bar{x}_j$ | $s_e\sqrt{\dfrac{1}{n_i}+\dfrac{1}{n_j}}$ | $S_a s_e\sqrt{\dfrac{1}{n_i}+\dfrac{1}{n_j}}$ | $\mu_i - \mu_j$ 的 95% 置信区间 |
|---|---|---|---|---|
| $\mu_1 - \mu_2$ | $-2.85$ | $\sqrt{4.992\left(\dfrac{1}{4}+\dfrac{1}{5}\right)}=1.50$ | $2.92\times 1.50 = 4.38$ | $(-7.23, 1.53)$ |
| $\mu_1 - \mu_3$ | $-6.25$ | $\sqrt{4.992\left(\dfrac{1}{4}+\dfrac{1}{3}\right)}=1.71$ | $2.92\times 1.71 = 4.98$ | $(-11.23, -1.27)$ |
| $\mu_2 - \mu_3$ | $-3.40$ | $\sqrt{4.992\left(\dfrac{1}{5}+\dfrac{1}{3}\right)}=1.63$ | $2.92\times 1.63 = 4.76$ | $(-8.16, 1.36)$ |

在这三个区间中,只有第二个不包含 0,因此,在置信度为 95% 时,可以认为 $\mu_1$ 与 $\mu_3$ 有显著差异,而 $\mu_1$ 与 $\mu_2$, $\mu_2$ 与 $\mu_3$ 的差异不显著。

在求 $\mu_i - \mu_j$ 的置信区间时,如果 $T$ 法与 $S$ 法都可以用,则按 $T$ 法得到的置信区间的长度较短,换言之,$T$ 法比 $S$ 法更能鉴别总体均值间的差异。所以,如果各样本的容量相等,应当用 $T$ 法。

当 $r = 2$ 时,即所考虑的因素只有两个水平,单因素方差分析就是对两个方差相等的正态总体的均值作比较,这在 §4.2 中已经作过讨论。容易看到,在这种情况下,$S$ 法所用的统计量

$$\frac{(\overline{X}_1 - \overline{X}_2) - (\mu_1 - \mu_2)}{S_e\sqrt{\dfrac{1}{n_1}+\dfrac{1}{n_2}}}$$

就是 $t$ 变量,所以,§5.1 及 §5.2 中所讨论的问题是 §4.2 中相应问题的推广。

### 三、邓肯的多重极差检验(Duncan's Multiple Range Test)

邓肯的多重极差检验是应用得很广泛的的一种多重比较方法,因为它检验的功效比较高,也就是说,它能有效地把均值间的真正差异检验出来。

由这个检验法确定的均值的标准误差为

$$S_{\bar{x}} = \sqrt{\frac{S_e^2}{m}} \tag{5.2.5}$$

上式中 $S_e^2$ 是剩余标准差,$m$ 是每一水平的重复数。当各水平的重复数不相等时,式 (5.2.5) 中的 $m$ 用 $m_h$ 代替,$m_h$ 由下式给出

$$m_h = \frac{r}{\sum\limits_{i=1}^{r} 1/n_i} \tag{5.2.6}$$

上式中 $r$ 是因素的水平数,$n_i$ 为各水平的重复数。易见,当 $n_1 = n_2 = \cdots = n_r$ 时,$m_h = m$。

邓肯多重极差检验的基本方法是先把样本均值按从大到小的次序排列,然后依次计算第一个均值与最后一个均值、最后第二个均值等的差数,直到计算完所有的差数;再计算第二个均值与后面各均值的差数;依次类推,直至计算完所有的差数。记差数为 $R$,这个差数是否达到了显著性水平,可用差数相当于均值的标准差的倍数(记为 $SSR$)来衡量,即

$$SSR = \frac{R}{S_{\bar{x}}} = \frac{R}{\sqrt{S_e^2/m}} \qquad (5.2.7)$$

把 $SSR$ 与邓肯的多重极差检验的临界值 $SSR_\alpha(k, f)$ 作比较,如果 $SSR > SSR_\alpha(k, f)$,则认为这两个均值的差异是显著的,否则认为是不显著的。这里 $f$ 是误差的自由度,$k(k = 2, 3, \cdots, r)$ 为这个差数所覆盖的平均数的个数。为比较方便,也可将均值的差数 $R$ 与 $s_{\bar{x}} \cdot SSR_\alpha(k, f)$ 作比较。附表10给出对于 $\alpha = 0.05$ 和 $\alpha = 0.01$ 的 $SSR_\alpha$ 值。下面通过一个数值的例子来说明邓肯多重极差检验的计算。

**例 5.2.3** 对例 5.1.3 的结果,进一步用邓肯的多重极差检验进行均值之间的比较。

在 5.2.1 中,我们已经得到了 $s_e^2 = 143.2$,$\frac{s_e}{\sqrt{m}} = \frac{\sqrt{143.2}}{\sqrt{4}} = 5.98$,5 个均值按从大到小的次序排列如下:

$$\bar{x}_2 = 87.75, \bar{x}_5 = 81.75, \bar{x}_4 = 73.25, \bar{x}_1 = 57.75, \bar{x}_3 = 53.50$$

在这个例子中 $k$ 应取 $2, 3, 4, 5$,对不同的 $k$ 查得 $SSR_\alpha(k, f)(f = 15)$,并计算 $s_{\bar{x}} \cdot SSR_\alpha(k, f)$ 列成下表。

表 5.2.5 　邓肯多重极差检验显著值表

| $k$ | $SSR_\alpha(k, 15)$ | | $s_{\bar{x}} \cdot SSR_\alpha(k, 15)$ | |
| --- | --- | --- | --- | --- |
| | $\alpha = 0.05$ | $\alpha = 0.01$ | $\alpha = 0.05$ | $\alpha = 0.01$ |
| 2 | 3.01 | 4.17 | 18.00 | 24.94 |
| 3 | 3.16 | 4.37 | 18.90 | 26.13 |
| 4 | 3.25 | 4.50 | 19.44 | 26.91 |
| 5 | 3.31 | 4.58 | 19.79 | 27.39 |

依次计算 $\bar{x}_2$ 与 $\bar{x}_3, \bar{x}_1, \bar{x}_4, \bar{x}_5$ 的差数;$\bar{x}_5$ 与 $\bar{x}_3, \bar{x}_1, \bar{x}_4$ 的差数;$\bar{x}_4$ 与 $\bar{x}_3, \bar{x}_1$ 的差数,$\bar{x}_1$ 与 $\bar{x}_3$ 的差数,结果列入表 5.2.6 中。把表 5.2.6 中最外面一条对角线上的差数 4.25, 15.50, 8.50, 6.00 与 $k$ 等于 2 时的 $s_{\bar{x}} \cdot SSR_\alpha(k, 15)$ 比较;第二条对角线上的差数与 $k$ 等于 3 时的 $s_{\bar{x}} \cdot SSR_\alpha(k, 15)$ 比较;依次类推,得到表 5.2.6 中的显著

性检验结果。

**表 5.2.6　均值间的差数及其邓肯多重极差检验的显著性**

| 均值＼均值 | $\bar{x}_2 = 87.75$ | $\bar{x}_5 = 81.75$ | $\bar{x}_4 = 73.25$ | $\bar{x}_1 = 57.75$ |
|---|---|---|---|---|
| $\bar{x}_3 = 53.50$ | $34.25^{**}$ | $28.25^{**}$ | $19.75^{*}$ | $4.25$ |
| $\bar{x}_1 = 57.75$ | $30.00^{**}$ | $24.00^{*}$ | $15.50$ | |
| $\bar{x}_4 = 73.25$ | $14.50$ | $8.50$ | | |
| $\bar{x}_5 = 81.75$ | $6.00$ | | | |

　　由表 5.2.6 可见,第二组与第三组、第一组,第五组与第三组的均值有高度显著差异;第五组与第一组,第四组与第三组的均值有显著差异,其他各组均值间均没有显著差异。

　　在邓肯的多重极差检验中,有如下假定:

　　如果经检验两个均值的差异不显著,那末包含在这两个均值内的所有均值的差异也认为是不显著的。在这个假定下,在计算均值之间的差数时,当两个均值差数不显著时,这一轮的计算就可结束。如上例中,首先计算 $\bar{x}_2$ 与 $\bar{x}_3$ 的差数,与 $s_{\bar{x}} \cdot SSR_a(5,15)$ 比较,差异是高度显著的;然后计算 $\bar{x}_2$ 与 $\bar{x}_1$ 的差数,与 $s_{\bar{x}} \cdot SSR_a(4,15)$ 比较,差异也是高度显著的;再计算 $\bar{x}_2$ 与 $\bar{x}_4$ 的差数,与 $s_{\bar{x}} \cdot SSR_a(3,15)$ 比较,差异不显著,那末关于 $\bar{x}_2$ 与其他均值的比较就可结束,接着进行第二轮比较,即 $\bar{x}_5$ 与其后面的各均值比较,也一直到不显著为止。

# §5.3　两因素方差分析

　　在以上的试验中,我们要求除了要考虑的这个因素外,其他试验条件均保持一致。在实际问题中,影响试验结果的因素往往不止一个,我们往往需要了解几个因素对试验结果的影响,这时就需要用多因素方差分析来分析各因素的影响。以下不妨以两因素试验为例,说明多因素方差分析的方法。

　　设我们要考虑两个因素 $A$ 与 $B$ 各水平的效应,因素 $A$ 分成 $a$ 个水平 $A_1, A_2, \cdots, A_a$,因素 $B$ 分成 $b$ 个水平 $B_1, B_2, \cdots, B_b$,为此我们考察因素 $A$ 与 $B$ 各水平组合下的试验结果。本节先讨论对于 $A$ 与 $B$ 各水平的每一组合 $A_iB_j$ 只观测一次的情况,观察的结果可用表 5.3.1 来表示。

表 5.3.1 双因素方差分析试验数据表(无重复)

| B / A | $B_1$ | $B_2$ | $\cdots$ | $B_b$ | $\overline{X}_{i.}$ |
|---|---|---|---|---|---|
| $A_1$ | $X_{11}$ | $X_{12}$ | $\cdots$ | $X_{1b}$ | $\overline{X}_{1.}$ |
| $A_2$ | $X_{21}$ | $X_{22}$ | $\cdots$ | $X_{2b}$ | $\overline{X}_{2.}$ |
| $\cdots$ | | $\cdots$ | | $\cdots$ | |
| $A_a$ | $X_{a1}$ | $X_{a2}$ | $\cdots$ | $X_{ab}$ | $\overline{X}_{a.}$ |
| $\overline{X}_{.j}$ | $\overline{X}_{.1}$ | $\overline{X}_{.2}$ | $\cdots$ | $\overline{X}_{.b}$ | $\overline{X}$ |

表 5.3.1 中

$$\overline{X}_{i.} = \frac{1}{b}\sum_{j=1}^{b} X_{ij}, \ \overline{X}_{.j} = \frac{1}{a}\sum_{i=1}^{a} X_{ij} \tag{5.3.1}$$

$$\overline{X} = \frac{1}{ab}\sum_{i=1}^{a}\sum_{j=1}^{b} X_{ij} \tag{5.3.2}$$

我们考虑以下模型

$$X_{ij} = \mu + \alpha_i + \beta_j + \varepsilon_{ij} \tag{5.3.3}$$

上式中 $\varepsilon_{ij} \sim N(0,\sigma^2)(i=1,2,\cdots,a;j=1,2,\cdots,b)$,且各 $\varepsilon_{ij}$ 相互独立,$\mu,\alpha_i,\beta_j$ 及 $\sigma^2$ 都是未知参数,$\sum_{i=1}^{a}\alpha_i = 0$,$\sum_{j=1}^{b}\beta_j = 0$。

在这些假定下,容易看到 $\alpha_i$ 是 $A$ 因素第 $i$ 个水平的效应,$\beta_j$ 是 $B$ 因素第 $j$ 水平的效应,我们要检验的原假设有

$$H_0' : \alpha_1 = \alpha_2 = \cdots = \alpha_a = 0 \tag{5.3.4}$$

$$H_0'' : \beta_1 = \beta_2 = \cdots = \beta_b = 0 \tag{5.3.5}$$

为了检验 $H_0'$ 及 $H_0''$,如同在 § 5.1 中所做的,我们首先将总离差平方和

$$SS_T = \sum_{i=1}^{a}\sum_{j=1}^{b}(X_{ij} - \overline{X})^2 \tag{5.3.6}$$

分解,经过一些简单的运算可以得到

$$SS_T = b\sum_{i=1}^{a}(\overline{X}_{i.} - \overline{X})^2 + a\sum_{j=1}^{b}(\overline{X}_{.j} - \overline{X})^2$$
$$+ \sum_{i=1}^{a}\sum_{j=1}^{b}(X_{ij} - \overline{X}_{i.} - \overline{X}_{.j} + \overline{X})^2 \tag{5.3.7}$$

令

$$SS_A = b\sum_{i=1}^{a}(\overline{X}_{i.} - \overline{X})^2 \tag{5.3.8}$$

$$SS_B = a \sum_{j=1}^{b} (\overline{X}_{\cdot j} - \overline{X})^2 \tag{5.3.9}$$

$$SS_e = \sum_{i=1}^{a} \sum_{j=1}^{b} (X_{ij} - \overline{X}_{i\cdot} - \overline{X}_{\cdot j} + \overline{X})^2 \tag{5.3.10}$$

分别把它们叫做 $A$ 因素离差平方和,$B$ 因素离差平方和及误差(剩余)离差平方和,于是

$$SS_T = SS_A + SS_B + SS_e \tag{5.3.11}$$

可以证明

$$E(SS_A) = (a-1)\sigma^2 + b \sum_{i=1}^{a} \alpha_i^2 \tag{5.3.12}$$

$$E(SS_B) = (b-1)\sigma^2 + a \sum_{j=1}^{b} \beta_j^2 \tag{5.3.13}$$

$$E(SS_e) = (a-1)(b-1)\sigma^2 \tag{5.3.14}$$

记

$$S_A^2 = \frac{SS_A}{a-1}, \ S_B^2 = \frac{SS_B}{b-1}, \ S_e^2 = \frac{SS_e}{(a-1)(b-1)}$$

它们分别是 $A$ 因素、$B$ 因素和误差的均方。$(a-1)$,$(b-1)$ 及 $(a-1)(b-1)$ 分别是 $SS_A$,$SS_B$ 及 $SS_e$ 的自由度,$SS_T$ 的自由度是 $(ab-1)$。与离差平方和的分解相对应,它们的自由度也存在着关系

$$ab - 1 = (a-1) + (b-1) + (a-1)(b-1)$$

可见,当假设 $H_0'$ 为真时,$S_A^2$ 是 $\sigma^2$ 的无偏估计,当 $H_0''$ 为真时,$S_B^2$ 是 $\sigma^2$ 的无偏估计。而且当 $H_0' : \alpha_1 = \alpha_2 = \cdots = \alpha_a = 0$ 为真时,

$$F = \frac{S_A^2}{S_e^2} \tag{5.3.15}$$

服从自由度为 $[a-1, (a-1)(b-1)]$ 的 $F$ 分布;当 $H_0'' : \beta_1 = \beta_2 = \cdots = \beta_b = 0$ 为真时,

$$F = \frac{S_B^2}{S_e^2} \tag{5.3.16}$$

服从自由度为 $[b-1, (a-1)(b-1)]$ 的 $F$ 分布。

因此,只要给定显著性水平 $\alpha$,我们就可以分别用(5.3.15),(5.3.16)对 $H_0'$ 及 $H_0''$ 进行检验。

以上的讨论可汇总成下列方差分析表。

表 5.3.2　双因素方差分析表

| 离差来源 | 离差平方和 | 自由度 | 均方 | $F$ 比 |
|---|---|---|---|---|
| 因素 $A$ | $SS_A = b\sum_{i=1}^{a}(\bar{X}_{i.}-\bar{X})^2$ | $a-1$ | $S_A^2 = \dfrac{SS_A}{a-1}$ | $F_A = \dfrac{S_A^2}{S_e^2}$ |
| 因素 $B$ | $SS_B = a\sum_{j=1}^{b}(\bar{X}_{.j}-\bar{X})^2$ | $b-1$ | $S_B^2 = \dfrac{SS_B}{b-1}$ | $F_B = \dfrac{S_B^2}{S_e^2}$ |
| 剩余 | $SS_e = \sum_{i=1}^{a}\sum_{j=1}^{b}(X_{ij}-\bar{X}_{i.}-\bar{X}_{.j}+\bar{X})^2$ | $(a-1)\cdot(b-1)$ | $S_e^2 = \dfrac{SS_e}{(a-1)(b-1)}$ | |
| 总和 | $SS_T = \sum_{i=1}^{a}\sum_{j=1}^{b}(X_{ij}-\bar{X})^2$ | $ab-1$ | | |

令

$$T_{i.} = \sum_{j=1}^{b}X_{ij},\ T_{.j} = \sum_{i=1}^{a}X_{ij},\ T = \sum_{i=1}^{a}\sum_{j=1}^{b}X_{ij} \tag{5.3.17}$$

则各离差平方和可用下列公式计算：

$$\left.\begin{aligned}
SS_T &= \sum_{i=1}^{a}\sum_{j=1}^{b}X_{ij}^2 - \frac{T^2}{ab}\\
SS_A &= \frac{1}{b}\sum_{i=1}^{a}T_{i.}^2 - \frac{T^2}{ab}\\
SS_B &= \frac{1}{a}\sum_{j=1}^{b}T_{.j}^2 - \frac{T^2}{ab}\\
SS_e &= SS_T - (SS_A + SS_B)\\
&= \sum_{i=1}^{a}\sum_{j=1}^{b}X_{ij}^2 - \frac{1}{b}\sum_{i=1}^{a}T_{i.}^2 - \frac{1}{a}\sum_{j=1}^{b}T_{.j}^2 + \frac{T^2}{ab}
\end{aligned}\right\} \tag{5.3.18}$$

**例 5.3.1**　表 5.3.3 中的数据是泥蚶早期幼苗用不同饲料养殖时的壳长（单位：dmm），试对表 5.3.3 的结果作出分析。

表 5.3.3　不同饲料培养的泥蚶在不同培养天数的壳长

| 培养天数＼饲料种类 | 干酵母菌 ($B_1$) | 干酵母菌＋扁脆藻 ($B_2$) | 小球藻＋扁脆藻 ($B_3$) | $T_{i.}$ |
|---|---|---|---|---|
| 3 天($A_1$) | 103.5 | 102.0 | 102.0 | 307.5 |
| 6 天($A_2$) | 104.3 | 104.3 | 102.5 | 311.1 |
| 7 天($A_3$) | 107.7 | 108.7 | 103.7 | 320.1 |
| $T_{.j}$ | 315.5 | 315.0 | 308.2 | 938.7 |

由表 5.3.3 的数据可算得

$$\sum_{i=1}^{3}\sum_{j=1}^{3}x_{ik}^{2} = 97952.15, \quad \frac{T^2}{ab} = \frac{938.7^2}{3\times 3} = 97906.41$$

把以上结果代入(5.3.18)中各式,得

$$SS_T = 97952.15 - 97906.41 = 45.74$$

$$SS_A = \frac{307.5^2 + \cdots + 320.1^2}{3} - 97906.41 = 28.08$$

$$SS_B = \frac{315.5^2 + \cdots + 308.2^2}{3} - 97906.41 = 11.09$$

$$SS_e = SS_T - SS_A - SS_B = 6.57$$

于是,我们有下列方差分析表。

表 5.3.4 泥蚶壳长的双因素方差分析表

| 离差来源 | 离差平方和 | 自由度 | 均方 | F 比 |
|---|---|---|---|---|
| 因素 A(培养时间) | 28.08 | 2 | 14.04 | $F_A = 8.55^*$ |
| 因素 B(饲料) | 11.09 | 2 | 5.545 | $F_B = 3.37$ |
| 剩余 | 6.57 | 4 | 1.643 | |
| 总和 | 45.74 | 8 | | |

当 $df = (2,4)$ 时,$F_{0.05} = 6.94$,$F_{0.01} = 18.0$,由此可见,这三种饲料对泥蚶早期幼苗生长的效果并无显著差别。

# §5.4 交互作用

在上一节的讨论中,我们仅考虑了每个因素的单独作用,而没有考虑到因素各水平的不同组合对试验指标的影响,为了说明这种影响,先看一个简单的例子。

在某一聚合反应中,催化剂的用量及聚合温度作为两个因素被考察,每个因素各取两个水平,试验指标是转化率,试验结果列在表 5.4.1 中。

表 5.4.1 聚合反应结果

| 催化剂用量(ml) | 聚合温度(℃) | |
|---|---|---|
| | 30 | 50 |
| 2 | 84.3 | 96.2 |
| 4 | 87.6 | 75.5 |

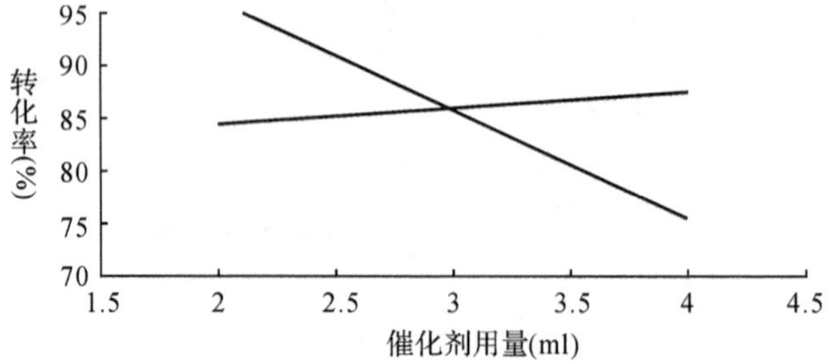

图 5.4.1　在不同温度时催化剂用量对转化率的影响

进一步把试验结果画成图 5.4.1,从表或图中可以看出,当聚合温度为 30℃时,加入催化剂 2ml,转化率为 84.3%,而加入催化剂 4ml,转化率为87.6%,但当聚合温度为 50℃ 时,若加入催化剂 2ml,转化率达 96.2%,而若加入催化剂 4ml,转化率却低至 75.5%,是 4 种不同水平组合中转化率最低的。由此可见,催化剂的用量和聚合温度适当搭配,对提高转化率是主要的,因此在试验中不应仅单独考虑温度或催化剂用量。对于这种情况,我们说这两个因素间存在着交互作用。

一般地说,在多因素试验中,如果一个因素 $A$ 对试验指标的影响,与另一因素 $B$ 所取的水平有关,就称这两个因素 $A$ 与 $B$ 有交互作用。

在上节,我们使用了数学模型

$$X_{ij} = \mu + \alpha_i + \beta_j + \varepsilon_{ij}$$

在这个模型中,我们假定了两个因素的效应具有可加性,即在水平组合 $A_iB_i$ 下,试验指标的均值等于"总均值"$\mu$ 加上 $(\alpha_i + \beta_j)$,后者是 $A_i$ 和 $B_j$ 的效应之和。当 $A$ 和 $B$ 有交互作用时,这个模型显然不再适合,也就是说,当交互作用存在时,因素的效应不再具有可加性。这时,就不能应用上节所述的方法进行试验。为了检验交互作用的效应是否显著,需要对每个水平组合作若干次试验,为了分析方便,假定对每个水平组合都重复了 $c$ 次,得到的结果列在表 5.4.2 中。

表 5.4.2　双因素等重复试验数据表

| | | $B_1$ | $\cdots$ | $B_j$ | $\cdots$ | $B_b$ | $T_{i.}$ | $\overline{X}_{i..}$ |
|---|---|---|---|---|---|---|---|---|
| $A_1$ | | $\dfrac{X_{111},X_{112},\cdots,X_{11c}}{T_{11.},\overline{X}_{11.}}$ | $\cdots$ | $\dfrac{X_{1j1},X_{1j2},\cdots,X_{1jc}}{T_{1j.},\overline{X}_{1j.}}$ | $\cdots$ | $\dfrac{X_{1b1},X_{1b2},\cdots,X_{1bc}}{T_{1b.},\overline{X}_{1b.}}$ | $T_{1..}$ | $\overline{X}_{1..}$ |
| $\cdots$ | | $\cdots$ | $\cdots$ | $\cdots$ | | $\cdots$ | $\cdots$ | $\cdots$ |
| $A_i$ | | $\dfrac{X_{i11},X_{i12},\cdots,X_{i1c}}{T_{i1.},\overline{X}_{i1.}}$ | $\cdots$ | $\dfrac{X_{ij1},X_{ij2},\cdots,X_{ijc}}{T_{ij.},\overline{X}_{ij.}}$ | $\cdots$ | $\dfrac{X_{ib1},X_{ib2},\cdots,X_{ibc}}{T_{ib.},\overline{X}_{ib.}}$ | $T_{i..}$ | $\overline{X}_{i..}$ |
| $\cdots$ | | $\cdots$ | $\cdots$ | $\cdots$ | | $\cdots$ | $\cdots$ | $\cdots$ |

续表

| | $B_1$ | $\cdots$ | $B_j$ | $\cdots$ | $B_b$ | $T_{i.}$ | $\overline{X}_{i..}$ |
|---|---|---|---|---|---|---|---|
| $A_a$ | $\dfrac{X_{a11},X_{a12},\cdots,X_{a1c}}{T_{a1.},\overline{X}_{a1.}}$ | $\cdots$ | $\dfrac{X_{aj1},X_{aj2},\cdots,X_{ajc}}{T_{aj.},\overline{X}_{aj.}}$ | $\cdots$ | $\dfrac{X_{ab1},X_{ab2},\cdots,X_{abc}}{T_{ab.},\overline{X}_{ab.}}$ | $T_{a..}$ | $\overline{X}_{a..}$ |
| $T_{.j.}$ | $T_{.1.}$ | $\cdots$ | $T_{.j.}$ | $\cdots$ | $T_{.b.}$ | $T$ | |
| $\overline{X}_{.j.}$ | $\overline{X}_{.1.}$ | $\cdots$ | $\overline{X}_{.j.}$ | $\cdots$ | $\overline{X}_{.b.}$ | | |

表中每小格横线下面是这一水平组合下重复数据之和及它们的均值,即

$$T_{ij.} = \sum_{k=1}^{c} X_{ijk} \tag{5.4.1}$$

$$\overline{X}_{ij.} = \frac{1}{c} \sum_{k=1}^{c} X_{ijk} = \frac{T_{ij.}}{c} \tag{5.4.2}$$

而

$$T_{i..} = \sum_{j=1}^{b} T_{ij}, \ T_{.j.} = \sum_{i=1}^{a} T_{ij} \tag{5.4.3}$$

$$\overline{X}_{i..} = \frac{1}{bc} \sum_{j=1}^{b} \sum_{k=1}^{c} X_{ijk} = \frac{1}{bc} T_{i..} \tag{5.4.4}$$

$$\overline{X}_{.j.} = \frac{1}{ac} \sum_{i=1}^{a} \sum_{k=1}^{c} X_{ijk} = \frac{1}{ac} T_{.j.} \tag{5.4.5}$$

$$T = \sum_{i=1}^{a} \sum_{j=1}^{b} \sum_{k=1}^{c} X_{ijk} = \sum_{i=1}^{a} T_{i..} = \sum_{j=1}^{b} T_{.j.} \tag{5.4.6}$$

样本总均值为　　$\overline{X} = \dfrac{T}{abc}$ $\tag{5.4.7}$

对于这种两因素等重复的试验,我们给出下列假定:

1. 在水平组合 $A_iB_j$ 下,试验结果形成正态总体 $N(\mu_{ij},\sigma^2)$,$(X_{ij1},X_{ij2},\cdots,X_{ijc})$ 是来自这个总体的容量为 $c$ 的简单随机样本。

2. 期望值 $\mu_{ij}$ 可表示成

$$\mu_{ij} = \mu + \alpha_i + \beta_j + \gamma_{ij}, \ i = 1,2,\cdots,a; \ j = 1,2,\cdots,b \tag{5.4.8}$$

此处,$\alpha_i,\beta_j$ 分别为 $A_i,B_j$ 的效应,$\gamma_{ij}$ 为 $A_i$ 与 $B_j$ 的交互作用的效应,并且

$$\sum_{i=1}^{a} \alpha_i = 0, \ \sum_{j=1}^{b} \beta_j = 0 \tag{5.4.9}$$

$$\sum_{i=1}^{a} \gamma_{ij} = 0, \ j = 1,2,\cdots,b \tag{5.4.10}$$

$$\sum_{j=1}^{b} \gamma_{ij} = 0, \ i = 1,2,\cdots,a \tag{5.4.11}$$

于是,试验的线性模型为

$$X_{ijk} = \mu + \alpha_i + \beta_j + \gamma_{ij} + \varepsilon_{ijk} \tag{5.4.12}$$
$$i = 1,2,\cdots,a; j = 1,2,\cdots,b; k = 1,2,\cdots,c$$

其中,$\mu,\alpha_i,\beta_j,\gamma_{ij}$ 是未知参数。

$$\varepsilon_{ijk} \sim N(0,\sigma^2) \tag{5.4.13}$$

且各 $\varepsilon_{ijk}$ 相互独立。要检验的假设有

$$\left. \begin{aligned} H_0' &: \alpha_1 = \alpha_2 = \cdots = \alpha_a = 0 \\ H_0'' &: \beta_1 = \beta_2 = \cdots = \beta_b = 0 \\ H_0''' &: \gamma_{11} = \gamma_{12} = \cdots = \gamma_{ab} = 0 \end{aligned} \right\} \tag{5.4.14}$$

如同我们一再做过的,先考虑总离差平方和

$$SS_T = \sum_{i=1}^{a} \sum_{j=1}^{b} \sum_{k=1}^{c} (X_{ijk} - \overline{X})^2 \tag{5.4.15}$$

的分解,经过一些运算,可以得到

$$SS_T = SS_A + SS_B + SS_{A\times B} + SS_e \tag{5.4.16}$$

式中 $SS_A, SS_B, SS_{A\times B}, SS_e$ 分别叫做 $A$ 因素、$B$ 因素、$A$ 与 $B$ 交互作用和误差的离差平方和,它们分别为

$$SS_A = bc \sum_{i=1}^{a} (\overline{X}_{i..} - \overline{X})^2 \tag{5.4.17}$$

$$SS_B = ac \sum_{j=1}^{b} (\overline{X}_{.j.} - \overline{X})^2 \tag{5.4.18}$$

$$SS_{A\times B} = c \sum_{i=1}^{a} \sum_{j=1}^{b} (\overline{X}_{ij.} - \overline{X}_{i..} - \overline{X}_{.j.} + \overline{X})^2 \tag{5.4.19}$$

$$SS_e = \sum_{i=1}^{a} \sum_{j=1}^{b} \sum_{k=1}^{c} (X_{ijk} - \overline{X}_{ij.})^2 \tag{5.4.20}$$

它们的自由度分别为 $a-1, b-1, (a-1)(b-1)$ 和 $ab(c-1)$。$SS_T$ 的自由度为 $df = abc - 1$。

令

$$\left. \begin{aligned} S_A^2 &= \frac{SS_A}{a-1}, \ S_B^2 = \frac{SS_B}{b-1} \\ S_{A\times B}^2 &= \frac{SS_{A\times B}}{(a-1)(b-1)}, \ S_e^2 = \frac{SS_e}{ab(c-1)} \end{aligned} \right\} \tag{5.4.21}$$

它们分别是 $SS_A, SS_B, SS_{A\times B}$ 及 $SS_e$ 的均方。可以证明

当 $H_0'$ 成立时,$F_A = \dfrac{S_A^2}{S_e^2}$ 是自由度为 $[a-1, ab(c-1)]$ 的 $F$ 变量;当 $H_0''$ 成

立时,$F_B = \dfrac{S_B^2}{S_e^2}$ 是自由度为 $[b-1, ab(c-1)]$ 的 $F$ 变量;当 $H_0'''$ 成立时,$F_{A\times B} =$

$\dfrac{S^2_{A\times B}}{S^2_e}$ 是自由度为 $[(a-1)(b-1), ab(c-1)]$ 的 $F$ 变量。它们可以分别用于检验因素 $A$ 的效应，因素 $B$ 的效应和 $A$ 与 $B$ 间的交互效应。把上述结果汇总成方差分析表如下。

表 5.4.3　双因素等重复试验方差分析表

| 离差来源 | 离差平方和 | 自由度 | 均方 | $F$ 比 |
|---|---|---|---|---|
| 因素 $A$ | $SS_A = bc \sum\limits_{i=1}^{a} (\overline{X}_{i..} - \overline{X})^2$ | $a-1$ | $S^2_A = \dfrac{SS_A}{a-1}$ | $F_A = \dfrac{S^2_A}{S^2_e}$ |
| 因素 $B$ | $SS_B = ac \sum\limits_{j=1}^{b} (\overline{X}_{.j.} - \overline{X})^2$ | $b-1$ | $S^2_B = \dfrac{SS_B}{b-1}$ | $F_B = \dfrac{S^2_B}{S^2_e}$ |
| 交互作用 $A \times B$ | $SS_{A\times B} = c \sum\limits_{j=1}^{b} \sum\limits_{j=1}^{b} (\overline{X}_{ij.} - \overline{X}_{i..} - \overline{X}_{.j.} + \overline{X})^2$ | $(a-1)\cdot(b-1)$ | $S^2_{A\times B} = \dfrac{SS_{A\times B}}{(a-1)(b-1)}$ | $F_{A\times B} = \dfrac{S^2_{A\times B}}{S^2_e}$ |
| 剩余 | $SS_e = \sum\limits_{i=1}^{a} \sum\limits_{j=1}^{b} \sum\limits_{k=1}^{c} (X_{ijk} - \overline{X}_{ij.})^2$ | $ab(c-1)$ | $S^2_e = \dfrac{SS_e}{ab(c-1)}$ | |
| 总的 | $SS_T = \sum\limits_{i=1}^{a} \sum\limits_{j=1}^{b} \sum\limits_{k=1}^{c} (X_{ijk} - \overline{X})^2$ | $abc-1$ | | |

在具体计算时，可用下列公式计算各离差平方和。

$$SS_T = \sum_{i=1}^{a} \sum_{j=1}^{b} \sum_{k=1}^{c} X_{ijk}^2 - \frac{T^2}{abc} \tag{5.4.22}$$

$$SS_A = \frac{1}{bc} \sum_{i=1}^{a} T_{i..}^2 - \frac{T^2}{abc} \tag{5.4.23}$$

$$SS_B = \frac{1}{ac} \sum_{j=1}^{b} T_{.j.}^2 - \frac{T^2}{abc} \tag{5.4.24}$$

$$SS_{A\times B} = \frac{1}{c} \sum_{i=1}^{a} \sum_{j=1}^{b} T_{ij.}^2 - \frac{1}{bc} \sum_{i=1}^{a} T_{i..}^2 - \frac{1}{ac} \sum_{j=1}^{b} T_{.j.}^2 + \frac{1}{abc} T^2 \tag{5.4.25}$$

$$SS_e = SS_T - SS_A - SS_B - SS_{A\times B} \tag{5.4.26}$$

或

$$SS_e = \sum_{i=1}^{a} \sum_{j=1}^{b} \sum_{k=1}^{c} X_{ijk}^2 - \frac{1}{c} \sum_{i=1}^{a} \sum_{j=1}^{b} T_{ij.}^2$$

**例 5.4.1**　在一项关于贻贝生产性育苗的试验中，对四种不同品系的贻贝苗及 3 种饲料进行了试验，这 3 种饲料是：

$A_1$：每日每毫升水体保持扁藻 4000 个；

$A_2$：除扁藻外，再加酵母粉 1mg/l；

$A_3$：每毫升水体保持扁藻 2000 个，小硅藻 10000 个，再加酵母粉 1mg/l。

各池幼苗密度都为 10 只 /ml，经 7 天培育后，测量各池中贻贝平均壳长作为试验指标,试验结果见表 5.4.4。

**表 5.4.4   不同品系贻贝的饲料试验结果**

| 平均壳长 \ 品系(B)  饲料(A) | $B_1$ | $B_2$ | $B_3$ | $B_4$ | $T_{i..}$ |
|---|---|---|---|---|---|
| $A_1$ | $\dfrac{162,165}{327}$ | $\dfrac{198,197}{395}$ | $\dfrac{247,238}{485}$ | $\dfrac{247,264}{511}$ | 1718 |
| $A_2$ | $\dfrac{160,155}{323}$ | $\dfrac{179,191}{370}$ | $\dfrac{192,195}{387}$ | $\dfrac{204,238}{442}$ | 1522 |
| $A_3$ | $\dfrac{161,157}{318}$ | $\dfrac{196,172}{368}$ | $\dfrac{230,197}{427}$ | $\dfrac{230,238}{468}$ | 1581 |
| $T_{.j.}$ | 968 | 1133 | 1299 | 1421 | $T = 4821$ |

计算 $T_{ij.}, T_{i..}, T_{.j.}$,并列入表 5.4.4 中,表中横线下的数字是 $T_{ij.}$。现在有 $a = 3, b = 4, c = 2$,从表 5.4.4 可算得

$$\sum_{i=1}^{3} \sum_{j=1}^{4} \sum_{k=1}^{2} X_{ijk}^2 = 162^2 + 165^2 + \cdots + 238^2 = 993583$$

$$\frac{T^2}{abc} = \frac{4821^2}{3 \times 4 \times 2} = 968418.375$$

于是

$$SS_T = 993583 - 968418.375 = 25164.625$$

$$\sum_{i=1}^{3} \sum_{j=1}^{4} T_{ij.}^2 = 327^2 + 395^2 + \cdots + 468^2 = 1983563$$

由表 5.4.4 的最后一行及最后一列有

$$\sum_{i=1}^{3} T_{i..}^2 = 1718^2 + \cdots + 1581^2 = 7767569$$

$$\sum_{j=1}^{4} T_{.j.}^2 = 968^2 + \cdots + 1421^2 = 5927355$$

所以

$$SS_A = \frac{7767569}{2 \times 4} - 968418.375 = 2527.75$$

$$SS_B = \frac{5927355}{2 \times 3} - 968418.375 = 19474.125$$

$$SS_{A \times B} = \frac{1983563}{2} - 2527.75 - 19474.125 - 968418.375 = 1361.25$$

$$SS_e = SS_T - SS_A - SS_B - SS_{A \times B} = 1801.5$$

把上述分析结果汇总成方差分析表如下。

表 5.4.5　贻贝育苗试验的方差分析表

| 离差来源 | 离差平方和 | 自由度 | 均方 | $F$ 比 | $F$ 临界值 $F_{0.05}$ | $F_{0.01}$ |
|---|---|---|---|---|---|---|
| 饲料 $A$ | 2527.75 | 2 | 1263.875 | 8.42** | 3.89 | 6.93 |
| 品系 $B$ | 19474.125 | 3 | 6491.375 | 43.24** | 3.49 | 5.95 |
| 交互作用 $A \times B$ | 1361.25 | 6 | 226.875 | 1.51 | 3.00 | 4.82 |
| 剩余 | 1801.5 | 12 | 150.125 | | | |
| 总和 | 25164.625 | 23 | | | | |

由此可见，$A$ 与 $B$ 的交互作用影响不显著，但因素 $A$ 及 $B$ 的影响都是高度显著的，因此，可以认为这 3 种饲料对于这 4 种品系贻贝幼苗体长增长的效果是高度显著不同的。

## §5.5　模型的适合性检验

我们已经知道，本章所讨论的方差分析法是建立在一定的假定上的。以 §5.3 所讨论的情况为例，设因素 $A$ 有 $a$ 个水平，因素 $B$ 有 $b$ 个水平，则有 $ab$ 种水平组合。对应于每一种水平组合 $A_iB_j$，有一个随机变量 $X_{ij}$，对这 $ab$ 个随机变量我们曾作了下列假定：

1. 可加性
$$X_{ij} = u + \alpha_i + \beta_j + \varepsilon_{ij}, \; i = 1,2,\cdots,a; j = 1,2,\cdots,b$$
即
$$E(X_{ij}) = u + \alpha_i + \beta_i$$

换句话说，因素 $A_i$ 和 $B_j$ 的效应是"可加"的，详细地说，$A_iB_j$ 的效应可表示成 $\alpha_i + \beta_j$。

2. 方差的齐性
$$D(X_{ij}) = \sigma^2, \; i = 1,2,\cdots,a; j = 1,2,\cdots,b$$

3. 正态性
$$\varepsilon_{ij} \sim N(0,\sigma^2)，或即 X_{ij} \sim N(\mu + \alpha_i + \beta_j, \sigma^2)。$$

从理论上讲，这三条基本假定对于本章曾讨论的方差分析是不可缺少的，换言之，如果诸 $X_{ij}$ 中有不可加性，方差的不齐性或非正态性时，对它们进行方差分析是缺乏依据的①。但在实际问题中,常常会遇到不满足上述基本假定的情况。例如,在射线低温杀菌的实验中,得到鱼肉在冷藏过程中的菌数变化如下表。

**表 5.5.1　鱼肉在冷藏过程中的菌数变化(个)**

| 冷藏天数 | 1 | 3 | 6 | 9 | 12 |
|---|---|---|---|---|---|
| 对照 | $1.39 \times 10^5$ | $2.81 \times 10^5$ | $1.36 \times 10^6$ | $4.65 \times 10^6$ | $4.59 \times 10^7$ |
| 9万$(\gamma)$ | $1.31 \times 10^3$ | $2.54 \times 10^3$ | $1.19 \times 10^4$ | $7.12 \times 10^5$ | $1.13 \times 10^6$ |
| 12万$(\gamma)$ | $2.71 \times 10$ | $2.96 \times 10^2$ | $3.66 \times 10^3$ | $4.48 \times 10^4$ | $9.11 \times 10^5$ |

在这种情况下,与其说,随着冷藏天数的增加,细菌数增加多少个,还不如说菌数增加了若干倍更合适。也就是说,对于类似的实验,不能用 $\alpha_i + \beta_j$ 来描述 $A_i B_j$ 的效应,即存在着不可加性。此外,菌数作为随机变量而言是离散的,它们不可能服从正态分布,而且这些随机变量的方差不可能相等。一般地说,当总体是离散型变量时,与上述另两条基本假定也会存在较显著的不符性。因此我们通常需对方差分析模型的适合性进行考察,当实验结果与这些假定明显不符时,采取一些方法,使得这些假定能基本满足。

**一、多个总体方差齐性的检验**

方差的不齐性会对结果的分析造成影响,尤其是当各水平重复次数不相等时,这种影响更显著。因此我们通常需要了解方差齐性的假定是否成立。

设有 $r$ 个正态总体 $X_i (i=1,2,\cdots,r)$,它们的方差分别为 $\sigma_1^2, \sigma_2^2, \cdots, \sigma_r^2$,这些数都是未知的,有许多方法可用来检验原假设

$$H_0 : \sigma_1^2 = \sigma_2^2 = \cdots = \sigma_r^2 \tag{5.5.1}$$

在这里我们只介绍 Bartlett's $\chi^2$ 检验法。

从每个 $X_i$ 中抽取容量为 $n_i$ 的独立子样,记样本方差为 $S_i^2 (i=1,2,\cdots,r)$,如果假设 $H_0$ 成立,则统计量

$$\chi^2 = \frac{(N-r)\ln V - \sum_{i=1}^{r}(n_i-1)\ln S_i^2}{C} \tag{5.5.2}$$

近似于 $df = r-1$ 的 $\chi^2$ 分布,式中

$$V = \frac{\sum_{i=1}^{r}(n_i-1)S_i^2}{(N-r)} \tag{5.5.3}$$

---

① 如果所讨论的问题与这些假定只有轻度不符时,通常不至于严重地影响方差分析的结果,但当上述这些假定的不符性显著时,再进行方差分析可能会导致错误的结论。

$$N = \sum_{i=1}^{r} n_i \tag{5.5.4}$$

$$C = 1 + \frac{1}{3(r-1)} \left( \sum_{i=1}^{r} \frac{1}{n_i - 1} - \frac{1}{N-r} \right) \tag{5.5.5}$$

统计量式(5.5.2)可以用来对原假设 $H_0$ 进行检验。以上计算过程可列成下表。

**表 5.5.2 式(5.5.2)计算表**

| 组别 | 离差平方和 | 自由度 | 样本方差 | $\ln S_i^2$ | $(n_i-1)\ln S_i^2$ | $\dfrac{1}{n_i - 1}$ |
|---|---|---|---|---|---|---|
| 1 | $\sum_{k=1}^{n_1}(X_{1k}-\overline{X}_{1.})^2$ | $n_1-1$ | $S_1^2$ | $\ln S_1^2$ | $(n_1-1)\ln S_1^2$ | $\dfrac{1}{n_1-1}$ |
| 2 | $\sum_{k=1}^{n_2}(X_{2k}-\overline{X}_{2.})^2$ | $n_2-1$ | $S_2^2$ | $\ln S_2^2$ | $(n_2-1)\ln S_2^2$ | $\dfrac{1}{n_2-1}$ |
| … | … | … | … | … | … | … |
| $r$ | $\sum_{k=1}^{n_r}(X_{rk}-\overline{X}_{r.})^2$ | $n_r-1$ | $S_r^2$ | $\ln S_r^2$ | $(n_r-1)\ln S_r^2$ | $\dfrac{1}{n_r-1}$ |
| 总计 | $\sum_{i=1}^{r}\sum_{k=1}^{n_r}(X_{ik}-\overline{X})^2$ | $N-r$ | | $\sum_{i=1}^{r}\ln S_i^2$ | $\sum_{i=1}^{r}(n_i-1)\ln S_i^2$ | $\sum_{i=1}^{r}\dfrac{1}{n_i-1}$ |

**例 5.5.1** 从 4 个水域捕得的鲫鱼的体长的均值及标准差(单位:cm)如下表。

**表 5.5.3 4 个水域鲫鱼的体长的均值及标准差**

| 水域 | I | II | III | IV |
|---|---|---|---|---|
| 均值 ± 标准差 | $19.3 \pm 1.84$ | $21.4 \pm 1.94$ | $21.0 \pm 3.23$ | $30.3 \pm 1.76$ |
| 尾数 | 50 | 43 | 150 | 149 |

为检验 4 个总体方差是否相等,列出下列计算表。

**表 5.5.4 4 个水域鲫鱼体长的方差齐性检验计算表**

| 水域 | $s_i^2$ | $n_i-1$ | $(n_i-1)s_i^2$ | $\ln s_i^2$ | $(n_i-1)\ln s_i^2$ | $\dfrac{1}{n_i-1}$ |
|---|---|---|---|---|---|---|
| I | 3.386 | 49 | 165.914 | 1.2196 | 59.7604 | 0.0204 |
| II | 3.764 | 42 | 158.088 | 1.3255 | 55.6710 | 0.0238 |
| III | 10.433 | 149 | 1554.517 | 2.3450 | 349.405 | 0.0067 |
| IV | 3.098 | 148 | 458.445 | 1.1308 | 167.3584 | 0.0068 |
| 和 | | 388 | 2336.964 | | 632.1948 | 0.0577 |

从表 5.5.4 的最后一行,有

$$N - r = 388, \sum_{i=1}^{4} (n_i - 1)s_i^2 = 2336.964$$

$$\sum_{i=1}^{4} (n_i - 1)\ln s_i^2 = 632.1948$$

$$\sum_{i=1}^{4} \frac{1}{n_i - 1} = 0.0577$$

所以

$$V = \frac{2336.964}{388} = 6.0231, \ln V = 1.7956$$

$$(N - r)\ln V - \sum_{i=1}^{4} (n_i - 1)\ln s_i^2 = 388 \times 1.7956 - 632.1948$$

$$= 696.6928 - 632.1948 = 64.498$$

$$C = 1 + \frac{1}{3(r-1)} \left( \sum_{i=1}^{4} \frac{1}{n_i - 1} - \frac{1}{N - r} \right)$$

$$= 1 + \frac{1}{9}(0.0577 - 0.0026) = 1.0061$$

于是

$$\chi^2 = \frac{64.498}{1.0061} = 64.11$$

当 $df = 4 - 1 = 3$ 时,$\chi_{0.01}^2 = 11.345$,所以不能接受方差齐性的假设。

如果各样本容量相等,$n_1 = n_2 = \cdots = n_r = b$,则式(5.5.3)成为

$$V = \frac{\sum_{i=1}^{r} (b-1)S_i^2}{r(b-1)} = \sum_{i=1}^{r} \frac{S_i^2}{r} \tag{5.5.6}$$

而

$$C = 1 + \frac{1}{3(r-1)} \left( \sum_{i=1}^{r} \frac{1}{n_i - 1} - \frac{1}{N - r} \right) = 1 + \frac{r+1}{3r(b-1)} \tag{5.5.7}$$

式(5.5.2)成为

$$\chi^2 = \frac{(b-1)\left(r\ln V - \sum_{i=1}^{r} \ln S_i^2\right)}{C} \tag{5.5.8}$$

关于正态性的检验可见《实验设计与分析》([美]Douglas C. Montgomery),有关可加性不检验可参考《数理统计的原理和方法》(R. G. D Steel)。

## 二、数据的变换

为解决实际观察与我们所假定的模型不符的问题,办法之一是对数据(实际上是对随机变量)进行适当的变换,以期经变换所得的新的随机变量能近似地符合以上三条基本假定。在本节中,我们介绍为达到这一目的所常用的三种变换。

1. 对数变换

如果各种处理的效应成比例,或标准差与平均数成比例,则可采用对数变换以使试验结果近似地符合我们所采用的模型,即令

$$Y = \log X$$

**例 5.5.2**　采集了 12 网浮游生物,得到 4 种浮游生物的数量见表 5.5.5。

**表 5.5.5　四种浮游生物的数量**

| 网次 | 浮游生物数量 $x_{ij}$ | | | | 数量的对数 $\log x_{ij}$ | | | |
|---|---|---|---|---|---|---|---|---|
| | I | II | III | IV | I | II | III | IV |
| 1 | 895 | 1520 | 43300 | 11000 | 2.95 | 3.18 | 4.64 | 4.04 |
| 2 | 540 | 1610 | 32800 | 8600 | 2.73 | 3.21 | 4.52 | 3.93 |
| 3 | 1020 | 1900 | 28800 | 8260 | 3.01 | 3.28 | 4.46 | 3.92 |
| 4 | 470 | 1350 | 34600 | 9830 | 2.67 | 3.13 | 4.54 | 3.99 |
| 5 | 428 | 980 | 37800 | 7600 | 2.63 | 2.99 | 4.58 | 3.88 |
| 6 | 620 | 1710 | 32800 | 9650 | 2.79 | 3.23 | 4.52 | 3.98 |
| 7 | 760 | 1930 | 28100 | 8900 | 2.88 | 3.29 | 4.45 | 3.95 |
| 8 | 537 | 1960 | 18900 | 6060 | 2.73 | 3.29 | 4.28 | 3.78 |
| 9 | 845 | 1840 | 31400 | 10800 | 2.93 | 3.26 | 4.50 | 4.03 |
| 10 | 1050 | 2410 | 39500 | 15500 | 3.02 | 3.38 | 4.60 | 4.19 |
| 11 | 387 | 1520 | 29000 | 9250 | 2.59 | 3.18 | 4.46 | 3.97 |
| 12 | 497 | 1685 | 22300 | 7900 | 2.70 | 3.23 | 4.35 | 3.90 |
| 均值 | 670.75 | 1701.25 | 31608.33 | 9445.83 | 2.803 | 3.221 | 4.492 | 3.963 |
| 极差 | 663 | 1430 | 24400 | 9440 | 0.43 | 0.39 | 0.36 | 0.41 |
| 标准差 | 223.92 | 356.54 | 6903.81 | 2351.21 | 0.150 | 0.098 | 0.102 | 0.100 |

从表 5.5.5 可见,浮游生物 III 的标准差是 I 的 30 倍,这些方差之间不可能齐性,同时还可以看到,标准差(或极差)与均值之比却几乎是不变的。

对这些数据取常用对数,所得的结果列在表 5.5.5 的右边,此时 4 个极差接近于相等,标准差也是如此,用上节的方法可以证明,经对数变换后,方差是齐性的。对经对数变换后的数据进行方差分析,得到下列方差分析表。

**表 5.5.6　4 种浮游生物数量比较的方差分析表**

| 离差来源 | 离差平方和 | 自由度 | 均方 | F 比 |
|---|---|---|---|---|
| 浮游生物种类 | 20.4638 | 3 | 6.8213 | 836.97** |
| 网次 | 0.3088 | 11 | 0.0281 | 3.4479** |
| 剩余 | 0.2690 | 33 | 0.00815 | |
| 总和 | 21.0416 | 47 | | |

两个因素各水平的效应都有高度显著差异,即采集的 4 种浮游生物的数量不同,各网次浮游生物的数量也不同。

2. 平方根变换

如果变量 $X$ 服从 Poisson 分布,则需对数据进行平方根变换后才能进行方差分析。平方根变换是使得这种变量符合方差分析基本假定的有效方法,即令

$$Y = \sqrt{X}$$

如果原始数据较小,则可采用变换 $\sqrt{X+1}$ 。

**例 5.5.3**　表 5.5.7 列出了受到不同处理后单位面积的某种杂草的株数(考虑到区域的不同,把它分成不同的区组,关于区组试验的设计见试验设计相关参考书),各处理的极差相差很大,所以方差的不齐性是显著的。对这些数据经平方根变换 $\sqrt{x}$ 后的结果列于表 5.5.8,由表 5.5.8 的最后一行可见各处理组的极差比较接近了。

对表 5.5.8 中数据作方差分析,得方差分析表如表 5.5.9。

**表 5.5.7　不同处理单位面积的杂草数量 $x_{ij}$**

| | | 处 | 理 | | | |
|---|---|---|---|---|---|---|
| | | I | II | III | IV | V | 总计 |
| 区 | 1 | 538 | 438 | 77 | 115 | 17 | 1185 |
| | 2 | 422 | 442 | 61 | 57 | 31 | 1013 |
| 组 | 3 | 377 | 319 | 157 | 100 | 87 | 1040 |
| | 4 | 315 | 380 | 52 | 45 | 16 | 808 |
| | 总计 | 1652 | 1579 | 347 | 317 | 151 | 4046 |
| | 均值 | 4130 | 394.8 | 86.8 | 79.3 | 37.8 | |
| | 极差 | 223 | 123 | 105 | 70 | 71 | |

表 5.5.8　杂草数量经平方根变换后的值 $y_{ij}$

| | | 处理 | | | | |
|---|---|---|---|---|---|---|
| | | I | II | III | IV | V | 总计 |
| 区 | 1 | 23.2 | 20.9 | 8.8 | 10.7 | 4.1 | 67.7 |
| | 2 | 20.5 | 21.0 | 7.8 | 7.5 | 5.6 | 62.4 |
| 组 | 3 | 19.4 | 17.9 | 12.5 | 10 | 9.3 | 69.1 |
| | 4 | 17.7 | 19.5 | 7.2 | 6.7 | 4.0 | 55.1 |
| 总计 | | 80.8 | 79.3 | 36.3 | 34.9 | 23.0 | 254.3 |
| 均值 | | 20.2 | 19.8 | 9.1 | 8.7 | 5.8 | |
| 极差 | | 5.5 | 3.1 | 5.3 | 4 | 5.3 | |

表 5.5.9　不同处理单位面积杂草数量的方差分析

| 离差来源 | 离差平方和 | 自由度 | 均方 | F 比 | F 临界值 |
|---|---|---|---|---|---|
| 处理 | 737.03 | 4 | 184.26 | 52.45** | $F_{0.01} = 5.41$ |
| 区组 | 24.15 | 3 | 8.05 | | $df = (4, 12)$ |
| 剩余 | 42.16 | 12 | 3.51 | | |
| 总和 | 805.85 | 19 | | | |

各处理效应间差异高度显著。

3. 反正弦变换

在试验中,观察值为成数是最常见的。在 §4.3 中曾讨论了两个总体成数的假设检验,如果数据来自多个总体,为检验其差异的显著性,就需要进行方差分析。成数显然不是正态分布,为能对数据进行方差分析,需对数据进行以下变换:

$$Y = \arcsin \sqrt{X}$$

在较详细的统计表中,常有现成的反正弦变换表。

例 5.5.4　将 12 个试养对虾的试验池分为四组,分别在饲料中加入 1 种甾醇(每 100g 饲料中加入 0.5g 甾醇),经一段时间饲养后,得到各组死亡率如表 5.5.10 的左边。经反正弦变换后所得的值列于表的右边。

表 5.5.10　各组的死亡率

| 甾　醇 | 死亡率(%)$x_{ij}$ | | | $y_{ij} = \arcsin \sqrt{x_{ij}}$ | | | $T_i.$ |
|---|---|---|---|---|---|---|---|
| | 1 | 2 | 3 | | | | |
| I 胆甾醇 | 5 | 14 | 12 | 12.9 | 22.0 | 20.3 | 55.2 |
| II 表角甾醇 | 6 | 13 | 8 | 14.2 | 21.1 | 16.4 | 51.7 |
| III 豆甾醇 | 4 | 17 | 12 | 11.5 | 24.4 | 20.3 | 56.2 |
| IV p- 谷甾醇 | 14 | 17 | 8 | 22.0 | 24.4 | 16.4 | 62.8 |

根据上表的数据得到 $T = 225.9$,从而有

$$SS_T = \sum_{i=1}^{4} \sum_{j=1}^{3} y_{ij}^2 - \frac{T^2}{12} = 213.7625$$

$$SS_A = \frac{1}{3} \sum_{i=1}^{4} T_{i.}^2 - \frac{T^2}{12} = 21.5025$$

$$SS_e = SS_T - SS_A = 192.26$$

把上述结果列成方差分析表如下:

**表 5.5.11　例 5.5.4 的方差分析**

| 离差来源 | 离差平方和 | 自由度 | 均方 | $F$ 比 |
|---|---|---|---|---|
| 甾醇种类 $A$ | 21.5025 | 3 | 7.1675 | $F_A < 1$ |
| 剩余 | 192.26 | 8 | 24.0325 | |
| 总和 | 213.765 | 11 | | |

因此,饲料中加入的甾醇种类并不影响对虾的成活率。

# §5.6　方差分析的效应模型

在前几节中,我们讲到了方差分析的数学模型是线性可加模型,对于两因素试验,可写成下列形式

$$x_{ijk} = u + \alpha_i + \beta_j + (\alpha\beta)_{ij} + \varepsilon_{ijk}$$
$$i = 1, 2, \cdots, a; j = 1, 2, \cdots, b; k = 1, 2, \cdots, c$$

并且有

$$\sum \alpha_i = 0; \quad \sum \beta_j = 0; \quad \sum_i (\alpha\beta)_{ij} = \sum_j (\alpha\beta)_{ij} = 0$$

我们给出的原假设是:

$$H_0: \alpha_i = 0; \quad \beta_j = 0; \quad (\alpha\beta)_{ij} = 0 \quad i = 1, 2, \cdots, a; j = 1, 2, \cdots, b$$

这里 $\alpha_i$ 是 $A$ 因素第 $i$ 水平的效应,$\beta_j$ 是 $B$ 因素第 $j$ 水平的效应,$(\alpha\beta)_{ij}$ 是 $A_i$ 与 $B_j$ 的交互作用的效应。这个模型假定所有的效应都是常数,这种模型称为固定效应模型。这种效应模型的前提是,在试验中因素的每一水平都是人为选定的。除了效应是固定的常数外,还有另一种情况。如果我们把因素的水平看成一个总体,而试验中所取的水平是从这个因素水平总体中抽取的一个随机样本,这时,效应不再是固定的数,而是随机变量,这种效应模型称之为随机效应模型。方差分析按照效应来分可分为以下三种:

1.固定效应模型,简称模型Ⅰ。试验中所有因素的水平都是人为选定的,因

此它们的效应都是常数。

2.随机效应模型,简称模型 Ⅱ。试验中所有因素的水平都是随机选取的,因此它们的效应都是随机变量。

3.混合效应模型,简称模型 Ⅲ。试验中有一部分因素的水平是人为选定的,另一部分因素的水平是随机选取的,因此模型中有些效应是随机变量,有些是常数。

对于固定效应模型的统计分析在前几节已详细说明了,在此不再赘述。以下我们不妨以双因素试验为例,分别讨论随机效应模型和混合效应模型的统计分析。

### 一、随机效应模型

设试验中考虑两个因素 $A$、$B$,随机选取 $A$ 因素的 $a$ 个水平,$B$ 因素的 $b$ 个水平,试验的线性模型为

$$X_{ijk} = u + \alpha_i + \beta_j + (\alpha\beta)_{ij} + \varepsilon_{ijk} \tag{5.6.1}$$
$$i = 1,2,\cdots,a; j = 1,2,\cdots,b; k = 1,2,\cdots,c$$

这里 $\alpha_i$,$\beta_j$ 和 $(\alpha\beta)_{ij}$ 均为随机变量,假定 $\alpha_i \sim N(0,\sigma_\alpha^2)$,$\beta_j \sim N(0,\sigma_\beta^2)$,$(\alpha\beta)_{ij} \sim N(0,\sigma_{\alpha\beta}^2)$,$\varepsilon_{ijk} \sim N(0,\sigma^2)$,而且 $\alpha_i$,$\beta_j$,$(\alpha\beta)_{ij}$,$\varepsilon_{ijk}$($i = 1,2,\cdots,a; j = 1,2,\cdots,b;$ $k = 1,2,\cdots,c$) 相互独立。

随机效应模型离差平方和及自由度的计算仍然同固定效应模型一样,如式(5.4.15)到(5.4.20)。与固定效应模型不同,现在要检验的原假设为

$$H_0' : \sigma_\alpha^2 = 0; \quad H_0'' : \sigma_\beta^2 = 0; \quad H_0''' : \sigma_{\alpha\beta}^2 = 0$$

为了构造检验的统计量,我们先考察期望均方。根据数学期望的性质,可以得到

$$E(S_A^2) = \sigma^2 + c\sigma_{\alpha\beta}^2 + bc\sigma_\alpha^2 \tag{5.6.2}$$
$$E(S_B^2) = \sigma^2 + c\sigma_{\alpha\beta}^2 + ac\sigma_\beta^2 \tag{5.6.3}$$
$$E(S_{AB}^2) = \sigma^2 + c\sigma_{\alpha\beta}^2 \tag{5.6.4}$$
$$E(S_e^2) = \sigma^2 \tag{5.6.5}$$

由以上各项的期望均方可见,检验 $H_0'' : \sigma_{\alpha\beta}^2 = 0$ 的合适的统计量是

$$F_{AB} = \frac{S_{AB}^2}{S_e^2} \tag{5.6.6}$$

因为当原假设 $H_0''$ 成立时,$F_{AB}$ 的分子和分母都是 $\sigma^2$ 的无偏估计量,只有在 $H_0''$ 为伪时,$E(S_{AB}^2)$ 才大于 $E(S_e^2)$。因此只有在 $F_{AB}$ 偏大时,才拒绝原假设 $H_0''$。可以证明 $F_{AB}$ 是服从自由度为 $[(a-1)(b-1),ab(n-1)]$ 的 $F$ 分布。因此当 $F_{AB}$ 大

于 $F_\alpha$ 时,就拒绝原假设 $H_0''$。

类似地,为检验 $H_0'$: $\sigma_\alpha^2 = 0$,我们应构造统计量

$$F_A = \frac{S_A^2}{S_{AB}^2} \tag{5.6.7}$$

当原假设 $H_0'$ 成立时,$F_A$ 服从自由度为 $[(a-1),(a-1)(b-1)]$ 的 $F$ 分布。

检验 $H_0''$: $\sigma_\beta^2 = 0$ 的统计量为

$$F_B = \frac{S_B^2}{S_{AB}^2} \tag{5.6.8}$$

当原假设 $H_0''$ 成立时,$F_B$ 服从自由度为 $[(b-1),(a-1)(b-1)]$ 的 $F$ 分布。

应该注意:这两个检验统计量都不同于因素 $A$ 和 $B$ 是固定的情况。以上的结果列在表 5.6.1 中。

表 5.6.1　两因素随机模型的方差分析

| 变差来源 | 离差平方和 | 自由度 | 均方 | 期望均方 | $F$ |
|---|---|---|---|---|---|
| $A$ 因素 | $SS_A$ | $a-1$ | $S_A^2 = \dfrac{SS_A}{a-1}$ | $\sigma^2 + c\sigma_{\alpha\beta}^2 + bc\sigma_\alpha^2$ | $F = \dfrac{S_A^2}{S_{AB}^2}$ |
| $B$ 因素 | $SS_B$ | $b-1$ | $S_B^2 = \dfrac{SS_B}{b-1}$ | $\sigma^2 + c\sigma_{\alpha\beta}^2 + ac\sigma_\beta^2$ | $F = \dfrac{S_B^2}{S_{AB}^2}$ |
| $A \times B$ 交互作用 | $SS_{AB}$ | $(a-1) \cdot (b-1)$ | $S_{AB}^2 = \dfrac{SS_{AB}}{(a-1)(b-1)}$ | $\sigma^2 + c\sigma_{\alpha\beta}^2$ | $F = \dfrac{S_{AB}^2}{S_e^2}$ |
| 误差 | $SS_e$ | $ab(c-1)$ | $S_e^2 = \dfrac{SS_e}{ab(c-1)}$ | | |
| 总和 | $SS_T$ | $abc-1$ | | | |

不难看到对于单因素试验,随机模型的平方和计算和检验的统计量都相同于固定效应模型。但不论是单因素试验还是多因素试验,对固定效应和随机效应所作的结论是很不相同的。当因素是固定效应时,分析所得的结论只对于被选定的因素水平而言,不能推广到没有被经过试验的水平上。但如果因素是随机效应时,就能把所得的结论推广到整个处理总体,不管这些处理是否在试验中取到过。

## 二、混合模型

现在我们来考虑一个因素 $A$ 是固定效应,而另一个因素 $B$ 是随机效应的情况,线性模型是

$$X_{ijk} = u + \alpha_i + \beta_j + (\alpha\beta)_{ij} + \varepsilon_{ijk} \tag{5.6.9}$$

$$i = 1,2,\cdots,a; j = 1,2,\cdots,b; k = 1,2,\cdots,c$$

这里 $\alpha_i$ 是固定效应,则 $\sum_{i=1}^{a} \alpha_i = 0$;$\beta_j$ 是随机效应,且 $\beta_j \sim NID(0, \sigma_{\beta}^2)$[①];$(\alpha\beta)_{ij} \sim NID\left(0, \dfrac{a-1}{a}\sigma_{\alpha\beta}^2\right)$,且对于 $j = 1, 2, \cdots, b$,有 $\sum_{i=1}^{a} (\alpha\beta)_{ij} = 0$;$\varepsilon_{ijk} \sim NID(0, \sigma^2)$。这里为了简化期望均方,$(\alpha\beta)_{ij}$ 的方差定义为 $\dfrac{a-1}{a}\sigma_{\alpha\beta}^2$,而不是 $\sigma_{\alpha\beta}^2$。可以证明

$$E(S_A^2) = \sigma^2 + c\sigma_{\alpha\beta}^2 + bc\sum_{i=1}^{a} \alpha_i^2/(a-1) \tag{5.6.10}$$

$$E(S_B^2) = \sigma^2 + ac\sigma_{\beta}^2 \tag{5.6.11}$$

$$E(S_{AB}^2) = \sigma^2 + c\sigma_{\alpha\beta}^2 \tag{5.6.12}$$

$$E(Se^2) = \sigma^2 \tag{5.6.13}$$

离差平方和的计算公式同样如同固定效应模型。要检验的原假设为

$$H_0': \alpha_1 = \alpha_2 = \cdots = \alpha_a = 0, \quad H_0'': \sigma_{\beta}^2 = 0, \quad H_0''': \sigma_{\alpha\beta}^2 = 0$$

检验的合适统计量分别为

$$F_A = \frac{S_A^2}{S_{AB}^2} \tag{5.6.14}$$

$$F_B = \frac{S_B^2}{S_e^2} \tag{5.6.15}$$

$$F_{AB} = \frac{S_{AB}^2}{S_e^2} \tag{5.6.16}$$

它们的自由度分别为 $[(a-1), (a-1)(b-1)]$,$[(b-1), ab(c-1)]$,$[(a-1)(b-1), ab(c-1)]$

表 5.6.2 列出了上述结果。

表 5.6.2　两因素混合模型的方差分析

| 变差来源 | 离差平方和 | 自由度 | 均方 | 期望均方 | F |
|---|---|---|---|---|---|
| $A$ 因素 | $SS_A$ | $a-1$ | $S_A^2 = \dfrac{SS_A}{a-1}$ | $\sigma^2 + c\sigma_{\alpha\beta}^2$ $+ \dfrac{bc}{a-1}\sum_{i=1}^{a}\alpha_i^2$ | $F_A = \dfrac{S_A^2}{S_{AB}^2}$ |
| $B$ 因素 | $SS_B$ | $b-1$ | $S_B^2 = \dfrac{SS_B}{b-1}$ | $\sigma^2 + ac\sigma_{\beta}^2$ | $F_B = \dfrac{S_B^2}{S_e^2}$ |

---

① NID 即 Indepently Normally Distributed.

续表

| 变差来源 | 离差平方和 | 自由度 | 均方 | 期望均方 | $F$ |
|---|---|---|---|---|---|
| 交互作用 $A \times B$ | $SS_{AB}$ | $(a-1) \cdot$ $(b-1)$ | $S_{AB}^2 = \dfrac{SS_{AB}}{(a-1)(b-1)}$ | $\sigma^2 + c\sigma_{\alpha\beta}^2$ | $F_{AB} = \dfrac{S_{AB}^2}{S_e^2}$ |
| 误差 | $SS_e$ | $ab(c-1)$ | $S_e^2 = \dfrac{SS_e}{ab(c-1)}$ | $\sigma^2$ | |
| 总和 | $SS_T$ | $abc-1$ | | | |

**例 5.6.1** 在研究硬头鳟对蛋白质的消化率时考虑了鱼的不同规格$(A)$和水温$(B)$两个因素,假定水温的 3 个水平是随机选择的,在每一水平组合下进行两次重复,试验结果见表 5.6.3(表中每一格中带下划线的是每一重复的总和)。

**表 5.6.3 硬头鳟的蛋白质消化率**

| 水温(℃) 规格 | 7 | | 11 | | 15 | | $T_{i..}$ |
|---|---|---|---|---|---|---|---|
| 大 | 74.68 75.45 | 150.13 | 85.96 84.36 | 170.32 | 96.87 97.79 | 194.66 | 515.11 |
| 中 | 88.96 89.87 | 178.83 | 96.87 97.54 | 194.41 | 87.89 86.76 | 174.65 | 547.89 |
| 小 | 88.93 87.56 | 176.49 | 89.87 88.21 | 178.08 | 95.89 94.99 | 190.88 | 545.45 |
| $T_{.j.}$ | 505.45 | | 542.81 | | 560.19 | | 1608.45 |

离差平方和的计算如下:

$$SS_T = \sum_{i=1}^{a} \sum_{j=1}^{b} \sum_{k=1}^{c} X_{ijk} - \frac{T^2}{abc} = 74.68^2 + 75.45^2 + \cdots + 94.99^2 - \frac{1608.45^2}{3 \times 3 \times 2}$$
$$= 785.0143$$

$$SS_A = \sum_{i=1}^{a} \frac{T_{i..}^2}{bc} - \frac{T^2}{abc} = \frac{515.11^2 + 547.89^2 + 545.45^2}{3 \times 2} - \frac{1608.45^2}{3 \times 3 \times 2}$$
$$= 111.1664$$

$$SS_B = \sum_{j=1}^{b} \frac{T_{.j.}^2}{bc} - \frac{T^2}{abc} = \frac{505.45^2 + 542.81^2 + 560.19^2}{3 \times 2} - \frac{1608.45^2}{3 \times 3 \times 2}$$
$$= 260.7945$$

$$SS_{AB} = \sum_{i=1}^{a} \sum_{j=1}^{b} \frac{T_{ij.}^2}{c} - \sum_{j=1}^{b} \frac{T_{.j.}^2}{ac} - \sum_{i=1}^{a} \frac{T_{i..}^2}{bc} + \frac{T^2}{abc}$$
$$= \sum_{i=1}^{a} \sum_{j=1}^{b} \frac{T_{ij.}^2}{c} - SS_A - SS_B - \frac{T^2}{abc}$$

$$= 150.13^2 + 178.83^2 + \cdots + 190.88^2 - 260.7945 - 111.1665 - \frac{1608.45^2}{18}$$

$$= 407.0554$$

$$SS_e = SS_T - SS_A - SS_B - SS_{A \times B}$$

$$= 785.0143 - 111.1664 - 260.7945 - 407.0554 = 5.9979$$

因为这是一个混合效应模型,鱼体规格($A$)是固定效应,水温($B$)是随机效应,因此关于鱼体规格、水温和它们两者交互作用效应的检验的统计量分别为

$$F_A = \frac{S_A^2}{S_{AB}^2}, \; F_B = \frac{S_B^2}{S_e^2}, \; F_{AB} = \frac{S_{AB}^2}{S_e^2}$$

方差分析见表 5.6.4。

表 5.6.4　硬头鳟消化率的方差分析

| 方差来源 | 平方和 | 自由度 | 均方 | $F$ 值 | $F$ 临界值 |
|---|---|---|---|---|---|
| 鱼体规格 | 111.1665 | 2 | 55.5833 | $< 1$ | $F_{0.05}(2,4) = 6.94$<br>$F_{0.01}(2,4) = 18.00$ |
| 水温 | 260.7945 | 2 | 130.3973 | $195.6644^{**}$ | $F_{0.05}(2,9) = 4.26$<br>$F_{0.01}(2,9) = 8.02$ |
| 交互作用 | 407.0554 | 4 | 101.7639 | $152.6692^{**}$ | $F_{0.05}(4,9) = 3.63$<br>$F_{0.01}(4,9) = 6.42$ |
| 误差 | 5.9979 | 9 | 0.6664 | | |
| 总和 | 785.0143 | 17 | | | |

由上表我们的结论是水温对硬头鳟蛋白质的消化率有高度显著影响,而这三种不同规格的鱼对蛋白质的消化率没有显著差异,鱼体规格和水温的交互作用也是高度显著的。

**例 5.6.2**　如果上例的两个因素都是随机的,会得到什么结果?

离差平方和和自由度仍与上例一样,这时的 $F$ 值分别为

$$F_A = \frac{S_A^2}{S_{AB}^2} = \frac{55.3833}{101.7639} < 1$$

$$F_B = \frac{S_B^2}{S_{AB}^2} = \frac{130.3973}{101.7639} = 1.2814$$

$$F_{AB} = \frac{S_{AB}^2}{S_e^2} = \frac{101.7639}{0.6664} = 152.6992$$

因 $F_B = 1.2814 < F_{0.05}(2,4) = 4.49$,所以鱼体规格和水温对蛋白质的消化率的影响都不显著,只有交互作用的影响是高度显著的。

## §5.7 习 题

1. 某湖不同季节湖水氯化物含量(mg/l)的测定结果如下表,试比较不同季节氯化物含量的差异是否显著。

| | 氯 化 物 含 量 | | | | | | | |
|---|---|---|---|---|---|---|---|---|
| 春 | 22.6 | 22.8 | 21 | 16.9 | 24.0 | 21.9 | 21.5 | 21.2 |
| 夏 | 19.1 | 22.8 | 24.5 | 18.0 | 15.2 | 18.4 | 20.1 | 21.2 |
| 秋 | 18.9 | 13.6 | 17.2 | 15.1 | 16.6 | 14.2 | 16.7 | 19.6 |
| 冬 | 19.0 | 16.9 | 17.6 | 16.6 | 13.1 | 16.9 | 16.2 | 14.8 |

2. 分别测定从 3 个水域捕得的鲫鱼的体长／头长,所得结果如下:

| 水域 | 体长／头长 | | 尾数 |
|---|---|---|---|
| | 均值 | 标准差 | |
| Ⅰ | 3.95 | 0.19 | 100 |
| Ⅱ | 3.56 | 0.15 | 150 |
| Ⅲ | 3.58 | 0.19 | 149 |

试比较 3 个水域鲫鱼体长／头长的差异是否显著。

3. 求习题 1 中各总体均值之差的 95% 置信区间。

4. 求习题 2 中各总体均值之差的 95% 置信区间。

5. 当绳距为 33cm 时,在不同株距(株／绳)和不同行距(m)下养殖海带,记录它的增重如下。

| | | 行 距(m) | | | | |
|---|---|---|---|---|---|---|
| | | 1 | 2 | 3 | 4 | 5 |
| 株距 | 55 | 1 | 39 | 62 | 88 | 118 |
| (株／绳) | 66 | 6 | 32 | 65 | 84 | 102 |
| | 90 | 6 | 34 | 46 | 64 | 80 |

试检验行距和株距的不同水平对海带增重是否有显著影响。

6. 由不同时间捕获的某生物的肌肉的主要成分如下:

|  | 5 月 18 日 | 6 月 5 日 | 7 月 20 日 | 8 月 16 日 | 9 月 18 日 |
|---|---|---|---|---|---|
| 水　分 | 62.5 | 62.9 | 59.3 | 60 | 60.7 |
| 粗蛋白 | 19.8 | 20.5 | 23.0 | 20 | 15.7 |
| 粗脂肪 | 10.3 | 10.6 | 11.6 | 12.9 | 13.2 |
| 灰　分 | 1.6 | 1.5 | 1.6 | 1.7 | 1.8 |

试检验捕获时间是否对其主要化学成分有影响？

7. 对不同种系的未成年大白鼠，注射了不同剂量的雌性激素以后，在同样条件下称得它们的子宫重量如下表：

| 大白鼠种系 | 雌激素注射剂量($\mu$g/100g) | | | 总计 |
|---|---|---|---|---|
|  | 0.2 | 0.4 | 0.8 |  |
| 1 | 106 | 116 | 145 | 367 |
| 2 | 42 | 68 | 115 | 225 |
| 3 | 70 | 11 | 133 | 314 |
| 4 | 42 | 63 | 87 | 192 |
| 总计 | 260 | 358 | 480 | 1098 |

试检验不同种系及注射不同剂量的雌激素后未成年大白鼠子宫重量是否有显著差异？

8. 鳗鲡摄食后与饥饿状态下耗氧率的测定值如下：

|  | 第 1 小时 | 第 2 小时 | 第 3 小时 | 第 4 小时 | 第 5 小时 |
|---|---|---|---|---|---|
| 摄食 | 11.50　9.48 | 8.90　6.46 | 9.08　5.94 | 8.90　6.64 | 5.33　6.66 |
| 饥饿 | 6.35　7.34 | 7.35　6.57 | 6.38　7.04 | 6.23　7.72 | 6.38　5.11 |

原作者认为："由于摄食后，消化吸收活动强烈，这时即需支付出较大的能力，这样就需从水中吸入较多的氧。"试根据表中的数据，用方差分析法证实摄食组与饥饿组的耗氧量不同。

9. 上题中假定测定时间是随机决定的，试分析测定时间不同和摄食与否鳗鲡的耗氧率是否不同。

10. 在水温不同时，测定某湖白鲢的 SGPT 活性($\mu$g 分子 /100ml)，得到如下结果。

| 水温(℃) | 8 | 13 | 17 | 25 |
|---|---|---|---|---|
| SGPT 活性 | 83 ± 56 | 139 ± 49 | 113 ± 72 | 50 ± 28 |
| 测定尾数 | 30 | 16 | 24 | 15 |

试检验 4 种水温下，SGPT 活性的方差是否相同。

11. 在不同的季节,脊腹褐虾的食物组成(出现频率 %)如下:

|  | 春 | 夏 | 秋 | 冬 |
|---|---|---|---|---|
| 环节动物 | 45.7 | 34.6 | 47.0 | 74.3 |
| 软体动物 | 35.6 | 38.8 | 49.9 | 19.3 |
| 甲壳动物 | 25.0 | 57.3 | 40.6 | 16.5 |

试对以上数据作反正弦变换,再进行方差分析。

12. 为了研究温度对单细胞藻生长的影响,随机选择了 5 个温度值,对单细胞藻进行了培养,所得结果如下:

| 温度(℃) | 6 | 8 | 15 | 20 | 35 |
|---|---|---|---|---|---|
| 细胞数目<br>(百个 /ml) | 31.7 | 49.3 | 88.7 | 129.5 | 26.3 |
|  | 32.7 | 46.0 | 94.7 | 127.3 | 12.3 |
|  | 33.7 | 49.3 | 91.8 | 117.7 | 14.0 |

试分析温度对单细胞藻生长的影响是否显著。

13. 考察以下数据:

| | | B 因素 | | |
|---|---|---|---|---|
| | | 1 | 2 | 3 |
| A 因素 | 1 | 570 | 1063 | 565 |
| | | 565 | 1080 | 510 |
| | | 583 | 1043 | 590 |
| | 2 | 528 | 988 | 526 |
| | | 547 | 1026 | 538 |
| | | 521 | 1004 | 532 |

(1) 假定两个因素都是固定效应;

(2) 假定 B 因素为固定效应,A 因素为随机效应;

(3) 假定两个因素均为随机效应;

分别对上述三种情况进行方差分析。

# 第6章 一元回归与简单相关

## §6.1 回归与相关

在高等数学中,我们已经熟悉了变量间的一种关系 —— 函数关系,这种关系表现为对于变量 $x$ 在某一范围内的每一个值都有另一个变量 $y$ 的确定的值与之对应,这也就是说,函数关系所指出的是事物间的确定性的联系。但是,当我们观察客观现象时,还发现同处于一个统一体中的某些变量间虽然存在着相互依赖、相互制约的关系,但是这种关系却是非确定性的。

**例 6.1.1** 在池塘养鱼中,放养密度与产量之间有着某种联系,当放养密度不同时,通常产量是不同的,但是即使在条件相同的几个鱼塘中放养相同的密度,一般地说产量也会有变异,即产量不是由放养密度唯一确定的。

**例 6.1.2** 鱼的体长与体重之间存在着某种联系,一般地说,长的鱼较重些,但是,同一体长的鱼,体重并不一致,而是形成某种分布(比如说正态分布)。

类似的变量间的非确定性联系,在生物学中是普遍存在的,我们称之为统计相关。

研究统计相关的常用方法为回归分析和相关分析。回归分析主要是研究回归模型的建立、模型参数的检验及对因变量的预报,因此回归分析中通常假定自变量是普通变量。例 6.1.1 中,我们考虑了两个变量:放养密度 $x$ 和产量 $y$[①],放养密度是可以人为控制的,但产量则不然。换句话说,$x$ 是普通变量(不是随机变量),而当 $x$ 取某一值时,$y$ 是随机变量。相关分析是研究随机变量之间的关系,因此它是对于自变量也是随机变量的情况。如在例 6.1.2 中,体长 $x$ 和体重 $y$ 都是随机变量,我们所要考虑的是,两个随机变量之间的关系。严格地讲回归分析和相关分析完全不同,回归分析是讨论一维随机变量,因此它属于一元分析的范

---

① 在本章及以下的讨论中,我们将随机变量和它的值用同一字母表示,只有在必须分清时,才将随机变量写成大写的拉丁字母。

畴,而相关分析则是对多维随机变量的研究,因此它属于多元分析的问题。但因为回归分析和相关分析中模型建立的方法、模型参数的估计和检验等公式在形式上是一致的,因此我们把回归分析和相关分析放在同一章讨论。在这一章中我们仅讨论只有一个自变量的情况。

# §6.2　一元线性回归

## 一、线性回归方程

设两变量 $x$ 与 $y$ 统计相关。这时,如上节所述,对于 $x$ 的一个值,变量 $y$ 并没有一个确定的值与之对应,而是形成一个分布。如果 $y$ 与 $x$ 之间有某种依赖、制约关系,则这个分布通常随 $x$ 而异。也就是说,对于 $x$ 的每一个值 $x_i$ 都确定了一个随机变量,为了明确起见,记它为 $y_x$,因为 $y_x$ 的分布由 $x$ 确定,所以它的期望值,一般地说,也被 $x$ 确定,记为 $\mu_y(x)$,即

$$\mu_y(x) = E(y_x) \tag{6.2.1}$$

$\mu_y(x)$ 即为我们在 §2.7 中介绍的当 $x$ 为某一值时 $y$ 的条件数学期望。如果对于 $x$ 所能取的一切值,$\mu_y(x)$ 都有确定的值,则函数 $\mu_y(x)$ 叫做 $y$ 对 $x$ 的回归方程。

在 §2.7 中已知,当 $x,y$ 是二维正态变量时,$y$ 对 $x$ 的回归方程是线性函数。正态变量是生物学中常见的分布。对于非正态变量,回归曲线一般不是线性函数,但此时要确定回归函数十分困难,通常也是设法把它变成一个线性函数来解决,因此我们不妨假定当 $x$ 固定时,$y_x$ 服从正态分布,且它的数学期望为 $\mu_y(x)$ $= \alpha + \beta x$,此时我们可以把 $y_x$ 表示成

$$y_x = \alpha + \beta x + \varepsilon \tag{6.2.2}$$

其中 $\varepsilon \sim N(0,\sigma^2)$,$\sigma^2$ 与 $x$ 无关,$\alpha,\beta$ 是两个常数。此时,$E(y_x) = \alpha + \beta x$ 的几何图形是一条直线,把它叫做 $y$ 对 $x$ 的回归直线,$\beta$ 叫做回归系数。

通常,$\alpha,\beta$ 是未知的,需要利用样本资料对它们作出估计。取 $x$ 的 $n$ 个不全相同的值 $x_1,\cdots,x_n$ 作独立试验,得到 $y$ 的 $n$ 次观察:

$$(x_1,y_1),(x_2,y_2),\cdots,(x_n,y_n)$$

把它们分别代入方程(6.2.2)得

$$y_i = \alpha + \beta x_i + \varepsilon_i \tag{6.2.3}$$

其中,$\varepsilon_i$ 表示各次观察的误差,根据以上的假定有

$$\varepsilon_i \sim N(0,\sigma^2) \ (i = 1,2,\cdots,n), \ y_i \sim N(\alpha + \beta x_i, \sigma^2)$$

即各次观察服从正态分布,并有相同的精度。由于各次观察相互独立,$\varepsilon_i$ 间的协

方差可表示成

$$\text{cov}(\varepsilon_i, \varepsilon_j) = \begin{cases} 0 & i \neq j \\ \sigma^2 & i = j \end{cases}$$

上述假定可概述为"$\varepsilon_i$ 相互独立地服从正态分布 $N(0, \sigma^2)$"。如果用 $a, b$ 分别表示 $\alpha, \beta$ 的估计,这时 $E(y_{x_i})$ 的估计值是

$$\hat{y}_i = a + bx_i, \ i = 1, 2, \cdots, n \tag{6.2.4}$$

记

$$\delta_i = y_i - \hat{y}_i = y_i - (a + bx_i) \tag{6.2.5}$$

这里的 $\delta_i$ 是观察值与数学期望的估计值之差,和以前一样,我们称它为离差,我们要求 $\alpha, \beta$ 的估计值 $a$ 及 $b$ 应当使得离差平方和

$$SS_e = \sum_{i=1}^{n} \delta_i^2 = \sum_{i=1}^{n} [y_i - (a + bx_i)]^2 \tag{6.2.6}$$

达到最小。满足这一最小条件的估计值 $a, b$ 分别叫做 $\alpha, \beta$ 的最小二乘估计。

当 $(x_i, y_i)(i = 1, 2, \cdots, n)$ 给定后,$SS_e$ 是 $a, b$ 的函数,为使 $SS_e$ 最小,$a, b$ 应满足下列条件:

$$\begin{cases} \dfrac{\partial SS_e}{\partial a} = 0 \\[2mm] \dfrac{\partial SS_e}{\partial b} = 0 \end{cases}$$

即

$$\begin{cases} \displaystyle\sum_{i=1}^{n} (y_i - a - bx_i) = 0 \\[3mm] \displaystyle\sum_{i=1}^{n} (y_i - a - bx_i)x_i = 0 \end{cases} \tag{6.2.7}$$

令

$$\bar{x} = \frac{1}{n}\sum_{i=1}^{n} x_i, \ \bar{y} = \frac{1}{n}\sum_{i=1}^{n} y_i, \text{代入式}(6.2.7) \text{得到}$$

$$\begin{cases} a + b\bar{x} = \bar{y} \\[2mm] a\bar{x} + b\left(\dfrac{1}{n}\sum_{i=1}^{n} x_i^2\right) = \dfrac{1}{n}\sum_{i=1}^{n} x_i y_i \end{cases} \tag{6.2.8}$$

方程组(6.2.8)叫做正规方程组,当 $x_i$ 不全相等时,它有唯一的一组解:

$$\begin{cases} b = \dfrac{\displaystyle\sum_{i=1}^{n} x_i y_i - n\,\overline{xy}}{\displaystyle\sum_{i=1}^{n} x_i^2 - n\overline{x}^2} = \dfrac{\displaystyle\sum_{i=1}^{n}(x_i-\overline{x})(y_i-\overline{y})}{\displaystyle\sum_{i=1}^{n}(x_i-\overline{x})^2} & (6.2.9) \\[20pt] a = \overline{y} - b\overline{x} & (6.2.10) \end{cases}$$

$a$ 和 $b$ 分别是 $\alpha$ 和 $\beta$ 的最小二乘估计,方程 $\hat{y} = a + bx$ 叫做样本回归方程或经验回归方程,$b$ 叫做样本回归系数,在不致引起混淆的情况下,我们通常略去"样本"两字。

为方便起见,记

$$l_{xx} = \sum_{i=1}^{n}(x_i - \overline{x})^2 \tag{6.2.11}$$

$$l_{xy} = \sum_{i=1}^{n}(x_i - \overline{x})(y_i - \overline{y}) \tag{6.2.12}$$

则

$$b = \frac{l_{xy}}{l_{xx}} \tag{6.2.13}$$

**例 6.2.1** 记录了某地 7 年的 6～9 月平均降雨量 $x$ 和该水域次年毛虾总产量 $y$ 的观察值如下:

表 6.2.1 某地 6～9 月平均降雨量 $x$ 和该水域次年毛虾总产量 $y$

| $x_i$(mm) | 509 | 570 | 308 | 734 | 494 | 495 | 534 |
|---|---|---|---|---|---|---|---|
| $y_i$($10^4$ t) | 204 | 358 | 72 | 428 | 246 | 207 | 352 |

求 $y$ 对 $x$ 的线性回归方程。

**解:** 由上表算得

$$\sum_{i=1}^{7} x_i = 3644, \quad \overline{x} = \frac{1}{n}\sum x_i = 520.57, \quad \sum_{i=1}^{7} x_i^2 = 1991818,$$

$$l_{xx} = \sum x_i^2 - \frac{\left(\sum x_i\right)^2}{n} = 94855.71$$

$$\sum_{i=1}^{7} y_i = 1867, \quad \overline{y} = \frac{1}{n}\sum y_i = 266.71, \quad \sum_{i=1}^{n} x_i y_i = 1056181,$$

$$l_{xy} = \sum x_i y_i - \frac{1}{n}\sum x_i \sum y_i = 84274.14$$

$$b = \frac{l_{xy}}{l_{xx}} = 0.8884,$$

$$a = \overline{y} - b\overline{x} = 266.71 - 0.8884 \times 520.57 = -195.76$$

于是,所求的直线回归方程为

$$\hat{y} = 0.8884x - 195.76$$

如果某年 6 ～ 9 月的平均雨量为 465mm,代入上式得

$$\hat{y} = 0.8884 \times 465 - 195.76 = 217.35$$

因此,可以预期翌年春季该水域的毛虾总产量大约在 $217.35 \times 10^4 \text{t}$ 左右。

## 二、加权回归

当观察数据是分组抽得时,如果每一组的样本数不同,计算回归方程需按照各组的样本数进行加权。

对每组数据分别算出 $x$ 指标和 $y$ 指标的均值,为了简化符号,我们仍用 $(x_i, y_i)$ 表示第 $i$ 组的均值,然后对这些 $(x_i, y_i)$ 配回归直线。如每一组的样本数为 $n_i$,以 $n_i$ 为"权"作加权回归的计算公式如下:

$$n = \sum n_i, \quad \bar{x} = \frac{1}{n} \sum n_i x_i, \quad \bar{y} = \frac{1}{n} \sum n_i y_i \tag{6.2.14}$$

$$l_{yy} = \sum n_i (y_i - \bar{y})^2 = \sum n_i y_i^2 - \frac{1}{n} (\sum n_i y_i)^2 \tag{6.2.15}$$

$$l_{xy} = \sum n_i (x_i - \bar{x})(y_i - \bar{y})$$

$$= \sum n_i x_i y_i - \frac{1}{n} (\sum n_i x_i)(\sum n_i y_i) \tag{6.2.16}$$

$$b = \frac{l_{xy}}{l_{xx}}, \quad a = \bar{y} - b\bar{x}$$

**例 6.2.2**　为建立某种纤维每毫克纤维根数 $(x)$ 与单纤维弹力 $(y)$ 之间的关系,对这两个指标按组进行了测定,测定的数据见表 6.2.2。因为每组中样本容量 $n_i$ 不同,所以需要以 $n_i$ 为权作加权回归,具体计算如下表。

**表 6.2.2　每毫克纤维根数与单纤维弹力的测定值及相关计算**

| 组号 | $n_i$ | 每毫克根数 $x_i$ | 单纤维弹力 $y_i$ | $n_i x_i$ | $n_i y_i$ | $n_i x_i^2$ | $n_i y_i^2$ | $n_i x_i y_i$ |
|---|---|---|---|---|---|---|---|---|
| 1 | 2 | 188 | 4.8 | 376 | 9.6 | 70688 | 46.08 | 1804.8 |
| 2 | 3 | 195 | 4.58 | 585 | 13.74 | 114075 | 62.9292 | 2679.3 |
| 3 | 11 | 207 | 4.4 | 2277 | 48.4 | 471339 | 212.96 | 10018.8 |
| 4 | 16 | 217 | 4.18 | 3472 | 66.88 | 753424 | 279.5584 | 14512.96 |
| 5 | 18 | 224 | 3.9 | 4032 | 70.2 | 903168 | 273.78 | 15724.8 |
| 6 | 19 | 236 | 3.85 | 4484 | 73.15 | 1058224 | 281.6275 | 17263.4 |
| 7 | 20 | 246 | 3.77 | 4920 | 75.4 | 1210320 | 284.258 | 18548.4 |
| 8 | 22 | 255 | 3.54 | 5610 | 77.88 | 1430550 | 275.6952 | 19859.4 |
| 9 | 18 | 266 | 3.47 | 4788 | 62.46 | 1273608 | 216.7362 | 16614.36 |

续表

| 组号 | $n_i$ | 每毫克根数 $x_i$ | 单纤维弹力 $y_i$ | $n_i x_i$ | $n_i y_i$ | $n_i x_i^2$ | $n_i y_i^2$ | $n_i x_i y_i$ |
|------|-------|------------------|------------------|-----------|-----------|-------------|-------------|---------------|
| 10 | 15 | 275 | 3.43 | 4125 | 51.45 | 1134375 | 176.4735 | 14148.75 |
| 11 | 12 | 285 | 3.19 | 3420 | 38.28 | 974700 | 122.1132 | 10909.8 |
| 12 | 5 | 295 | 3.08 | 1475 | 15.4 | 435125 | 47.432 | 4543 |
| 13 | 5 | 312 | 2.94 | 1560 | 14.7 | 486720 | 43.218 | 4586.4 |
| 14 | 4 | 320 | 2.79 | 1280 | 11.16 | 409600 | 31.1364 | 3571.2 |
| 15 | 1 | 329 | 2.49 | 329 | 2.49 | 108241 | 6.2001 | 819.21 |
| $\sum$ | 171 | | | 42733 | 631.19 | 10834157 | 2360.1977 | 155604.58 |

由上表的数据算得

$$\sum_{i=1}^{15} n_i x_i = 42733, \ \sum_{i=1}^{15} n_i y_i = 631.19, \ n = \sum_{i=1}^{15} n_i = 171$$

$$\bar{x} = \frac{42733}{171} = 249.9006, \ \bar{y} = \frac{631.19}{171} = 3.6912$$

$$\sum_{i=1}^{15} n_i x_i^2 = 10834157, \ \sum_{i=1}^{15} n_i y_i^2 = 2360.1977, \ \sum_{i=1}^{15} n_i x_i y_i = 155604.58$$

$$l_{xx} = 10834157 - 171 \times 249.9006^2 = 155155.31$$

$$l_{xy} = 155604.58 - 171 \times 249.9006 \times 3.6912 = -2130.1701$$

则

$$b = \frac{-2130.1701}{155155.13} = -0.01373,$$

$$a = 3.6912 + 0.01373 \times 249.9005 = 7.1221$$

因此,单纤维弹力关于每毫克纤维根数的线性回归方程为

$$\hat{y} = 7.1221 - 0.01373x$$

# §6.3 相关系数

## 一、样本相关系数

当 $x, y$ 都是随机变量时,用 §6.2 中建立回归方程的方法,我们也可以求 $x$ 对 $y$ 的线性回归方程

$$\hat{x} = b' y + a'$$

这里

$$b' = \frac{l_{xy}}{l_{yy}}, \text{式中} \ l_{yy} = \sum_{i=1}^{n} (y_i - \bar{y})^2, a' = \bar{x} - b\bar{y}$$

容易发现,不管变量 $x$ 与 $y$ 之间是否真的有联系,只要给出 $n$ 对观察数据,按上节计算方法总可以算出回归方程,而当 $x$ 与 $y$ 间事实上并无联系时,这样算出的回归方程实际上是毫无意义的。因此,我们自然要问,在什么情况下对二维随机变量建立回归直线是有意义的。对此,首先应当从生物学的角度看线性回归的假定是否合乎生物学原理,而当无法根据生物学原理来判断时,我们就需要有一个方法以便从已有的观测数据来推断为两个变量配回归直线是否有意义。这时实际上只需要考察 $x$ 与 $y$ 是否线性相关,也即检验 $H_0 : \rho = 0$。如果 $x$ 与 $y$ 不线性相关,那末建立 $x$ 与 $y$ 的线性回归方程是毫无意义的。

设 $\hat{y} = a + bx$ 是根据已给数据 $(x_1, y_1), (x_2, y_2), \cdots, (x_n, y_n)$ 算出的线性回归方程,其中

$$b = \frac{\sum_{i=1}^{n} (x_i - \bar{x})(y_i - \bar{y})}{\sum_{i=1}^{n} (x_i - \bar{x})^2}, \ a = \bar{y} - b\bar{x}$$

于是

$$
\begin{aligned}
SS_e &= \sum_{i=1}^{n} [y_i - (a + bx_i)]^2 = \sum_{i=1}^{n} (y_i - \bar{y} + b\bar{x} - bx_i)^2 \\
&= \sum_{i=1}^{n} [(y_i - \bar{y}) - b(x_i - \bar{x})]^2 \\
&= \sum_{i=1}^{n} (y_i - \bar{y})^2 - 2b \sum_{i=1}^{n} (x_i - \bar{x})(y_i - \bar{y}) + b^2 \sum_{i=1}^{n} (x_i - \bar{x})^2 \\
&= \sum_{i=1}^{n} (y_i - \bar{y})^2 - \frac{\left( \sum_{i=1}^{n} (x_i - \bar{x})(y_i - \bar{y}) \right)^2}{\sum_{i=1}^{n} (x_i - \bar{x})^2} \\
&= \left[ \sum_{i=1}^{n} (y_i - \bar{y})^2 \right] \left[ 1 - \frac{\left( \sum_{i=1}^{n} (x_i - \bar{x})(y_i - \bar{y}) \right)^2}{\sum_{i=1}^{n} (x_i - \bar{x})^2 \sum_{i=1}^{n} (y_i - \bar{y})^2} \right]
\end{aligned}
\tag{6.3.1}
$$

仍记

$$l_{xx} = \sum_{i=1}^{n} (x_i - \bar{x})^2, \ l_{yy} = \sum_{i=1}^{n} (y_i - \bar{y})^2$$

$$l_{xy} = \sum_{i=1}^{n} (x_i - \bar{x})(y_i - \bar{y})$$

并令

$$r = \frac{l_{xy}}{\sqrt{l_{xx}l_{yy}}}$$

则式(6.3.1)成为

$$SS_e = l_{yy}(1 - r^2)^{①} \qquad (6.3.2)$$

由式(6.3.2)我们可以看到以下几点:

1. 当 $r^2 = 1$ 时,$SS_e = 0$。此时 $y_i = a + bx_i(i = 1, 2, \cdots, n)$,即诸 $(x_i, y_i)$ 都在回归线上;反之,若 $(x_i, y_i)$ 共线,则 $SS_e = 0$,于是 $r^2 = 1$。

2. 当 $r^2 = 0$ 时,$l_{xy} = 0$,因此有 $b = \frac{l_{xy}}{l_{xx}} = 0$,$b' = \frac{l_{xy}}{l_{yy}} = 0$。于是回归直线成为 $\hat{y} = a$ 或 $\hat{x} = a'$,此时,$y$(或 $x$)不再随 $x$(或 $y$)的改变而改变,并且 $SS_e$ 达到了最大值 $l_{yy}$,显然,在这种情况下,为观测数据配回归直线是无意义的。

3. 因为 $SS_e \geqslant 0$,所以 $1 - r^2 \geqslant 0$,即 $|r| \leqslant 1$。

从以上的讨论中可以看到,$r^2$ 有助于决定是否宜于对观测数据配回归直线,换句话说,有助于衡量两个变量间的线性关系的密切程度。我们把

$$r = \frac{l_{xy}}{\sqrt{l_{xx}l_{yy}}} \qquad (6.3.3)$$

叫做样本相关系数。

在 §2.7 我们已经给出了表示两个随机变量 $X, Y$ 关系的数字特征,即 $X, Y$ 的相关系数 $\rho = \frac{\sigma_{12}}{\sigma_1 \sigma_2}$。其中,$\sigma_{12} = E(X - u_1)(Y - u_2)$ 是 $(X, Y)$ 的协方差,$\sigma_1, \sigma_2$ 分别是 $X$ 及 $Y$ 的标准差。容易看到,$r$ 可以作为总体相关系数 $\rho = \frac{\sigma_{12}}{\sigma_1 \sigma_2}$ 的估计。

关于样本相关系数的几点附注:

1. 容易看到 $r$ 与 $b$ 及 $b'$ 的符号一致,当 $r > 0$ 时,$b$ 及 $b'$ 都大于 0,因此 $x$ 与 $y$ 有同时增加的趋势,这时我们说样本点正相关;反之,当 $r < 0$ 时,$b$ 及 $b'$ 都小于 0,此时,$x$ 的增加有引起 $y$ 减小的趋势,我们说样本点负相关;当 $r = 1$ 时,说样本点完全正相关,当 $r = -1$ 时,说样本点完全负相关,当 $r = 0$ 时,说样本点零相关。参看图 6.3.1。

2. 相关系数只能用来说明两变量间线性关系的密切程度。例如,当 $r = 0$ 时,各点可能呈完全不规则的分布,如图 6.3.1 的 Ⅳ,但也可能存在某种(非线性的)规律(图 6.3.1 的 Ⅲ),在图 6.3.1 的 Ⅲ 中,各点在一条抛物线上,但这些点

---

① 从式(6.3.2)容易得到 $r^2 = 1 - \frac{SS_e}{l_{yy}}$。

的相关系数却为 0。

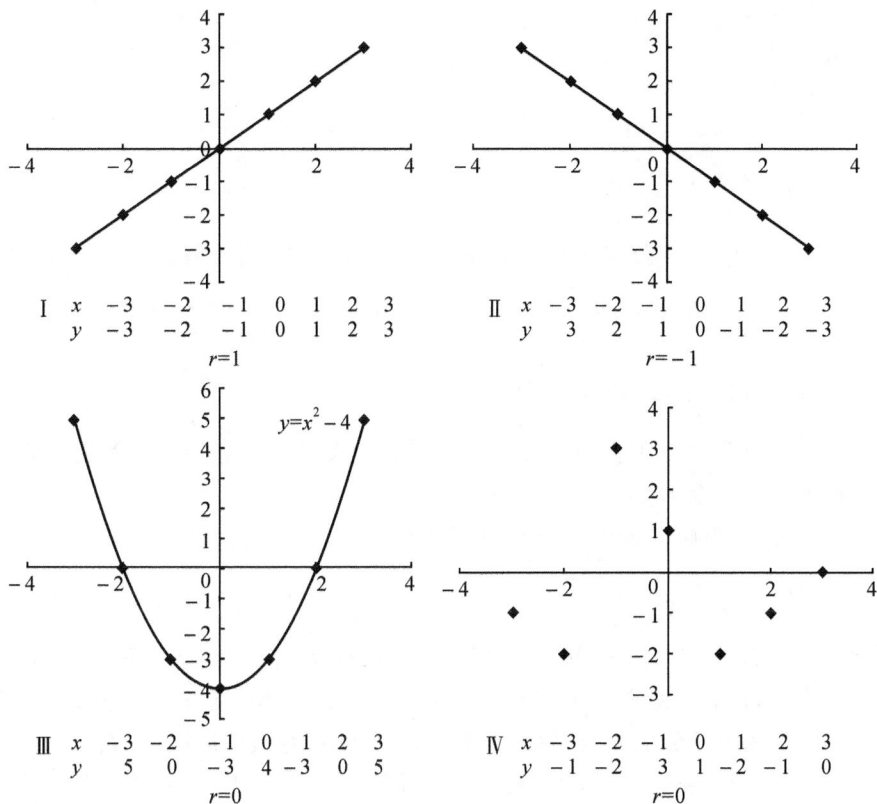

图 6.3.1

3. 相关系数不能用来说明两个变量之间是否有因果关系,这是因为相关仅仅考虑两个变量的数量关系而不涉及它们的本质。例如,两烧杯 A、B 由同一热源加热,用 $x, y$ 分别表示两烧杯内水的温度,则 $x, y$ 之间显然有密切的正相关(即相关系数接近于 1),如果说"A 杯中水温的升高是因为 B 杯的水温升高所致"显然是不合理的。事实上 A、B 的水温的升高都是结果,升高的原因在于热源,$x$,$y$ 之间并非互为因果。

4. 从相关系数的定义

$$r = \frac{l_{xy}}{\sqrt{l_{xx}l_{yy}}}$$

容易得到它与回归系数间的关系,事实上因为 $b = \dfrac{l_{xy}}{l_{xx}}, b' = \dfrac{l_{xy}}{l_{yy}}$,所以

$$b = r\sqrt{\frac{l_{yy}}{l_{xx}}}, \quad b' = r\sqrt{\frac{l_{xx}}{l_{yy}}} \tag{6.3.4}$$

且

$$bb' = r^2$$

由于

$$l_{xx} = \sum_{i=1}^{n} (x_i - \bar{x})^2 = (n-1)s_x^2$$

$$l_{yy} = \sum_{i=1}^{n} (y_i - \bar{y})^2 = (n-1)s_y^2$$

其中,$s_x^2$,$s_y^2$ 分别为 $X$ 及 $Y$ 的样本方差,所以式(6.3.4)又可写成

$$b = r\frac{s_y}{s_x}, \ b' = \frac{s_x}{s_y} \tag{6.3.5}$$

## 二、总体相关系数的假设检验

设$(X,Y)$是二维正态变量,以 $\rho$ 表示总体相关系数,$r$ 表示样本相关系数。下面讨论关于原假设 $H_0: \rho = 0$ 的检验。

可以证明,当原假设 $H_0: \rho = 0$ 成立时,

$$t = \frac{r}{\sqrt{1-r^2}}\sqrt{n-2} \tag{6.3.6}$$

服从自由度为 $n-2$ 的 $t$ 分布。因此当 $|t| > t_{\frac{\alpha}{2}}(n-2)$ 时,拒绝原假设 $H_0: \rho = 0$,即认为 $X, Y$ 是相关的,否则就认为 $X, Y$ 不相关。根据上面 $r$ 与 $t$ 分布的关系,已经制成了相关系数检验表(附表11),由附表11可直接对原假设 $H_0: \rho = 0$ 进行检验。如对于显著性水平 $\alpha$,附表11对不同的自由度列出了检验的临界值 $r_\alpha$,当原假设 $H_0: \rho = 0$ 成立时,满足 $P(|r| > r_\alpha) = \alpha$。

**例6.3.1** 设有来自二维正态分布的 5 对观察数据如下:

| $x$ | 21 | 23 | 22 | 25 | 24 |
| --- | --- | --- | --- | --- | --- |
| $y$ | 120 | 121 | 123 | 126 | 128 |

要检验原假设 $H_0: \rho = 0$

由上表算得

$$n = 5, \ \sum_{i=1}^{5} x_i = 115, \ \sum_{i=1}^{5} y_i = 618, \ \sum_{i=1}^{5} x_i^2 = 2655,$$

$$\sum_{i=1}^{5} y_i^2 = 76430, \ \sum_{i=1}^{5} x_i y_i = 14231$$

进一步计算得到

$$l_{xy} = 17, \ l_{xx} = 10, \ l_{yy} = 45.2$$

$$r = \frac{l_{xy}}{\sqrt{l_{xx}l_{yy}}} = \frac{17}{\sqrt{10 \times 45.2}} = 0.80$$

现在 $df = 5 - 2 = 3$，查得 $r_{0.1} = 0.8054$，因为 $|r| = 0.80 < r_{0.1}(3)$，所以不能拒绝原假设 $H_0: \rho = 0$。

由这个例子可以看出，当样本容量 $n$ 太小时，$r$ 虽然大到 $0.8$，仍有可能接受原假设 $H_0: \rho = 0$，这说明了不能直接由 $r$ 的大小推断 $\rho$ 是否不等于 $0$。只有当 $\rho \neq 0$ 时，对 $X, Y$ 建立回归直线才是有意义的。

## §6.4　一元线性回归的方差分析

为检验线性回归方程是否有意义，上一节我们对 $x, y$ 的线性关系即原假设 $H_0: \rho = 0$ 进行了检验，但当 $x$ 是普通变量时，$\rho$ 是毫无意义的。这时我们转而对原假设 $H_0: \beta = 0$ 作出检验。

若我们得到了 $n$ 对观测值 $(x_1, y_1), (x_2, y_2), \cdots, (x_n, y_n)$，就变量 $y$ 而言，它的观测值 $y_1, y, \cdots, y_n$ 之间的变异来源于两个方面：

（1）自变量 $x$ 的取值不同。

（2）当 $x$ 的值取定时，由于 $y_x$ 是一个随机变量，所以对 $y_x$ 进行观测时，观测值也存在着变异。对于回归问题来说，前者是系统变异，后者是随机变异。为了检验因自变量 $x$ 值的不同所引起的变异是否显著，首先需要在 $y_1, y_2, \cdots, y_n$ 的变异中把这两类变异分离开来。

总的离差平方和是

$$SS_T = \sum_{i=1}^{n} (y_i - \bar{y})^2 = l_{yy} \tag{6.4.1}$$

对它进行下列分解：

$$\begin{aligned} SS_T &= \sum_{i=1}^{n} (y_i - \hat{y}_i + \hat{y}_i - \bar{y})^2 \\ &= \sum_{i=1}^{n} (y_i - \hat{y}_i)^2 + \sum_{i=1}^{n} (\hat{y}_i - \bar{y})^2 + 2\sum_{i=1}^{n} (y_i - \hat{y}_i)(\hat{y}_i - \bar{y}) \end{aligned} \tag{6.4.2}$$

由于 $\sum_{i=1}^{n} (y_i - \hat{y}_i)(\hat{y}_i - \bar{y}) = 0$，所以

$$SS_T = \sum_{i=1}^{n} (y_i - \hat{y}_i)^2 + \sum_{i=1}^{n} (\hat{y}_i - \bar{y})^2 \tag{6.4.3}$$

式中

$$\hat{y}_i = a + bx_i$$

记

$$SS_R = \sum_{i=1}^{n} (\hat{y}_i - \bar{y})^2 \tag{6.4.4}$$

它是回归值 $\hat{y}_i$ 与均值 $\bar{y}$ 的离差平方和,用来估计当自变量 $x$ 变化时所引起的 $E(y)$ 的变化的大小,称它为回归平方和。

式(6.4.3)右边的第一项叫做剩余平方和,记为 $SS_e$,即

$$SS_e = \sum_{i=1}^{n} (y_i - \hat{y}_i)^2 \tag{6.4.5}$$

它就是 §6.2 中的 $SS_e$,反应了在总变异中剔去了因回归引起的变异后所留下的部分,因此,可作为随机变异的估计。

在进行具体检验时,各离差平方和可分别用下列公式计算

$$SS_T = l_{yy} = \sum_{i=1}^{n} y_i^2 - \frac{1}{n} \Big( \sum_{i=1}^{n} y_i \Big)^2 \tag{6.4.6}$$

$$SS_R = \sum_{i=1}^{n} (\hat{y}_i - \bar{y})^2 = \sum_{i=1}^{n} (a + bx_i - a - b\bar{x})^2$$

$$= b^2 \sum_{i=1}^{n} (x_i - \bar{x})^2 = b^2 l_{xx} \tag{6.4.7}$$

或

$$SS_R = b^2 \sum_{i=1}^{n} (x_i - \bar{x})^2 = b \sum_{i=1}^{n} (x_i - \bar{x})(y_i - \bar{y}) = b l_{xy} \tag{6.4.8}$$

$$SS_e = SS_T - SS_R = l_{yy} - b l_{xy} \tag{6.4.9}$$

所以,只要知道 $l_{yy}$,$l_{xy}$ 及 $b$,便能计算出这些离差平方和,而这些数值在计算回归方程的过程中已经得到了。

由 §6.2 的假定,$y_x = \alpha + \beta x + \varepsilon, \varepsilon \sim N(0, \sigma^2)$,可以得到(见 §6.5)$b \sim N\Big(\beta, \frac{\sigma^2}{l_{xx}}\Big)$,即 $\frac{b - \beta}{\sigma} \sqrt{l_{xx}} \sim N(0, 1)$,因此当原假设 $H_0 : \beta = 0$ 成立时,

$$\frac{b^2 l_{xx}}{\sigma^2} = \frac{SS_R}{\sigma^2} \sim \chi^2(1), \quad \frac{SS_T}{\sigma^2} \sim \chi^2(n - 1),$$

可以证明

$$\frac{SS_e}{\sigma^2} = \frac{SS_T - SS_R}{\sigma^2} \sim \chi^2(n - 2)$$

则当原假设 $H_0 : \beta = 0$ 成立时

$$F = \frac{SS_R}{SS_e / (n - 2)} \sim F(1, n - 2) \tag{6.4.10}$$

所以对于给定的显著水平 $\alpha$,可用 $F > F_\alpha$ 作为检验原假设 $H_0 : \beta = 0$ 的拒绝域,

即当 $F > F_\alpha$ 时,拒绝 $H_0$,这意味着线性回归模型式(6.2.2)中的一次项是必要的,这时,我们说线性回归方程是显著的。当我们接受 $H_0$ 时,则说线性回归方程是不显著的。以上讨论可汇总成下列方差分析表。

**表 6.4.1　一元回归方差分析表**

| 离差来源 | 离差平方和 | 自由度 | 均方 | $F$ 比 |
|---|---|---|---|---|
| 回归 | $SS_R = bl_{xy}$ | 1 | $SS_R$ | $F = \dfrac{SS_R}{SS_e}(n-2)$ |
| 剩余 | $SS_e = SS_T - SS_R$ | $n-2$ | $\dfrac{SS_e}{(n-2)}$ | |
| 总的 | $SS_T = l_{yy}$ | | | |

**例 6.4.1**　检验例 6.2.1 中毛虾总产量对 $6 \sim 9$ 月份平均降雨量的回归方程的显著性。由例 6.2.1 已经得到

$l_{xx} = 94855.71, l_{xy} = 84274.14, b = 0.8884$,同时可算得

$l_{yy} = 87461.43$,则

$$SS_R = 0.8884 \times 84274.14 = 74869.15$$

$$SS_e = 87461.43 - 74869.15 = 12592.28$$

把上述结果汇总成方差分析表如下。

**表 6.4.2　例 6.2.1 回归方程的方差分析表**

| 离差来源 | 平方和 | 自由度 | 均方 | $F$ | |
|---|---|---|---|---|---|
| 回归 | 74869.15 | 1 | 74869.15 | 29.73 | $F_{0.01} = 16.3$ |
| 剩余 | 12592.28 | 5 | 2518.46 | | $df = (1,5)$ |
| 总的 | 87461.43 | 6 | | | |

由于 $F = 29.73 > F_{0.01} = 16.3$,所以拒绝假设 $H_0$,认为回归是显著的。

**附注**

1. 由于 $\dfrac{SS_e}{\sigma^2} = \dfrac{SS_T - SS_R}{\sigma^2} \sim \chi^2(n-2)$,则 $E\left(\dfrac{SS_e}{n-2}\right) = \sigma^2$,所以 $\dfrac{SS_e}{n-2}$ 是 $\sigma^2$ 的无偏估计,为方便起见,将这个均方记为 $S_e^2$,即

$$S_e^2 = \frac{SS_e}{n-2} = \frac{1-r^2}{n-2}l_{yy} \tag{6.4.11}$$

称它为剩余方差。

$$S_e = \sqrt{\frac{SS_e}{n-2}} \tag{6.4.12}$$

叫做剩余标准差。

2. 在检验相关系数 $\rho = 0$ 时,我们曾使用统计量

$$t = \frac{r}{\sqrt{1 - r^2}}\sqrt{n - 2}$$

这里我们使用统计量

$$F = \frac{SS_R}{SS_e/(n - 2)}$$

对回归方程的显著性 $\beta = 0$ 进行检验,由于 $SS_R = b^2 l_{xx} = r^2 \dfrac{l_{yy}}{l_{xx}} l_{xx} = r^2 l_{yy}$,把它代入上式得

$$F = \frac{r^2}{1 - r^2}(n - 2)$$

由统计量 $t(n - 2)$ 和 $F(1, n - 2)$ 的关系,可见检验 $\rho = 0$ 和 $\beta = 0$ 的结果是一样的,只不过它们的假定不一样。

3. 由 $SS_R = b^2 l_{xx}$,容易证得 $E(SS_R) = \sigma^2 + \beta^2 l_{xx}$,则当原假设 $\beta = 0$ 不成立时,由式(6.4.10)定义的 $F$ 就有偏大的趋势,因此在以上的 $F$ 检验中,我们取拒绝域 $F > F_a$,即当 $F > F_a$ 时,拒绝原假设 $H_0 : \beta = 0$,即线性回归显著,在 $y$ 与 $x$ 的关系中,一次项起作用。

# §6.5 预 测

**一、样本回归系数 $b$ 和 $a$ 的分布**

由式(6.2.9),样本回归系数是

$$b = \frac{\sum\limits_{i=1}^{n} (x_i - \bar{x})(y_i - \bar{y})}{\sum\limits_{i=1}^{n} (x_i - \bar{x})^2} = \frac{\sum\limits_{i=1}^{n} (x_i - \bar{x})(y_i - \bar{y})}{l_{xx}}$$

因为

$$\sum_{i=1}^{n} (x_i - \bar{x})(y_i - \bar{y}) = \sum_{i=1}^{n} (x_i - \bar{x})y_i - \bar{y}\sum_{i=1}^{n} (x_i - \bar{x})$$

但

$$\sum_{i=1}^{n} (x_i - \bar{x}) = 0,$$

所以

$$b = \sum_{i=1}^{n} \frac{(\overline{x} - x_i)}{l_{xx}} y_i$$

令　　　$\dfrac{\overline{x} - x_i}{l_{xx}} = C_i$，则上式可以写成

$$b = \sum_{i=1}^{n} C_i y_i$$

在线性回归模型的假定下，$Y_i \sim N(\alpha + \beta x_i, \sigma^2)$，$b$ 是 $n$ 个独立正态变量的线性组合，因此 $b$ 是正态变量。

$$E(b) = \sum_{i=1}^{n} C_i E(y_i) = \sum_{i=1}^{n} C_i(\alpha + \beta x_i) = \alpha \sum_{i=1}^{n} C_i + \beta \sum_{i=1}^{n} C_i x_i$$

由于

$$\sum_{i=1}^{n} C_i = \sum_{i=1}^{n} \frac{x_i - \overline{x}}{l_{xx}} = \frac{1}{l_{xx}} \sum_{i=1}^{n} (x_i - \overline{x}) = 0$$

$$\sum_{i=1}^{n} C_i x_i = \sum_{i=1}^{n} \frac{x_i - \overline{x}}{l_{xx}} x_i = \frac{1}{l_{xx}} \sum_{i=1}^{n} (x_i - \overline{x})^2 = 1$$

所以

$$E(b) = \beta \tag{6.5.1}$$

即样本回归系数 $b$ 是总体回归系数 $\beta$ 的无偏估计。

$$D(b) = \sum_{i=1}^{n} C_i^2 D(y_i) = \sigma^2 \sum_{i=1}^{n} C_i^2$$

$$= \sigma^2 \sum_{i=1}^{n} \frac{(x_i - \overline{x})^2}{l_{xx}^2} = \frac{\sigma^2}{l_{xx}} \tag{6.5.2}$$

于是　　　$b \sim N\left(\beta, \dfrac{\sigma^2}{l_{xx}}\right) \tag{6.5.3}$

由式 $(6.2.10) a = \overline{y} - b\overline{x}$，则

$$E(a) = E(\overline{y} - b\overline{x}) = \alpha + \beta \overline{x} - \beta \overline{x} = \alpha \tag{6.5.4}$$

由于

$$a = \overline{y} - b\overline{x} = \sum \left[ \frac{1}{n} - \frac{(x_i - \overline{x})\overline{x}}{\sum (x_i - \overline{x})^2} \right] y_i$$

因此

$$D(a) = \sigma^2 \sum \left[ \frac{1}{n} - \frac{(x_i - \overline{x})\overline{x}}{\sum (x_i - \overline{x})^2} \right]^2$$

$$= \sigma^2 \left[ \frac{1}{n} + \frac{\overline{x}^2}{\sum (x_i - \overline{x})^2} \right]$$

所以

$$a \sim N\left[\alpha, \sigma^2\left(\frac{1}{n} + \frac{\overline{x}^2}{l_{xx}}\right)\right] \tag{6.5.5}$$

## 二、预测

假定变量 $y$ 对 $x$ 的回归是线性的，一个经常需要解决的问题是：对于 $x$ 的某个给定的值 $x_0$，以一定的可信度，对随机变量 $y$ 的取值范围作出预测。

当 $x = x_0$ 时，$y_{x_0}$ 是一个正态变量，它的数学期望为

$$E(y_{x_0}) = \alpha + \beta x_0$$

但是式中的 $\alpha, \beta$ 是未知的，我们所知道的只是 $\alpha, \beta$ 和 $E(y_{x_0})$ 的估计

$$\hat{y}_0 = a + bx_0 = \overline{y} + b(x_0 - \overline{x})$$

可以证明 $\overline{y}$ 与 $b$ 相互独立，即

$$\mathrm{cov}(\overline{y}, b) = 0$$

易见，当 $x = x_0$ 时，$\hat{y}_0$ 是正态变量，且

$$E(\hat{y}_0) = \alpha + \beta x_0$$

$$D(\hat{y}_0) = D(\overline{y}) + (x_0 - \overline{x})^2 D(b)$$

$$= \frac{\sigma^2}{n} + (x_0 - \overline{x})^2 \frac{\sigma^2}{l_{xx}}$$

由于

$$\frac{SS_e}{\sigma^2} \sim \chi^2(n-2)$$

所以

$$\frac{\hat{y} - (\alpha + \beta x_0)}{S_e\sqrt{\frac{1}{n} + \frac{(x_0 - \overline{x})^2}{l_{xx}}}} \tag{6.5.6}$$

是 $df = n-2$ 的 $t$ 变量。对于给定的置信系数 $\alpha$，可以得到 $E(y_{x_0}) = \alpha + \beta x_0$ 的 $100(1-\alpha)\%$ 的置信区间为

$$\hat{y}_0 - t_{\alpha/2}S_e\sqrt{\frac{1}{n} + \frac{(x_0 - \overline{x})^2}{l_{xx}}} < \alpha + \beta x_0 < \hat{y}_0 + t_{\alpha/2}S_e\sqrt{\frac{1}{n} + \frac{(x_0 - \overline{x})^2}{l_{xx}}} \tag{6.5.7}$$

此处 $t_{\alpha/2}$ 是 $df = n-2$ 时 $t$ 分布的临界值。式(6.5.7)说明，在 $100(1-\alpha)\%$ 的置信度下，$\hat{y}_0$ 将落在以 $\alpha + \beta x_0$ 为中心，而长度为 $2t_{\alpha/2}S_e\sqrt{\frac{1}{n} + \frac{(x_0 - \overline{x})^2}{l_{xx}}}$ 的区间内。这个范围当 $n$ 及 $l_{xx}$ 已知时，与 $x_0$ 有关，当 $x_0$ 远离 $\overline{x}$ 时，区间的长度将增大；另一方面，当 $x_0$ 给定时，随着 $n$ 及 $l_{xx}$ 的增加，区间的长度将缩短，因此，为了较精确地估计，就需要增大 $n$ 及 $l_{xx}$，因

$$l_{xx} = \sum_{i=1}^{n} (x_i - \overline{x})^2$$

所以,在设计试验时,应当注意适当使 $x$ 的离散程度增大。

对于不同的 $x_0$,预测区间长度的变化可以从图 6.5.1 看出。

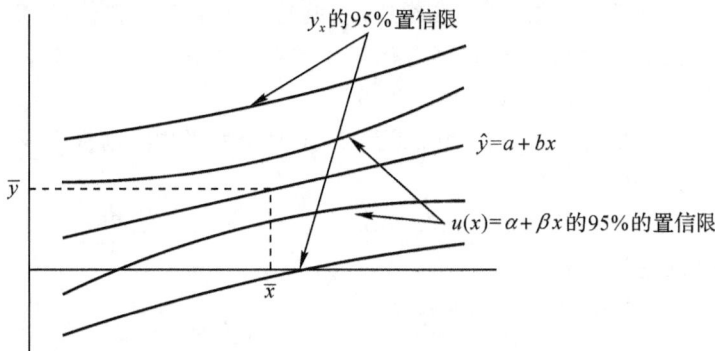

图 6.5.1

有时候我们还希望通过对过去不同的 $(x_1,y_1),(x_2,y_2),\cdots,(x_n,y_n)$ 的观察,预测未来某 $x_0$ 时,$y_0$ 的取值范围。

按线性回归模型的假定

$$y_x = \alpha + \beta x + \varepsilon, \ \varepsilon \sim N(0,\sigma^2)$$

对于给定的 $x_0$,其对应的 $E(y_{x_0})$ 的预测值是

$$\hat{y}_0 = a + bx_0$$

这个预测的好坏依赖于它可能的误差大小,因此我们常常希望考虑这个误差,而给一个类似于置信区间的预测区间。

由于 $y_{x_0} - \hat{y}_0$ 是正态变量,且

$$E(y_{x_0} - \hat{y}_0) = 0 \tag{6.5.8}$$

$$D(y_{x_0} - \hat{y}_0) = D(y_{x_0}) + D(\hat{y}_0) = \sigma^2 + \frac{\sigma^2}{n} + \sigma^2 \frac{(x-\overline{x})^2}{l_{xx}} \ ①$$

$$= \sigma^2 \left[ 1 + \frac{1}{n} + \frac{(x_0 - \overline{x})^2}{l_{xx}} \right] \tag{6.5.9}$$

$\sigma^2$ 是未知的,代之以它的估计 $S_e^2$,则

$$\frac{y_{x_0} - \hat{y}_0}{S_e \sqrt{1 + \frac{1}{n} + \frac{(x_0 - \overline{x})^2}{l_{xx}}}} \tag{6.5.10}$$

---

① 这一等式的成立,以 $y_x$ 与 $\hat{y}$ 相互独立为条件,对此,我们不予证明。

服从 $df = n-2$ 的 $t$ 分布,由此便可以 $100(1-\alpha)\%$ 的可信度保证

$$\hat{y}_0 - \delta < y_{x_0} < \hat{y}_0 + \delta \qquad (6.5.11)$$

$$\delta = t_{\alpha/2} S_e \sqrt{1 + \frac{1}{n} + \frac{(x-\bar{x})^2}{l_{xx}}} \qquad (6.5.12)$$

在本节开始时所说的预测问题,准确地说,就是对于给定的置信度,例如 $95\%$,要寻找一个正数 $\delta$,使得 $y_x$ 的观察值有 $95\%$ 的概率落在区间 $(\hat{y}-\delta,\hat{y}+\delta)$ 内,即

$$P(\hat{y} - \delta < y_x < \hat{y} + \delta) = 0.95$$

**例 6.5.1** 在例 6.2.1 中,用 $x$ 表示 6—9 月份的平均降雨量,$Y$ 表示次年毛虾总产量,已求得

$$l_{xx} = 94855.71, \bar{x} = 520.57, n = 7, SS_e = 12592.28$$

所以剩余标准差为

$$s_e = \sqrt{\frac{SS_e}{n-2}} = \sqrt{\frac{12592.28}{5}} = 50.18, df = 7-2 = 5$$

如果 $\alpha$ 取 0.05,则 $t_{0.05/2} = 2.571$。如果测得某年 6—9 月份的平均降雨量为 $x_0 = 456\text{mm}$,将这些数值代入式(6.5.12)得预测区间的长度为

$$\delta = t_{0.05/2} s_e \sqrt{1 + \frac{1}{n} + \frac{(x_0-\bar{x})^2}{l_{xx}}}$$

$$= 2.571 \times 50.18 \sqrt{1 + \frac{1}{7} + \frac{(465-520.57)^2}{94855.71}}$$

$$= 2.571 \times 50.18 \times 1.0842 = 139.87$$

在例 6.2.1 中,又可算出当 $x_0 = 456\text{mm}$ 时,$\hat{y}_0 = 0.8884x - 195.76 = 217.35$,代入式(6.5.11)可得翌年春季毛虾总产量的 $95\%$ 预测区间为

$$(217.35 - 139.87, 217.35 + 139.87) = (77.51, 357.25)。$$

# §6.6 两条回归直线间的比较

在实际工作中,我们有时还希望对两条回归直线作比较,例如 $\beta$ 为某种鱼的生长率,$\alpha$ 为生长起始点,在不同的水域,我们得到了这种鱼的两条直线生长方程

$$\hat{y}^{(1)} = a_1 + b_1 x^{(1)},$$

$$\hat{y}^{(2)} = a_2 + b_2 x^{(2)}$$

这时我们自然想到这两个水域中这种鱼的生长速度是否相同呢?即考虑两条回归直线是否有显著差异,如有显著差异,则应当用不同的回归直线表示不同水域

的鱼的生长,否则,便可把两个回归方程合并成一个,描述这种鱼的生长。

一般地,设关于$(X_1,Y_1)$,$(X_2,Y_2)$进行了观测,分别得到了 $n_1$ 和 $n_2$ 对数据

$$(x_{11},y_{11}),(x_{12},y_{12}),\cdots,(x_{1n_1},y_{1n_1});(x_{21},y_{21}),(x_{22},y_{22}),\cdots,(x_{2n_2},y_{2n_2})$$

根据这两批数据分别求出两条回归直线

$$\hat{y}_1 = a_1 + b_1 x_1;\ \hat{y}_2 = a_2 + b_2 x_2$$

此处

$$Y_1 \sim N(\alpha_1 + \beta_1 x^{(1)},\sigma^2);\ Y_2 \sim N(\alpha_2 + \beta_2 x^{(2)},\sigma^2)$$

注意到这里 $D(Y_1) = D(Y_2) = \sigma^2$。

首先,我们考虑两个回归系数间的比较,此时,待检验的原假设是 $H_0:\beta_1 = \beta_2$。为检验 $H_0$,我们需要构造一个统计量。为此,考虑 $b_1 - b_2$,因为 $b_1,b_2$ 都是正态变量,且相互独立,当原假设 $H_0$ 成立时,

$$E(b_1 - b_2) = 0$$

$$D(b_1 - b_2) = D(b_1) + D(b_2)$$

$$= \frac{\sigma^2}{l_{xx}^{(1)}} + \frac{\sigma^2}{l_{xx}^{(2)}} = \sigma^2\left(\frac{1}{l_{xx}^{(1)}} + \frac{1}{l_{xx}^{(2)}}\right)$$

于是

$$\frac{b_1 - b_2}{\sigma\sqrt{1/l_{xx}^{(1)} + 1/l_{xx}^{(2)}}} \sim N(0,1)$$

由于

$$\frac{SS_{e_1}}{\sigma^2} \sim \chi^2(n_1 - 2),\ \frac{SS_{e_2}}{\sigma^2} \sim \chi^2(n_2 - 2)$$

则

$$\frac{SS_{e_1} + SS_{e_2}}{\sigma^2} \sim \chi^2(n_1 + n_2 - 4)$$

所以

$$t = \frac{b_1 - b_2}{S_e\sqrt{\dfrac{1}{l_{xx}^{(1)}} + \dfrac{1}{l_{xx}^{(2)}}}} \tag{6.6.1}$$

服从自由度为$(n_1 + n_2 - 4)$的 $t$ 分布。上式中

$$S_e = \sqrt{\frac{(n_1 - 2)S_1^2 + (n_2 - 2)S_2^2}{(n_1 - 2) + (n_2 - 2)}} = \sqrt{\frac{SS_{e_1} + SS_{e_2}}{n_1 + n_2 - 4}} \tag{6.6.2}$$

因此,只要给定了显著性水平 $\alpha$,便可依据这个统计量对原假设 $H_0$ 是否成立作出推断。

当原假设被接受时,可把两个回归系数合并,按下式求出一个共同的回归

系数。

$$b = \frac{b_1 l_{xx}^{(1)} + b_2 l_{xx}^{(2)}}{l_{xx}^{(1)} + l_{xx}^{(2)}} \tag{6.6.3}$$

类似地,我们可以进一步检验 $H_0: \alpha_1 = \alpha_2$。不难证明,当 $H_0$ 成立时,

$$t = \frac{a_1 - a_2}{S_e \sqrt{\dfrac{1}{n_1} + \dfrac{1}{n_2} + \dfrac{\overline{x}_1^2 + \overline{x}_2^2}{l_{xx}^{(1)} + l_{xx}^{(2)}}}} \tag{6.6.4}$$

服从自由度为 $(n_1 + n_2 - 4)$ 的 $t$ 分布。当 $a_1, a_2$ 无显著差异时,可按下式算出共同的 $a$。

$$a = \frac{n_1 \overline{y}_1 + n_2 \overline{y}_2}{n_1 + n_2} - b \frac{n_1 \overline{x}_1 + n_2 \overline{x}_2}{n_1 + n_2} \tag{6.6.5}$$

**例 6.6.1** 有两条回归直线

$$\hat{y}_1 = 0.339 x_1 - 0.04, \quad \hat{y}_2 = 0.343 x_2 - 0.13$$

并且有

$$n_1 = 10, s_1 = 0.044, l_{xx}^{(1)} = 1.99, \overline{x}_1 = 49.61, \overline{y}_1 = 16.86$$

$$n_2 = 12, s_2 = 0.057, l_{xx}^{(2)} = 2.026, \overline{x}_2 = 49.63, \overline{y}_2 = 16.89$$

试检验两条回归线有无显著差异。

**解:** 检验可按下列步骤进行

1. 检验 $H_0: \sigma_1^2 = \sigma_2^2$

用 §4.5 中介绍的 $F$ 统计量,得

$$F = \frac{S_2^2}{S_1^2} = \frac{0.057^2}{0.044^2} = 1.68$$

$$F = 1.68 < F_{0.05}(10, 8) = 3.35$$

所以接受原假设 $H_0: \sigma_1^2 = \sigma_2^2$。根据式(6.6.2)剩余标准差为

$$s_e = \sqrt{\frac{8 \times 0.044^2 + 10 \times 0.057^2}{8 + 10}} = \sqrt{\frac{0.015488 + 0.03249}{18}}$$

$$= \sqrt{\frac{0.047978}{18}} = 0.052$$

2. 检验 $H_0: \beta_1 = \beta_2$

$$t = \frac{b_1 - b_2}{s_e \sqrt{\dfrac{1}{l_{xx}^{(1)}} + \dfrac{1}{l_{xx}^{(2)}}}} = \frac{0.339 - 0.343}{0.052 \sqrt{\dfrac{1}{1.99} + \dfrac{1}{2.026}}} = \frac{-0.004}{0.052 \sqrt{0.9961}}$$

$$= -\frac{0.004}{0.0519} = -0.077$$

因为 $|t| = 0.077 < t_{0.05}(18) = 2.101$,所以接受原假设 $H_0: \beta_1 = \beta_2$。进一步将

它们联合起来,按式(6.6.3)计算出一个共同的 $b$。

$$b = \frac{b_1 l_{xx}^{(1)} + b_2 l_{xx}^{(2)}}{l_{xx}^{(1)} + l_{xx}^{(2)}} = \frac{0.339 \times 1.99 + 0.343 \times 2.026}{1.99 + 2.026}$$

$$= \frac{1.3695}{4.016} = 0.341$$

3. 检验 $H_0 : \alpha_1 = \alpha_2$

$$t = \frac{a_1 - a_2}{s_e \sqrt{\dfrac{1}{n_1} + \dfrac{1}{n_2} + \dfrac{\overline{x}_1^2 + \overline{x}_2^2}{l_{xx}^{(1)} + l_{xx}^{(2)}}}}$$

$$= \frac{-0.04 - (-0.13)}{0.052 \sqrt{\dfrac{1}{10} + \dfrac{1}{12} + \dfrac{49.61^2 + 49.63^2}{1.99 + 2.026}}}$$

$$= 0.0496$$

因为 $|t| < t_{0.05}(18) = 2.101$,接受 $H_0 : \alpha_1 = \alpha_2$。按(6.6.5)进一步将它们联合起来计算共同的 $\alpha$。

$$\alpha = \frac{n_1 \overline{y}_1 + n_2 \overline{y}_2}{n_1 + n_2} - b \frac{n_1 \overline{x}_1 + n_2 \overline{x}_2}{n_1 + n_2}$$

$$= \frac{10 \times 16.86 + 12 \times 16.89}{22} - 0.341$$

$$\times \frac{10 \times 49.61 + 12 \times 49.63}{22}$$

$$= 16.88 - 0.341 \times 49.62 = -0.044$$

因此求得的共同的回归直线为

$$\hat{y} = 0.341x - 0.044$$

# §6.7 一元非线性回归

线性回归是最简单的回归类型,它在许多情况下是适宜的。但有时在生物学中也会遇到两个指标之间的回归类型并不是线性的情况。例如某些简单的生长现象的特征是在任一时刻的相对生长率为一常量,这时,我们有

$$W = ae^{rt}①$$ (6.7.1)

式中,$W$ 是重量,$t$ 是时刻,$a, r$ 是常数。

---

① 因为 $e^{rt} = (e^r)^t = b^t$,其中 $b = e^r$,所以式(6.7.1)可改写成 $w = ab^t$。

通常有几种方法确定回归类型:(1)以生物学的理论作为依据,确定变量间的函数关系,或利用以往的经验或生物学中类似变量间的关系,作出回归类型的假设;(2)将观察数据画成散点图,根据这些点的散布特点,对照一些常用曲线的图形,选择适当的曲线来拟合这些观察数据;(3)根据生物学原理,选出一些可能的回归模型进行删选,选出最佳的回归模型。

当回归模型选定后,下一步就需确定模型中的未知参数,常用的方法是通过适当的变换,把非线性回归化成线性回归模型来解,下面我们介绍几种常见的非线性回归方程及其线性化的方法。

## 一、指数函数

如果 $x,y$ 有指数函数关系

$$\hat{y} = AB^x \tag{6.7.2}$$

在方程的两边取对数得

$$\lg \hat{y} = \lg A + x\lg B$$

令 $\lg A = a, \lg B = b, \lg \hat{y} = \hat{y}'$,则上式成为

$$\hat{y}' = a + bx$$

可见 $x$ 与 $\lg \hat{y}$ 之间是线性回归关系。

**例 6.7.1** 下表是某湖神秘华哲水蚤体长的测量结果:

表 6.7.1 神秘华哲水蚤各期体长的测量值

| 发育时期 | 无节幼体期 | | | | | | 挠足幼体期 | | | | | 成体 |
|---|---|---|---|---|---|---|---|---|---|---|---|---|
| | I | II | III | IV | V | VI | I | II | III | IV | V | |
| 体长(mm) | 0.113 | 0.116 | 0.198 | 0.249 | 0.297 | 0.363 | 0.509 | 0.643 | 0.780 | 0.966 | 1.186 | 1.486 |

将各发育时期依次用 $x = 1, 2, \cdots, 12$ 代表,并将体长取对数后,画成散点图(见图 6.7.1)。由图 6.7.1 可见,这些点基本上在一条直线上,于是,可用 $\hat{y} = ab^x$ 来描写神秘华哲水蚤的生长。

令

$$y' = \log y, \quad a' = \log a, \quad b' = \log b$$

并列成下列计算表(见表 6.7.2)。

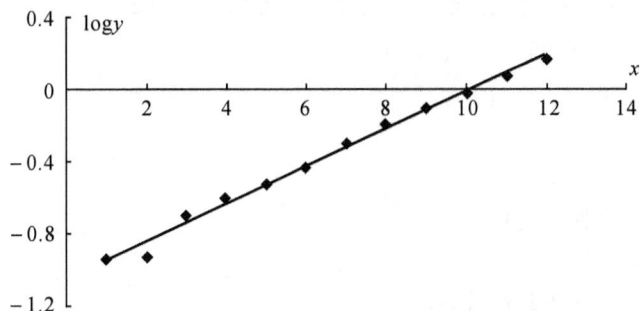

图 6.7.1 神秘华哲水蚤生长期与对数体长的散点图

表 6.7.2 例 6.7.1 的计算表

| $x_i$ | $y_i$ | $y_i' = \lg y_i$ |
|---|---|---|
| 1 | 0.113 | $-0.9469$ |
| 2 | 0.116 | $-0.9355$ |
| 3 | 0.198 | $-0.7033$ |
| 4 | 0.249 | $-0.6038$ |
| 5 | 0.297 | $-0.5272$ |
| 6 | 0.363 | $-0.4401$ |
| 7 | 0.509 | $-0.2933$ |
| 8 | 0.643 | $-0.1918$ |
| 9 | 0.780 | $-0.1079$ |
| 10 | 0.966 | $-0.0150$ |
| 11 | 1.186 | 0.0741 |
| 12 | 1.486 | 0.1720 |
| $\sum 78$ | — | $-4.5188$ |

由上表可得

$$\sum x_i = 78, \quad \bar{x} = 6.5, \quad \sum y_i' = -4.5188, \quad \bar{y}' = -0.3766$$

$$\sum x_i^2 = 650, \quad \frac{1}{n}\left(\sum x_i\right)^2 = 507, \quad l_{xx} = \sum x_i^2 - \frac{1}{n}\left(\sum x_i\right)^2 = 143$$

$$\sum x_i y_i' = -14.4495, \quad \frac{1}{n}\left(\sum x_i\right)\left(\sum y_i'\right) = -29.3724,$$

$$l_{xy'} = \sum x_i y_i' - \frac{1}{n}\left(\sum x_i\right)\left(\sum y_i'\right) = 14.9229,$$

$$b = \frac{l_{xy'}}{l_{xx}} = \frac{14.9229}{143} = 0.1044,$$

$a = \bar{y}' - b\bar{x} = -0.3766 - 0.1044 \times 6.5 = -1.0549$

$\therefore \quad \lg y = -1.0549 + 0.1044x$

$\hat{y} = 10^{-1.0549} \times 10^{0.1044x} = 0.08813 \times 1.2717^x$

## 二、幂函数

如果 $x, y$ 有如下幂函数关系

$$\hat{y} = Ax^b \tag{6.7.3}$$

在等式两边分别取对数,得

$$\lg \hat{y} = \lg A + b\lg x$$

令 $\lg \hat{y} = \hat{y}', \lg x = x', \lg A = a$,则上式成为

$$\hat{y}' = a + bx'$$

**例 6.7.2**　下表第一列及第二列分别为青鱼的每亩平均放养量与亩产量的记录,将 $(x_i, y_i)$ 分别取对数画成散点图(图 6.7.2),可见 $(\lg x_i, \lg y_i)$ 有直线趋势。

表 6.7.3　青鱼放养量与产量记录

| 池塘号 | 放养量 $x_i$ | 产量 $y_i$ | $x_i' = \lg x_i$ | $y_i' = \lg y_i$ |
|---|---|---|---|---|
| 1 | 3.7 | 14.74 | 0.5682 | 1.1685 |
| 2 | 4.1 | 15.14 | 0.6128 | 1.1801 |
| 3 | 3.9 | 14.46 | 0.5911 | 1.1602 |
| 4 | 4.7 | 15.86 | 0.6721 | 1.2003 |
| 5 | 4.6 | 16.34 | 0.6628 | 1.2133 |
| 6 | 4.3 | 16.64 | 0.6335 | 1.2212 |
| 7 | 6.5 | 24.28 | 0.8129 | 1.3852 |
| 8 | 7.2 | 23.26 | 0.8573 | 1.3666 |
| 9 | 5.1 | 17.20 | 0.7076 | 1.2355 |
| 10 | 4.7 | 17.86 | 0.6721 | 1.2519 |
| 11 | 6.4 | 18.24 | 0.8062 | 1.2610 |
| 12 | 3.7 | 15.48 | 0.5682 | 1.1898 |
| 13 | 4.7 | 16.94 | 0.6721 | 1.2289 |
| 14 | 4.8 | 17.16 | 0.6812 | 1.2345 |
| 总和 | 68.4 | 243.60 | 9.5181 | 17.2970 |

这里,$n = 14, \sum x_i' = 9.5181, \bar{x}' = 0.6799, \sum (x_i')^2 = 6.5769,$

$l_{x'x'} = \sum (x_i')^2 - n(\bar{x}')^2 = 0.1059,$

$\sum y_i' = 17.2970, \bar{y}' = 1.2355, \sum (y_i')^2 = 21.4283,$

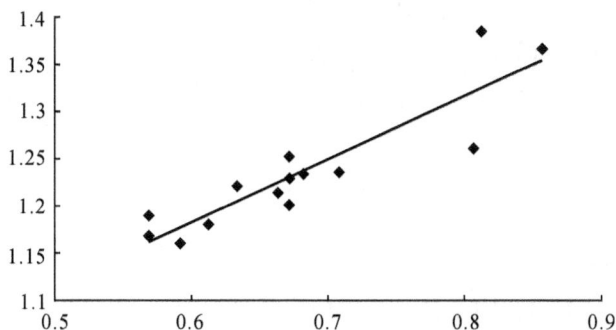

图 6.7.2　平均放养量对数与亩产量对数的散点图

$$l_{y'y'} = \sum (y_i')^2 - n(\bar{y}')^2 = 0.0578,$$

$$\sum (x_i')(y_i') = 11.8302, l_{x'y'} = \sum x_i'y_i' - n\bar{x}'\bar{y}' = 0.07065$$

$$b = \frac{l_{x'y'}}{l_{x'x'}} = 0.6673, a = \bar{y}' - b\bar{x}' = 1.2255 - 0.6673 \times 0.6799 = 0.7818$$

$$\therefore \hat{y}' = 0.7818 + 0.6673x'$$

为对回归直线进行检验,先计算各离差平方和

$$SS_T = l_{y'y'} = \sum (y_i')^2 - n(\bar{y}')^2 = 0.0578$$

$$SS_R = bl_{x'y'} = 0.6673 \times 0.07065 = 0.0471$$

$$SS_e = 0.01065$$

列出方差分析表如下。

表 6.7.4　例 6.7.2 方差分析表

| 离差来源 | 平方和 | 自由度 | 均方 | $F$ | $F_{0.01}$ |
|---|---|---|---|---|---|
| 回归 | 0.04710 | 1 | 0.0471 | 53.07** | 9.33 |
| 剩余 | 0.01065 | 12 | 0.0008875 | | |
| 总的 | 0.0578 | 13 | | | |

可见线性回归方程是高度显著的。还原到原变量 $x, y$,有

$$y = 10^{0.7820} x^{0.06673} = 6.0506 x^{0.6671}$$

### 三、Von-Bertalanffy 生长曲线

研究鱼类生长的一个常用的方程为

$$L_t = L_\infty (1 - e^{-k(t-t_0)}) \tag{6.7.4}$$

式中,$L_\infty, k, t_0$ 是常数,$L_t$ 是年龄为 $t$ 时的平均体长。这个方程称为 Von-Bertalanffy 生长曲线。

为了把式(6.7.4)线性化,考虑

$$L_{t+1} = L_\infty(1 - e^{-k(t+1-t_0)}) = L_\infty - e^{-k}L_\infty e^{-k(t-t_0)}$$
$$= L_\infty(1 - e^{-k}) + e^{-k}L_t \tag{6.7.5}$$

令

$$L_\infty(1 - e^{-k}) = a, \ e^{-k} = b \tag{6.7.6}$$

则式(6.7.5)成为

$$L_{t+1} = a + bL_t$$

**例 6.7.3** 测得长吻鮰各年龄组的体长如下表。

表 6.7.5　各年龄组长吻鮰的体长

| 年　龄 | I | II | III | IV | V | VI | VII | VIII | IX | X | XI |
|---|---|---|---|---|---|---|---|---|---|---|---|
| 平均体长(cm) | 18.9 | 30.7 | 47.6 | 59.5 | 66.2 | 70.1 | 79.0 | 84.1 | 85.5 | 86.5 | 87.5 |

由表中所列出的体长数据,可列出下列数据(为方便起见,记 $L_t = x, L_{t+1} = y$):

| $x$ | 18.9 | 30.7 | 47.6 | 59.5 | 66.2 | 70.1 | 79.0 | 84.1 | 85.5 | 86.5 |
|---|---|---|---|---|---|---|---|---|---|---|
| $y$ | 30.7 | 47.6 | 59.5 | 66.2 | 70.1 | 79.0 | 84.1 | 85.5 | 86.5 | 87.5 |

算得:$\sum x_i = 628.1$, $\sum y_i = 696.7$, $\bar{x} = 62.81$, $\bar{y} = 69.67$

$$l_{xx} = 5057.509, \ l_{xy} = 4030.393$$

$$b = \frac{4030.393}{5057.509} = 0.7969, a = \bar{y} - b\bar{x} = 69.67 - 0.7969 \times 62.81 = 19.62$$

由式(6.7.6)

$$e^{-k} = 0.7969, 所以 \ k = 0.2270$$

$$L_\infty = \frac{a}{1 - e^{-k}} = \frac{19.62}{1 - 0.7969} = \frac{19.62}{0.2031} = 96.60$$

当 $t = 4$ 时,$L_t = 59.5$。于是

$$59.5 = 96.60(1 - e^{-0.227(4-t_0)}), \ 1 - e^{-0.227(4-t_0)} = 0.62,$$

$$e^{-0.227(4-t_0)} = 0.3799, \ t_0 = -0.2634^①$$

则

$$L_t = 96.60(1 - e^{-0.227(t+0.2634)})$$

### 四、半致死剂量

在生物学中,通常要研究在某种化学、物理等因素的不同强度的作用下,所

---

① 容易发现,当 $t$ 取不同数值时,算出的 $t_0$ 将会是不同的。较合理的做法应当是对各 $t_i$ 的值,分别求出相应 $t_0$ 的值,再对这些 $t_0$ 的值求平均数。

引起的生物数量的变化。如当进行毒物的效力试验时,如以受试生物的死亡率作为概率,则毒物的剂量 $Y$ 通常服从对数正态分布或近似于对数正态分布,即 $\lg Y$ 服从或近似地服从 $N(0,1)$ 分布,此时,死亡率与 $\lg Y$ 间的关系可由图 6.7.3 中的曲线表示,这条曲线实即标准正态分布的分布曲线。因此,如果对于给定的 $p$,取 $u$,使

$$\frac{1}{\sqrt{2\pi}} \int_{-\infty}^{u} e^{-\frac{x^2}{2}} dx = p \tag{6.7.7}$$

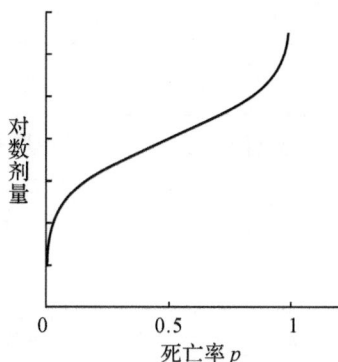

图 6.7.3　死亡率与对数剂量的关系

则 $\lg Y$ 与 $u$ 之间存在着线性关系,记 $y = \lg Y$,则有

$$y = A + Bu \tag{6.7.8}$$

与 $p$ 对应的 $u$ 可以从标准正态分布表上查到[①]。

　　在试验中,我们所得到的结果是试验生物死亡的频率(而不是概率),如果由实验所得的数据可推得对数剂量与死亡率间存在上述关系,则可以用线性回归

$$\hat{y} = a + bu$$

作出式(6.7.8)的估计。由于在半致死剂量处 $p = 50\%$,换算得 $u = 0$,因此可用 $\hat{y} = a$ 作为半致死剂量 $LD_{50}$ 对数的估计,于是可估计

$$LD_{50} = 10^a \tag{6.7.9}$$

由于当 $u = 0$ 时,$a = \hat{y}$,所以 $S_a = S_{\hat{y}}$,按 §6.5 的讨论,有

$$S_a = S_e \sqrt{\frac{1}{n} + \frac{\overline{u^2}}{l_{uu}}}$$

式中,$S_e$ 是剩余标准差。于是,当 $u = 0$ 时,半致死剂量对数的 $95\%$ 的置信区间为

$$a \pm t_{0.05} S_a = (a - t_{0.05} S_a, a + t_{0.05} S_a)$$

---

　　① 由式(6.7.8)确定的从 $p$ 到 $u$ 的变换,叫做概率坐标变换,一些文献中常用 $u+5$ 作为 $p$ 的对应值,这样的变换叫做 Probit 变换。

而 $LD_{50}$ 的 $95\%$ 置信区间为

$$(10^{a-t_{0.05}S_a}, 10^{a+t_{0.05}S_a}) \tag{6.7.10}$$

综上所述,半致死剂及其置信区间可按下列步骤求得:

(1) 求出试验剂量的对数 $y$,并利用标准正态分布表查出与死亡率 $p$ 相应的 $u$ 值;

(2) 如果 $y$ 与 $u$ 间存在着显著的线性关系,则求出 $y$ 的线性回归方程;

(3) 用式 (6.7.9) 及 (6.7.10) 求 $LD_{50}$ 及它的 $95\%$ 置信区间。

**例 6.7.4** 豚鼠在用 X 射线照射 14 天内的死亡率数据如下:

| 剂量($\gamma$) | 100 | 200 | 300 | 400 | 600 | 800 |
|---|---|---|---|---|---|---|
| 死亡率(%) | 2 | 24 | 70 | 83 | 98 | 99 |

算出剂量的对数,并对死亡率 $p$ 进行概率坐标变换,所得结果如下:

| 剂量的对数 $y$ | 2.00 | 2.30 | 2.48 | 2.60 | 2.78 | 2.90 |
|---|---|---|---|---|---|---|
| $u$ | $-2.05$ | $-0.70$ | $0.52$ | $0.95$ | $2.05$ | $2.33$ |

这里 $n = 6$,经计算可得:

$$\sum u_i = 3.10, \bar{u} = 0.517, \sum u^2 = 15.4968, \frac{(\sum u)^2}{n} = 1.6017,$$

$$l_{uu} = 13.8951, \sum y_i = 15.06, \bar{y} = 2.510, \sum y_i^2 = 38.3388,$$

$$\frac{(\sum y_i)^2}{n} = 37.8006, l_{yy} = 0.5382 \sum u_i y_i = 10.5056,$$

$$\frac{(\sum u_i)(\sum y_i)}{n} = 7.781, l_{uy} = 2.7246$$

$$b = \frac{2.7267}{13.9195} = 0.1961, a = 2.510 - 0.1961 \times 0.515 = 2.409$$

$$r = \frac{2.7246}{\sqrt{13.8951 \times 0.5382}} = 0.9963, |r| > r_{0.01}(4) = 0.9172,$$

线性相关高度显著。

回归方程为

$$\hat{y} = 2.409 + 0.1961u$$

$$s_e^2 = \frac{1}{n-2}(l_{yy} - bl_{uy}) = \frac{1}{4}(0.5382 - 0.1961 \times 2.7246) = 0.000975$$

当 $u = 0$ 时,

$$s_a^2 = 0.000975 \times \left(\frac{1}{6} + \frac{0.517^2}{13.8951}\right) = 0.0001813$$

因此,$s_a = 0.01346$。

当 $df = 4$ 时,$t_{0.05} = 2.776$,所以当 $u = 0$ 时,求得对数半致死剂量的 $95\%$ 置信区间为

$$\alpha \pm t_{0.05} s_a = 2.409 \pm (2.776)(0.001346) = (2.3716, 2.4464)$$

于是,半致死剂量的均值估计为

$$LD_{50} = 10^a = 10^{2.409} = 256(\gamma)$$

半致死剂量的 $95\%$ 置信区间为

$$(10^{2.3716}, 10^{2.4464}) = (235.3, 279.5)$$

# §6.8　习　题

1. 在实验室中把同一规格的白鲢鱼种分成 4 组,分别使水温维持在 $8℃$,$15℃$,$20℃$,$25℃$,饲养了 7 天后,测得各组白鲢血清谷草转氨酶活性($\mu g/100ml$)为

| $x$(水温 ℃) | 8 | 15 | 20 | 25 |
|---|---|---|---|---|
| Y(谷草转氨酶活性) | 2.7 | 262 | 321 | 481 |

求血清谷草转氨酶活性依水温的线性回归方程。

2. 由下列资料求海带干重对鲜重的线性回归方程

| 鲜重 $x_i$ | 5.8 | 4.4 | 5.7 | 1.3 | 0.9 | 2.6 | 1.2 |
|---|---|---|---|---|---|---|---|
| 干重 $y_i$ | 0.7 | 0.5 | 0.7 | 0.2 | 0.1 | 0.4 | 0.2 |

3. 在某些情况下,理论上要求回归直线通过原点,在此情况下,回归方程是

$$\hat{y} = bx$$

试由最小二乘法导出以下公式

$$b = \frac{\sum\limits_{i=1}^{n} x_i y_i}{\sum\limits_{i=1}^{n} x_i^2} \tag{6.8.1}$$

4. 根据下列数据分别求出两条回归直线,并对回归显著性进行检验,画出它们的图形。

(1)

| $x$ | 0 | 4 | 6 | 8 | 12 | 14 | 16 | 22 | 26 |
|---|---|---|---|---|---|---|---|---|---|
| $y$ | 2 | 8 | 0 | 6 | 3 | 4 | 13 | 7 | 11 |

(2)

| $x$ | 0 | 4 | 6 | 8 | 12 | 14 | 16 | 22 | 26 |
|---|---|---|---|---|---|---|---|---|---|
| $y$ | 4 | 3 | 8 | 6 | 7 | 12 | 2 | 11 | 0 |

(3)

| $x$ | 0 | 4 | 6 | 8 | 12 | 14 | 16 | 22 | 26 |
| --- | --- | --- | --- | --- | --- | --- | --- | --- | --- |
| $y$ | 8 | 7 | 6 | 13 | 0 | 2 | 11 | 3 | 4 |

(4)

| $x$ | 0 | 4 | 6 | 8 | 12 | 14 | 16 | 22 | 26 |
| --- | --- | --- | --- | --- | --- | --- | --- | --- | --- |
| $y$ | 11 | 13 | 8 | 4 | 7 | 6 | 3 | 2 | 0 |

5. 在不同的水温下白鲢血清谷丙转氨酶(SGPT)的数据如下:

| 水温(℃) | 8 | 15 | 20 | 25 |
| --- | --- | --- | --- | --- |
| SGPE 活性 | 51 | 45 | 70 | 85 |

检验 SGPE 活性对水温的线性回归是否显著。

6. 不同体长的鲥鱼的绝对怀卵量的测定值如下:

| 体长(cm) | 44.2 | 48.9 | 52.8 | 56.6 | 63.0 |
| --- | --- | --- | --- | --- | --- |
| 绝对怀卵量(万粒) | 108.1 | 168.6 | 204.9 | 268.0 | 389.6 |

检验绝对怀卵量依体长的线性回归是否显著。

7. 如果对每一 $x$ 的值 $x_i$ 作了重复试验,设重复次数为 $n_i$,并计 $\sum_{i=1}^{n} n_i = N$。下表是对每一 $x_i$ 作了两次试验的记录,最后一行是对应于同一 $x_i$ 的 $y$ 的两个观察值的均值,记它为 $y_i$。

| $x_i$ | 49.0 | 49.3 | 49.5 | 49.8 | 50.0 | 50.2 |
| --- | --- | --- | --- | --- | --- | --- |
| $y_{1i}$ | 16.6 | 16.8 | 16.8 | 16.9 | 17.0 | 17.0 |
| $y_{2i}$ | 16.7 | 16.8 | 16.9 | 17.0 | 17.1 | 17.1 |
| $y_i = (y_{1i} + y_{2i})/2$ | 16.65 | 16.8 | 16.85 | 16.95 | 17.05 | 17.05 |

试为 $(x_i, y_i)$ 配合回归直线,并且为 $(x_i, y_{ki})$ 配合回归直线,注意前者共 6 个点,后者 12 个点,你会发现两条回归直线是一致的。

本题是重复试验的特殊情况($n_i = 2, i = 1, 2, \cdots, 6$)。一般地说,对于任意的重复数 $n_i$,对 $(x_i, y_i)$ 配合的回归直线与对 $(x_i, y_{ki})$ 配合的回归直线是否相同?

8. 利用上题的数据,分别求 $x_i, y_i$ 之间的相关数及 $x_i, y_{ki}$ 之间的相关系数。

9. 利用第 7 题的数据,分别对 $x_i, y_i$ 及 $x_i, y_{ki}$ 求各离差平方和 $SS_T, SS_R$ 及 $SS_e$。

10. 鲢鱼的全长(cm)及头宽的(cm)的测定值如下:

| 全长 $x$ | 4.0 | 6.0 | 8.0 | 10.0 | 12.0 | 14.0 | 16.0 |
| --- | --- | --- | --- | --- | --- | --- | --- |
| 头宽 $Y$ | 0.5 | 0.7 | 1.0 | 1.2 | 1.5 | 1.7 | 1.9 |

求：(1)$Y$ 对 $x$ 的回归；

　　(2) 剩余标准差 $s_e$；

　　(3) 当全长为 6.5cm 时，$Y$ 的 95% 预测区间。

11. 利用第 6 题的数据，求绝对怀卵量的 95% 预测区间。

12. 用碘量法与极谱法同时测定两组水样中的溶解氧(mg/l)及微安值，甲样为经过充氧的清洁水，乙样为经过养鱼之污染水，测定结果如下表：

| 甲水样 | 碘量法 $X$(mg/l) | 7.98 | 7.97 | 7.80 | 7.79 | 6.45 | 5.85 | 5.80 | 4.50 |
|---|---|---|---|---|---|---|---|---|---|
| | 极谱法 $Y_1(\mu A)$ | 6.0 | 6.4 | 6.4 | 6.3 | 5.6 | 5.3 | 5.2 | 4.5 |

| 乙水样 | 碘量法 $X$(mg/l) | 2.27 | 2.07 | 1.58 | 1.29 | 0.76 | 0.66 | 0.33 |
|---|---|---|---|---|---|---|---|---|
| | 极谱法 $Y_2(\mu A)$ | 3.2 | 3.1 | 2.8 | 2.7 | 2.4 | 2.3 | 2.1 |

问：甲、乙两种水样极谱法对碘量法的回归系数间的差异是否显著。

13. 体长在 $400 \sim 600$mm 间的鳗鲡的体重($W$) 依体长($L$) 的回归近似地可以认为是线性的，分别对雌雄鳗鲡计算了体重依体长的回归，得到回归方程如下：

| | 回归方程 | 尾数 | $l_{xx}$ | $l_{yy}$ |
|---|---|---|---|---|
| ♀ | $W_1 = 1.156L - 376.73$ | 61 | 24.42 | 51.21 |
| ♂ | $W_2 = 0.887L - 280.20$ | 141 | 16.56 | 49.17 |

检验两条回归直线是否有显著差异。

14. 鳙鱼苗的日龄及体长(mm) 的数据如下：

| 日龄(天) | 2 | 4 | 6 | 8 | 10 | 12 |
|---|---|---|---|---|---|---|
| 体长(mm) | 8.1 | 8.5 | 11.6 | 11.8 | 13.0 | 15.2 |

试用生长曲线 $L_t = Ae^{kt}$ 拟合上列数据，式中 $L_t$ 是日龄为 $t$ 时的鱼苗体长。

15. 斜齿鳊的叉长(mm) 与绝对怀卵量($10^3$ 粒) 的测定数据如下：

| 叉长(mm) | 130 | 140 | 150 | 160 | 170 | 180 | 190 | 200 | 210 | 220 |
|---|---|---|---|---|---|---|---|---|---|---|
| 怀卵量($10^3$ 粒) | 4.2 | 5.0 | 6.4 | 7.9 | 10.0 | 11.0 | 14.0 | 16.2 | 19.8 | 22.3 |

用 $G = AL^B$ 拟合这些数据。

16. 斜齿鳊的体重 $W$(g) 对体长 $L$(mm) 的回归可表示成 $W = AL^b$，分别测量了两批雌性斜齿鳊，由测量数据得到下列结果：

| 尾数 | $\bar{x}$ | $\bar{y}$ | 回归方程 | $\sum(x_i - \bar{x})^2$ | $s_e^2$ |
|---|---|---|---|---|---|
| 144 | 2.2208 | 1.9000 | $\hat{y} = 3.3019x - 5.4330$ | 0.70689 | 0.00151 |
| 122 | 2.2096 | 1.9414 | $\hat{y} = 3.3658x - 5.5629$ | 1.04707 | 0.00135 |

表中,$x = \lg L$,$y = \lg W$,$s_e^2$ 是剩余方差,分别求出两个回归系数的 95% 置信区间,并检验两个回归方程是否有显著差异。

17. 用 85% 马拉硫磷对雌性大白鼠作灌胃毒性试验,所得结果如下:

| 剂量(mg/kg) | 1000 | 1400 | 1600 | 1800 |
|---|---|---|---|---|
| 死亡率 $p$(%) | 30.0 | 70.0 | 80.0 | 90.0 |

试估计半致死剂量 $LD_{50}$ 及它的 95% 置信区间。

# 第7章　多元线性回归及相关分析

## §7.1　多元线性回归

### 一、多元线性回归模型

前面我们仅讨论了两个变量的回归关系,在实际问题中,和某一变量 $Y$ 有关的变量往往不至一个,譬如说,需要考虑 $p$ 个变量 $x_1,x_2,\cdots,x_p$ 与变量 $Y$ 间的关系,这就是 $p$ 元回归问题。在本章中,我们仅对多元线性回归问题作一些讨论。

假定随机变量 $Y$ 随着 $p$ 个自变量 $x_1,x_2,\cdots,x_p$ 变化,并有如下的线性关系

$$y = \beta_0 + \beta_1 x_1 + \beta_2 x_2 + \cdots + \beta_p x_p + \varepsilon \tag{7.1.1}$$

式中, $\beta_1,\beta_2,\cdots,\beta_p$ 叫做(偏)回归系数。$\varepsilon$ 是 $N(0,\sigma^2)$ 变量。

### 二、回归系数的最小二乘估计

设由 $n$ 次独立试验,得到了 $n$ 组观察值

$$(y_{k1};x_{k1},x_{k2},\cdots,x_{kp}),k = 1,2,\cdots,n$$

仍采用最小二乘法求出回归系数 $\beta_1,\beta_2,\cdots,\beta_p$ 的估计 $b_1,b_2,\cdots,b_p$,把它们叫做(样本)(偏)回归系数,并求出常数项的估计 $b_0$。记

$$\hat{y} = b_0 + b_1 x_1 + b_2 x_2 + \cdots + b_p x_p \tag{7.1.2}$$

方程(7.1.2)叫做 $Y$ 对 $x_1,x_2,\cdots,x_p$ 的(样本)回归方程,将观察值 $x_{k1},x_{k2},\cdots,x_{kp}(k = 1,2,\cdots,n)$ 代入式(7.1.2)的右端,所得的结果记为

$$\hat{y}_k = b_0 + b_1 x_{k1} + b_2 x_{k2} + \cdots + b_p x_{kp} \quad k = 1,2,\cdots,n \tag{7.1.3}$$

按最小二乘原理,我们选取的 $b_0,b_1,b_2,\cdots,b_p$,应使得

$$SS_e = \sum_{k=1}^{n}(y_k - \hat{y}_k)^2 = \sum_{k=1}^{n}(y_k - b_0 - b_1 x_{k1} - \cdots - b_p x_{kp})^2$$

为最小,由极值原理, $b_0$ 及各 $b_i$ 应满足下列方程组

$$\frac{\partial SS_e}{\partial b_0} = -2 \sum_{k=1}^{n} (y_k - \hat{y}_k) = 0 \tag{7.1.4}$$

$$\frac{\partial SS_e}{\partial b_i} = -2 \sum_{k=1}^{n} (y_k - \hat{y}_k) x_{ki} = 0, i = 1, 2, \cdots, p \tag{7.1.5}$$

由式(7.1.4)得

$$\sum_{k=1}^{n} (y_k - b_0 - b_1 x_{k1} - \cdots - b_p x_{kp}) = 0 \tag{7.1.6}$$

记

$$\bar{x}_i = \frac{1}{n} \sum_{k=1}^{n} x_{ki}, \ \bar{y} = \frac{1}{n} \sum_{k=1}^{n} y_k, \ i = 1, 2, \cdots, p \tag{7.1.7}$$

则式(7.1.6)可改写成

$$b_0 = \bar{y} - (b_1 \bar{x}_1 + b_2 \bar{x}_2 + \cdots + b_p \bar{x}_p) \tag{7.1.8}$$

把上式代入(7.1.3),并记

$$x'_{ki} = x_{ki} - \bar{x}_i, \ y'_k = y_k - \bar{y}, \ i = 1, 2, \cdots, p, k = 1, 2, \cdots, n \tag{7.1.9}$$

可得

$$\hat{y}_k = \bar{y} + b_1 x'_{k1} + b_2 x'_{k2} + \cdots + b_p x'_{kp} \tag{7.1.10}$$

从而

$$SS_e = \sum_{k=1}^{n} (y'_k - b_1 x'_{k1} - \cdots - b_p x'_{kp})^2 \tag{7.1.11}$$

于是

$$\frac{\partial SS_e}{\partial b_i} = -2 \sum_{k=1}^{n} (y'_k - b_1 x'_{k1} - \cdots - b_p x'_{kp}) x'_{ki} = 0, \ i = 1, 2, \cdots, p \tag{7.1.12}$$

令

$$l_{ij} = l_{ji} = \sum_{k=1}^{n} x'_{ki} x'_{kj} = \sum_{k=1}^{n} (x_{ki} - \bar{x}_i)(x_{kj} - \bar{x}_j)$$

$$= \sum_{k=1}^{n} x_{ki} x_{kj} - \frac{1}{n} \left( \sum_{k=1}^{n} x_{ki} \sum_{k=1}^{n} x_{kj} \right) \quad i, j = 1, 2, \cdots, p \tag{7.1.13}$$

$$l_{iy} = \sum_{k=1}^{n} x'_{ki} y'_k = \sum_{k=1}^{n} (x_{ki} - \bar{x}_i)(y_k - \bar{y})$$

$$= \sum_{k=1}^{n} x_{ki} y_k - \frac{1}{n} \left( \sum_{k=1}^{n} x_{ki} \right) \left( \sum_{k=1}^{n} y_k \right) \quad i, j = 1, 2, \cdots, p \tag{7.1.14}$$

于是方程组(7.1.12)可化为

$$
\begin{cases}
l_{11}b_1 + l_{12}b_2 + \cdots + l_{1p}b_p = l_{1y} \\
l_{21}b_1 + l_{22}b_2 + \cdots + l_{2p}b_p = l_{2y} \\
\cdots \\
l_{p1}b_1 + l_{p2}b_2 + \cdots + l_{pp}b_p = l_{py}
\end{cases}
\tag{7.1.15}
$$

方程组(7.1.15)叫做"正规方程组",当试验数据给定后,由式(7.1.15)即可求出 $b_1, b_2, \cdots, b_p$,代入式(7.1.8),可算出 $b_0$。

令

$$
L = \begin{pmatrix}
l_{11} & l_{12} & \cdots & l_{1p} \\
l_{21} & l_{22} & \cdots & l_{2p} \\
\cdots & & & \\
l_{p1} & l_{p2} & \cdots & l_{pp}
\end{pmatrix}, \quad
B = \begin{pmatrix}
l_{1y} \\
l_{2y} \\
\cdots \\
l_{py}
\end{pmatrix}, \quad
b = \begin{pmatrix}
b_1 \\
b_2 \\
\cdots \\
b_p
\end{pmatrix}
$$

则正规方程(7.1.15)可表示成下列矩阵形式

$$
Lb = B
\tag{7.1.16}
$$

如果 $L$ 有逆,记它的逆矩阵为

$$
C = (c_{ij}), \quad C = L^{-1}
$$

上式的解为

$$
b = L^{-1}B = CB
$$

因此,求回归系数的步骤可归结如下:

(1) 从试验数据算出 $l_{iy}$ 及 $\dfrac{p(p+1)}{2}$ 个不同的 $l_{ij}$;

(2) 求 $L^{-1}$;

(3) 求出回归系数

$$
\begin{cases}
\begin{pmatrix}
b_1 \\
b_2 \\
\cdots \\
b_p
\end{pmatrix} = L^{-1}
\begin{pmatrix}
l_{1y} \\
l_{2y} \\
\cdots \\
l_{py}
\end{pmatrix} \\
b_0 = \bar{y} - b_1\bar{x}_1 - b_2\bar{x}_2 - \cdots - b_p\bar{x}_p
\end{cases}
$$

**例 7.1.1**　研究同一地区土壤内所含植物可给态磷的情况,得到 18 组数据如下表,其中

$x_1$:土壤所含无机磷浓度;

$x_2$:土壤内溶于 $K_2CO_3$ 溶液并受溴化物水解的有机磷浓度;

$x_3$:土壤内溶于 $K_2CO_3$ 溶液但不溶于溴化物的有机磷浓度;

$y$:在土温为 20℃ 时的可给态磷浓度。

已知 $y$ 与 $x_1, x_2, x_3$ 存在着线性相关,求它们的回归方程。

表 7.1.1　例 7.1.1 的观察值　（单位：ppm）

| 试验序号 | $x_1$ | $x_2$ | $x_3$ | $y$ |
|---|---|---|---|---|
| 1 | 0.4 | 53 | 158 | 64 |
| 2 | 0.4 | 23 | 163 | 60 |
| 3 | 3.1 | 19 | 37 | 71 |
| 4 | 0.6 | 34 | 157 | 61 |
| 5 | 4.7 | 24 | 59 | 54 |
| 6 | 1.7 | 65 | 123 | 77 |
| 7 | 9.4 | 44 | 46 | 81 |
| 8 | 10.1 | 31 | 117 | 93 |
| 9 | 11.6 | 29 | 173 | 93 |
| 10 | 12.6 | 58 | 112 | 51 |
| 11 | 10.9 | 37 | 111 | 76 |
| 12 | 23.1 | 46 | 114 | 96 |
| 13 | 23.1 | 50 | 134 | 77 |
| 14 | 21.6 | 44 | 73 | 93 |
| 15 | 23.1 | 56 | 168 | 95 |
| 16 | 1.9 | 36 | 143 | 54 |
| 17 | 26.8 | 58 | 202 | 108 |
| 18 | 29.9 | 51 | 124 | 99 |
| 总和 | 215.0 | 758 | 2214 | 1463 |
| 均值 | 11.94 | 42.11 | 123 | 81.28 |

现在 $p = 3, n = 18$，由表 7.1.1 有

$$\sum_{k=1}^{n} x_{k1} = 215.0, \sum_{k=1}^{n} x_{k2} = 758, \sum_{k=1}^{n} x_{k3} = 2214, \sum_{k=1}^{n} y_k = 1463$$

$$\bar{x}_1 = 11.94, \bar{x}_2 = 42.11, \bar{x}_3 = 123, \bar{y} = 81.28$$

$$\sum_{k=1}^{n} x_{k1}^2 = 4321.02, l_{11} = \sum_{k=1}^{n} x_{k1}^2 - \frac{1}{n}(\sum_{k=1}^{n} x_{k1})^2 = 4321.02 - \frac{215.0^2}{18}$$
$$= 1752.96$$

$$\sum_{k=1}^{n} x_{k2}^2 = 35076.00, l_{22} = \sum_{k=1}^{n} x_{k2}^2 - \frac{1}{n}(\sum_{k=1}^{n} x_{k2})^2 = 35076.00 = \frac{758^2}{18}$$
$$= 3155.78$$

$$\sum_{k=1}^{n} x_{k3}^2 = 307894, l_{33} = \sum_{k=1}^{n} x_{k3}^2 - \frac{1}{n}(\sum_{k=1}^{n} x_{k3})^2 = 30789 = \frac{2214^2}{18} = 35572$$

$$\sum_{k=1}^{n} x_{k1} x_{k2} = 10139.5$$

$$l_{12} = l_{21} = \sum_{k=1}^{n} x_{k1} x_{k2} - \frac{1}{n} \left( \sum_{k=1}^{n} x_{k1} \right) \left( \sum_{k=1}^{n} x_{k2} \right)$$

$$= 10139.50 - \frac{215.0 \times 758}{18} = 1085.61$$

$$\sum_{k=1}^{n} x_{k1} x_{k3} = 27645$$

$$l_{13} = l_{31} = \sum_{k=1}^{n} x_{k1} x_{k3} - \frac{1}{n} \left( \sum_{k=1}^{n} x_{k1} \right) \left( \sum_{k=1}^{n} x_{k3} \right)$$

$$= 27645 - \frac{215.0 \times 2214}{18} = 1200$$

同理可算得

$$l_{23} = l_{32} = 3364, l_{1y} = 3231.48, l_{2y} = 2216.44, l_{3y} = 7593.00$$

于是

$$L = \begin{pmatrix} 1752.96 & 1085.61 & 1200.00 \\ 1085.61 & 3155.78 & 3364.00 \\ 1200.00 & 3364.00 & 35572.00 \end{pmatrix}, \quad B = \begin{pmatrix} 3231.48 \\ 2216.44 \\ 7593.00 \end{pmatrix}$$

正规方程为

$$L \begin{pmatrix} b_1 \\ b_2 \\ b_3 \end{pmatrix} = B \tag{7.1.17}$$

求出

$$L^{-1} = \begin{pmatrix} 7.2493 \times 10^{-4} & -2.4835 \times 10^{-4} & -9.6913 \times 10^{-7} \\ -2.4835 \times 10^{-4} & 4.3748 \times 10^{-4} & -3.2994 \times 10^{-5} \\ -9.6913 \times 10^{-7} & -3.2994 \times 10^{-5} & 3.1265 \times 10^{-5} \end{pmatrix},$$

从而解得

$$b_1 = 1.7848, \quad b_2 = -0.0834, \quad b_3 = 0.1611$$

所以,所求的回归方程是

$$\hat{y} - 81.28 = 1.7848(x_1 - 11.94) - 0.0834(x_2 - 42.11)$$
$$+ 0.1611(x_3 - 123)$$

化简得

$$\hat{y} = 43.6662 + 1.7848 x_1 - 0.0834 x_2 + 0.1611 x_3$$

## §7.2 回归方程的显著性检验

### 一、多元线性回归的方差分析

和一元回归一样,多元线性回归模型只是一种假设,当用上节所述的方法求出回归方程后,还需要对它进行方差分析,以检验 $y$ 与 $x_1, x_2, \cdots, x_p$ 间的线性关系是否显著,也就是说需要对假设

$$H_0: \beta_1 = \beta_2 = \cdots = \beta_p = 0 \tag{7.2.1}$$

进行检验。与一元线性回归的方差分析同样,$y$ 的总离差平方和可分解成回归平方和及剩余平方和两部分。

$$SS_T = l_{yy} = \sum_{k=1}^{n} (y_k - \bar{y})^2 = \sum_{k=1}^{n} (y_k - \hat{y}_k)^2 + (\hat{y}_k - \bar{y})^2 \tag{7.2.2}$$

剩余平方和

$$SS_e = \sum (y_k - \hat{y}_k)^2$$

由式(7.1.11) 有

$$SS_e = \sum (y_k' - b_1 x_{k1}' - \cdots - b_p x_{kp}') y_k'$$
$$- \sum (y_k' - b_1 x_{k1}' - \cdots - b_p x_{kp}')(b_1 x_{k1}' + b_2 x_{k2}' + \cdots + b_p x_{kp}')$$

由于

$$\sum (y_k' - b_1 x_{k1}' - \cdots - b_p x_{kp}')(b_1 x_{k1}' + b_2 x_{k2}' + \cdots + b_p x_{kp}') = 0$$

所以

$$SS_e = \sum_{k=1}^{n} (y_k' - b_1 x_{k1}' - \cdots - b_p x_{kp}') y_k'$$
$$= \sum_{k=1}^{n} y_k' y_k' - b_1 \sum_{k=1}^{n} x_{k1}' y_k' - \cdots - b_p \sum_{k=1}^{n} x_{kp}' y_k'$$
$$= l_{yy} - \sum_{i=1}^{p} b_i l_{iy} \tag{7.2.3}$$

则回归平方和为

$$SS_R = \sum_{k=1}^{n} (\hat{y}_k - \bar{y})^2 = \sum_{i=1}^{p} b_i l_{iy} \tag{7.2.4}$$

各个平方和的自由度为:

$SS_T$ 的自由度 $f_T = n - 1$;

$SS_R$ 的自由度 $f_R = $ 自变量个数 $p$；

$SS_e$ 的自由度 $f_e = n - p - 1$。

剩余方差为

$$S_e^2 = \frac{SS_e}{n - p - 1} \qquad (7.2.5)$$

剩余标准差记为 $S_e$，即

$$S_e = \sqrt{\frac{SS_e}{n - p - 1}} \qquad (7.2.6)$$

和一元回归的方差分析一样，当假设(7.2.1)式成立时，统计量

$$F = \frac{SS_R / p}{SS_e / (n - p - 1)} \qquad (7.2.7)$$

服从自由度为 $(p, n - p - 1)$ 的 $F$ 分布，这样就可用这个统计量来检验假设(7.2.1)式是否成立。

**例 7.2.1**　对例 7.1.1 的数据进行回归方程的显著性检验。

从表 7.1.1 可得

$$\sum_{k=1}^{n} y_k^2 = 131299, \quad \sum_{k=1}^{n} y_k = 1463$$

于是

$$SS_T = l_{yy} = \sum_{k=1}^{n} y_k^2 - \frac{1}{n}\left(\sum_{k=1}^{n} y_k\right)^2 = 131299 - \frac{1463^2}{18} = 12389.61$$

回归平方和和剩余平方和分别为

$$\begin{aligned} SS_R &= \sum_{i=1}^{3} b_i l_{iy} = 1.7848 \times 3231.48 + (-0.0834) \times 2216.44 \\ &\quad + 0.1611 \times 7593.00 = 6806.11 \\ SS_e &= 12389.61 - 6806.11 = 5583.5 \end{aligned}$$

列出方差分析表如下。

表 7.2.1　例 7.1.1 线性回归方程的方差分析

| 离差来源 | 平方和 | 自由度 | 均方 | $F$ 值 | $F$ 临界值 |
|---|---|---|---|---|---|
| 回归 | 6806.11 | 3 | 2268.70 | 5.69** | $F_{0.01}(3.14) = 5.56$ |
| 剩余 | 5583.50 | 14 | 398.82 | | |
| 总和 | 12389.61 | 17 | | | |

可见所建立的回归方程是高度显著的。

**二、偏回归系数的显著性检验**

回归方程的方差分析对原假设 $H_0: \beta_1 = \beta_2 = \cdots = \beta_p = 0$ 进行了检验，当

原假设被拒绝时,表明 $\beta_1,\beta_2,\cdots,\beta_p$ 不全为零,也即 $y$ 与 $(x_1,x_2,\cdots,x_p)$ 的线性关系是显著的。但这并不意味着回归方程中的每一个 $x_i$ 对 $y$ 的变化都起作用,如果把对 $y$ 影响不显著的变量放入回归方程中,反而会增加误差,使得回归模型不稳定。所以我们常常需考察每个 $x_i$ 对 $y$ 的作用是否显著,从而从回归方程中剔除那些对 $y$ 影响不显著的因素,建立更为简单的线性回归方程。这时就需对每个变量进行考察,如果某变量 $x_i$ 对 $y$ 不起作用,则在多元线性回归中它的系数 $\beta_i$ 应为零。因此,我们通过检验 $H_0:\beta_i=0$ 来决定这个变量 $x_i$ 的作用是否显著。已知样本偏回归系数 $b_i$ 是 $\beta_i$ 的估计,它表明当其他变量保持一定时,$x_i$ 每增加一个单位,$\hat{y}$ 所增加的数值。在一元线性回归中,已知 $b$ 服从正态分布,且

$$E(b)=\beta,\ D(b)=\frac{\sigma^2}{l_{xx}}$$

在多元线性回归中也有类似的结果,偏回归系数 $b_i$ 服从 $N(\beta_i,c_{ii}\sigma^2)$,其中 $c_{ii}$ 为矩阵 $L^{-1}$ 中对角线上的第 $i$ 个元素。由于

$$\frac{b_i-\beta_i}{\sqrt{c_{ii}\sigma^2}}\sim N(0,1)$$

同时

$$\frac{SS_e}{\sigma^2}\sim\chi^2(n-p-1)$$

因此

$$t=\frac{b_i}{\sqrt{S_e^2 c_{ii}}} \tag{7.2.8}$$

当 $H_0$ 成立时,服从自由度为 $n-p-1$ 的 $t$ 分布。

**例 7.2.2** 在例 7.1.1 中,对原假设 $H_0:\beta_2=0$ 进行检验。在例 7.1.1 中已经得到

$$S_e^2=398.82,\ b_2=-0.0834,\ c_{22}=0.0004375,$$

算得

$$t=\frac{-0.0834}{\sqrt{0.0004375\times398.82}}=0.1997$$

由于 $t_{0.05}(18-3-1)=2.145$,接受 $H_0:\beta=0$,所以可以认为土壤内溶于 $K_2CO_3$ 溶液并受溴化物水解的有机磷浓度 $x_2$ 对土壤内所含植物可给态磷的线性作用不显著。

### 三、复相关系数

在 §6.2 中,我们已经介绍过样本相关系数,它可表示为

$$r^2 = 1 - \frac{SS_e}{l_{yy}}$$

对于多元线性回归,我们可以引入类似的量

$$R^2 = 1 - \frac{SS_e}{l_{yy}} = \frac{SS_R}{l_{yy}}$$

它的算术根

$$R = \sqrt{1 - \frac{SS_e}{l_{yy}}} \tag{7.2.9}$$

叫做复相关系数(或全相关系数)。

复相关系数可用来表示 $y$ 与回归方程中所有自变量的线性关系的密切程度,事实上 $R$ 也等于实际观测值 $y$ 与 $\hat{y}$ 之间的相关关系[①]。此处,按式(7.2.7)及 $R$ 的定义,容易导出如下关系式

$$F = \frac{R^2/p}{(1-R^2)/(n-p-1)} \tag{7.2.10}$$

由于式(7.2.7)所定义的统计量 $F$ 可用来检验 $y$ 与 $x_1, x_2, \cdots, x_p$ 的线性关系的显著性,所以上式清楚地说明 $R$ 可作为回归效果的一个指标。按 $R$ 的定义,易知 $0 \leqslant R \leqslant 1$,注意 $R$ 不取负值。

**例 7.2.3** 计算例 7.1.1 的复相关系数。由例 7.2.1 的结果,得到

$$R^2 = \frac{SS_R}{SS_T} = \frac{6806.11}{12389.62} = 0.5493$$

所以 $R = 0.7412$

### 四、偏相关系数

如上所说,复相关系数是衡量变量 $y$ 与 $(x_1, x_2, \cdots, x_p)$ 线性关系密切程度的一种指标。当 $(x_1, x_2, \cdots, x_p)$ 为 $p$ 维随机变量时,我们有时还希望知道 $y$ 与某一个变量之间线性关系的密切程度。如果我们所讨论的是一元线性回归问题,则这个问题可由求出因变量与自变量间的简单相关系数解决。但当自变量是多维随机变量时,因为各自变量间可能存在着相关关系,简单相关系数不足以衡量某一自变量与因变量间的线性依赖程度。为了反映某一自变量与因变量的本质联系,我们应当在这一变量对因变量的影响中,除去所有其他变量的影响,或者说,我们应当在其他变量保持不变的情况下,来考虑这一变量与因变量的线性相关关系,在这一条件下求得两个变量之间的相关系数叫做偏相关系数。

---

① 为了避免混淆,今后将表示两个变量间的相关系数叫做简单相关系数。

### 1. 一级偏相关系数

在考虑相关问题时,并没有必要,有时也不可能区分自变量及因变量,通常,我们将所考虑的变量统一编号。如当只有三个变量 $x_1, x_2, x_3$ 时,可得到三个偏相关系数 $r_{12.3}, r_{13.2}, r_{23.1}$,下标内点后的数字,代表考虑两个变量相关时保持不变的变量的编号,例如,$r_{12.3}$ 表示当 $x_3$ 保持不变时,$x_1$ 与 $x_2$ 间的偏相关系数。这三个偏相关系数都叫做一级偏相关系数。

如果以 $x_2, x_3$ 为自变量,$x_1$ 为因变量,则 $x_1$ 关于 $x_2, x_3$ 的线性回归方程为

$$\hat{x}_1 = b_0' + b_{12.3} x_2 + b_{13.2} x_3$$

$b_{12.3}$ 是 $x_1$ 对于 $x_2$ 的偏回归系数。$b_{12.3}$ 与 $b_{13.2}$ 相应的正规方程组为

$$l_{22} b_{12.3} + l_{23} b_{13.2} = l_{12}$$
$$l_{23} b_{12.3} + l_{33} b_{13.2} = l_{13}$$

其解为

$$b_{12.3} = \frac{\begin{vmatrix} l_{12} & l_{23} \\ l_{13} & l_{33} \end{vmatrix}}{\begin{vmatrix} l_{22} & l_{23} \\ l_{23} & l_{33} \end{vmatrix}} = \frac{l_{12} l_{33} - l_{13} l_{23}}{l_{22} l_{33} - l_{23}^2} \tag{7.2.11}$$

$$b_{13.2} = \frac{\begin{vmatrix} l_{22} & l_{12} \\ l_{23} & l_{13} \end{vmatrix}}{\begin{vmatrix} l_{22} & l_{23} \\ l_{23} & l_{33} \end{vmatrix}} = \frac{l_{22} l_{13} - l_{23} l_{12}}{l_{22} l_{33} - l_{23}^2} \tag{7.2.12}$$

如果以 $x_1, x_3$ 为自变量,$x_2$ 为因变量,则有回归方程

$$\hat{x}_2 = b_0'' + b_{21.3} x_1 + b_{23.1} x_3$$

$b_{21.3}$ 与 $b_{23.1}$ 相应的正规方程组为

$$l_{11} b_{21.3} + l_{13} b_{23.1} = l_{12}$$
$$l_{13} b_{21.3} + l_{33} b_{23.1} = l_{23}$$

其解为

$$b_{21.3} = \frac{\begin{vmatrix} l_{12} & l_{13} \\ l_{23} & l_{33} \end{vmatrix}}{\begin{vmatrix} l_{11} & l_{13} \\ l_{13} & l_{33} \end{vmatrix}} = \frac{l_{12} l_{33} - l_{13} l_{23}}{l_{11} l_{33} - l_{13}^2} \tag{7.2.13}$$

$$b_{23.1} = \frac{\begin{vmatrix} l_{11} & l_{12} \\ l_{13} & l_{23} \end{vmatrix}}{\begin{vmatrix} l_{11} & l_{13} \\ l_{13} & l_{33} \end{vmatrix}} = \frac{l_{11} l_{23} - l_{12} l_{13}}{l_{11} l_{33} - l_{13}^2} \tag{7.2.14}$$

如果以 $x_1$，$x_2$ 为自变量，$x_3$ 为因变量，则有回归方程

$$\hat{x}_3 = b_0'' + b_{31.2}x_1 + b_{32.1}x_2$$

$b_{31.2}$ 与 $b_{32.1}$ 相应的正规方程组为

$$l_{11}b_{31.2} + l_{12}b_{32.1} = l_{13}$$
$$l_{12}b_{31.2} + l_{22}b_{32.1} = l_{23}$$

其解为

$$b_{31.2} = \frac{\begin{vmatrix} l_{13} & l_{12} \\ l_{23} & l_{22} \end{vmatrix}}{\begin{vmatrix} l_{11} & l_{12} \\ l_{12} & l_{22} \end{vmatrix}} = \frac{l_{13}l_{22} - l_{12}l_{23}}{l_{11}l_{22} - l_{12}^2} \tag{7.2.15}$$

$$b_{32.1} = \frac{\begin{vmatrix} l_{11} & l_{13} \\ l_{12} & l_{23} \end{vmatrix}}{\begin{vmatrix} l_{11} & l_{12} \\ l_{12} & l_{22} \end{vmatrix}} = \frac{l_{11}l_{23} - l_{12}l_{13}}{l_{11}l_{22} - l_{12}^2} \tag{7.2.16}$$

类似于简单相关系数的关系式

$$r = \pm \sqrt{bb'}$$

我们定义当 $x_3$ 固定时，$x_1$ 与 $x_2$ 的偏相关系数为

$$r_{12.3} = \pm \sqrt{b_{12.3}b_{21.3}} \quad \text{或} \quad r_{12.3}^2 = b_{12.3}b_{21.3} \tag{7.2.17}$$

把以上 $b_{12.3}$ 和 $b_{21.3}$ 的算式代入上式，可得

$$\begin{aligned}
r_{12.3}^2 = b_{12.3}b_{21.3} &= \left( \frac{l_{12}l_{33} - l_{13}l_{23}}{l_{22}l_{33} - l_{23}^2} \right)\left( \frac{l_{12}l_{33} - l_{13}l_{23}}{l_{11}l_{33} - l_{13}^2} \right) \\
&= \frac{(l_{12}l_{33} - l_{13}l_{23})^2}{(l_{11}l_{33} - l_{13}^2)(l_{22}l_{33} - l_{23}^2)} \\
&= \frac{(l_{12}l_{33} - l_{13}l_{23})^2 / l_{11}l_{22}l_{33}^2}{(l_{11}l_{33} - l_{13}^2)(l_{22}l_{33} - l_{23}^2) / l_{11}l_{22}l_{33}^2} \\
&= \frac{\left( \dfrac{l_{12}}{\sqrt{l_{11}l_{22}}} - \dfrac{l_{13}}{\sqrt{l_{11}l_{33}}} - \dfrac{l_{23}}{\sqrt{l_{22}l_{33}}} \right)^2}{(l_{11}l_{33}/l_{11}l_{33} - l_{13}^2/l_{11}l_{33})(l_{22}l_{33}/l_{22}l_{33} - l_{23}^2/l_{22}l_{33})} \\
&= \frac{(r_{12} - r_{13}r_{23})^2}{(1 - r_{13}^2)(1 - r_{23}^2)}
\end{aligned}$$

因此

$$r_{12.3} = \pm \sqrt{b_{12.3}b_{21.3}} = \pm \frac{\sqrt{(r_{12} - r_{13}r_{23})^2}}{\sqrt{(1 - r_{13}^2)(1 - r_{23}^2)}}$$

$$= \pm \frac{|\ r_{12} - r_{13}r_{23}\ |}{\sqrt{(1-r_{13}^2)(1-r_{23}^2)}} \tag{7.2.18}$$

因为 $b_{12.3}$ 与 $b_{21.3}$ 的分母都大于零,因此 $b_{12.3}$ 与 $b_{21.3}$ 同号(都与 $l_{12}l_{33} - l_{13}l_{23}$ 的符号相同),而且,$r_{12.3}$ 总是与 $b_{12.3}$ 与 $b_{21.3}$ 同号,因此不管 $b_{12.3}$ 及 $b_{21.3}$ 为正值还是为负值,总有

$$r_{12.3} = \frac{r_{12} - r_{13}r_{23}}{\sqrt{(1-r_{13}^2)(1-r_{23}^2)}} \tag{7.2.19}$$

上式即为当 $x_3$ 固定时,$x_1$ 与 $x_2$ 的偏相关系数。$r_{12.3}$ 既可取正值,也可取负值。因为固定 $x_3$ 后,$x_1$ 与 $x_2$ 的偏相关相当于 $x_1$ 消除 $x_3$(记为 $x_{1.3}$)后与 $x_2$ 消除 $x_3$(记为 $x_{2.3}$)后的简单相关(即 $x_{1.3}$ 与 $x_{2.3}$ 之间的简单相关),因而可知 $r_{12.3}$ 的数值界限是

$$-1 \leqslant r_{12.3} \leqslant 1$$

类似地,可得

$$r_{13.2} = \frac{r_{13} - r_{12}r_{23}}{\sqrt{(1-r_{12}^2)(1-r_{23}^2)}} \tag{7.2.20}$$

$$r_{23.1} = \frac{r_{23} - r_{12}r_{13}}{\sqrt{(1-r_{12}^2)(1-r_{13}^2)}} \tag{7.2.21}$$

数值界限也是 $-1$ 到 $+1$。此外,由以上偏相关系数的定义可见

$$r_{12.3} = r_{21.3},\ r_{13.2} = r_{31.2},\ r_{23.1} = r_{32.1}$$

**例 7.2.4**  某地积累了 28 年的春季雨量、温度,某种春季作物收获量的记录,设 $x_1$ 为春季雨量(cm),$x_2$ 为春季每天中午温度超过 42℉ 部分之总和(℉),$y$ 为该种作物的收获量(100 斤/亩),根据历年的记录得

$$\bar{x}_1 = 4.91,\ \bar{x}_2 = 5.94,\ \bar{y} = 28.00$$
$$S_1 = 1.10,\ S_2 = 85.00,\ S_y = 3.99$$
$$r_{y1} = 0.80,\ r_{y2} = -0.40,\ r_{12} = -0.56$$

我们先来求回归方程。假定 $y$ 对 $x_1,x_2$ 的回归是线性的,则回归系数 $b_1,b_2$ 可由正规方程

$$\begin{aligned} l_{11}b_1 + l_{12}b_2 &= l_{1y} \\ l_{21}b_1 + b_{22}b_2 &= l_{2y} \end{aligned} \tag{7.2.22}$$

解出。因为已知各变量的标准差及它们间的简单相关系数,所以对(7.2.22)略加改变。由 $r_{ij} = \dfrac{l_{ij}}{S_i S_j (n-1)}$,可得 $l_{ij} = S_i S_j r_{ij}(n-1)$,代入式(7.2.22)得

$$b_1 S_1 S_1 r_{11} + b_2 S_1 S_2 r_{12} = S_1 S_y r_{1y}$$
$$b_1 S_1 S_2 r_{21} + b_2 S_2 S_2 r_{22} = S_2 S_y r_{2y}$$

在第一式中消去 $S_1$,第二式中消去 $S_2$,得

$$b_1 = \frac{\begin{vmatrix} S_y r_{1y} & S_2 r_{12} \\ S_y r_{2y} & S_2 r_{22} \end{vmatrix}}{\begin{vmatrix} S_1 r_{11} & S_2 r_{12} \\ S_1 r_{21} & S_2 r_{22} \end{vmatrix}} = \frac{S_y}{S_1} \frac{\begin{vmatrix} r_{1y} & r_{12} \\ r_{2y} & r_{22} \end{vmatrix}}{\begin{vmatrix} r_{11} & r_{12} \\ r_{21} & r_{22} \end{vmatrix}} \qquad (7.2.23)$$

同理可得

$$b_2 = \frac{S_y}{S_2} \frac{\begin{vmatrix} r_{11} & r_{1y} \\ r_{21} & r_{2y} \end{vmatrix}}{\begin{vmatrix} r_{11} & r_{12} \\ r_{21} & r_{22} \end{vmatrix}}$$

已知 $r_{y1} = 0.80, r_{y2} = -0.40, r_{12} = -0.56$,并注意到 $r_{11} = r_{22} = 1$,得

$$\begin{vmatrix} r_{11} & r_{12} \\ r_{21} & r_{22} \end{vmatrix} = \begin{vmatrix} 1 & -0.56 \\ -0.56 & 1 \end{vmatrix} = 0.6864$$

$$\begin{vmatrix} r_{1y} & r_{12} \\ r_{2y} & r_{22} \end{vmatrix} = \begin{vmatrix} 0.80 & -0.56 \\ -0.40 & 1 \end{vmatrix} = 0.5760$$

$$\begin{vmatrix} r_{11} & r_{1y} \\ r_{21} & r_{2y} \end{vmatrix} = \begin{vmatrix} 1 & 0.80 \\ -0.56 & -0.40 \end{vmatrix} = 0.0480$$

于是

$$b_1 = \frac{3.99}{1.10} \times \frac{0.5760}{0.6864} = 3.044, b_2 = \frac{3.99}{85} \times \frac{0.048}{0.6864} = 0.00328$$

$$b_0 = 28 - 3.044 \times 4.91 - 0.00328 \times 5.94 = 13.034$$

所以,$y$ 对 $x_1, x_2$ 的回归方程为

$$\hat{y} = 13.034 + 3.044 x_1 + 0.00328 x_2$$

进一步求偏相关系数得

$$r_{y1,2} = \frac{r_{y1} - r_{y2} r_{12}}{\sqrt{(1 - r_{y2}^2)(1 - r_{12}^2)}} = \frac{0.576}{\sqrt{0.84 \times 0.6864}} = 0.759$$

$$r_{y2,1} = \frac{r_{y2} - r_{y1} r_{21}}{\sqrt{(1 - r_{y1}^2)(1 - r_{21}^2)}} = \frac{0.048}{\sqrt{0.36 \times 0.6864}} = 0.097$$

$$r_{12,y} = \frac{r_{12} - r_{1y} r_{2y}}{\sqrt{(1 - r_{1y}^2)(1 - r_{2y}^2)}} = \frac{-0.24}{\sqrt{0.36 \times 0.84}} = -0.436$$

把它们和简单相关系数比较就可发现 $r_{y2.1}$ 与 $r_{y2}$ 相差很大,前者是正的(实际上是不显著的),后者是负的。这说明:如果不加入雨量的影响,则气温对产量没有什么影响($r_{y2.1} < r_{0.05}$)。但当加入雨量的影响时,因为雨量与气温间有负相关

($r_{12} = -0.56$),即气温高的年份天气比较干旱,而雨量又和产量有正相关关系($r_{y1.2} = 0.759$),因此气温愈高,则雨量愈少,间接地导致产量降低,在我们这个例子中,温度对产量的间接影响(通过雨量)超过了温度对产量的直接影响($r_{y2}$ 是负的)。

由以上讨论可见,气温对产量的真实影响应该由除去雨量影响后两者的相关系数,即偏相关系数来表达。只有偏相关系数才能真正反映两个变量的本质联系,而简单相关系数则可能由于其他因素的影响而仅反映了变量间表面的、非本质的联系。

2.高级偏相关系数

如果考虑的是 $p$ 维随机变量,记

$$R = \begin{pmatrix} r_{11} & r_{12} & \cdots & r_{1p} \\ r_{21} & r_{22} & \cdots & r_{2p} \\ \cdots & & & \\ r_{p1} & r_{p2} & \cdots & r_{pp} \end{pmatrix} \tag{7.2.24}$$

$r_{ij}$ 为简单相关系数。

它的逆阵为 $R^{-1}$,记

$$R^{-1} = \begin{pmatrix} d_{11} & d_{12} & \cdots & d_{1p} \\ d_{21} & d_{22} & \cdots & d_{2p} \\ \cdots & & & \\ d_{p1} & d_{p2} & \cdots & d_{pp} \end{pmatrix} \tag{7.2.25}$$

由矩阵的运算可得 $x_i, x_j$ 的偏相关系数为

$$r_{ij.} = -\frac{d_{ij}}{\sqrt{d_{ii}d_{jj}}} \qquad i, j = 1, 2, \cdots, p \tag{7.2.26}$$

3.偏相关系数的显著性检验

为了决定 $x_i$ 与 $x_j$ 的线性关系是否显著,我们需要利用偏相关系数 $r_{ij.}$ 对原假设 $H_0 : \rho_{ij.} = 0$($\rho_{ij.}$ 为总体偏相关系数)进行检验。如果 $(x_1, \cdots, x_p)$ 为 $p$ 维正态变量,则样本偏相关系数的分布类似于简单相关系数的分布,即当原假设 $H_0 : \rho_{ij.} = 0$ 成立时,统计量

$$t = \frac{r_{ij.}}{\sqrt{(1 - r_{ij.}^2)/(n - p)}} \tag{7.2.27}$$

服从自由度为 $(n-p)$ 的 $t$ 分布($n$ 为样本容量)。利用这一统计量,可对原假设 $H_0 : \rho_{ij.} = 0$ 作出检验。它的临界值也可由相关系数表(表11)确定,应注意到此时的自由度应为 $n-p$。

**例 7.2.5** 对例 7.2.4 中的三个偏相关数进行检验。

利用 (7.2.27) 式得到

$$t_{y1.2} = \frac{r_{y1.2}}{\sqrt{(1-r_{y1.2}^2)/(n-p)}} = 5.8287,$$

$$t_{y2.1} = \frac{r_{y2.1}}{\sqrt{(1-r_{y2.1}^2)/(n-p)}} = 0.4873,$$

$$t_{12.y} = \frac{r_{12.y}}{\sqrt{(1-r_{12.y}^2)/(n-p)}} = -2.4224$$

因为 $t_{0.05}(25) = 2.060, t_{0.01}(25) = 2.787$，因此 $r_{y1.2}, r_{12.y}$ 是显著的。

## §7.3　多项式回归

当变量 $y$ 与 $x_1, \cdots, x_m$ 间的相互关系不是线性时，则线性模型 (7.1.1) 不能直接引用，但是如果回归方程具有形式

$$\hat{y} = b_0 + b_1 f_1(x_1, \cdots, x_m) + \cdots + b_p f_p(x_1, \cdots, x_m) \tag{7.3.1}$$

其中：$f_1, f_2, \cdots, f_p$ 是 $x_1, x_2, \cdots, x_m$ 的 $p$ 个已知函数，则可令

$$u_1 = f_1(x_1, \cdots, x_m)$$
$$u_2 = f_2(x_1, \cdots, x_m)$$
$$\cdots$$
$$u_p = f_p(x_1, \cdots, x_m)$$

把 $u_1, u_2, \cdots, u_p$ 看成新变量，则 (7.3.1) 式变成为

$$\hat{y} = b_0 + b_1 u_1 + b_2 u_2 + \cdots + b_p u_p$$

于是就可以用 §7.1 的方法求出各参数 $b_1, b_2, \cdots, b_p$。

作为上述情况的重要特例，如果自变量只有一个，且回归方程为

$$\hat{y} = b_0 + b_1 x + b_2 x^2 + \cdots + b_p x^p \tag{7.3.2}$$

则只需令

$$x_1 = x, x_2 = x^2, \cdots, x_p = x^p$$

便可把由式 (7.3.2) 表示的多项式回归转化为多元线性回归问题加以处理。

多项式回归在回归问题中占有特殊地位，因为当变量 $x, y$ 的关系为非线性时，我们所用的方法是将非线性回归线性化，但这种方法有很大的局限性，要这样做，首先得了解非线性回归方程的类型；其次，还得有使之线性化的变换。在实际问题中，这两者往往都是难以获知的。在高等数学中，我们已经知道，常见的函数可用多项式任意地逼近。因此，当不了解 $y$ 对 $x$ 的回归类型或回归方程的类型虽然是已知的，但却不能线性化时，我们可以用一个适当的多项式来近似地代

替它,即近似地用(7.3.2)式作为回归方程,这样,一般的一元非线性回归问题便可借助多项式回归来处理。

**例 7.3.1** 已知某种产品的废品率 $y(\%)$ 与某种化学成分 $x$(单位:0.01%)有关,表 7.3.1 的前两列记载了 $y$ 与 $x$ 的实测值。把 $(x_i, y_i)$ 画成散点图(如图 7.3.1),从图 7.3.1 可看出,$y$ 先随 $x$ 的增加而下降,当 $x$ 超过一定值后,$y$ 又随 $x$ 的增加而上升,根据这一特性,可以考虑用抛物线来拟合试验数据。

表 7.3.1 例 7.3.1 数据

| $y$ | $x_1 = x$ | $x_2 = x^2$ |
|---|---|---|
| 1.30 | 34 | 1156 |
| 1.00 | 36 | 1296 |
| 0.73 | 37 | 1369 |
| 0.90 | 38 | 1444 |
| 0.81 | 39 | 1521 |
| 0.70 | 39 | 1521 |
| 0.60 | 39 | 1521 |
| 0.50 | 40 | 1600 |
| 0.44 | 40 | 1600 |
| 0.56 | 41 | 1681 |
| 0.30 | 42 | 1764 |
| 0.42 | 43 | 1849 |
| 0.35 | 43 | 1849 |
| 0.40 | 45 | 2025 |
| 0.41 | 47 | 2209 |
| 0.60 | 48 | 2304 |

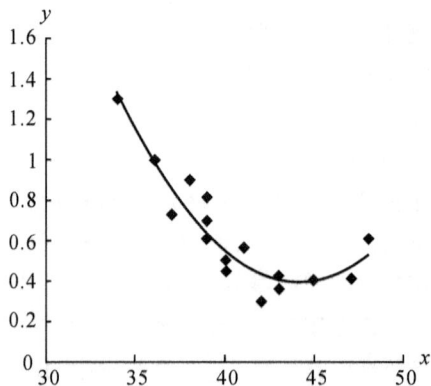

图 7.3.1 某产品的废品率与某种化学成分的关系

设回归曲线为
$$\hat{y} = b_0 + b_1 x + b_2 x^2$$

令
$$x_1 = x, \; x_2 = x^2$$

表 7.3.1 的第 3 列列出了 $x^2$ 的值。本例中，$n = 16$，$p = 2$，根据表 7.3.1 的数据可得

$$\sum_{k=1}^{n} x_{k1} = 651, \sum_{k=1}^{n} x_{k2} = 26709, \sum_{k=1}^{n} y_k = 10.02$$

$$\bar{x}_1 = 40.6875, \bar{x}_2 = 1669.3125, \bar{y} = 0.6263$$

$$l_{11} = \sum_{k=1}^{n} x_{k1}^2 - \frac{1}{n}\left(\sum_{k=1}^{n} x_{k1}\right)^2 = 221.41$$

$$l_{22} = \sum_{k=1}^{n} x_{k2}^2 - \frac{1}{n}\left(\sum_{k=1}^{n} x_{k2}\right)^2 = 1513685.4$$

$$l_{12} = l_{21} = \sum_{k=1}^{n} x_{k1} x_{k2} - \frac{1}{n}\left(\sum_{k=1}^{n} x_{k1}\right)\left(\sum_{k=1}^{n} x_{k2}\right) = 18282.56$$

$$l_{1y} = \sum_{k=1}^{n} x_{k1} y_k - \frac{1}{n}\left(\sum_{k=1}^{n} x_{k1}\right)\left(\sum_{k=1}^{n} y_k\right) = -11.6488$$

$$l_{2y} = \sum_{k=1}^{n} x_{k2} y_k - \frac{1}{n}\left(\sum_{k=1}^{n} x_{k2}\right)\left(\sum_{k=1}^{n} y_k\right) = -923.05$$

于是正规方程为
$$221.44 b_1 + 18282.56 b_2 = -11.6488$$
$$18282.56 b_1 + 1513685.4 b_2 = -923.05$$

由此解得
$$b_1 = -0.8097, \; b_2 = 0.0092, \; b_0 = \bar{y} - b_1 \bar{x}_1 - b_2 \bar{x}_2 = 18.264$$

所求回归方程为
$$\hat{y} = 18.264 - 0.8097x + 0.0092x^2$$

因为
$$\frac{\mathrm{d}\hat{y}}{\mathrm{d}x} = -0.8097 + 2 \times 0.0092x,$$

所以当
$$x = \frac{0.8097}{2 \times 0.0092} = 44.01$$

时，$\hat{y}$ 达到最小值
$$\hat{y} = 18.264 - 0.8097 \times 44.01 + 0.0092 \times 44.01^2 = 0.4484$$

即当这种成分的含量在 $0.44\%$ 时，平均废品率约为 $0.45\%$。

## §7.4　"最优"回归方程

在多元回归分析中,一个需要解决的问题是如何使所建立的回归方程只包含对 $y$ 有显著影响的因素而不包含对 $y$ 影响不显著的因素,这种回归方程通常被称为"最优"回归方程。

在 §7.2 中我们已经对回归方程中的每一个变量对 $y$ 的影响进行了检验,为建立"最优"回归方程,这一节我们再来讨论在回归方程中每一因素对此方程所起的作用。

假定已经求得了包含 $p$ 个因素的回归方程

$$\hat{y} = b_0 + b_1 x_1 + b_2 x_2 + \cdots + b_p x_p \tag{7.4.1}$$

对于这个方程来说,回归平方和为

$$SS_R = \sum_{i=1}^{p} b_i l_{iy}$$

如果在 $x_1, x_2, \cdots, x_p$ 中去掉一个变量,例如 $x_p$,对剩下的 $p-1$ 个变量重新建立回归方程

$$\hat{y} = b_0' + b_1' x + b_2' x_2 + \cdots + b_{p-1}' x_{p-1}$$

它的回归平方和为

$$SS_{R'} = \sum_{i=1}^{p-1} b_i' l_{iy}$$

可以证明

$$SS_R - SS_{R'} > 0$$

令

$$p_p = SS_R - SS_{R'} \tag{7.4.2}$$

则 $p_p$ 表示由于删除了变量 $x_p$ 后回归平方和的减少量,我们称之为 $x_p$ 对 $y$ 的方差贡献,也叫做偏回归平方和。

应当指出,$x_p$ 的方差贡献不仅与 $x_p$ 有关,而且与所有因素 $x_1, x_2, \cdots, x_{p-1}$ 的整体有关。特别是当这些因素之间有很密切的相关关系时,尤其如此,因此,通常用

$$F_p = p_p / S_e^2 \tag{7.4.3}$$

来衡量因素 $x_p$ 在回归中所起作用的大小,式中 $S_e^2$ 是回归方程(7.4.1)的剩余方差。

一般地,对于变量 $x_i$,在回归系数 $\beta_i = 0$ 的假设成立时,可以证明

$$F_i = p_i / S_e^2, \quad i = 1, 2, \cdots, p$$

服从 $df = (1, n - p - 1)$ 的 $F$ 分布,因此可以用它来检验 $x_i$ 的方差贡献的显著性。

如果我们对所有需考虑的因素建立了回归方程,则可对每一因素的方差贡献进行显著性检验,从而剔除不显著因素中方差贡献最小的一个因素,再重新建立回归方程,重复这一过程,直至所留下的所有因素都显著为止,由此所得到的方程便是"最优"回归方程。

下面我们介绍几个常用的公式:

设对 $p$ 个因素 $x_1, x_2, \cdots, x_p$ 建立了回归方程

$$\hat{y} = b_0 + b_1 x_1 + b_2 x_2 + \cdots + b_p x_p \tag{7.4.4}$$

其中,$b_i (i = 1, 2, \cdots, p)$ 是正规方程 $Lb = B$ 的解,即

$$\begin{pmatrix} b_1 \\ b_2 \\ \cdots \\ b_p \end{pmatrix} = \begin{pmatrix} c_{11} & c_{12} & \cdots & c_{1p} \\ c_{21} & c_{22} & \cdots & c_{2p} \\ \cdots & & & \\ c_{p1} & c_{p2} & \cdots & c_{pp} \end{pmatrix} \begin{pmatrix} l_{1y} \\ l_{2y} \\ \cdots \\ l_{py} \end{pmatrix}$$

上式中 $C = (c_{ij})$ 为 $L = (l_{ij})$ 的逆矩阵。所以

$$b_i = \sum_{j=1}^{p} c_{ij} l_{jy} \tag{7.4.5}$$

假如我们在这 $p$ 个因素中剔除了 $x_i$,并重新建立了回归方程

$$\hat{y} = b_0' + b_1' x_1 + \cdots + b_{i-1}' x_{i-1} + b_{i+1}' x_{i+1} + \cdots + b_p' x_p$$

其中 $b_j' (j \neq i)$ 是新的回归系数,可以证明 $b_j$ 与 $b_j'$ 间具有下列关系

$$b_j' = b_j - \frac{c_{ij}}{c_{ii}} b_i, \quad j = 1, 2, \cdots, i-1, i+1, \cdots p \tag{7.4.6}$$

被剔除的变量 $x_i$ 的方差贡献为

$$p_i = SS_R - SS_{R'} = \sum_{j=1}^{p} b_j l_{jy} - \sum_{j=1, j \neq i}^{p} b_j' l_{jy}$$

把(7.4.6)式代入上式,得

$$p_i = \sum_{j=1}^{p} b_j l_{jy} - \sum_{j=1, j \neq i}^{p} b_j l_{jy} + \frac{b_i}{c_{ii}} \sum_{j=1, j \neq i}^{p} c_{ij} l_{jy} = b_i l_{iy} + \frac{b_i}{c_{ii}} \sum_{j=1, j \neq i}^{p} c_{ij} l_{jy}$$

$$= \frac{b_i}{c_{ii}} \sum_{j=1}^{p} c_{ij} l_{jy}$$

再将(7.4.5)式代入,得

$$p_i = \frac{b_i^2}{c_{ii}} \tag{7.4.7}$$

因此,要检验 $x_i$ 对 $y$ 的效应是否显著,只需计算

$$F_i = \frac{b_i^2}{c_{ii} S_e^2} \tag{7.4.8}$$

然后将它与 $df = (1, n - p - 1)$ 的 $F$ 分布的临界值 $F_\alpha$ 作比较。不难看到,式 (7.4.8) 与 §7.2 中偏回归系数的检验是一致的。

**例 7.4.1**  在例 7.1.1 中我们已求过 $y$ 对 $x_1, x_2, x_3$ 的回归方程,得到

$$\begin{pmatrix} 1752.96 & 1085.61 & 1200.00 \\ 1085.61 & 3155.78 & 3364.00 \\ 1200.00 & 3364.00 & 35572.00 \end{pmatrix} \begin{pmatrix} b_1 \\ b_2 \\ b_3 \end{pmatrix} = \begin{pmatrix} 3231.48 \\ 2216.44 \\ 7593.00 \end{pmatrix}$$

由此算得回归方程为

$$\hat{y} = 43.6662 + 1.7848 x_1 - 0.0834 x_2 + 0.1611 x_3$$

并且已得到

$$L^{-1} = \begin{pmatrix} 7.2493 \times 10^{-4} & -2.4835 \times 10^{-4} & -9.6913 \times 10^{-7} \\ -2.4835 \times 10^{-4} & 4.3748 \times 10^{-4} & -3.2994 \times 10^{-5} \\ -9.6913 \times 10^{-7} & -3.2994 \times 10^{-5} & 3.1265 \times 10^{-5} \end{pmatrix}$$

于是

$$c_{11} = 7.2493 \times 10^{-4}, \quad c_{22} = 4.3748 \times 10^{-4}, \quad c_{33} = 3.1265 \times 10^{-5}$$

各自变量的方差贡献分别为

$$p_1 = \frac{b_1^2}{c_{11}} = \frac{1.7848^2}{0.00072493} = \frac{3.1855}{0.00072493} = 4394.41$$

$$p_2 = \frac{b_2^2}{c_{22}} = \frac{(-0.0834)^2}{0.00043748} = \frac{0.006956}{0.00043748} = 15.90$$

$$p_3 = \frac{b_3^2}{c_{33}} = \frac{0.1611^2}{0.000031265} = \frac{0.02595}{0.000031265} = 830.10$$

因为剩余方差为(见表 7.2.1)

$$s_e^2 = \frac{SS_e}{n - p - 1} = 398.82$$

所以

$$F_1 = \frac{p_1}{s_e^2} = 11.02^{**}, \quad F_2 = \frac{p_2}{s_e^2} = 0.040, \quad F_3 = \frac{p_3}{s_e^2} = 2.08$$

当 $df = (1, 14)$ 时,$F_{0.05} = 4.60, F_{0.01} = 8.86$,则三个偏回归系数中,仅 $b_1$ 高度显著,$b_2, b_3$ 都不显著。

在两个不显著的因素中,方差贡献较小的是 $x_2$,把它从回归方程中剔除后,得到的新回归方程的回归系数为

$$b_1' = b_1 - \frac{c_{12}}{c_{22}}b_2 = 1.7848 - \frac{(-0.00024835)}{0.00043748}(-0.0834) = 1.7375$$

$$b_3' = b_3 - \frac{c_{23}}{c_{22}}b_2 = 0.1611 - \frac{(-0.000032994)}{0.00043748}(-0.0834) = 0.1548$$

$$b_0' = \bar{y} - b_1'\bar{x}_1 - b_3'\bar{x}_3 = 81.28 - 1.7375 \times 11.94 - 0.1548 \times 123$$
$$= 41.49$$

于是,新的回归方程为

$$\hat{y} = 41.49 + 1.7375x_1 + 0.1548x_3$$

在例 7.2.1 中已得到

$$SS_T = 12389.61$$

现在

$$SS_R = b_1'l_{1y} + b_3'l_{3y} = 1.7375 \times 3231.48 + 0.1548 \times 7593.00$$
$$= 6790.09$$

$$SS_e = SS_T - SS_R = 12389.62 - 6790.09 = 5599.53$$

列出方差分析表如下:

表 7.4.1　关于 $x_1$、$x_3$ 回归方程的方差分析

| 来源 | 平方和 | 自由度 | 均方 | F 值 | F 临界值 |
|---|---|---|---|---|---|
| 回归剩余 | 6790.09 | 2 | 3395.05 | 9.43** | $F_{0.01}(2,15) = 6.36$ |
| 剩余 | 5599.53 | 15 | 359.97 | | |
| 总和 | 12389.61 | 17 | | | |

由此可见,回归方程是高度显著的。

为了对新的回归方程及 $b_1'$,$b_3'$ 进行假设检验,还需要写出正规方程,它是

$$\begin{pmatrix} 1752.96 & 1200.00 \\ 1200.00 & 35572.00 \end{pmatrix} \begin{pmatrix} b_1' \\ b_3' \end{pmatrix} = \begin{pmatrix} 3231.48 \\ 7593.00 \end{pmatrix}$$

现在正规系数矩阵为

$$L^{(1)} = \begin{pmatrix} 1752.96 & 1200.00 \\ 1200.00 & 35572.00 \end{pmatrix}$$

它的逆阵是

$$C^{(1)} = (L^{(1)})^{-1} = \begin{pmatrix} c_{11}^{(1)} & c_{13}^{(1)} \\ c_{31}^{(1)} & c_{33}^{(1)} \end{pmatrix} = \begin{pmatrix} 0.0005839 & -0.0000197 \\ -0.000197 & 0.0000288 \end{pmatrix}①$$

于是,可算出各方差贡献如下:

$$p_1^{(1)} = \frac{(b_1')^2}{c_{11}^{(1)}} = \frac{1.7375^2}{0.0005839} = 5170.24$$

$$p_2^{(1)} = \frac{(b_3')^2}{c_{33}^{(1)}} = \frac{0.1548^2}{0.0000288} = 832.049$$

因为 $s_e^2 = 359.97$(见表 7.4.1),所以

$$F_1 = \frac{p_1^{(1)}}{s_e^2} = \frac{5170.24}{359.97} = 14.36^{**}$$

$$F_3 = \frac{p_2^{(1)}}{s_e^2} = \frac{832.049}{359.97} = 2.31$$

查 $F$ 分布表,得 $F_{0.05}(1,15) = 4.54$,$F_{0.01}(1,15) = 8.68$。可见,$x_1$ 对 $y$ 有高度显著影响,而 $x_3$ 的影响不显著。所以,$x_3$ 可以从回归方程中剔除,于是,自变量只剩下 $x_1$,最后的回归方程为

$$\hat{y} = 59.2698 + 1.8434x_1$$

# §7.5  逐步回归分析

## 一、逐步回归的基本思想

在 §7.4 中已经介绍了获得"最优"回归方程的一种方法,这个方法首先要对所有变量建立回归方程,亦即对于这些变量,不论是否重要,一律都引入回归方程,然后再通过 $F$ 检验剔除不显著的自变量,这种算法通常叫做"反向计算"。另一种常用的建立"最优"回归方程的方法是逐步回归分析。

---

① 容易知道二阶方阵 $A = \begin{pmatrix} a & b \\ c & d \end{pmatrix}$ 的逆阵为

$$A^{-1} = \frac{1}{|A|} \begin{pmatrix} d & -b \\ -c & a \end{pmatrix}, \text{其中 } |A| = \begin{vmatrix} a & b \\ c & d \end{vmatrix}$$

一般地,如果 $L$ 与 $L^*$ 分别是 $p$ 元回归与 $p-1$ 元回归的系数阵,$L^*$ 可由把 $L$ 的第 $i$ 行、第 $i$ 列划去而得出,如果记 $C = (L^*)^{-1}$ 的元素为 $c_{jk}^*$,则

$$c_{jk}^* = c_{jk} - \frac{c_{ji}}{c_{ii}} c_{ik} \tag{7.4.9}$$

式(7.4.9)的推导见上海师范大学数学系概率统计教研组编《回归分析及其试验设计》,第 59 − 61 页。

如上所述,一个好的回归方程,应包含所有对 $y$ 有显著影响的因素,而不包含对 $y$ 影响不显著的因素。逐步回归的基本思想就是在建立回归方程的过程中,对自变量一一进行检验,引入对 $y$ 有显著影响的因素,剔除对 $y$ 影响不显著的因素。

逐步回归的基本方法是:从单个自变量开始,按照各自变量对 $y$ 影响的显著程度,逐个地把它们引入回归方程,同时,考虑到已经引入回归方程的某些变量有可能随着其后另一些变量的引入而失去了原有的重要性(这是因为各自变量之间可能存在着依赖关系,引入一个新变量后,原有的变量就不一定显著了),因此,在每引入一个新变量后,对原有的变量逐个进行检验,并将那些方差贡献变得不显著的变量剔除,如此继续下去,直到已有的回归方程中的变量都不能剔除,也没有变量可以被引入为止。

在上述过程中,由于影响不显著的自变量总是及时被剔除,因而保证了最后得到的回归方程中所有的自变量都是显著的。

因为一般统计软件中都有逐步回归的计算程序,因此在这里只对逐步回归的基本思想和计算程序作一简单介绍。

### 二、正规方程的标准化

在逐步回归中,同样需要求解正规方程,并求出它的系数矩阵的逆阵。为使计算具有更好的数字效果以及便于计算机进行计算,把正规方程作一些形式上的改变。

假如对 $m$ 个自变量 $x_1, x_2, \cdots, x_p$ 得到了正规方程

$$\begin{cases} l_{11}b_1 + l_{12}b_2 + \cdots + l_{1p}b_p = l_{1y} \\ l_{21}b_1 + l_{22}b_2 + \cdots + l_{2p}b_p = l_{2y} \\ \cdots \\ l_{p1}b_1 + l_{p2}b_2 + \cdots + l_{pp}b_p = l_{py} \end{cases} \tag{7.5.1}$$

原回归方程

$$\hat{y} = b_0 + b_1 x_1 + b_2 x_2 + \cdots + b_p x_p \tag{7.5.2}$$

令

$$\tilde{b}_i = b_i \sqrt{\frac{l_{ii}}{l_{yy}}} \qquad i = 1, 2, \cdots, p \tag{7.5.3}$$

即

$$b_i = \tilde{b}_i \sqrt{\frac{l_{yy}}{l_{ii}}} \qquad i = 1, 2, \cdots, p \tag{7.5.4}$$

将(7.5.4)代入(7.5.1),并在第 $i$ 个方程两边分别除以 $\sqrt{l_{ii}}\ \sqrt{l_{yy}}$,则得

$$
\begin{cases}
\dfrac{l_{11}}{\sqrt{l_{11}}\sqrt{l_{11}}}\tilde{b}_1 + \dfrac{l_{12}}{\sqrt{l_{11}}\sqrt{l_{22}}}\tilde{b}_2 + \cdots + \dfrac{l_{1p}}{\sqrt{l_{11}}\sqrt{l_{pp}}}\tilde{b}_p = \dfrac{l_{1y}}{\sqrt{l_{11}}\sqrt{l_{yy}}} \\[3mm]
\dfrac{l_{21}}{\sqrt{l_{22}}\sqrt{l_{11}}}\tilde{b}_1 + \dfrac{l_{22}}{\sqrt{l_{22}}\sqrt{l_{22}}}\tilde{b}_2 + \cdots + \dfrac{l_{2p}}{\sqrt{l_{22}}\sqrt{l_{pp}}}\tilde{b}_p = \dfrac{l_{2y}}{\sqrt{l_{22}}\sqrt{l_{yy}}} \\[3mm]
\cdots \\[3mm]
\dfrac{l_{p1}}{\sqrt{l_{pp}}\sqrt{l_{11}}}\tilde{b}_1 + \dfrac{l_{p2}}{\sqrt{l_{pp}}\sqrt{l_{22}}}\tilde{b}_2 + \cdots + \dfrac{l_{pp}}{\sqrt{l_{pp}}\sqrt{l_{pp}}}\tilde{b}_p = \dfrac{l_{py}}{\sqrt{l_{pp}}\sqrt{l_{yy}}}
\end{cases}
$$

由式(6.3.3),$\dfrac{l_{ij}}{\sqrt{l_{ii}}\ \sqrt{l_{jj}}}$ 是 $x_i$ 与 $x_j$ 的简单相关系数,记为

$$
r_{ij} = \frac{l_{ij}}{\sqrt{l_{11}}\ \sqrt{l_{jj}}}
$$

则上式可改写为

$$
\begin{cases}
r_{11}\tilde{b}_1 + r_{12}\tilde{b}_2 + \cdots + r_{1p}\tilde{b}_p = r_{1y} \\
r_{21}\tilde{b}_1 + r_{22}\tilde{b}_2 + \cdots + r_{2p}\tilde{b}_p = r_{2y} \\
\cdots \\
r_{p1}\tilde{b}_1 + r_{p2}\tilde{b}_2 + \cdots + r_{pp}\tilde{b}_p = r_{py}
\end{cases}
\tag{7.5.5}
$$

方程(7.5.5)叫做标准正规方程,$\tilde{b}_1,\tilde{b}_2,\cdots,\tilde{b}_p$ 叫做标准回归系数,记

$$
A = \begin{bmatrix} r_{11} & r_{12} & \cdots & r_{1p} \\ r_{21} & r_{22} & \cdots & r_{2p} \\ \cdots & & & \\ r_{p1} & r_{p2} & \cdots & r_{pp} \end{bmatrix}, \quad B = \begin{bmatrix} r_{1y} \\ r_{2y} \\ \cdots \\ r_{py} \end{bmatrix}
$$

$A$ 称为相关矩阵。

以前在讨论回归问题时所遇到的 $l_{ij}$ 在式(7.5.5)中被 $r_{ij}$ 所代替,类似地,$l_{yy}$ 也被 $r_{yy}$ 所代替,即对标准正规方程来说,总离差平方和是 $r_{yy}$,记为 $\widetilde{SS}_T$,即

$$
\widetilde{SS}_T = r_{yy} = 1
$$

相应的回归平方和记为 $\widetilde{SS}_R$,剩余平方和记为 $\widetilde{SS}_e$。

### 三、逐步回归的计算程序

要搞清逐步回归分析计算公式的来源,需要一些线性代数知识,我们不对其作详细的讨论,只是介绍逐步回归的具体实施步骤。

把上节的相关矩阵扩充成

$$A^{(0)} = \begin{bmatrix} r_{11} & r_{12} & \cdots & r_{1p} & r_{1y} \\ r_{21} & r_{22} & \cdots & r_{2p} & r_{2y} \\ \cdots & & & & \\ r_{p1} & r_{p2} & \cdots & r_{pp} & r_{py} \\ r_{y1} & r_{y2} & \cdots & r_{yp} & r_{yy} \end{bmatrix} \qquad (7.5.6)$$

其中，$r_{ij} = r_{ji}$，$r_{iy} = r_{yi}$。这个矩阵也叫做相关矩阵。按本节开头所说的，逐步回归的基本方法是将自变量按其方差贡献的大小逐一引入回归方程，并且在已建立的回归方程中，将因为引入了新变量而变得不显著的变量及时剔除。为了进行变量剔除及引入，都需要对类似于(7.5.6)矩阵进行一次变换，把经过 $l$ 次变换后所得的矩阵记为

$$A^{(l)} = \begin{bmatrix} r_{11}^{(l)} & r_{12}^{(l)} & \cdots & r_{1p}^{(l)} & r_{1y}^{(l)} \\ r_{21}^{(l)} & r_{22}^{(l)} & \cdots & r_{2p}^{(l)} & r_{2y}^{(l)} \\ \cdots & & & & \\ r_{p1}^{(l)} & r_{p2}^{(l)} & \cdots & r_{pp}^{(l)} & r_{py}^{(l)} \\ r_{y1}^{(l)} & r_{y2}^{(l)} & \cdots & r_{yp}^{(l)} & r_{yy}^{(l)} \end{bmatrix} \textcircled{1}$$

如果需要引入或剔除的自变量是 $x_k (k = 1, 2, \cdots, p)$，则应对 $A^{(l)}$ 作变换，记这个变换为 $L_k$，

$$L_k:$$

$$r_{ij}^{(l+1)} = \begin{cases} r_{ij}^{(l)} - r_{ik}^{(l)} r_{kj}^{(l)} / r_{kk}^{(l)} & i, j \neq k \\ r_{kj}^{(l)} / r_{kk}^{(l)} & j \neq k \\ -r_{ik}^{(l)} / r_{kk}^{(l)} & i \neq k \\ 1 / r_{kk}^{(l)} & i = j = k \end{cases} \qquad (7.5.7)$$

$$i, j = 1, 2, \cdots, p, y$$

记

$$A^{(l+1)} = (r_{ij}^{(l+1)})$$

可以证明，在第 $l$ 步和第 $l+1$ 步引入的变量不可能在第 $l+2$ 步被剔除。

　　有了以上这些准备知识后，我们来介绍逐步回归的计算步骤。

　　第一步，从所考虑的 $p$ 个自变量中选择一个自变量，要求是在分别用各自变量建立的一元回归方程中，这个自变量的方差贡献（对一元回归来说，就是回归平方和）为最大，为此，需要计算每一自变量的方差贡献，计算公式是

---

　　① 当 $l = 0$ 时，那末 $A^{(l)}$ 即为矩阵(7.5.6)。

$$p_i^{(1)} = \frac{r_{iy}^2}{r_{ii}} \text{①} \qquad i = 1, 2, \cdots, p \tag{7.5.8}$$

从这 $p$ 个方差贡献中找出最大的,设它是 $x_{k_1}$,对 $x_{k_1}$ 的方差贡献作显著性检验,检验用的统计量是

$$F_{k_1}^{(1)} = \frac{p_{k_1}^{(1)}}{1 - p_{k_1}^{(1)}}(n-2) \text{②}, df = (1, n-2) \tag{7.5.9}$$

如果检验的结果是显著的,则引入自变量 $x_{k_1}$,然后,按式(7.5.7)对矩阵 $A^{(0)}$ 作变换 $L_{k_1}$,将变换后所得的矩阵记为 $A^{(1)}$。

第二步,算出 $x_{k_1}$ 分别与剩余的每一变量所组成的二元线性回归的方差贡献 $p_i^{(2)}$,计算公式是

$$p_i^{(2)} = \frac{(r_{iy}^{(1)})^2}{r_{ii}^{(1)}} \tag{7.5.10}$$

在这些 $p_i^{(2)}$ 中找出最大的一个,设为 $p_{k_2}^{(2)}$。对自变量 $x_{k_2}$ 作 $F$ 检验,$F$ 值由下式计算

$$F_{k_2}^{(2)} = \frac{p_{k_2}^{(2)}}{r_{yy}^{(1)} - p_{k_2}^{(2)}}(n-3) \text{③}, \ df = (1, n-3) \tag{7.5.11}$$

如果检验结果显著,则将 $x_{k_2}$ 引入回归方程,并对 $A^{(1)}$ 作变换 $L_{k_2}$,将变换所得的矩阵记为 $A^{(2)}$;如果不显著,则结束逐步计算,就 $x_{k_1}$ 算出回归方程并作必要的检验。

第 $l+1$ 步,如果已计算了 $l$ 步,在回归方程中引入了 $l$ 个自变量 $x_{k_1}, x_{k_2}, \cdots, x_{k_l}$,且矩阵 $A^{(0)}$ 经 $l$ 次变换后,成为 $A^{(l)} = (r_{ij}^{(l)})$,则第 $l+1$ 步的计算内容如下:

(1)算出全部变量的方差贡献

$$p_i^{(l+1)} = \frac{(r_{iy}^{(l)})^2}{r_{ii}^{(l)}}, \quad i = 1, 2, \cdots, p \tag{7.5.12}$$

---

① 在本节中,用字母左上角的记号($l$)表示这个量是对第 $l$ 步计算而言的。

② 如果以 $x_{k_1}$ 为自变量作成一元回归方程,则回归平方和为 $\widetilde{SS}_R^{(1)} = p_{k_1}^{(1)}$,于是,剩余平方和为
$\widetilde{SS}_e = r_{yy} - p_{k_1}^{(1)} = 1 - p_{k_1}^{(1)}, \ df = n-2$。

③ $r_{yy}^{(1)} = r_{yy} - \frac{(r_{k_1 y})^2}{r_{k_1 k_1}} = 1 - p_{k_1}^{(1)}$,所以式(7.5.11)的分母为
$r_{yy}^{(1)} - p_{k_2}^{(2)} = 1 - p_{k_1}^{(1)} - p_{k_2}^{(2)}$

它是以 $x_{k_1}, x_{k_2}$ 为自变量的二元线性回归的剩余平方和。

（2）检查当引入了 $x_{k_l}$ 后，在 $x_{k_1},x_{k_2},\cdots,x_{k_{(l-1)}}$ 中是否有应剔除的变量，为此，从 $p_{k_1}^{(l+1)},p_{k_2}^{(l+1)},\cdots,p_{k_{l-1}}^{(l+1)}$ 中找出最小的一个，设为 $p_k^{(l+1)}$，对自变量 $x_k$ 作 $F$ 检验，$F$ 值为

$$F = \frac{p_k^{(l+1)}}{r_{yy}^{(l)}}(n-l-1),\ df=(1,n-l-1) \tag{7.5.13}$$

如果不显著，则剔除 $x_k$，如果显著，则转入（3）。

如果 $x_k$ 被剔除，对 $A^{(l)}$ 作变换 $L_k$，得 $A^{(l+1)}$，并对 $x_{k_i}(k_i \neq k)$ 再作检验，直到没有因子需要剔除为止，转入（3）。

（3）从 $i \neq k_1,k_2,\cdots,k_l$ 的 $p_i^{(l+1)}$ 中找出最大的一个，设为 $p_{k_{l+1}}^{(l+1)}$，对自变量 $x_{k_{l+1}}$ 作 $F$ 检验，$F$ 值为

$$F = \frac{p_{k_{l+1}}^{(l+1)}}{r_{yy}^{(l)} - p_{k_{l+1}}^{(l+1)}}(n-l-2),\ df=(1,n-l-2) \tag{7.5.14}$$

如果显著，则引入自变量 $x_{k_{l+1}}$，并对 $A^{(l)}$ 作变换 $L_{k_{l+1}}$ 得 $A^{(l+1)}$，如果不显著，则逐步计算阶段结束。

如上所述，计算的每一步总是先考虑变量的剔除，当不需要剔除时才考虑引入，只是在第一、二、三步可不考虑剔除。

如果逐步计算结束时，共引入了 $m$ 个变量，则可建立 $m$ 元回归方程，对引入方程的变量 $x_{k_l}$，有

$$\tilde{b}_{k_l} = r_{k_l y}^{(m)},\ l=1,2,\cdots,m$$

按式（7.5.4），回归系数为

$$b_{k_l} = r_{k_l y}^{(m)} \sqrt{\frac{l_{yy}}{l_{k_l k_l}}} \tag{7.5.15}$$

$$b_0 = \bar{y} - \sum_{l=1}^{m} b_{k_l}\bar{x}_{k_l} \tag{7.5.16}$$

**例 7.5.1**　已知变量 $y$ 随着 4 个自变量 $x_1,x_2,x_3,x_4$ 变化，并有 32 次观测数据，见表 7.5.1，用逐步回归建立回归方程。

表 7.5.1　例 7.5.1 的观察数据

| 序号 | $x_1$ | $x_2$ | $x_3$ | $x_4$ | $y$ | 回归值 $\hat{y}$ | $y-\hat{y}$ |
|---|---|---|---|---|---|---|---|
| 1 | 13 | 7 | 26 | 19 | 11.5 | 10.9966 | 0.5034 |
| 2 | 15 | 11 | 40 | 34 | 19.8 | 19.5262 | 0.2738 |
| 3 | 21 | 8 | 29 | 17 | 13.7 | 14.0475 | −0.3475 |
| 4 | 19 | 12 | 15 | 33 | 21.6 | 21.0516 | 0.5484 |

**续表**

| 序号 | $x_1$ | $x_2$ | $x_3$ | $x_4$ | $y$ | 回归值 $\hat{y}$ | $y - \hat{y}$ |
|---|---|---|---|---|---|---|---|
| 5 | 27 | 11 | 13 | 27 | 22.3 | 22.0982 | 0.2018 |
| 6 | 32 | 10 | 21 | 15 | 19.1 | 18.6183 | 0.4817 |
| 7 | 17 | 8 | 18 | 16 | 11.7 | 11.5199 | 0.1801 |
| 8 | 26 | 10 | 35 | 23 | 19.4 | 19.5872 | −0.1872 |
| 9 | 14 | 6 | 14 | 18 | 10.6 | 11.0021 | −0.4021 |
| 10 | 28 | 13 | 21 | 34 | 25.5 | 26.1124 | −0.6124 |
| 11 | 19 | 9 | 13 | 29 | 18.7 | 19.0473 | −0.3473 |
| 12 | 12 | 10 | 19 | 38 | 19.3 | 20.0107 | −0.7107 |
| 13 | 23 | 8 | 25 | 17 | 15.6 | 15.0608 | 0.5392 |
| 14 | 28 | 11 | 33 | 32 | 24.7 | 25.1103 | −0.4103 |
| 15 | 21 | 9 | 18 | 19 | 15.3 | 15.0497 | 0.2503 |
| 16 | 35 | 14 | 24 | 34 | 29.8 | 29.6589 | 0.1411 |
| 17 | 16 | 6 | 19 | 14 | 10.2 | 10.0110 | 0.1890 |
| 18 | 24 | 10 | 32 | 26 | 19.8 | 20.0772 | −0.2772 |
| 19 | 22 | 11 | 39 | 38 | 25.3 | 25.0770 | 0.2230 |
| 20 | 10 | 7 | 17 | 20 | 9.7 | 9.9778 | −0.2778 |
| 21 | 18 | 8 | 34 | 22 | 14.8 | 15.0330 | −0.2330 |
| 22 | 29 | 11 | 28 | 21 | 20.7 | 20.1049 | 0.5951 |
| 23 | 18 | 11 | 16 | 32 | 19.6 | 20.0439 | −0.4439 |
| 24 | 16 | 10 | 15 | 34 | 20.3 | 20.0328 | 0.2672 |
| 25 | 18 | 7 | 23 | 14 | 11.1 | 11.0243 | 0.0757 |
| 26 | 23 | 11 | 29 | 29 | 20.7 | 21.0738 | −0.3738 |
| 27 | 25 | 13 | 41 | 40 | 28.9 | 27.5991 | 1.3009 |
| 28 | 32 | 9 | 12 | 15 | 18.3 | 18.6183 | −0.3183 |
| 29 | 36 | 11 | 37 | 18 | 21.5 | 22.1481 | −0.6481 |
| 30 | 31 | 9 | 25 | 14 | 17.7 | 17.6106 | 0.0894 |
| 31 | 29 | 13 | 14 | 38 | 28.3 | 28.6234 | −0.3234 |
| 32 | 18 | 10 | 11 | 35 | 21.6 | 21.5472 | 0.0528 |

逐步回归的计算过程如下:

第一阶段 —— 准备工作。算出各变量的均值、标准差及相关矩阵 $A^{(0)}$,结果如下表。

表 7.5.2　例 7.5.1 的均值及标准差

| | $x_1$ | $x_2$ | $x_3$ | $x_4$ | $y$ |
|---|---|---|---|---|---|
| 均值 | 22.34375 | 9.81250 | 23.62500 | 25.46875 | 18.97188 |
| 标准差 $\sqrt{l_{ii}/(n-1)}$ | 6.92638 | 2.07034 | 9.05806 | 8.69551 | 5.49271 |

相关矩阵为

$$A^0 = \begin{pmatrix} 1 & 0.5670211 & 0.2098408 & -0.0434669 & 0.6043921 \\ 0.5670211 & 1 & 0.2077063 & 0.7414913 & 0.9566189 \\ 0.2098408 & 0.2077063 & 1 & 0.1001865 & 0.2278097 \\ -0.0434669 & 0.7414913 & 0.1001865 & 1 & 0.7655058 \\ 0.6043921 & 0.9566189 & 0.2278097 & 0.7655058 & 1 \end{pmatrix}$$

在逐步回归计算中,每一步都需要对方差贡献作 $F$ 检验,由于已引入的自变量个数在计算过程中不断变动,因而每次作 $F$ 检验时 $F$ 变量的自由度也是不同的。但由于在一般情况下 $n$ 总是比 $l$ 大得多,也就是说 $F$ 变量的第二自由度是一个较大的数字。从 $F$ 表可以看出,当第一自由度为 1,而第二自由度 $> 20$ 时,对于给定的显著性水平,$F$ 的临界值变化不大,所以可以近似地把 $F$ 的临界值看成常数。一般在筛选变量时,为了不至于遗漏重要因素,这个值不宜取得过大。在本例中,取 $F$ 的临界值为 2.5,当 $df = (1,30)$ 时,与它相当的显著性水平略大于 0.10。

第二阶段 —— 逐步计算。

第一步

(1) 计算各自变量的方差贡献

$$p_1^{(1)} = \frac{r_{1y}^2}{r_{11}} = 0.365299, \quad p_2^{(1)} = \frac{r_{2y}^2}{r_{22}} = 0.915117,$$

$$p_3^{(1)} = \frac{r_{3y}^2}{r_{33}} = 0.051897, \quad p_4^{(1)} = \frac{r_{4y}^2}{r_{44}} = 0.585998$$

(2) 在这 4 个 $p_i^{(1)}$ 中,最大的是 $p_2^{(1)}$,对它作 $F$ 检验

$$F = \frac{p_2^{(1)}}{1 - p_2^{(1)}}(n-2) = \frac{0.915117}{1 - 0.915117} = (32 - 2) = 323.428$$

$F$ 值大于以上已取定的临界值 2.5,变量 $x_2$ 显著,可引入回归方程。

(3) 对矩阵 $A^{(0)}$ 作变换 $L_2$,计算结果为

$$A^{(1)} = \begin{pmatrix} 0.678477 & -0.567021 & 0.092067 & -0.0463908 & 0.061970 \\ 0.5670211 & 1 & 0.207706 & 0.741491 & 0.956617 \\ 0.092067 & -2.207706 & 0.956858 & -0.053826 & 0.029114 \\ -0.463908 & 0.741491 & -0.053826 & 0.450190 & 0.056182 \\ 0.061970 & -0.956617 & 0.029114 & 0.056182 & 0.084883 \end{pmatrix} \text{①}$$

注意

$$r_{yy}^{(1)} = r_{yy} - \frac{r_{y2} r_{2y}}{r_{22}} = 1 - p_2^{(1)}$$

而 $p_2^{(1)}$ 是引入 $x_2$ 时,标准化了的一元线性回归方程的回归平方和,所以 $1 - p_2^{(1)}$ 是这个回归方程的剩余方差,即

$$\widetilde{SS}_e^{(1)} = 1 - p_2^{(1)} = r_{yy}^{(1)} \tag{7.5.17}$$

于是

$$\widetilde{SS}_e^{(1)} = 0.084883$$

第二步

(1) 计算各自变量的方差贡献

$$p_1^{(2)} = \frac{(r_{ly}^{(1)})^2}{r_{11}^{(1)}} = \frac{0.0619707^2}{0.678487} = 0.005660,$$

$$p_2^{(2)} = \frac{(r_{2y}^{(1)})^2}{r_{22}^{(1)}} = \frac{0.956617^2}{1} = 0.915117,$$

$$p_3^{(2)} = \frac{(r_{3y}^{(1)})^2}{r_{33}^{(1)}} = \frac{0.029114^2}{0.956858} = 0.000886,$$

$$p_4^{(2)} = \frac{(r_{4y}^{(1)})^2}{r_{44}^{(1)}} = \frac{0.056182^2}{0.450190} = 0.007011$$

(2) 除 $x_2$ 已引入回归方程外,余下的三个变量中,$p_i^{(2)}$ 最大的为 $x_4$,对 $x_4$ 作 $F$ 检验,$F$ 值为

$$F = \frac{p_4^{(2)}}{r_{yy}^{(1)} - p_4^{(2)}}(n-3) = \frac{0.007011}{0.084883 - 0.007011} \times 29$$

$$= \frac{0.007011}{0.077872} \times 29 = 0.0900323 \times 29 = 2.611$$

---

① 例如

$$r_{31}^{(1)} = r_{31} - \frac{r_{32} r_{21}}{r_{22}} = 0.2098408 - \frac{0.2077063 \times 0.5670211}{1} = 0.2098408 - 0.1177738 = 0.092067$$

$$r_{32}^{(1)} = \frac{-r_{32}}{r_{22}} = 2.207706$$

变量 $x_4$ 显著,可引入回归方程.

(3) 对 $A^{(1)}$ 作变换 $L_4$,所得到的矩阵为

$$A^{(2)} = \begin{pmatrix} 0.200443 & -1.33110 & 0.036601 & 1.03041 & 0.119863 \\ 1.33110 & 2.22128 & 0.296361 & -1.64706 & 0.864083 \\ 0.036601 & -0.296361 & 0.950422 & 0.119562 & 0.035831 \\ -1.03047 & -1.64706 & -0.119562 & 2.22128 & 0.124795 \\ 0.119063 & -0.864083 & 0.035831 & -0.124795 & 0.077872 \end{pmatrix}$$

剩余方差 $\widetilde{SS}_e^{(2)} = 0.077872$

第三步

(1) 计算各自变量的方差贡献

$$p_1^{(3)} = \frac{(r_{1y}^{(2)})^2}{r_{11}^{(2)}} = \frac{0.119863^2}{0.200443} = 0.071677,$$

$$p_2^{(3)} = \frac{(r_{2y}^{(2)})^2}{r_{22}^{(2)}} = \frac{0.864083^2}{2.22128} = 0.33613(已引入)$$

$$p_3^{(3)} = \frac{(r_{3y}^{(2)})^2}{r_{33}^{(2)}} = \frac{0.035831^2}{0.950422} = 0.001351,$$

$$p_4^{(3)} = \frac{(r_{4y}^{(2)})^2}{r_{44}^{(2)}} = \frac{0.124795^2}{2.22128} = 0.007011(已引入)$$

(2) 仍不考虑剔除,仅考虑引入变量,在未引入的变量中,$p_i^{(3)}$ 最大的是 $x_1$,对它进行检验

$$F = \frac{p_1^{(3)}}{r_{yy}^{(2)} - p_1^{(3)}}(n-4) = \frac{0.071677}{0.077872 - 0.071671} \times 28 = 323.96$$

变量 $x_1$ 显著,可引入回归方程.

剩余方差　$\widetilde{SS}_e^{(3)} = 0.07782 - 0.071677 = 0.006195$

(3) 对 $A^{(2)}$ 作变换 $L_1$,得矩阵

$$A^{(3)} = \begin{pmatrix} 4.98895 & -6.64079 & 0.182509 & 5.14094 & 0.597989 \\ -6.64079 & 11.06090 & 0.0533015 & -8.49020 & 0.068096 \\ -0.182509 & -0.053301 & 0.943739 & -0.068601 & 0.013944 \\ 5.14094 & -8.49020 & 0.068601 & 7.51887 & 0.741006 \\ -0.597989 & -0.068096 & -0.013944 & -0.741006 & 0.006195 \end{pmatrix}$$

第四步

(1) 计算各变量的方差贡献为

$p_1^{(4)} = 0.071677(已引入), p_2^{(4)} = 0.0004192(已引入),$

$p_3^{(4)} = 0.000206, p_4^{(4)} = 0.073028(已引入)$

（2）先考虑剔除

在 $p_1^{(4)},p_2^{(4)},p_4^{(4)}$ 中最小的是 $p_2^{(4)}$,对 $x_2$ 作 F 检验

$$F=\frac{p_2^{(4)}}{r_{yy}^{(3)}}(n-3-1)=\frac{0.0004192}{0.006195}\times 28=1.895$$

因为 $F<2.5$,则应把 $x_2$ 剔除。

（3）对 $A^{(3)}$ 作变换 $L_2$,为了使计算步数与回归方程中已引入的变量个数一致,将变换后所得矩阵记为 $A^{(2)}$,事实上,可以证明,这个矩阵与直接引入 $x_1,x_4$ 两个变量所得的 $A^{(2)}$ 一致。

$$A^{(2)}=\begin{pmatrix} 1.00189 & 0.600385 & 0.214601 & 0.043549 & 0.638873 \\ -0.600385 & 0.090409 & 0.0048189 & -0.767588 & 0.0061564 \\ -0.214601 & 0.0048189 & 0.943996 & -0.109514 & 0.014272 \\ 0.043549 & 0.767588 & 0.109514 & 1.00189 & 0.793275 \\ -0.638873 & 0.0061564 & -0.014272 & -0.793275 & 0.006614 \end{pmatrix}$$

$$\widetilde{SS}_e^{(2)}=0.006614$$

第五步

（1）计算

$$p_1^{(5)}=0.407387(已引入),\quad p_2^{(5)}=0.0004192,$$
$$p_3^{(5)}=0.0002158,\quad p_4^{(5)}=0.628096(已引入)$$

（2）先考虑剔除,在 $p_1^{(5)},p_4^{(5)}$ 中选出较小的一个,为 $p_1^{(5)}$,对 $x_1$ 进行检验

$$F=\frac{0.407387}{0.006614}(32-2-1)=1786$$

$x_1$ 是显著的,不能剔除。

（3）考虑引入变量

在未引入的变量中,方差贡献最大的是 $p_2^{(5)}$,

$$F=\frac{p_2^{(5)}}{\widetilde{SS}_e^{(2)}-p_2^{(5)}}(32-2-2)=\frac{0.0004192}{0.006614-0.0004192}\times 28$$
$$=1.895$$

$F<2.5$,$x_2$ 不显著,因此,没有变量可引入回归方程,从而逐步回归程序到此结束。

第三阶段 —— 求出回归方程

逐步计算中选出的变量是 $x_1,x_4$,相应的标准回归系数为

$$\bar{b}_1^{(2)}=r_{1y}^{(2)}=0.638873,\quad \bar{b}_4^{(2)}=r_{4y}^{(2)}=0.793275$$

由表 7.5.2,$l_{yy}=5.49271^2\times 31,l_{11}=6.92638^2\times 31,l_{44}=8.69551^2\times 31$,代入

式(7.5.4) 得

$$b_1 = \tilde{b}_1^{(2)} \sqrt{\frac{l_{yy}}{l_{11}}} = 0.506634, \ b_4 = \tilde{b}_4^{(2)} \sqrt{\frac{l_{yy}}{l_{44}}} = 0.501089$$

常数项

$$b_0 = \bar{y} - (b_1 \bar{x}_1 + b_4 \bar{x}_4) = -5.11036$$

所以,回归方程为

$$\hat{y} = -5.11036 + 0.506634 x_1 + 0.501089 x_4$$

**附注:**

(一)正如大家已经看到的那样,逐步计算的每一步中,主要的计算在于用 $L_{k_i}$ 变换矩阵 $A^{(l)}$,这个变换来自解线性代数方程的消去法。在例 7.5.1 最后所得到的回归方程中,有两个自变量 $x_1$ 及 $x_4$,在第四步所得到的矩阵 $A^{(2)}$ 中,去掉 $x_2, x_3$ 所对应的行和列,可得到矩阵

$$
\begin{array}{cccc}
& x_1 & x_4 & y \\
\begin{matrix} x_1 \\ x_4 \\ y \end{matrix} &
\left(\begin{matrix}
1.00189 & 0.043549 & 0.638873 \\
0.043549 & 1.00189 & 0.793275 \\
-0.638873 & -0.793275 & 0.006614
\end{matrix}\right)
\end{array}
$$

则在对应于 $y$ 的列中,前两个分别是 $x_1, x_4$ 的标准回归系数,最后一个数是剩余平方和。对应于 $x_1, x_4$ 的子矩阵

$$
\begin{pmatrix}
1.00189 & 0.043549 \\
0.043549 & 1.00189
\end{pmatrix}
$$

则是关于 $x_1, x_4$ 两变量的标准正规方程系数矩阵的逆矩阵。

(二)逐步回归计算是对标准化了的正规方程进行的,所求得回归系数是标准回归系数,需要还原。回归系数与标准回归系数间的关系为

$$b_i = \tilde{b}_i \sqrt{\frac{l_{yy}}{l_{ii}}}$$

在对回归方程作方差分析时所需的剩余平方和及回归平方和分别为

$$SS_e^{(l)} = l_{yy} \widetilde{SS}_e^{(l)} = l_{yy} r_{yy}^{(l)} \tag{7.5.18}$$

$$SS_R^{(l)} = l_{yy} \widetilde{SS}_R^{(l)} = l_{yy} (1 - r_{yy}^{(l)}) \tag{7.5.19}$$

总离差平方和为

$$SS_T^{(l)} = l_{yy}$$

其中,$l$ 是逐步计算中引入方程的自变量个数。例如,对于例 7.5.1,由表 7.5.2 可算得

$$SS_T^{(2)} = 5.49271^2 \times 31 = 935.286$$

对于最后求得的回归方程(引入变量 $x_1$ ,$x_4$ ),可得

$$SS_e^{(2)} = 935.265 \times 0.006614 = 6.186$$

$$SS_R^{(2)} = 935.265 - 6.186 = 929.079$$

于是,可列出方差分析表

表 7.5.3　例 7.5.1 方差分析表

| 离差来源 | 平方和 | 自由度 | 均方 | F 值 |
|---|---|---|---|---|
| 回归($x_1$ ,$x_4$ ) | 929.079 | 2 | 464.5395 | 2178** |
| 剩余 | 6.186 | 29 | 0.2133 | |
| 总计 | 935.265 | 31 | | |

可见 $y$ 关于 $x_1$ ,$x_4$ 的回归方程是高度显著的。

已知复相关系数为 $R = \sqrt{\dfrac{SS_R}{l_{yy}}}$ [见式(7.2.9)],如果回归方程是经 $l$ 步逐步回归计算后得出,则

$$R^2 = \widetilde{SS}_R^{(l)} = 1 - r_{yy}^{(l)}$$

所以,对我们已求得的回归方程来说,复相关系数为

$$R = \sqrt{1 - 0.006614} = 0.9967$$

# §7.6　习　题

1. 下表中的数据是草鱼养殖试验的记录,$x_1$ 是单位投饵量;$x_2$ 是放养量,$y$ 为产量,求产量对单位投饵量与放养量的线性回归方程,并对所求出的回归方程作方差分析。

| $y$ | $x_1$ | $x_2$ |
|---|---|---|
| 91 | 19.0 | 8.8 |
| 96 | 17.7 | 9.5 |
| 98 | 24.0 | 6.5 |
| 66 | 12.8 | 7.4 |
| 88 | 17.3 | 8.1 |
| 108 | 24.0 | 8.0 |
| 102 | 20.1 | 8.5 |
| 80 | 17.7 | 8.5 |

续表

| $y$ | $x_1$ | $x_2$ |
|-----|-------|-------|
| 87 | 14.5 | 9.8 |
| 113 | 16.1 | 9.3 |
| 83 | 24.4 | 7.0 |
| 91 | 18.1 | 8.8 |
| 110 | 26.2 | 8.6 |
| 88 | 18.2 | 8.6 |

2. 设已知温度($x$)在催化剂活性($y$)上的效应是二次的,即它们间的关系可用模型

$$y = \beta_0 + \beta_1 x + \beta_2 x^2 + \varepsilon$$

描述,对8种不同的温度进行了试验,得下列数据(为方便计算温度数据已经平移变换)。

| $x$ | 2 | 4 | 6 | 8 | 10 | 12 | 14 | 16 |
|-----|---|---|---|---|----|----|----|----|
| $y$ | 0.846 | 0.573 | 0.401 | 0.288 | 0.209 | 0.153 | 0.111 | 0.078 |

求催化剂活性对温度的回归方程,并对回归方程作显著性检验。

3. 某一化学反应中,在不同时间测得反应生成物浓度如下:

| 时间 $x$(分) | 1 | 2 | 3 | 4 | 5 | 6 | 7 | 8 | 9 | 10 | 11 |
|-----|---|---|---|---|---|---|---|---|---|----|----|
| 浓度 $y$ | 0.66 | 0.20 | 0.44 | 0.75 | 1.18 | 1.71 | 2.33 | 3.12 | 3.96 | 4.97 | 6.17 |

试作5次多项式回归,并对回归系数作显著检验。

4. 用逐步回归分析解例 7.1.1

# 第8章　协方差分析

## §8.1　概　　说

在前面几章,我们分别讨论了方差分析和回归分析。在方差分析中,我们对所考察的因素选取一些水平,讨论在这些水平下,试验指标是否有显著差异;在回归分析中,如果我们把自变量所能取的值看成是自变量所代表的因素的连续改变着的水平,则所讨论的问题仍然是水平的变化是否影响试验指标,以及(如果有影响的话)怎样表示这种影响,前者就是回归方程的检验,后者就是回归方程的寻求。

由此可见,粗略地说,方差分析是当因素取"离散"的水平时而言的,而回归分析则是当因素取"连续"的水平而言的。

本章所讨论的协方差分析是方差分析和回归分析的综合,即考虑当一些因素取"离散"的水平,而另一些因素取"连续"的水平时,我们应当如何去分析这些因素各水平的效应。

通常,我们把具有"离散"水平的因素仍叫做因素,而把具有"连续"水平的因素(即回归分析中的自变量)叫做协变量。

例如,在鱼饲料试验中,要进行 $r$ 种饲料饲养效果比较,用 $n$ 个试验塘,把它们分为 $r$ 组,每一组为 $n_i$ 个试验塘,在每组试验塘中投喂一种饲料。考虑到鱼的初重不同会影响到饲料的效果,因此试验中要求各塘中鱼的初重一致,但实际工作中,这又往往难以做到,为了消除参差的初重对试验效果的影响,取初重 $x$ 作为协变量,以增重 $y$ 作为试验指标,这样,对第 $i$ 组试验塘中第 $k$ 号塘,我们有一对数据 $(x_{ik}, y_{ik})$,$(i = 1, 2, \cdots, r; k = 1, 2, \cdots, n_i)$,我们作如下假定:

$$Y_{ik} = u + \delta_i + \beta(x_{ik} - \bar{x}) + \varepsilon_{ik} \qquad (8.1.1)$$

其中

$$\bar{x} = \frac{1}{n} \sum_{i=1}^{r} \sum_{k=1}^{n_i} x_{ik}$$

$n_i$ 是投喂第 $i$ 种饲料的鱼塘数,$n_1 + n_2 + \cdots + n_r = n,\varepsilon_{ik} \sim NID(0,\sigma^2)$。

式(8.1.1)就是一元(一个协变量)单因素协方差分析的模型。按照这个模型,$Y_{ik}$ 是 $n$ 个相互独立,具有相同方差的正态变量,它们的均值为

$$E(Y_{ik}) = u + \delta_i + \beta(x_{ik} - \overline{x}),\ i = 1,2,\cdots,r;k = 1,2,\cdots,n_i$$

对于这个模型应当注意:

(1)因素的各水平对协变量不发生影响,在上述例子中,初重当然不会受其所投喂的饲料的影响。

(2)假定观察指标 $Y$ 对协变量 $x$ 的回归是线性的,即在本章只讨论线性协方差分析。

(3)因素各水平的效应是加在回归方程的常数项上而不是加在回归系数上的,因此,对于 $r$ 组试验我们所得到的 $r$ 条回归直线应当有相同的斜率。

# §8.2　一元单因素协方差分析

## 一、$l_{xy}$ 的分解

在方差分析中,所采用的方法是建立在离差平方和及其自由度的分解之上的。现在,在协方差分析中,除了因素之外,我们还考虑了协变量与观察指标间的回归。我们已经知道,对于回归来说,一个重要的量是 $x$ 与 $y$ 间的协方差 $\dfrac{1}{n}l_{xy}$,类似于平方和 $l_{xx},l_{yy}$ 的分解,我们来考虑 $l_{xy}$(也称为积和)的分解。

表 8.2.1　一元协方差分析的试验数据

| 组别 | 数 | | 据 | | 均 | 值 |
|---|---|---|---|---|---|---|
| 1 | $x_{11},y_{11}$ | $x_{12},y_{12}$ | $\cdots$ | $x_{1n_1},y_{1n_1}$ | $\overline{x}_1$ | $\overline{y}_1$ |
| 2 | $x_{21},y_{21}$ | $x_{22},y_{22}$ | $\cdots$ | $x_{2n_2},y_{2n_2}$ | $\overline{x}_2$ | $\overline{y}_2$ |
| | | | $\cdots$ | | | |
| $r$ | $x_{r1},y_{r1}$ | $x_{r2},y_{r2}$ | $\cdots$ | $x_{m_r},y_{m_r}$ | $\overline{x}_r$ | $\overline{y}_r$ |

设已经得到了如表 8.2.1 的数据,对所有这些数据有

$$l_{xy} = \sum_{i=1}^{r} \sum_{k=1}^{n_i} (x_{ik} - \overline{x})(y_{ik} - \overline{y})$$

$$= \sum_{i=1}^{r} \sum_{k=1}^{n_i} x_{ik}y_{ik} - \frac{1}{n}T_x T_y \tag{8.2.1}$$

式中

$$T_x = \sum_{i=1}^{r} \sum_{k=1}^{n_i} x_{ik}, \quad T_y = \sum_{i=1}^{r} \sum_{k=1}^{n_i} y_{ik} \tag{8.2.2}$$

$$\bar{x} = \frac{1}{n} T_x, \bar{y} = \frac{1}{n} T_y \tag{8.2.3}$$

与总离差平方和可以分解成组间平方和及组内平方和相似,$l_{xy}$ 可作以下分解:

$$\sum_{i=1}^{r} \sum_{k=1}^{n_i} (x_{ik} - \bar{x})(y_{ik} - \bar{y}) = \sum_{i=1}^{r} \sum_{k=1}^{n_i} (x_{ik} - \bar{x}_{i.})(y_{ik} - \bar{y}_{i.})$$
$$+ \sum_{i=1}^{r} n_i (\bar{x}_{i.} - \bar{x})(\bar{y}_{i.} - \bar{y}) \tag{8.2.4}$$

上式右边的两项可分别改写成

$$\sum_{i=1}^{r} \sum_{k=1}^{n_i} (x_{ik} - \bar{x}_{i.})(y_{ik} - \bar{y}_{i.}) = \sum_{i=1}^{r} \sum_{k=1}^{n_i} x_{ik} y_{ik} - \sum_{i=1}^{r} \frac{(\sum_{k=1}^{n_i} x_{ik})(\sum_{k=1}^{n_i} y_{ik})}{n_i}$$
$$\tag{8.2.5}$$

$$\sum_{k=1}^{n_i} n_i (\bar{x}_{i.} - \bar{x})(\bar{y}_{i.} - \bar{y}) = \sum_{i=1}^{r} \frac{(\sum_{k=1}^{n_i} x_{ik})(\sum_{k=1}^{n_i} y_{ik})}{n_i} - \frac{T_x T_y}{n} \tag{8.2.6}$$

式(8.2.4)叫协方差的分解式。协方差及平方和的分解可总结成下表。

表 8.2.2    协方差及平方和的分解

| | | $l_{xx}$ | $l_{yy}$ | $l_{yy}$ | 自由度 |
|---|---|---|---|---|---|
| 组 | 1 | $\sum_{k=1}^{n_1}(x_{1k}-\bar{x}_{1.})^2 = l_{xx}^{(1)}$ | $\sum_{k=1}^{n_1}(x_{1k}-\bar{x}_{1.})(y_{1k}-\bar{y}_{1.}) = l_{xy}^{(1)}$ | $\sum_{k=1}^{n_1}(y_{1k}-\bar{y}_{1.})^2 = l_{yy}^{(1)}$ | $n_1-1$ |
| | 2 | $\sum_{k=1}^{n_2}(x_{2k}-\bar{x}_{2.})^2 = l_{xx}^{(2)}$ | $\sum_{k=1}^{n_2}(x_{2k}-\bar{x}_{2.})(y_{2k}-\bar{y}_{2.}) = l_{xy}^{(2)}$ | $\sum_{k=1}^{n_2}(y_{2k}-\bar{y}_{2.})^2 = l_{yy}^{(2)}$ | $n_2-1$ |
| 别 | ... | ... | | | |
| | $r$ | $\sum_{k=1}^{n_r}(x_{rk}-\bar{x}_{r.})^2 = l_{xx}^{(r)}$ | $\sum_{k=1}^{n_r}(x_{rk}-\bar{x}_{r.})(y_{rk}-\bar{y}_{r.}) = l_{xy}^{(r)}$ | $\sum_{k=1}^{n_r}(y_{rk}-\bar{y}_{r.})^2 = l_{yy}^{(r)}$ | $n_r-1$ |
| 组内 | | $\sum_{i=1}^{r}\sum_{k=1}^{n_i}(x_{ik}-\bar{x}_{i.})^2 = l_{xx}^{(e)}$ | $\sum_{i=1}^{r}\sum_{k=1}^{n_i}(x_{ik}-\bar{x}_{i.})(y_{ik}-\bar{y}_{i.}) = l_{xy}^{(e)}$ | $\sum_{i=1}^{r}\sum_{k=1}^{n_i}(y_{ik}-\bar{y}_{i.}) = l_{yy}^{(e)}$ | $n-r$ |
| 组间 | | $\sum_{i=1}^{r} n_i (\bar{x}_{i.}-\bar{x})^2$ | $\sum_{i=1}^{r} n_i (\bar{x}_{i.}-\bar{x})(\bar{y}_{i.}-\bar{y})$ | $\sum_{i=1}^{r} n_i (y_{i.}-\bar{y})^2$ | $r-1$ |
| 总和 | | $\sum_{i=1}^{r}\sum_{k=1}^{n_i}(x_{ik}-\bar{x})^2 = l_{xx}^{(T)}$ | $\sum_{i=1}^{r}\sum_{k=1}^{n_i}(x_{ik}-\bar{x})(y_{ik}-\bar{y}) = l_{xy}^{(T)}$ | $\sum_{i=1}^{r}\sum_{k=1}^{n_i}(y_{ik}-\bar{y})^2 = l_{yy}^{(T)}$ | $n-1$ |

### 二、均值的调整

协方差分析的主要目的之一是检验假设

$$H_0 : \delta_1 = \delta_2 = \cdots = \delta_r = 0 \tag{8.2.7}$$

如果不存在协变量的影响,这就是在方差分析中讨论过的问题,在那里,我们将 $\bar{y}_{i.}$ 作为 $\mu + \delta_i$ 的估计,并据此对假设 $H_0$ 是否属真作出推断。当协变量的影响不能忽略时,设已对表 8.2.1 所给的 $r$ 组数据分别建立了 $r$ 个回归方程

$$\hat{y}_i = \bar{y}_i + b_i(x - \bar{x}_i) \qquad i = 1, 2, \cdots, r \tag{8.2.8}$$

由此可见,$\bar{y}_{i.}$ 是当 $x = \bar{x}_i$ 时,第 $i$ 条回归直线的纵坐标(见图 8.2.1,为简单起见,图中只画出两条回归线),即它们是相对于不同的协变量的值而言的,为了使诸 $\bar{y}_{i.}$ 能在共同的基础上相比较,利用式(8.2.8),算出各回归直线在 $\bar{x}$ 的值 $\tilde{y}_{i.}$。

$$\tilde{y}_i = \bar{y}_i + b_i(\bar{x} - \bar{x}_i) \tag{8.2.9}$$

也就是说,把各 $\bar{y}_i$ 都"调整"到当 $x = \bar{x}$ 时的回归值 $\tilde{y}_i$。这种调整事实上消除了协变量对试验指标的影响。

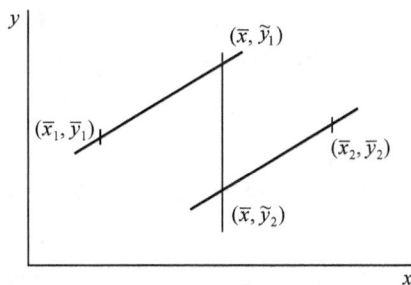

图 8.2.1

### 三、协方差分析的计算步骤

如上所述,我们希望在消除了协变量对试验指标的影响后,对因素各水平的效应进行检验。

(一)回归显著性检验

表 8.2.2 中已将离差平方和 $l_{xx}$,$l_{yy}$ 及积和 $l_{xy}$ 进行了分解,"组内"这一行所反应的是从总的离差平方和及积和中析离了因素的效应后所留下的协变量对试验指标的影响,即回归的效应,于是可据此检验模型(8.1.1)中的线性回归的假设是否为真,利用这一行的数值,我们有

$$b = \frac{l_{xy}^{(e)}}{l_{xx}^{(e)}} \tag{8.2.10}$$

它是公式(6.2.13)的推广,提供了模型(8.1.1)中参数$\beta$的估计,于是,回归的显著性检验可按以下的方差分析表进行。

表 8.2.3　回归显著性检验的方差分析表

| 离差来源 | 平 方 和 | 自由度 | 均　　方 | F 比 |
|---|---|---|---|---|
| 回归 | $bl_{xy}^{(e)}$ | 1 | $bl_{xy}^{(e)}$ | $\dfrac{bl_{xy}^{(e)}}{B}(n-r-1)$ |
| 剩余 | $l_{yy}^{(e)} - bl_{xy}^{(e)} = B$ | $n-r-1$ | $\dfrac{l_{yy}^{(e)} - bl_{xy}^{(e)}}{n-r-1}$ | |
| 总和 | $l_{yy}^{(e)}$ | $n-r$ | | |

我们已知道表8.2.3中剩余离差平方和是从$Y$的总离差平方和中析离了回归的影响后所得,即是在协变量$x$上调整了的离差平方和。在模型(8.1.1)下,它的均方是$Y$的方差$\sigma^2$的无偏估计,在后面的叙述中,为了明确起见,改称它为距回归离差平方和,简称为距回归平方和。

**(二)各水平回归系数相等的检验**

在模型8.1.1中,另一个重要的假定是:对应于因素各水平的回归直线的斜率是相等的,如果这些回归直线的回归系数分别为$\beta_1,\beta_2,\cdots,\beta_r$,则这个假定可表示成

$$\beta_1 = \beta_2 = \cdots = \beta_r = \beta \tag{8.2.11}$$

若对式(8.2.11)的成立发生了怀疑,则应将式(8.2.11)作为原假设并对它进行检验。

对于因素的每一个水平,从表8.2.2可分别算出各组回归系数$b_1,b_2,\cdots,b_r$,

$$b_i = \frac{l_{xy}^{(i)}}{l_{xx}^{(i)}} \quad i = 1,2,\cdots,r \tag{8.2.12}$$

以及距回归平方和

$$SS_i = l_{yy}^{(i)} - b_i l_{xy}^{(i)} \tag{8.2.13}$$

这些$SS_i$的总和记为,

$$A = \sum_{i=1}^{r} SS_i \tag{8.2.14}$$

因为$SS_i$具有$(n_i - 2)$个自由度,所以$A$的自由度为$\sum_{i=1}^{r}(n_i - 2) = n - 2r$,$A$的均方$A/(n-2r)$是$\sigma^2$的无偏估计。

可以证明,当假设式(8.2.11)成立时,

$$F = \frac{(B-A)/(r-1)}{A/(n-2r)} \tag{8.2.15}$$

服从 $df=(r-1,n-2r)$ 的 $F$ 分布,于是,可用它作为检验假设式(8.2.11)的统计量。

（三）因素各水平效应的检验

当模型(8.1.1)被接受后,我们可以进而检验因素对试验指标是否有显著影响,即检验假设

$$H_0:\delta_1=\delta_2=\cdots=\delta_r \tag{8.2.16}$$

检验的步骤如下:

(1) 从表8.2.2"总和"一行算出距回归平方和

$$C=l_{yy}^{(T)}-\frac{(l_{xy}^{(T)})^2}{l_{xx}^{(T)}} \tag{8.2.17}$$

它的自由度为 $n-2$。

(2) 求出 $C-B$,其中 $B=l_{yy}^{(e)}-\dfrac{(l_{xy}^{(e)})^2}{l_{xx}^{(e)}}$,$C-B$ 的自由度为 $(n-2)-(n-r-1)=r-1$。

(3) 可以证明,当假设式(8.2.16)成立时,

$$F=\frac{(C-B)/(r-1)}{B/(n-r-1)} \tag{8.2.18}$$

服从 $df=(r-1,n-r-1)$ 的 $F$ 分布,可用它作为检验假设式(8.2.16)的统计量[1]。为方便起见,将以上讨论的结果汇总成表8.2.4。用统计量 $F_1=\dfrac{(B-A)/(r-1)}{A/(n-2r)}$ 检验回归系数齐性的假设 $H_0:\beta_1=\beta_2=\cdots=\beta_r=\beta$,用统计量 $F_2=\dfrac{(C-B)/(r-1)}{B/(n-r-1)}$ 检验假设 $H_0:\delta_1=\delta_2=\cdots=\delta_r$。

表8.2.4 一元协方差分析计算表

| 离差来源 | | 自由度 | $l_{xx}$ | $l_{xy}$ | $l_{yy}$ | 回归系数 $b$ | 距回归 自由度 | 距回归 平方和 | 距回归 均方 |
|---|---|---|---|---|---|---|---|---|---|
| 组别 | 1 | $n_1-1$ | $l_{xx}^{(1)}$ | $l_{xy}^{(1)}$ | $l_{yy}^{(1)}$ | $b_1$ | $n_1-2$ | $SS_1$ | $SS_1/(n_1-2)$ |
| | 2 | $n_2-1$ | $l_{xx}^{(2)}$ | $l_{xy}^{(2)}$ | $l_{yy}^{(2)}$ | $b_2$ | $n_2-2$ | $SS_2$ | $SS_2/(n_2-2)$ |
| | ... | ... | ... | ... | ... | ... | ... | ... | ... |
| | $r$ | $n_r-1$ | $l_{xx}^{(r)}$ | $l_{xy}^{(r)}$ | $l_{yy}^{(r)}$ | $b_r$ | $n_r-2$ | $SS_r$ | $SS_r/(n_r-2)$ |

---

[1] 当模型(8.1.1)被接受时,$B/(n-r-1)$ 也是 $\sigma^2$ 的无偏估计,可以证明 $F=\dfrac{(C-B)/(r-1)}{A/(n-2r)}$ 服从 $df=(r-1,n-2r)$ 的 $F$ 分布,这个统计量也供检验假设式(8.2.16)之用。

**续表**

| 离差来源 | 自由度 | $l_{xx}$ | $l_{xy}$ | $l_{yy}$ | 回归系数 $b$ | 距 回 归 自由度 | 距 回 归 平方和 | 距 回 归 均 方 |
|---|---|---|---|---|---|---|---|---|
| | | | | | | $n-2r$ | $A = \sum_{i=1}^{r} \mathrm{SS}_i$ | $A/n-2r$ |
| 组内 | $n-r$ | $l_{xx}^{(e)}$ | $l_{xy}^{(e)}$ | $l_{yy}^{(e)}$ | $b$ | $n-r-1$ | $B$ | $B/n-r-1$ |
| 回归系数不齐性 | | | | | | $r-1$ | $B-A$ | $(B-A)/(r-1)$ |
| 总和 | $n-1$ | $l_{xx}^{(T)}$ | $l_{xy}^{(T)}$ | $l_{yy}^{(T)}$ | | $n-2$ | $C$ | |
| 调整的平均数 | | | | | | $r-1$ | $C-B$ | $(C-B)/(r-1)$ |

**例 8.2.1** 为研究 4 种饲料的饲养效果,把试验对象分成 4 组,每组用不同的饲料喂养,表 8.2.5 是这一试验的结果,$x$ 是试验对象的初重,$y$ 是试验对象的日增重量。

**表 8.2.5 饲料试验的结果**

| 编号 | 组别 1 $x$ | 组别 1 $y$ | 组别 2 $x$ | 组别 2 $y$ | 组别 3 $x$ | 组别 3 $y$ | 组别 4 $x$ | 组别 4 $y$ |
|---|---|---|---|---|---|---|---|---|
| 1 | 79 | 1.96 | 61 | 1.40 | 62 | 1.22 | 71 | 1.15 |
| 2 | 65 | 1.77 | 59 | 1.79 | 73 | 1.39 | 60 | 1.28 |
| 3 | 57 | 1.62 | 59 | 1.61 | 58 | 1.28 | 54 | 1.40 |
| 4 | 51 | 1.76 | 53 | 1.47 | 43 | 1.28 | 50 | 1.37 |
| 5 | 57 | 1.88 | 56 | 1.69 | 50 | 1.45 | 60 | 1.19 |
| 6 | 66 | 1.50 | 50 | 1.48 | 44 | 1.22 | 61 | 1.18 |
| 7 | 44 | 1.60 | 45 | 1.40 | 45 | 1.31 | 44 | 1.20 |
| 8 | 41 | 1.49 | 39 | 1.42 | 51 | 1.57 | 53 | 0.96 |
| 9 | 44 | 1.77 | 38 | 1.29 | 40 | 1.21 | 41 | 1.13 |
| 10 | 36 | 1.27 | 45 | 1.26 | 38 | 1.06 | 38 | 1.12 |
| 总和 | 540 | 16.62 | 505 | 14.81 | 504 | 12.99 | 532 | 11.98 |

对上表数据进行协方差分析如下:

第一组 $\quad \sum_{k=1}^{10} x_{1k}^2 = 30770, \quad l_{xx}^{(1)} = 30770 - \frac{1}{10} \times 540^2 = 1610$

$\quad\quad\quad\quad \sum_{k=1}^{10} x_{1k} y_{1k} = 913.24, \quad l_{xy}^{(1)} = 913.24 - \frac{1}{10} \times 540 \times 16.62 = 15.76$

$$\sum_{k=1}^{10} y_{1k}^2 = 28.0068, \quad l_{yy}^{(1)} = 28.0068 - \frac{1}{10} \times 16.62^2 = 0.3844$$

第二组 $\quad \sum_{k=1}^{10} x_{2k}^2 = 26143, \quad l_{xx}^{(2)} = 26143 - \frac{1}{10} \times 505^2 = 640.5$

$$\sum_{k=1}^{10} x_{2k} y_{2k} = 756.65, \quad l_{xy}^{(2)} = 756.65 - \frac{1}{10} \times 505 \times 14.81 = 8.75$$

$$\sum_{k=1}^{10} y_{2k}^2 = 22.1917, \quad l_{yy}^{(2)} = 22.1917 - \frac{1}{10} \times 14.81^2 = 0.2581$$

同理,可算出

第三组 $\quad l_{xx}^{(3)} = 1090.4, \quad l_{xy}^{(3)} = 5.57, \quad l_{yy}^{(3)} = 0.1829$

第四组 $\quad l_{xx}^{(4)} = 945.6, \quad l_{xy}^{(4)} = 1.16, \quad l_{yy}^{(4)} = 0.1472$

$$b_1 = \frac{l_{xy}^{(1)}}{l_{xx}^{(1)}} = \frac{15.76}{1610} = 0.009788 \approx 0.010, \quad b_1 l_{xy}^{(1)} = 0.1543$$

$$SS_1 = l_{yy}^{(1)} - b_1 l_{xy}^{(1)} = 0.3844 - 0.1543 = 0.2301$$

同理,可算出

$$b_2 = 0.014, \quad b_2 l_{xy}^{(2)} = 0.1194, \quad SS_2 = 0.1387$$

$$b_3 = 0.005, \quad b_3 l_{xy}^{(3)} = 0.02849, \quad SS_3 = 0.1544$$

$$b_4 = 0.001, \quad b_4 l_{xy}^{(4)} = 0.001433, \quad SS_4 = 0.1458$$

将这些数据连同它们的自由度列入表8.2.6,然后按表8.2.4算出进行协方差分析所需的各项值。

表 8.2.6　例 8.2.1 数据的平方和及自由度

| 离差来源 | 自由度 | $l_{xx}$ | $l_{xy}$ | $l_{yy}$ | $b$ | 距 回 归 | | |
| --- | --- | --- | --- | --- | --- | --- | --- | --- |
| | | | | | | $df$ | $SS_i$ | 均方 |
| 第一组 | 9 | 1610 | 15.76 | 0.3844 | 0.010 | 8 | 0.2341 | |
| 第二组 | 9 | 640.5 | 8.75 | 0.2581 | 0.014 | 8 | 0.1387 | |
| 第三组 | 9 | 1090.4 | 5.57 | 0.1829 | 0.005 | 8 | 0.1544 | |
| 第四组 | 9 | 945.6 | 1.16 | 0.1472 | 0.001 | 8 | 0.1458 | |
| | | | | | | 32 | $A = 0.6678$ | 0.0209 |
| 组内 | 36 | 4286.5 | 31.24 | 0.9726 | 0.0073 | 35 | $B = 0.743$ | 0.02123 |
| 回归系数不齐性 | | | | | | 3 | $B-A=0.0752$ | 0.0251 |
| 总的 | 39 | 4388.8 | 34.44 | 2.2308 | | 38 | $C = 1.9602$ | |
| 调整的平均数 | | | | | | 3 | $C-B=1.2172$ | 0.4057 |

### 1. 回归显著性检验

对日增重关于初重的回归进行显著性检验,结果见表 8.2.7。

表 8.2.7　例 8.2.1 的回归显著性检验

| 离差来源 | 平方和 | 自由度 | 均方 | $F$ | $F$ 临界值 |
|---|---|---|---|---|---|
| 回　归 | 0.2278 | 1 | 0.2278 | 10.73** | |
| 距回归 | 0.7430 | 35 | 0.02123 | | $F_{0.01}(1,35) = 7.42$ |
| 总　的 | 0.9726 | 36 | | | |

由表 8.2.7 可见,日增重关于初重的回归是高度显著的。

### 2. 回归系数齐性检验

$$F = \frac{(B-A)/(r-1)}{A/(n-2r)} = \frac{0.0251}{0.0209} = 1.20$$

当 $df = (3,32)$ 时,$F_{0.05} = 2.90$,不能否定各回归系数相等的假设。

### 3. 检验假设:$H_0 : \delta_1 = \delta_2 = \delta_3 = \delta_4$

$$F = \frac{(C-B)/(r-1)}{B/(n-r-1)} = \frac{0.4057}{0.02123} = 19.11$$

当 $df = (3,35)$ 时,$F_{0.01} = 4.40$,4 种不同的饲料对增重有高度显著影响。

4. 根据需要还可进一步对各水平(在消除了回归的影响后)的效应进行比较,因为本例中各组样本容量相等,可用 §5.2 中所介绍的 $T$ 法。

先算出各水平当 $x = \bar{x}$ 时,$y$ 的均值(调整的均值)$\bar{y}_i$,此处

$$\bar{x} = \frac{1}{n} \sum_{i=1}^{r} \sum_{k=1}^{n_i} x_{ik} = \frac{2081}{40} = 52.03$$

各调整均值见下表的最后一列。

表 8.2.8　调整均值计算表

| $i$ | $\bar{x}_i$ | $\bar{x} - \bar{x}_i$ | $b_i$ | $b_i(\bar{x} - \bar{x}_i)$ | $\bar{y}_i$ | 调整均值 $\bar{y}_i = \bar{y}_i + b_i(\bar{x} - \bar{x}_i)$ |
|---|---|---|---|---|---|---|
| 1 | 54.0 | $-1.98$ | 0.010 | $-0.019$ | 1.662 | 1.643 |
| 2 | 50.5 | 1.53 | 0.014 | 0.021 | 1.481 | 1.502 |
| 3 | 50.4 | 1.63 | 0.005 | 0.008 | 1.299 | 1.307 |
| 4 | 53.2 | $-1.18$ | 0.001 | $-0.001$ | 1.198 | 1.197 |

在本例中,$r = 4, m = 10, n = 40$(这里所用的符号请参阅 §5.2)。

$$s_e^2 = 0.02123, \quad s_e/\sqrt{m} = 0.0461$$

当 $df = (r, n-r) = (4,36)$ 时,$q_{0.01} = 4.74, q_{0.05} = 3.81$,则

$$q_{0.01} = \frac{s_e}{\sqrt{m}} = 4.74 \times 0.0461 = 0.219,$$

$$q_{0.05}\frac{s_e}{\sqrt{m}} = 3.81 \times 0.0461 = 0.176$$

各调整均值间的比较见下表。

**表 8.2.9　各组调整均值的差**

| | $\bar{y}_4 = 1.197$ | $\bar{y}_3 = 1.307$ | $\bar{y}_2 = 1.502$ |
|---|---|---|---|
| $\bar{y}_1 = 1.643$ | 0.446** | 0.336** | 0.141 |
| $\bar{y}_2 = 1.502$ | 0.305** | 0.195* | |
| $\bar{y}_3 = 1.307$ | 0.11 | | |

由此可见,第一、二种饲料增重的效果优于其他两种饲料。

**附注:**

(1)如果不考虑协变量的影响,对表 8.2.5 所给的日增重($y$)数据,也可作如下方差分析。

总的离差平方和　　$l_{yy}^{(T)} = 2.2308$

组内离差平方和　　$l_{yy}^{(e)} = 0.9726$

于是

组间离差平方和为　　$2.2308 - 0.9726 = 1.2582$

可得方差分析表如下:

**表 8.2.10　例 8.2.1 数据的方差分析**

| 离差来源 | 平方和 | 自由度 | 均方 | $F$ | $F$ 临界值 |
|---|---|---|---|---|---|
| 组　间 | 1.2582 | 3 | 0.4194 | 15.52** | $F_{0.01}(3,36) = 4.38$ |
| 组　内 | 0.9726 | 36 | 0.0270 | | |
| 总　的 | 2.2308 | 39 | | | |

在这里,用作 $\sigma^2$ 的估计是 0.0270,而在析离了回归的影响后,$\sigma^2$ 的估计为 0.02123,两者之比为

$$\frac{0.0270}{0.02123} = 1.27$$

也就是说,在引入了协变量后,试验的精度约提高了 27%,在大多数试验中,精度会有更多的提高。

(2)如果引入的协变量与试验指标间的回归不是线性的,可选择适当的变换使之线性化,然后再作协方差分析。

## §8.3   一元两因素协方差分析

如果试验中需要考虑两个因素 $A$ 与 $B$，$A$ 取 $a$ 个水平，$B$ 取 $b$ 个水平，并且引入协变量 $x$，假定

$$Y_{ij} = u + \delta_i + \tau_j + \beta(x_{ij} - \bar{x}) + \varepsilon_{ij} \begin{cases} i = 1,2,\cdots,a \\ j = 1,2,\cdots,b \end{cases} \tag{8.3.1}$$

$\varepsilon_{ij} \sim N(0,\sigma^2)$。要检验的假设为

$$H_0' : \delta_i = 0, \ i = 1,2,\cdots,a \tag{8.3.2}$$

$$H_0'' : \tau_j = 0, \ j = 1,2,\cdots,b \tag{8.3.3}$$

来自试验资料的积和 $l_{xy}^{(T)} = \sum_{i=1}^{a}\sum_{j=1}^{b}(x_{ij} - \bar{x})(y_{ij} - \bar{y})$ 可作如下分解：

$$\sum_{i=1}^{a}\sum_{j=1}^{b}(x_{ij} - \bar{x})(y_{ij} - \bar{y}) = b\sum_{i=1}^{a}(\bar{x}_{i.} - \bar{x})(\bar{y}_{i.} - \bar{y}) + a\sum_{j=1}^{b}(\bar{x}_{.j} - \bar{x})(\bar{y}_{.j} - \bar{y})$$
$$+ \sum_{i=1}^{a}\sum_{j=1}^{b}(x_{ij} - \bar{x}_{i.} - \bar{x}_{.j} + \bar{x})(y_{ij} - \bar{y}_{i.} - \bar{y}_{.j} + \bar{y}) \tag{8.3.4}$$

式(8.3.4)右边的三项分别记为 $l_{xy}^{(A)}$，$l_{xy}^{(B)}$，$l_{xy}^{(e)}$，则式(8.3.4)可简写成

$$l_{xy}^{(T)} = l_{xy}^{(A)} + l_{xy}^{(B)} + l_{xy}^{(e)} \tag{8.3.5}$$

记

$$_x T_{i.} = \sum_{j=1}^{b} x_{ij}, \ _y T_{i.} = \sum_{j=1}^{b} y_{ij}, \ _x T_{.j} = \sum_{i=1}^{a} x_{ij}, \ _y T_{.j} = \sum_{i=1}^{a} y_{ij},$$

$$T_x = \sum_{i=1}^{a}\sum_{j=1}^{b} x_{ij}, \ T_y = \sum_{i=1}^{a}\sum_{j=1}^{b} y_{ij}, \ i = 1,2,\cdots,a, j = 1,2,\cdots,b \tag{8.3.6}$$

则 $l_{xy}^{(T)}$，$l_{xy}^{(A)}$，$l_{xy}^{(B)}$，$l_{xy}^{(e)}$ 分别可用下列公式计算

$$l_{xy}^{(T)} = \sum_{i=1}^{a}\sum_{j=1}^{b} x_{ij}y_{ij} - \frac{T_x T_y}{n} \tag{8.3.7}$$

式中 $n = ab$，

$$l_{xy}^{(A)} = \sum_{i=1}^{a} \frac{_x T_{i.} \times {}_y T_{i.}}{b} - \frac{T_x T_y}{n} \tag{8.3.8}$$

$$l_{xy}^{(B)} = \sum_{j=1}^{b} \frac{_x T_{.j} \times {}_y T_{.j}}{a} - \frac{T_x T_y}{n} \tag{8.3.9}$$

$$l_{xy}^{(e)} = l_{xy}^{(T)} - l_{xy}^{(A)} - l_{xy}^{(B)} \tag{8.3.10}$$

假设式(8.3.2)(即因素 $A$ 的效应不显著)的检验可按以下步骤进行:

(1) 对 $l_{xx}^{(T)},l_{xy}^{(T)},l_{yy}^{(T)}$ 进行分解,并算出相应的离回归平方和,将结果列成表 8.3.1。

(2) 计算 $l_{xx}^{(A+e)} = l_{xx}^{(A)}+l_{xx}^{(e)}$,$l_{xy}^{(A+e)} = l_{xy}^{(A)}+l_{xy}^{(e)}$,$l_{yy}^{(A+e)} = l_{yy}^{(A)}+l_{yy}^{(e)}$,并填在表 8.3.1 的最后一行"$A+e$"中,它们分别是在 $l_{xx}^{(T)},l_{xy}^{(T)},l_{yy}^{(T)}$ 中析离了 $l_{xx}^{(B)},l_{xy}^{(B)},l_{yy}^{(B)}$ 的结果,换句话说,我们已消除了因素 $B$ 的效应,至此,只要我们把"$A+e$"项看成单因素协方差分析中的"总计"项,便可用上节的方法进行协方差分析。

表 8.3.1 一元两因素协方差分析表

| 离差来源 | 自由度 | $l_{xx}$ | $l_{xy}$ | $l_{yy}$ | 距回归平方和 | 自由度 | 均方 |
|---|---|---|---|---|---|---|---|
| 因素 $B$ | $b-1$ | $l_{xx}^{(B)}$ | $l_{xy}^{(B)}$ | $l_{yy}^{(B)}$ | | | |
| 因素 $A$ | $a-1$ | $l_{xx}^{(A)}$ | $l_{xy}^{(A)}$ | $l_{yy}^{(A)}$ | | | |
| 剩余 $e$ | $(a-1)\cdot(b-1)$ | $l_{xx}^{(e)}$ | $l_{xy}^{(e)}$ | $l_{yy}^{(e)}$ | $SS_e$ | $(a-1)\cdot(b-1)-1$ | $S_e^2 = \dfrac{SS_e}{(a-1)(b-1)-1}$ |
| $A+e$ | $b(a-1)$ | $l_{xx}^{(A+e)}$ | $l_{xy}^{(A+e)}$ | $l_{yy}^{(A+e)}$ | $SS_{A+e}$ | $b(a-1)-1$ | |

注意 $SS_{A+e}$ 相当于表 8.2.4 中的 $C$,而 $SS_e$ 相当于表 8.2.4 中的 $B$,所以检验假设 $H_0'$ 的统计量可取为

$$F = \frac{(SS_{A+e}-SS_e)/(a-1)}{SS_e/[(a-1)(b-1)-1]} \tag{8.3.11}$$

假设 $H_0''$ 的检验可类似地进行。

**例 8.3.1** 为比较 11 个品种的白扁豆的维生素 $C$ 的含量 $y$(单位:mg/100g 干重),采集了 5 个试验区(区组)的豆子,已知成熟度会影响维生素 $C$ 的含量,以 100g 新鲜采摘的豆子的干重量($x$)作为成熟度的指数并作为协变量,试验数据见表 8.3.2(这是单因素随机区组试验的协方差分析,它的分析方法与两因素协方差分析类似)。

表 8.3.2 例 8.3.1 的试验数据

| 品种 (A) | 区组(B) 1 | | 2 | | 3 | | 4 | | 5 | | 品种总和 | |
|---|---|---|---|---|---|---|---|---|---|---|---|---|
| | $x$ | $y$ | $x$ | $y$ | $x$ | $y$ | $x$ | $y$ | $x$ | $y$ | $x$ | $y$ |
| 1 | 34.0 | 93.0 | 33.4 | 94.8 | 34.7 | 91.7 | 38.9 | 80.8 | 36.1 | 80.2 | 177.1 | 440.5 |
| 2 | 39.6 | 47.3 | 39.8 | 51.5 | 51.2 | 33.3 | 52.0 | 27.2 | 56.2 | 20.6 | 238.8 | 179.9 |
| 3 | 31.7 | 81.4 | 30.1 | 109.0 | 33.8 | 71.6 | 39.6 | 57.5 | 47.8 | 30.1 | 183.0 | 349.6 |
| 4 | 37.7 | 66.9 | 38.2 | 74.1 | 40.3 | 64.7 | 39.4 | 69.3 | 41.3 | 63.2 | 196.9 | 338.2 |
| 5 | 24.9 | 119.5 | 24.0 | 128.5 | 24.9 | 125.6 | 23.5 | 129.0 | 25.1 | 126.2 | 122.4 | 628.8 |
| 6 | 30.3 | 106.6 | 29.1 | 111.4 | 31.7 | 99.0 | 28.3 | 126.1 | 34.2 | 95.6 | 153.6 | 538.7 |

**续表**

| 品种 | 区 组(B) | | | | | | | | | | |
|---|---|---|---|---|---|---|---|---|---|---|---|
| (A) | 1 | | 2 | | 3 | | 4 | | 5 | | 品种总和 |
| | $x$ | $y$ | $x$ | $y$ | $x$ | $y$ | $x$ | $y$ | $x$ | $y$ | $x$ | $y$ |
| 7 | 32.7 | 106.1 | 33.8 | 107.2 | 34.8 | 97.5 | 35.4 | 86.0 | 37.8 | 88.8 | 174.5 | 485.6 |
| 8 | 34.5 | 61.5 | 31.5 | 83.4 | 31.1 | 93.9 | 36.1 | 69.0 | 38.5 | 46.9 | 171.7 | 354.7 |
| 9 | 31.4 | 80.5 | 30.5 | 106.5 | 34.6 | 76.7 | 30.9 | 91.8 | 36.8 | 68.2 | 164.2 | 423.7 |
| 10 | 21.2 | 149.2 | 25.3 | 151.6 | 23.5 | 170.1 | 24.8 | 155.2 | 24.6 | 146.1 | 119.4 | 772.2 |
| 11 | 30.8 | 78.7 | 26.4 | 116.9 | 33.2 | 71.8 | 33.5 | 70.3 | 43.8 | 40.9 | 167.7 | 378.6 |
| 区组总和 | 348.8 | 990.7 | 342.1 | 1134.9 | 373.8 | 995.9 | 382.4 | 962.2 | 422.2 | 806.8 | 1869.3 | 4890.5 |

计算各离差平方和及积和如下。

总的:

$$\sum_{i=1}^{11}\sum_{j=1}^{5} x_{ij}^2 = 66448.63,\quad l_{xx}^{(T)} = 66448.63 - \frac{(1869.3)^2}{55} = 2916.22$$

$$\sum_{i=1}^{11}\sum_{j=1}^{5} x_{ij}y_{ij} = 153988.6,\quad l_{xy}^{(T)} = 153988.6 - \frac{(1869.3)(4890.5)}{55}$$
$$= -12226.14$$

$$\sum_{i=1}^{11}\sum_{j=1}^{5} y_{ij}^2 = 496788.78,\quad l_{yy}^{(T)} = 496788.78 - \frac{(4890.5)^2}{55} = 61934.42$$

区组:

$$l_{xx}^{(B)} = \frac{1}{11}(348.8^2 + 342.1^2 + \cdots + 422.2^2) - \frac{1}{55}1869.3^2 = 367.85$$

$$l_{xy}^{(B)} = \frac{1}{11}(348.8 \times 990.7 + 342.1 \times 1134.9 + \cdots + 422.2 \times 806.8)$$
$$- \frac{1}{55}(1869.3 \times 4890.5) = -1246.66$$

$$l_{yy}^{(B)} = \frac{1}{11}(990.7^2 + 1134.9^2 + 995.9^2 + 962.2^2 + 806.8^2) - \frac{1}{55}(4890.5)^2$$
$$= 4968.94$$

品种:

$$l_{xx}^{(A)} = \frac{1}{5}(177.1^2 + 238.8^2 + \cdots + 167.7^2) - \frac{1}{55} \times 1869.3^2 = 2166.71$$

$$l_{xy}^{(A)} = \frac{1}{5}(177.1 \times 440.5 + 238.8 \times 179.9 + \cdots + 167.7 \times 378.6) - \frac{1}{55}$$
$$\times 1869.3 \times 4890.5 = -9784.14$$

$$l_{yy}^{(A)} = \frac{1}{5}(440.5^2 + 179.9^2 + \cdots + 378.6^2) - \frac{1}{55} \times 4890.5^2 = 51018.18$$

剩余：

$$l_{xx}^{(e)} = l_{xx}^{(T)} - l_{xx}^{(A)} - l_{xx}^{(B)} = 2916.22 - 2166.71 - 367.85 = 381.66$$

$$l_{xy}^{(e)} = l_{xy}^{(T)} - l_{xy}^{(A)} - l_{xy}^{(B)} = -12226.14 - (-9784.14) - (-1246.66)$$

$$= -1195.34$$

$$l_{yy}^{(e)} = l_{yy}^{(T)} - l_{yy}^{(A)} - l_{yy}^{(B)} = 5947.30$$

由这些数据列出下面的协方差分析表。

**表 8.3.3　例 8.3.1 数据的协方差分析**

| 离差来源 | 自由度 | $l_{xx}$ | $l_{xy}$ | $l_{yy}$ | 距回归 自由度 | 平方和 | 均方 |
|---|---|---|---|---|---|---|---|
| 总的 | 54 | 2916.22 | -12226.14 | 61934.42 | | | |
| 区组($B$) | 4 | 367.85 | -1246.66 | 4968.94 | | | |
| 品种($A$) | 10 | 2166.71 | -9784.14 | 51018.18 | | | |
| 剩余($e$) | 40 | 381.66 | -1195.34 | 5947.30 | 39 | 2203.56 | 56.50 |
| $A+e$ | 50 | 2548.37 | -10979.48 | 56965.48 | 49 | 9661.13 | |
| 调整后的 $A$ | | | | | 10 | 7457.57 | 745.76 |

首先，对未经调整（即未消除协变量的影响）的 $y$ 可作方差分析，为此，只需计算

$$F = \frac{l_{yy}^{(A)}/(a-1)}{l_{yy}^{(e)}/(a-1)(b-1)} = \frac{51018.18/10}{5947.3/40} = 34.31^{**}$$

当 $df = (10,40)$ 时，$F_{0.01} = 2.80$，所以各品种的维生素 C 的含量有显著差异。但应注意这种显著的差异固然可能是由于品种不同所致，但也可能是因为采摘时各品种的成熟度不同所造成。

对 $x$ 也可以作类似的方差分析

$$F = \frac{l_{xx}^{(A)}/(a-1)}{l_{xx}^{(e)}/(a-1)(b-1)} = \frac{2166.71/10}{381.66/40} = 22.71^{**}$$

$F > 2.8$，检验的结果为各品种间的成熟度不同提供了证据，说明引入协变量 $x$ 是必要的。

对于依协变量 $x$ 调整后的 $y$，有

$$F = \frac{(SS_{A+e} - SS_e)/(a-1)}{SS_e/[(a-1)(b-1)-1]} = \frac{745.76}{56.50} = 13.20^{**}$$

当 $df = (10,39)$ 时，$F_{0.01} = 2.82$，检验的结果告诉我们，将维生素 C 的含量调整到对相同的成熟度而言，各品种的维生素 C 的平均含量还是有显著差异的。

# §8.4 二元协方差分析

在生物学中,常常会遇到一个因变量受到二个或更多个协变量影响的情况,在这种情况下,可用多元协方差分析方法,对因变量用两个或多个协变量来进行调整。

多元协方差分析比一元协方差分析更普遍,本节只就二元协方差分析作简单的介绍。

二元协方差分析是一元协方差分析的自然推广,主要的区别在于需要用二元回归方程代替一元回归方程,下面通过一实例来说明二元协方差分析方法。

**例 8.4.1** 设调查的目的是确定历年某种生物的死亡率是否有显著差异,考虑到温度($x_1$)及湿度($x_2$)与死亡率有关,将它们取作协变量。调查了6个地区(区组)该生物3年的死亡率,并对死亡率进行了反正弦变换 $y_{ij} = \arcsin \sqrt{x_{ij}}$,所得的结果,见表 8.4.1。

**表 8.4.1 某生物死亡率反正弦变换后数据**

| 年 份 | | 区 组 | | | | | | 年份总和 |
|---|---|---|---|---|---|---|---|---|
| | | 1 | 2 | 3 | 4 | 5 | 6 | |
| 1 | $x_1$ | 25.6 | 25.4 | 30.8 | 33.0 | 28.5 | 28.0 | 171.3 |
| | $x_2$ | 14.9 | 13.3 | 4.6 | 14.7 | 12.8 | 7.5 | 67.8 |
| | $y$ | 19.0 | 22.2 | 35.3 | 32.8 | 25.3 | 35.8 | 170.4 |
| 2 | $x_1$ | 25.4 | 28.3 | 35.3 | 32.4 | 25.9 | 24.2 | 171.5 |
| | $x_2$ | 7.2 | 9.5 | 6.8 | 9.7 | 9.2 | 7.5 | 49.9 |
| | $y$ | 32.4 | 32.2 | 43.7 | 35.7 | 28.3 | 35.2 | 207.5 |
| 3 | $x_1$ | 27.9 | 34.4 | 32.5 | 27.5 | 23.7 | 32.9 | 178.9 |
| | $x_2$ | 18.6 | 22.2 | 10.0 | 17.6 | 14.4 | 7.9 | 90.7 |
| | $y$ | 26.2 | 34.7 | 40.0 | 29.6 | 20.6 | 47.2 | 198.3 |
| 区组 总和 | $x_1$ | 78.9 | 88.1 | 98.6 | 92.9 | 78.1 | 85.1 | 521.7 |
| | $x_2$ | 40.7 | 45.0 | 21.4 | 42.0 | 36.4 | 22.9 | 208.4 |
| | $y$ | 77.6 | 89.1 | 119.0 | 98.1 | 74.2 | 118.2 | 576.2 |

在这个实验里,所考虑的因素是年份($A$),分析方法如下:

1. 算出全部数据的(总的)$l_{11}, l_{22}, l_{12}, l_{1y}, l_{2y}, l_{yy}$,并把他们按年份、区组及误差分解,计算结果见表 8.4.2

**表 8.4.2 例 8.4.1 方差分析表**

| 离差来源 | 自由度 | $l_{11}$ | $l_{22}$ | $l_{12}$ | $l_{1y}$ | $l_{2y}$ | $l_{yy}$ |
|---|---|---|---|---|---|---|---|
| 年份($A$) | 2 | 6.26 | 139.41 | 26.24 | 8.41 | $-22.26$ | 124.42 |
| 区组($B$) | 5 | 106.34 | 171.46 | $-47.06$ | 190.83 | $-257.03$ | 629.22 |
| 剩余($e$) | 10 | 117.93 | 74.20 | 20.17 | 142.01 | $-21.46$ | 228.66 |
| 总计($T$) | 17 | 230.53 | 385.07 | $-0.65$ | 341.25 | $-300.75$ | 982.3 |
| $A+e$ | 12 | 124.19 | 213.61 | 46.41 | 150.42 | $-43.72$ | 353.08 |

2. 作回归的显著性检验,从"剩余"项可列出正规方程

$$\begin{pmatrix} 117.93 & 20.17 \\ 20.17 & 74.20 \end{pmatrix} \begin{pmatrix} b_1 \\ b_2 \end{pmatrix} = \begin{pmatrix} 142.01 \\ -21.46 \end{pmatrix}$$

解得回归系数为

$$b_1 = 1.3148, \ b_2 = -0.6466。$$

于是,回归平方和为

$$SS_R^{(e)} = b_1 l_{1y} + b_2 l_{2y} = 1.3148 \times 142.01 + (-0.6466) \times (-21.46)$$
$$= 200.59$$

离回归平方和为

$$SS_e^{(e)} = l_{yy}^e - SS_R^{(e)} = 228.66 - 200.59 = 28.07$$

列方差分析表如下。

**表 8.4.3 关于回归的方差分析表**

| 离差来源 | 自由度 | 平方和 | 均方 | $F$ 值 | $F$ 临界值 |
|---|---|---|---|---|---|
| 回归 | 2 | 200.59 | 100.295 | 28.58** | $F_{0.01}(2.10) = 8.65$ |
| 离回归 | 8 | 28.07 | 3.509 | | |
| $e$ 总和 | 10 | 228.66 | | | |

回归高度显著,说明应该用 $x_1, x_2$ 来调整的均值。

3. 求"$A+e$"项的离回归平方和

为此,先列出正规方程

$$\begin{pmatrix} 124.19 & 46.41 \\ 46.41 & 213.61 \end{pmatrix} \begin{pmatrix} b_1 \\ b_2 \end{pmatrix} = \begin{pmatrix} 150.42 \\ -43.72 \end{pmatrix}$$

解得

$$b_1 = 1.4015, \ b_2 = -0.5092$$

离回归平方和为

$$SS_e^{(A+e)} = 353.08 - 1.4015 \times 150.42 - (-0.5092) \times (-43.72)$$
$$= 120.0079$$

列出协方差分析表如下。

表 8.4.4　例 8.4.1 协方差分析

| 离差来源 | 离差平方和 | 自由度 | 均方 |
|---|---|---|---|
| $A+e$ | 120.0079 | 10 | |
| $e$ | 28.07 | 8 | 3.509 |
| 调整的 $A$ | 91.9379 | 2 | 45.969 |

$$F = \frac{45.969}{3.509} = 13.1^{**}$$

当自由度时 $df = (2,8)$ 时,$F_{0.01} = 8.65$。因此,即使历年的温度和湿度相同,各年份的死亡率也有高度显著的差异。

# §8.5　习　题

1. 为比较三种饲料的饲养效果,分别用这三种饲料进行喂养,试验所得到的数据见表 8.5.1,表中 $x$ 是饲养动物的初始重量,取作协变量,$y$ 是饲养结束时的重量。

表 8.5.1　饲料试验数据表

| 饲料 | | | | | | | |
|---|---|---|---|---|---|---|---|
| 1 | $x$ | 96 | 113 | 103 | 125 | 126 |
| | $y$ | 150 | 220 | 290 | 410 | 410 |
| 2 | $x$ | 86 | 72 | 89 | 116 | 115 |
| | $y$ | 270 | 380 | 560 | 640 | 680 |
| 3 | $x$ | 48 | 56 | 62 | 75 | 68 |
| | $y$ | 220 | 350 | 460 | 550 | 660 |

试检验这 3 种饲料的饲养效果是否有显著差异。

2. 对 4 种不同品种的小白鼠,用各种剂量的射线照射后,它的死亡率数据见表 8.5.2

**表 8.5.2　照射剂量($D$)与死亡率($p$)数据**

| 品 | | | | | | | 种 |
|---|---|---|---|---|---|---|---|
| 1 | | 2 | | 3 | | 4 | |
| $D$ | $p$ | $D$ | $p$ | $D$ | $p$ | $D$ | $p$ |
| 550 | 0.20 | 400 | 0.10 | 400 | 0.40 | 400 | 0.063 |
| 660 | 0.20 | 500 | 0.30 | 500 | 0.80 | 425 | 0.313 |
| 650 | 0.50 | 600 | 0.35 | 550 | 0.90 | 450 | 0.125 |
| 700 | 0.70 | 650 | 0.70 | 600 | 0.90 | 500 | 0.333 |
| | | 700 | 0.95 | | | 550 | 0.750 |
| | | 750 | 0.95 | | | 600 | 0.700 |

在对数 Probit 坐标上,这 4 个品种的照射剂量与死亡率都有线性趋势,所以按,$x = 1000 \times (\lg D - 2)$,$y = \text{Probit}(p)$ 对全部数据进行变换,所得数据如下表(8.5.3):

**表 8.5.3　照射剂量和死亡率变换后的数据**

| 品 | | | | | | | 种 |
|---|---|---|---|---|---|---|---|
| 1 | | 2 | | 3 | | 4 | |
| $x$ | $y$ | $x$ | $y$ | $x$ | $y$ | $x$ | $y$ |
| 740 | 4.16 | 602 | 3.72 | 602 | 4.75 | 602 | 3.47 |
| 778 | 4.16 | 699 | 4.48 | 699 | 5.84 | 628 | 4.51 |
| 813 | 5.00 | 778 | 4.61 | 740 | 6.28 | 653 | 3.85 |
| 845 | 5.52 | 813 | 5.52 | 778 | 6.28 | 699 | 4.57 |
| | | 845 | 6.64 | | | 740 | 5.67 |
| | | 875 | 6.64 | | | 778 | 5.52 |

试对以上变换所得的数据作协方差分析。

3. 对 8 种饲料的增重效果进行了试验,获得的数据见表 8.5.4。表中 $x$ 是日食量占体重的百分数,$y$ 是日增重量,以 $x$ 作协变量分析不同的饲料种类及性别在增重上是否有显著差异。

**表 8.5.4　饲料增重效果的试验结果**

| 饲料种类 | ♀ | | ♂ | |
|---|---|---|---|---|
| | $x$ | $y$ | $x$ | $y$ |
| 1 | 209.3 | 11.2 | 286.9 | 27.2 |
| 2 | 252.4 | 26.1 | 302.1 | 30.6 |
| 3 | 241.5 | 13.2 | 241.8 | 15.4 |
| 4 | 259.1 | 24.4 | 273.2 | 24.0 |
| 5 | 201.1 | 10.8 | 274.6 | 20.1 |
| 6 | 287.5 | 31.0 | 276.3 | 24.4 |
| 7 | 286.6 | 27.0 | 270.7 | 29.9 |
| 8 | 255.7 | 20.8 | 253.0 | 20.8 |

# 第9章  判别分析与聚类分析

在生物学中,常常需要对生物个体进行分类或作出类别判定,如种属之间的判定、性别判定等。生物学中传统的方法是根据肉眼能观察到的一些特征,直接进行类别的判定,但当这些观察的特征不足以判别它的类别时,需要研究分类对象的种种特征,得到有关数据资料,根据这些数据资料进行类别的判定。本章所要介绍的就是根据数据资料进行综合分析,从而找出主要特征,并运用这些主要特征进行类别的划分或判定。

分类的问题大致上可分成两种类型:一种是已知研究对象应该分成 $G$ 类(例如,就性别而论,可分为雌性及雄性两类,$G=2$),而且已经掌握了每一类的若干标本,并且测出了某些性状的数据,要根据这些数据判断这些性状在这两类间是否有显著差异,如果有显著差异,则要找出一个判别标准,当我们得到一个个体时,按照这个判别标准去判断它属于那一类。这类统计方法,叫做判别分析。当 $G=2$ 时,叫做两类判别,如果 $G>2$,则叫做多类判别。分类问题的另一种类型是:对研究对象应该分成多少类尚未确定,在这种情况下,我们把性状相近的归属同一类。这种方法叫聚类分析方法。

首先,我们介绍判别分析中最简单的两类判别。

## §9.1  两类判别

设生物个体只分成两类,我们分别从两个类中抽得 $n_1$ 及 $n_2$ 个个体,如果考虑 $p$ 个数量性状,对每一个个体测得 $p$ 个性状的观察值,依次用 $x_1, x_2, \cdots, x_p$ 表示,把它们叫做变量,测得 $n_1 + n_2$ 个个体的 $p$ 个观察值如下:

| | 甲类 | | | | 乙类 | | |
|---|---|---|---|---|---|---|---|
| $x_1$ | $x_2$ | $\cdots$ | $x_p$ | $x_1$ | $x_2$ | $\cdots$ | $x_p$ |
| $x_{11}^{(1)}$ | $x_{12}^{(1)}$ | $\cdots$ | $x_{1p}^{(1)}$ | $x_{11}^{(2)}$ | $x_{12}^{(2)}$ | $\cdots$ | $x_{1p}^{(2)}$ |

$$x_{21}^{(1)} \quad x_{22}^{(1)} \quad\quad x_{2p}^{(1)} \quad\quad x_{21}^{(2)} \quad x_{22}^{(2)} \quad\quad x_{2p}^{(2)}$$

$$\cdots \quad\quad\quad\quad\quad \cdots$$

$$x_{n_1 1}^{(1)} \quad x_{n_1 2}^{(1)} \quad\quad x_{n_1 p}^{(1)} \quad\quad x_{n_2 1}^{(2)} \quad x_{n_2 2}^{(2)} \quad\quad x_{n_2 p}^{(2)}$$

我们希望找到 $x_1, x_2, \cdots, x_p$ 的一个函数 $f(x_1, x_2, \cdots, x_p)$，用这个函数作为 $p$ 个性状的综合指标来判别这两类个体。在 $p$ 元函数中最简单的是 $p$ 元线性函数

$$u = \lambda_1 x_1 + \lambda_2 x_2 + \cdots + \lambda_p x_p \tag{9.1.1}$$

对于第 $g$ 类 $(g = 1, 2)$ 中第 $k(k = 1, 2, \cdots, n_g)$ 个个体，$u$ 的值记为 $u_k^{(g)}$，即

$$u_k^{(g)} = \lambda_1 x_{k1}^{(g)} + \lambda_2 x_{k2}^{(g)} + \cdots + \lambda_p x_{kp}^{(g)}, \quad g = 1, 2; k = 1, 2, \cdots, n_g \tag{9.1.2}$$

为了能用函数(9.1.1)进行分类，我们要求类内离差平方和

$$\omega(u) = \sum_{k=1}^{n_1} (u_k^{(1)} - \bar{u}_1)^2 + \sum_{k=1}^{n_2} (u_k^{(2)} - \bar{u}_2)^2 \tag{9.1.3}$$

尽可能小。式中

$$\bar{u}_1 = \frac{1}{n_1} \sum_{k=1}^{n_1} u_k^{(1)}, \quad \bar{u}_2 = \frac{1}{n_2} \sum_{k=1}^{n_2} u_k^{(2)} \tag{9.1.4}$$

同时，又要求类间离差平方和

$$\beta(u) = n_1 (\bar{u}_1 - \bar{u})^2 + n_2 (\bar{u}_2 - \bar{u})^2 \tag{9.1.5}$$

尽可能大。式中

$$\bar{u} = \frac{1}{n_1 + n_2} \left( \sum_{k=1}^{n_1} u_k^{(1)} + \sum_{k=1}^{n_2} u_k^{(2)} \right) \tag{9.1.6}$$

综合上述要求，如果令

$$\lambda = \frac{\beta(u)}{\omega(u)} \tag{9.1.7}$$

则应当要求选取 $\lambda_1, \lambda_2, \cdots, \lambda_p$，使 $\lambda$ 达到最大值，将满足这一要求的 $\lambda_1, \lambda_2, \cdots, \lambda_p$ 代入式(9.1.1)而确定下来的函数，叫做 Fisher 意义下的判别函数，这样的 $\lambda_1, \lambda_2, \cdots, \lambda_p$ 叫做判别系数。

令

$$\bar{x}_i = \left( \sum_{k=1}^{n_1} x_{ki}^{(1)} + \sum_{k=1}^{n_2} x_{ki}^{(2)} \right) / (n_1 + n_2),$$

$$\bar{x}_i^{(1)} = \frac{1}{n_1} \sum_{k=1}^{n_1} x_{ki}^{(1)}, \quad \bar{x}_i^{(2)} = \frac{1}{n_2} \sum_{k=1}^{n_2} x_{ki}^{(2)}, \quad i = 1, 2, \cdots, p \tag{9.1.8}$$

则 $\bar{x}_i^{(1)}, \bar{x}_i^{(2)}$ 分别表示第一类和第二类第 $i$ 项性状的均值，又令

$$d_i = \overline{x}_i^{(1)} - \overline{x}_i^{(2)}, \quad i = 1, 2, \cdots, p \tag{9.1.9}$$

$$l_{ij} = \sum_{k=1}^{n_1} (x_{ki}^{(1)} - \overline{x}_i^{(1)})(x_{kj}^{(1)} - \overline{x}_j^{(1)}) + \sum_{k=1}^{n_2} (x_{ki}^{(2)} - \overline{x}_i^{(2)})(x_{kj}^{(2)} - \overline{x}_j^{(2)}),$$
$$i, j = 1, 2, \cdots, p \tag{9.1.10}$$

可以证明,使式(9.1.7)取最大值的 $\lambda_1, \lambda_2, \cdots, \lambda_p$ 满足线性方程组

$$\begin{cases} l_{11}\lambda_1 + l_{12}\lambda_2 + \cdots + l_{1p}\lambda_p = cd_1 \\ l_{21}\lambda_1 + l_{22}\lambda_2 + \cdots + l_{2p}\lambda_p = cd_2 \\ \cdots \\ l_{p1}\lambda_1 + l_{p2}\lambda_2 + \cdots + l_{pp}\lambda_p = cd_p \end{cases} \tag{9.1.11}$$

式中,$c$ 与 $i$ 无关,对所求的 $\lambda_1, \lambda_2, \cdots, \lambda_p$ 仅起着共同放大或缩小的作用。

我们也可以从另一方面来理解判别系数。

引进一个变量 $y$,规定:当个体属于第一类时,$(x_1, x_2, \cdots, x_p)$ 的值对应着 $y = 1$,当个体属于第二类时,$(x_1, x_2, \cdots, x_p)$ 的值对应着 $y = 0$,于是,我们有了 $n_1 + n_2$ 组 $(y; x_1, x_2, \cdots, x_p)$ 的数据,对于这些数据有

$$\overline{y} = \frac{n_1}{n_1 + n_2}$$

$$l_{iy} = \frac{n_2}{n_1 + n_2} \sum_{k=1}^{n_1} (x_{ki}^{(1)} - \overline{x}_i) - \frac{n_1}{n_1 + n_2} \sum_{k=1}^{n_2} (x_{ki}^{(2)} - \overline{x}_i)$$
$$= \frac{n_1 n_2}{n_1 + n_2} (\overline{x}_i^{(1)} - \overline{x}_i^{(2)}) \qquad i = 1, 2, \cdots, p \tag{9.1.12}$$

于是,正规方程为

$$\begin{cases} l_{11}b_1 + l_{12}b_2 + \cdots + l_{1p}b_p = \frac{n_1 n_2}{n_1 + n_2}(\overline{x}_1^{(1)} - \overline{x}_1^{(2)}) \\ l_{21}b_1 + l_{22}b_2 + \cdots + l_{2p}b_p = \frac{n_1 n_2}{n_1 + n_2}(\overline{x}_2^{(1)} - \overline{x}_2^{(2)}) \\ \cdots \\ l_{p1}b_1 + l_{p2}b_2 + \cdots + l_{pp}b_p = \frac{n_1 n_2}{n_1 + n_2}(\overline{x}_p^{(1)} - \overline{x}_p^{(2)}) \end{cases} \tag{9.1.13}$$

与方程(9.1.11)比较,可见差别仅在常数项相差了一个常因数,当我们分别把式(9.1.11.)及(9.1.13)的解代入式(9.1.1)的右端时,所得到的结果(即 $u$ 的值)也仅差了一个常因子。

已经说过,我们希望用式(9.1.1)所确定的 $u$ 作为分辨的判据,注意到 $u$ 是一个一维变量,它们的值可以用一条直线上的点表示,因此如果与同一类的个体相应点聚集在一起,而与不同类的个体所对应的点却相互分开,则只要考察一个点在数轴上的位置,便能知道这个点所代表的个体应归属于哪一类。由此可

见,决定分类的是 $u$ 值的相对大小而与它的单位无关,这也就是说,在 $\lambda_1, \lambda_2, \cdots,$ $\lambda_p$ 中约去一个共因子,对判别分类不发生影响。所以,对于二类判别来说,方程 (9.1.11) 与 (9.1.13) 的解是等价的,在实际计算中,为简单起见,可令式(9.1. 11) 右端的共因子 $c = 1$,即所求的判别系数是方程组

$$\begin{cases} l_{11}\lambda_1 + l_{12}\lambda_2 + \cdots + l_{1p}\lambda_p = d_1 \\ l_{21}\lambda_1 + l_{22}\lambda_2 + \cdots + l_{2p}\lambda_p = d_2 \\ \cdots \\ l_{p1}\lambda_1 + l_{p2}\lambda_2 + \cdots + l_{pp}\lambda_p = d_p \end{cases} \tag{9.1.14}$$

的解

设 $\lambda_1, \lambda_2, \cdots, \lambda_p$ 是式(9.1.14) 的解,令

$$D = \lambda_1 d_1 + \lambda_2 d_2 + \cdots + \lambda_p d_p \tag{9.1.15}$$

并令

$$F = \frac{n_1 n_2}{n_1 + n_2} \times \frac{n_1 + n_2 - p - 1}{p} D \tag{9.1.16}$$

可以证明,当两类的各对应特征间无显著差异时,由上式规定的 $F$ 服从 $df$ $= (p, n_1 + n_2 - p - 1)$ 的 $F$ 分布,于是,便可根据由已知数据算得的 $F$ 值来判断 这 $p$ 个性状能否作为两类间判别的依据。

如果 $F$ 检验为这些性状在两类间存在显著差异提供了证据,则就可把函数

$$u = \lambda_1 x_1 + \lambda_2 x_2 + \cdots + \lambda_p x_p$$

作为判别函数,把这个函数看成是从 $(x_1, x_2, \cdots, x_p)$ 到 $u$ 的变换。如前所述,每个 个体经过这个变换与 $u$ 轴上的一个点相对应,而且两个类所对应的点集(在统计 显著的意义下)是互不相交的,这样便可为这二个点集确定一个"分界点"。

记

$$\bar{u}_1 = \frac{1}{n_1} \sum_{k=1}^{n_1} u_k^{(1)} , \ \bar{u}_2 = \frac{1}{n_2} \sum_{k=1}^{n_2} u_k^{(2)}$$

[见式(9.1.4)],可取 $\bar{u}_1$ 与 $\bar{u}_2$ 的中点

$$u^* = \frac{1}{2}(\bar{u}_1 + \bar{u}_2)$$

作分界点,于是,我们就得到了两类判别方法。对于任意给定的个体,测出它的 $p$ 个性状的值 $(x_1, x_2, \cdots, x_p)$,并算出与它对应的 $u$ 值,当 $u > u^*$ 时,把这个个体

划归第一类,当 $u < u^*$ 时,划归第二类[①]。

在进行两类判别时,还有一个应考虑的问题的是,我们所观察的 $p$ 个性状是否都是分辨一个个体应归属哪一类的主要特征呢?

由式(9.1.16)可见,当 $n_1, n_2, p$ 为已知时,$F$ 值的大小取决于 $D$ 的大小,而由式(9.1.15)可知,$D$ 的大小与性状 $x_i$ 相对应的 $\lambda_i d_i$ 有关,因此,各项性状所对应的 $\lambda_i d_i$ 在 $D$ 中所占比例的大小反映了各项性状在区分两个类中的作用的大小。

**例 9.1.1** 为诊断心肌梗塞症,对若干健康人和心肌梗塞症患者的心电图作了分析对比,希望找到一些指标作为诊断的依据。现在 $G=2$,从第一类(患者)取 6 个个体,第二类(健康人)取 10 个个体,考虑了三项指标,观察数据列在表9.1.1中。

表 9.1.1　两类个体三项指标的测定值

|  | 编号 | $x_{k1}$ | $x_{k2}$ | $x_{k3}$ |
|---|---|---|---|---|
| 第一类 | 1 | 510.47 | 67.64 | 1.73 |
|  | 2 | 510.41 | 62.71 | 1.58 |
|  | 3 | 470.30 | 54.40 | 1.68 |
|  | 4 | 364.12 | 46.26 | 2.09 |
|  | 5 | 416.07 | 45.37 | 1.90 |
|  | 6 | 515.70 | 84.59 | 1.75 |
|  | 总和 | 2787.07 | 360.97 | 10.73 |
|  | 均值 | 464.512 | 60.162 | 1.788 |
| 第二类 | 7 | 436.70 | 49.59 | 2.32 |
|  | 8 | 290.67 | 30.02 | 2.46 |
|  | 9 | 352.53 | 36.23 | 2.36 |
|  | 10 | 340.91 | 38.28 | 2.44 |
|  | 11 | 332.83 | 41.92 | 2.28 |
|  | 12 | 319.97 | 31.42 | 2.49 |
|  | 13 | 361.31 | 37.99 | 2.02 |
|  | 14 | 366.50 | 39.87 | 2.42 |
|  | 15 | 292.56 | 28.27 | 2.16 |
|  | 16 | 276.84 | 16.60 | 2.91 |
|  | 总和 | 3370.82 | 350.19 | 23.86 |
|  | 均值 | 337.082 | 35.019 | 2.386 |

计算得

---

① 式(9.1.4)可改写成

$$\bar{u}_1 = \frac{1}{n_1}\sum_{k=1}^{n_1} u_k^{(1)} = \frac{1}{n_1}\sum_{k=1}^{n_1}\sum_{i=1}^{n_1}\lambda_i x_{ki}^{(1)} = \sum_{i=1}^{p}\lambda_i \bar{x}_i^{(1)} \tag{9.1.17}$$

同理有　$\bar{u}_2 = \sum_{i=1}^{p}\lambda_i \bar{x}_i^{(2)}$ (9.1.18)

使用这两个计算公式有助于简化 $u^*$ 的计算,并且,由此可推出,为导出式(9.1.14)所作的假设 $c=1$,蕴含着 $\bar{u}_1 > \bar{u}_2$,所以,当 $u > u^*$ 时,所对应的个体应划归为第一类,当 $u < u^*$ 时,划归第二类。

$$d_1 = \bar{x}_1^{(1)} - \bar{x}_1^{(2)} = 464.512 - 337.082 = 127.43$$

$$d_2 = \bar{x}_2^{(1)} - \bar{x}_2^{(2)} = 60.162 - 35.019 = 25.143$$

$$d_3 = \bar{x}_3^{(1)} - \bar{x}_3^{(2)} = 1.788 - 2.386 = -0.598$$

$$l_{11} = 510.47^2 + 510.41^2 + \cdots + 515.70^2 + 436.70^2 + \cdots$$
$$+ 276.84^2 - \frac{1}{6} \times 2787.07^2 - \frac{1}{10} \times 3370.82^2 = 39003.39324$$

$$l_{12} = 510.47 \times 67.64 + \cdots + 515.70 \times 84.59 + 436.70 \times 49.59$$
$$+ \cdots + 276.84 \times 16.60 - \frac{1}{6} \times 2787.07 \times 360.97$$
$$- \frac{1}{10} \times 3370.82 \times 350.19 = 7161.641$$

类似地可算出

$$l_{13} = -91.4317, \; l_{22} = 1831.558, \; l_{23} = -18.4663, \; l_{33} = 0.659723$$

于是得到方程组

$$\begin{pmatrix} 39003.39324 & 7161.641 & -91.4317 \\ 7161.641 & 1831.558 & -18.4663 \\ -91.4317 & -18.4663 & 0.659723 \end{pmatrix} \begin{pmatrix} \lambda_1 \\ \lambda_2 \\ \lambda_3 \end{pmatrix} = \begin{pmatrix} 127.4297 \\ 25.14267 \\ -0.59767 \end{pmatrix}$$

解出判别系数为

$$\lambda_1 = 0.001482, \; \lambda_2 = 0.001212, \; \lambda_3 = -0.66664$$

为检验这三个指标的判别效果,先计算 $D$

$$D = \lambda_1 d_1 + \lambda_2 d_2 + \lambda_3 d_3$$
$$= 0.001482 \times 127.4297 + 0.001212 \times 25.14267$$
$$+ (-0.66664) \times (-0.59767) = 0.6177$$

$$F = \frac{n_1 n_2}{n_1 + n_2} \times \frac{n_1 + n_2 - p - 1}{p} \times D$$
$$= \frac{6 \times 10}{6 + 10} \times \frac{6 + 10 - 3 - 1}{3} \times 0.6177 = 9.2655$$

因为 $F > F_{0.01}(3,12) = 5.95$ 为,所以判别函数的判别效果高度显著。从而得到判别函数为

$$u = 0.001482 x_1 + 0.001212 x_2 - 0.66664 x_3$$

由式(9.1.17)和(9.1.18)

$$\bar{u}_1 = \sum_{i=1}^{p} \lambda_i \bar{x}_i^{(1)}$$
$$= 0.001482 \times 464.512 + 0.001212 \times 60.162 + (-0.66664) \times 1.788$$
$$= -0.4307$$

$$\bar{u}_2 = \sum_{i=1}^{p} \lambda_i \bar{x}_i^{(2)}$$
$$= 0.001482 \times 337.082 + 0.001212 \times 35.019 + (-0.66664) \times 2.386$$
$$= -1.04866$$

$$u^* = \frac{1}{2}(\bar{u}_1 + \bar{u}_2) = -0.4315 - 1.0493 = -0.73968$$

对原样本(经常称为训练样本)用以上判别函数进行判别,结果见表 9.1.2,错判的只有一个个体,错判率为 6.25%。汇总结果见表 9.1.3。

表 9.1.2    训练样本的回判

| 编号 | 原类别 | $u_i$ | 被判类别 | 编号 | 原类别 | $u_i$ | 被判类别 |
|------|--------|-------|----------|------|--------|-------|----------|
| 1 | I | -0.3155 | I | 9 | II | -1.0077 | II |
| 2 | I | -0.22183 | I | 10 | II | -1.0756 | II |
| 3 | I | -0.3580 | I | 11 | II | -0.9763 | II |
| 4 | I | -0.7980 | II | 12 | II | -1.1484 | II |
| 5 | I | -0.5960 | I | 13 | II | -0.7659 | II |
| 6 | I | -0.2998 | I | 14 | II | -1.0225 | II |
| 7 | II | -0.8402 | II | 15 | II | -0.9728 | II |
| 8 | II | -1.1733 | II | 16 | II | -1.5105 | II |

表 9.1.3    判别结果

| 实际情况    判别情况 | I | II |
|------|------|------|
| I | 5 | 1 |
| II | 0 | 10 |

**例 9.1.2**    雌雄鳗鲡不具有明显的性征,而人工繁殖恰恰要求从外形特征来区别和选择雌雄,为此选用了两批雌雄鳗鲡,分别对它们的眼径、眼间距、吻形、胸鳍长等多项外形特征指标进行测量分析,并按照上述方法进行了计算,结果见表 9.1.4。

表 9.1.4　缦鲡性别的判别分析

| 批次 | 判别 | $F$ | $df$ | $F_{0.01}$ | $\lambda_i d_i/D(\%)$ | | | | | |
|------|------|-----|------|-----------|------------------|----------|----------|----------|----------|--------|
| | | | | | 头长比体长 | 吻长比体长 | 眼径比体长 | 眼间距比体长 | 胸鳍长比体长 | 肥满度 |
| I | ♀—♂ | 23.87 | (6,255) | 2.87 | 2.87 | 2.37 | 67.53 | 14.05 | 0.08 | 13.07 |
| II | ♀—♂ | 26.86 | (6,255) | 2.87 | 0.38 | 0.86 | 71.23 | 10.28 | 2.14 | 15.10 |

从表 9.1.2 可见,两批鳗鲡的 $F$ 值分别为 23.87 和 26.86,均大于 $F_{0.01}$ 的临界值。因此用这些指标构造的雌雄鳗鲡的判别函数的判别效果是高度显著的。又从 $\lambda_i d_i$ 占 $D$ 的百分数大小可见,眼径／体长、眼间距／体长和肥满度可作为性别的主要特征。

对于体长在 $400 \sim 600$mm 范围内的鳗鲡,在外形上更难于分辨性别,对这一体长范围的鳗鲡,选择了 9 项特征进行判别分析,计算结果见表 9.1.5。

表 9.1.5　$400 \sim 600$mm 鳗鲡性别的判别分析

| $F$ | $df$ | $F_{0.01}$ | $\lambda_i d_i/D(\%)$ | | | | | | | | |
|-----|------|-----------|------------------|----------|----------|----------|----------|------|------|----------|--------|
| | | | 头长比体长 | 吻长比体长 | 眼径比体长 | 眼间距比体长 | 胸鳍长比体长 | 吻角 | 吻形 | 腹围比体长 | 肥满度 |
| 10.09 | (9,80) | 2.64 | 2.52 | 0.01 | 43.78 | 5.22 | 1.05 | 0.26 | 19.33 | 8.34 | 19.49 |

$F$ 检验的结果说明用上述指标构造的判别函数对 $400 \sim 600$mm 体长的鳗鲡性别的判别效果是高度显著的。这 9 项指标中起主要作用的是:眼径／体长、眼间距／体长、吻形、腹围／体长、肥满度等 5 项,也就是说这 5 项特征可以作为鉴别鳗鲡性别的主要依据。

**例 9.1.3**　在不同时期抽取了五批兰圆鲹,每批 90 尾。根据其 5 项分类特征:背鳍鳍条数,胸鳍鳍条数,臀鳍鳍条数,鳃耙数,侧线鳞数,对每两批进行判别分析,计算结果列在表 9.1.6 中。在表 9.1.6 中,第一栏表示进行判别的兰圆鲹批次,例如 1—2 表示,对第一批和第二批进行判别。

现在,自由度为 $(5,174)$,$F_{0.05} = 2.27$,$F_{0.01} = 3.21$。

表 9.1.6　兰圆鲹判别分析结果

| 判别批号 | $F$ | $\lambda_i d_i/D(\%)$ | | | | |
|----------|-----|------------------|----------|----------|--------|--------|
| | | 背鳍鳍条数 | 胸鳍鳍条数 | 臀鳍鳍条数 | 鳃耙数 | 侧线鳞数 |
| 1—2 | 1.45 | — | — | — | — | — |
| 3—4 | 1.48 | — | — | — | — | — |

**续表**

| 判别批号 | $F$ | \multicolumn{5}{c}{$\lambda_i d_i / D(\%)$} |
| --- | --- | --- | --- | --- | --- | --- |
| | | 背鳍鳍条数 | 胸鳍鳍条数 | 臀鳍鳍条数 | 鳃耙数 | 侧线鳞数 |
| 1—3 | 5.96** | 4 | 60 | 1 | 14 | 21 |
| 2—3 | 9.44** | 2 | 48 | 3 | 14 | 33 |
| 1—4 | 2.77* | 9 | 81 | 3 | 3 | 4 |
| 2—4 | 4.52** | 1 | 65 | 11 | 0 | 23 |
| 1—5 | 16.42** | 4 | 90 | 1 | 0 | 5 |
| 2—5 | 16.91** | 0 | 100 | 0 | 0 | 0 |
| 3—5 | 8.82** | 3 | 46 | 2 | 17 | 32 |
| 4—5 | 10.82** | 1 | 78 | 2 | 1 | 18 |

由表 9.1.4 可见:第 1,2 批及第 3,4 批间的 $F < F_{0.05}$,故不能认为第 1、2 批间及第 3、4 批间有显著差异;其余各批的 $F$ 值均满足 $F > F_{0.05}$ 或 $F > F_{0.01}$,故可视为是有显著差异的群体。由此可得出结论:存在 1(或 2),3(或 4),5 三个不同的群体。

由表 9.1.6 还可见,三个不同群体其差异主要由胸鳍鳍条数造成。因此我们可以认为胸鳍鳍条数是区别不同群体的主要特征。

在实际应用时,要求所构造的判别函数既有较高的判别效率又包含尽可能少的判别指标,这就需要对指标进行筛选,选出有显著作用的指标参与类间的判别。与逐步回归方法类似,逐步判别方法提供了筛选指标的方法,这一方法将在 § 9.3 中讨论。

在有些情况下,我们也可采用如下方法以简化计算:对每个性状,先用方差分析法来检验它在不同类之间有无显著差异,然后对所有有显著差异的性状进行判别分析,以便确定每两类之间究竟有无显著差异并找出差异的主要特征及判别函数。设若对例 9.1.3 中的 5 项特征分别进行方差分析,算出的 $F$ 值如表 9.1.7。

表 9.1.7    兰圆鲹 5 项指标方差分析的 $F$ 值

| 分类特征 | 背鳍鳍条数 | 胸鳍鳍条数 | 臀鳍鳍条数 | 鳃耙数 | 侧线鳞数 |
| --- | --- | --- | --- | --- | --- |
| $F$ 值 | 1.54 | 2.95* | 1.49 | 2.59* | 5.91** |

因为每批有 90 尾,共 5 批,所以 $df = (4, 445)$,$F_{0.05} = 2.39$,$F_{0.01} = 3.36$。所以在这 5 批兰圆鲹中,背鳍鳍条数及臀鳍鳍条数不能认为有显著差异。因此,在作判别分析时,不必考虑这两项特征,对其余 3 项特征建立判别函数,计算结

果列在表 9.1.8 中。

**表 9.1.8　三个指标的判别分析结果**

| 批号 | $F$ | $\lambda_i d_i / D(\%)$ | | |
| --- | --- | --- | --- | --- |
| | | 胸鳍鳍条数 | 鳃耙数 | 侧线鳞数 |
| 1—2 | 1.30 | — | — | — |
| 3—4 | 2.44 | — | — | — |
| 1—3 | 9.74** | 63 | 14 | 23 |
| 2—3 | 15.39** | 49 | 15 | 36 |
| 1—4 | 4.09** | 100 | 0 | 0 |
| 2—4 | 6.85** | 73 | 0 | 27 |
| 1—5 | 26.93** | 94 | 0 | 6 |
| 2—5 | 27.99** | 100 | 0 | 0 |
| 3—5 | 14.39** | 50 | 16 | 34 |
| 4—5 | 18.02** | 80 | 0 | 20 |

当 $df = (3,176)$ 时，$F_{0.05} = 2.65$，$F_{0.01} = 3.88$。分析的结果同样为存在着三个群体提供了证据。

## §9.2　Bayes 判别

上节所介绍的 Fisher 判别方法主要适用于两类判别，当已知个体可分为 $G$ 类（$G > 2$）时，用 Fisher 方法寻求判别函数较为困难，本节介绍另一种判别方法——Bayes 判别方法，这里我们将仅局限于叙述这种方法的计算步骤。

假设选择了 $p$ 个分类指标 $x_1, x_2, \cdots, x_p$，将它写成列矩阵，并记为 $X$

$$X = \begin{pmatrix} x_1 \\ x_2 \\ \cdots \\ x_p \end{pmatrix} ①$$

如果已知被研究对象可以分成 $G$ 类，从第 $g$ 类中抽取了 $n_g$ 个个体（$g = 1, 2, \cdots, G$），将第 $g$ 类中第 $k$ 个个体的特征记为

---

① 在本节中，用大写拉丁字母表示矩阵。

$$X_k^{(g)} = \begin{pmatrix} x_{k1}^{(g)} \\ x_{k2}^{(g)} \\ \cdots \\ x_{kp}^{(g)} \end{pmatrix}, \quad \begin{aligned} g &= 1,2,\cdots,G \\ k &= 1,2,\cdots,n_g \end{aligned}$$

现在的问题是:

(1) 从所给各类的样本来看,根据这 $p$ 个分类指标进行分类,各类之间的差异是否显著。

(2) 如果差异是显著的,则求出判别函数,以便利用判别函数对其他个体进行判别分类。

先讨论第二个问题,求判别函数的步骤如下:

1. 计算各类均值及协方差矩阵

(1) 各类均值

$$\bar{x}_i^{(g)} = \frac{1}{n_g} \sum_{k=1}^{n_g} x_{ki}^{(g)}, \quad \begin{pmatrix} g = 1,2,\cdots,G \\ i = 1,2,\cdots,p \end{pmatrix} \tag{9.2.1}$$

并记

$$\overline{X}^{(g)} = \begin{pmatrix} \bar{x}_1^{(g)} \\ \bar{x}_2^{(g)} \\ \cdots \\ \bar{x}_p^{(g)} \end{pmatrix}$$

(2) 协方差矩阵

$$S = \begin{pmatrix} s_{11} & s_{12} & \cdots & s_{1p} \\ s_{21} & s_{22} & \cdots & s_{2p} \\ \cdots & & & \\ s_{p1} & s_{p2} & \cdots & s_{pp} \end{pmatrix}$$

式中

$$s_{ij} = \frac{1}{N-G} \sum_{g=1}^{G} \sum_{k=1}^{n_g} (x_{ki}^{(g)} - \bar{x}_i^{(g)})(x_{kj}^{(g)} - \bar{x}_j^{(g)}), \quad i,j = 1,2,\cdots,p \tag{9.2.2}$$

式中

$$N = n_1 + n_2 + \cdots + n_g$$

2. 计算下列各量

(1) 协方差矩阵的逆矩阵,记它为

$$C = (c_{ij})$$

即

$$C = S^{-1}$$

（2）判别系数

$$C^{(g)} = C\overline{X}^{(g)} , \ g = 1,2,\cdots,G \tag{9.2.3}$$

记

$$C^{(g)} = \begin{bmatrix} c_1^{(g)} \\ c_2^{(g)} \\ \cdots \\ c_p^{(g)} \end{bmatrix}$$

则由矩阵的乘法,有

$$c_i^{(g)} = \sum_{j=1}^{p} c_{ij}\overline{x}_j^{(g)} , \ \begin{cases} g = 1,2,\cdots,G \\ i = 1,2,\cdots,p \end{cases} \tag{9.2.4}$$

（3）$c_0^{(g)} = -\frac{1}{2} \sum_{i=1}^{p} c_i^{(g)}\overline{x}_i^{(g)} , \ g = 1,2,\cdots,G \tag{9.2.5}$

（4）$p^{(g)} = \frac{n_g}{N} , \ g = 1,2,\cdots,G \tag{9.2.6}$

$p^{(g)}$ 是属于第 $g$ 类的个体的相对频率,它是在所考虑的全部对象（总体）中任取一个个体,这个个体属于第 $g$ 类的概率的估计值。

3. 建立判别函数

$$y^g(X) = \ln p^{(g)} + c_0^{(g)} + c_1^{(g)}x_1 + c_2^{(g)}x_2 + \cdots + c_p^{(g)}x_p^{①}, \ g = 1,2,\cdots,G$$
$$\tag{9.2.7}$$

对于任一个体 $X_0$,将它代入式(9.2.7),算出这 $G$ 个函数的值 $y^{(1)}(X_0)$,$y^{(2)}(X_0)$,$\cdots$,$y^{(g)}(X_0)$,如果在这 $G$ 个值中以 $y^{(g^*)}(X_0)$ 为最大,则就将 $X_0$ 归入第 $g^*$ 类。

当求出判别函数,并利用它进行判别分类时,一个自然的问题是这个判别函数的判别效果如何?这就是在本节开始时提出的第一个问题。

我们把每一个类看成是一个总体,它是一个 $p$ 维随机变量,我们现在讨论的问题就是要检验这 $G$ 个总体是否相同[②]。

1. 两个总体之间差异的显著性检验

我们可以把 $G$ 个总体两两配对,逐对进行检验,以确定各对之间的判别效

---

① 如果没有理由认为各类在总体中所占有的比例是不同的,则可假定个体属于每一类的概率是相等的。这时,第一项 $\ln p^{(g)}$ 可略去。

② 在以下的讨论中,假定这 $G$ 个总体都服从 $p$ 维正态分布,并且假定这 $G$ 个 $p$ 维正态分布的协方差矩阵是相同的,于是,问题就归结为检验期望矩阵是否相等。

果,如果我们只有两个总体($G=2$),则这个问题已在上节讨论过了,对于多个总体,只需对上节所用的统计量 $F$(式(9.1.16))略作修改。

设我们要检验的是第 $g$ 类与第 $h$ 类间的差异,令

$$D_{gh} = \sum_{i=1}^{p} (c_i^{(g)} - c_i^{(h)})(\overline{x}_i^{(g)} - \overline{x}_i^{(h)}) \tag{9.2.8}$$

式中,$c_i^{(g)}$,$c_i^{(h)}$($i = 1, 2, \cdots, p$)是判别系数,令

$$F = \frac{N-p-G+1}{p} \times \frac{n_g n_h}{n_g + n_h} \times \frac{1}{N-G} D_{gh} \tag{9.2.9}$$

当两总体的均值相等时,$F$ 服从 $df = (p, N-p-G+1)$ 的 $F$ 分布,所以,它可用作检验第 $g$ 类与第 $h$ 类间的判别效果是否显著。

2. 多个总体间判别效果的检验

类似于方差分析,还可以检验 $G$ 个总体整体的判别效果。这时需先计算组内离差矩阵、组间离差矩阵及总的离差矩阵。

记

$$w_{ij} = \sum_{g=1}^{G} \sum_{k=1}^{n_g} (x_{ki}^{(g)} - \overline{x}_i^{(g)})(x_{kj}^{(g)} - \overline{x}_j^{(g)}) \tag{9.2.10}$$

$$b_{ij} = \sum_{g=1}^{G} n_g (\overline{x}_i^{(g)} - \overline{x}_i)(\overline{x}_j^{(g)} - \overline{x}_j) \tag{9.2.11}$$

$W = (w_{ij})_{p \times p}$ 叫做组内离差矩阵,$B = (b_{ij})_{p \times p}$ 叫做组间离差矩阵,这两个矩阵之和 $T = W + B$ 叫做总离差矩阵。

令

$$U = \frac{|W|}{|T|} \tag{9.2.12}$$

此处,$|W|$,$|T|$ 分别表示 $W$ 及 $T$ 的行列式,通常把统计量 $U$ 叫做 Wilks 量,在单个变量的情况下,$U$ 就是组内离差平方和与总离差平方各之比。显然 $U$ 值越小越有利于 $G$ 个总体的区分,因此 $U$ 值可以作为"判别能力"的度量。

可以用以下方法利用 $U$ 进行统计检验:

(1) 使用近似公式

$$\chi^2 \approx -[N - 1 - \frac{1}{2}(P + G)]\ln U \tag{9.2.13}$$

此处,$\chi^2$ 是 $df = p(G-1)$ 的 $\chi^2$ 变量。

(2) 当 $p = 1$ 时,用统计量

$$F = \frac{(1-U)/(G-1)}{U/(N-G)}$$

式中,$F$ 是 $df = (G-1, N-G)$ 的 $F$ 变量,易见这就是单因素方差分析中的 $F$ 检

验,这个结果在下一节逐步判别分析的讨论中将要用到。对于 $p > 1$ 的情况,参看《概率统计计算》(中国科学院计算中心概率统计组,科学出版社 1979 年版)。

## §9.3　逐步判别分析[①]

在进行多变量判别分析时,如有些变量在分辨类别时事实上不起显著作用,类似于逐步回归分析,我们自然希望在建立的判别函数中,只包括判别能力显著的变量,而不包括判别能力不显著的变量。在上节中已经谈到,判别能力可以用 Wilks 统计量 $U$ 来度量,并且 $U$ 越小,判别能力就越强。由此可见,逐步判别分析与逐步回归分析的基本思想是类似的,这里只是需要用两个离差矩阵 $W$ 及 $T$ 以及由它们确定的统计量 $U = \dfrac{|W|}{|T|}$ 来代替逐步回归分析中的相关矩阵。

类似于逐步回归,在逐步判别分析中,无论是引入或剔除变量 $x_k (k = 1, 2, \cdots, p)$,都需同时对前一步已得到的矩阵 $W^{(l)}$ 及 $T^{(l)}$ 作消去变换 $L_k$:

$$w_{ij}^{(l+1)} = \begin{cases} w_{ij}^{(l)} - w_{ik}^{(l)} w_{kj}^{(l)} / w_{kk}^{(l)} & i, j \neq k \\ w_{kj}^{(l)} / w_{kk}^{(l)} & j \neq k, i = k \\ - w_{ik}^{(l)} / w_{kk}^{(l)} & i \neq k, j = k \\ 1 / w_{kk}^{(l)} & i = j = k \end{cases} \tag{9.3.1}$$

$$t_{ij}^{(l+1)} = \begin{cases} t_{ij}^{(l)} - t_{ik}^{(l)} t_{kj}^{(l)} / t_{ij}^{(l)} & i, j \neq k \\ t_{kj}^{(l)} / t_{kk}^{(l)} & j \neq k, i = k \\ - t_{ik}^{(l)} / t_{kk}^{(l)} & i \neq k, j = k \\ 1 / t_{kk}^{(l)} & i = j = k \end{cases} \tag{9.3.2}$$

逐步判别分析的计算步骤如下:

第一步:按下式计算 $U_k$ 的值

$$U_k = \frac{w_{kk}}{t_{kk}} \qquad k = 1, 2, \cdots, p \tag{9.3.3}$$

从中选出 $U$ 值最小的变量,不失一般性,设这个变量是 $x_1$,否则,可将变量次序重新排列,使入选的变量排在第一个。

对 $W$ 及 $T$ 作变换 $L_1$,记变换结果为 $W^{(1)} = (w_{ij}^{(1)})$ 及 $T^{(1)} = (t_{ij}^{(1)})$。

---

① 一般统计分析的软件都包含了逐步判别的分析程序,本节只对逐步判别的基本方法作简单介绍。

第二步:对未入选的变量逐个计算统计量

$$U_{1k} = \begin{vmatrix} w_{11} & w_{1k} \\ w_{k1} & w_{kk} \end{vmatrix} \Big/ \begin{vmatrix} t_{11} & t_{1k} \\ t_{k1} & t_{kk} \end{vmatrix}$$

利用已对 $W$ 及 $T$ 所作的变换,上式可用 $W^{(1)}$ 及 $T^{(1)}$ 计算如下:

$$U_{1k} = \frac{w_{11}}{t_{11}} \times \frac{w_{kk}^{(1)}}{t_{kk}^{(1)}}, \ k = 2,3,\cdots,p \tag{9.3.4}$$

令

$$U_{k|1} = \frac{w_{kk}^{(1)}}{t_{kk}^{(1)}} \tag{9.3.5}$$

$U_{k|1}$ 表示当第一个变量选入后,添加第 $k$ 个变量所引起的 $U$ 的变化。则

$$U_{1k} = U_1 U_{K|1} \tag{9.3.6}$$

从中选出 $U_{1k}$ 或 $U_{K|1}$ 值为最小的变量,不妨设为 $x_2$。

对 $W^{(1)}$ 及 $T^{(1)}$ 作变换 $L_2$,记变换后所得的矩阵为

$$W^{(2)} = (w_{ij}^{(2)}) \ \text{及} \ T^{(2)} = (t_{ij}^{(2)})。$$

设已经进行了 $l$ 步,选出了变量 $x_1, x_2, \cdots, x_l$,并得到矩阵 $W^{(l)}$ 及 $T^{(l)}$。

第 $l+1$ 步,计算

$$U_{12\cdots lk} = U_{12\cdots l} U_{k|12\cdots l} = U_{12\cdots l} \frac{w_{kk}^{(l)}}{t_{kk}^{(l)}}, \ k = l+1,\cdots,p \tag{9.3.7}$$

式中

$$U_{12\cdots l} = \frac{w_{11}}{t_{11}} \times \frac{w_{22}^{(1)}}{t_{22}^{(1)}} \times \cdots \times \frac{w_{ll}^{(l-1)}}{t_{ll}^{(l-1)}} \tag{9.3.8}$$

$$U_{k|12\cdots l} = \frac{w_{kk}^{(l)}}{t_{kk}^{(l)}}$$

从中选出最小的 $U_{k|12\cdots l}$ 或 $U_{12\cdots lk}$,不妨设 $U_{12\cdots l(l+1)}$,这时选中的 $x_{l+1}$ 与 $(x_1, x_2, \cdots, x_l)$ 的组合比其他变量与 $(x_1, x_2, \cdots, x_l)$ 的组合有更好的判别效果。

为了保证选入的变量有真正的判别效果,像逐步回归分析中一样,在每一步中(除前三步以外)都应当先考虑剔除,再考虑选入。

假设已选入了 $l$ 个变量(仍假设已选入的变量为 $x_1, x_2, \cdots, x_l$),要考虑这 $l$ 个变量中某一个变量 $x_k (k = 1, 2, \cdots, l)$ 的作用是否仍然显著,需对其判别能力作显著性检验。计算

$$U_{k(-)} = \frac{t_{kk}^{(l)}}{w_{kk}^{(l)}} \quad k = 1, 2, \cdots, l \tag{9.3.9}$$

在这 $l$ 个值中找出最大的一个,记为 $U_-$,并计算

$$F_- = \frac{1 - U_-}{U_-} \times \frac{N - G - (l-1)}{G - 1} \tag{9.3.10}$$

然后与 $df=[G-1,N-G-(l-1)]$ 的 F 分布的临界值 $F_a$ 比较,如果 $F_-\leqslant F_a$,则应把这个变量剔除。

在进行了 $l$ 步后,设未入选的变量为 $x_{l+1},x_{l+2},\cdots,x_p$,对于这些变量计算

$$U_{k(+)}=U_{k|12\cdots l}=\frac{w_{kk}^{(l)}}{t_{kk}^{(l)}}\quad k=l+1,l+2,\cdots,p \tag{9.3.11}$$

再从其中找出最小的,记为 $U_+$,用以下公式计算 F 值:

$$F_+=\frac{1-U_+}{U_+}\times\frac{N-G-l}{G-1} \tag{9.3.12}$$

并与 $df=(G-1,N-G-l)$ 的 F 分布的临界值 $F_a$ 比较,如果 $F_+\geqslant F_a$,则应选入 $U_+$ 所对应的那个变量。

在既不能剔除,又不能引入新变量时,结束逐步计算,并对已选出的变量(设共 $l$ 个)求出判别函数,这时,判别系数可按下列公式计算:

$$c_i^{(g)}=(N-G)\sum_{j=1}^{l}w_{ij}^{(l)}\bar{x}_j^{(g)}\quad\begin{cases}i=1,2,\cdots,l\\g=1,2,\cdots,G\end{cases} \tag{9.3.13}$$

$$c_0^{(g)}=-\frac{1}{2}\sum_{i=1}^{l}c_i^{(g)}\bar{x}_i^{(g)}\qquad g=1,2,\cdots,G \tag{9.3.14}$$

这 $l$ 个变量的判别效果可用 $\chi^2$ 变量检验,$\chi^2$ 值的计算公式是

$$\chi^2=-[N-1-\frac{1}{2}(l+G)]\ln U_{12\cdots l},\ df=l(G-1) \tag{9.3.15}$$

这里

$$U_{12\cdots l}=\frac{w_{11}w_{22}^{(1)}\cdots w_{ll}^{(l-1)}}{t_{11}t_{22}^{(1)}\cdots t_{ll}^{(l-1)}} \tag{9.3.16}$$

对第 $g$ 和第 $h$ 个总体的判别效果,可作 F 检验,F 的计算值是

$$F=\frac{(N-G-l+1)n_gn_h}{l(N-G)(n_g+n_h)}D_{gh},\ df=(l,N-G-l+1) \tag{9.3.17}$$

式中

$$D_{gh}=\sum_{i=1}^{l}(\bar{c}_i^{(g)}-\bar{c}_i^{(h)})(\bar{x}_i^{(g)}-\bar{x}_i^{(h)}) \tag{9.3.18}$$

最后,对需要判别分类的个体逐个计算判别函数

$$y^{(g)}(X)=\ln p^{(g)}+c_0^{(g)}+\sum_{i=1}^{l}c_i^{(g)}x_i\qquad g=1,2,\cdots,G \tag{9.3.19}$$

的值,若 $y^{(g^*)}(X)=\max_{1\leqslant g\leqslant G}[y^{(g)}(X)]$,则把这个个体划归第 $g^*$ 类。

至此,逐步判别计算完全结束。

**例 9.3.1**　已知某研究对象分成三类,现在要在 5 个指标中找出判别效果显著的指标,建立判别函数。为此,在三个类中分别取容量为 $11,7,5$ 的三个样

本,测得的原始数据列在表 9.3.1 中。

**表 9.3.1  例 9.3.1 原始数据**

| 类别 | 样品编号 | $x_1$ | $x_2$ | $x_3$ | $x_4$ | $x_5$ | 计算结果 |
|---|---|---|---|---|---|---|---|
| | 1 | 8.11 | 261.01 | 13.23 | 5.46 | 7.36 | 1 |
| | 2 | 9.36 | 185.39 | 9.02 | 5.66 | 5.99 | 1 |
| | 3 | 9.85 | 249.58 | 15.61 | 6.06 | 6.11 | 1 |
| | 4 | 2.55 | 137.13 | 9.21 | 6.11 | 4.35 | 1 |
| 第一类 | 5 | 6.01 | 231.34 | 14.27 | 5.21 | 8.79 | 1 |
| | 6 | 9.64 | 231.38 | 13.03 | 4.88 | 8.53 | 1 |
| | 7 | 4.11 | 262.25 | 14.72 | 5.36 | 10.02 | 1 |
| | 8 | 8.90 | 295.51 | 14.16 | 4.91 | 9.79 | 1 |
| | 9 | 7.71 | 273.84 | 16.01 | 5.15 | 8.79 | 1 |
| | 10 | 7.51 | 303.59 | 19.14 | 5.70 | 8.53 | 2 |
| | 11 | 8.06 | 231.03 | 14.41 | 5.72 | 6.51 | 1 |
| | 1 | 6.80 | 308.90 | 15.11 | 5.52 | 8.49 | 2 |
| | 2 | 9.68 | 258.69 | 14.02 | 4.79 | 7.16 | 1 |
| 第二类 | 3 | 5.67 | 355.54 | 15.13 | 4.97 | 9.43 | 2 |
| | 4 | 8.10 | 476.69 | 7.38 | 5.32 | 11.32 | 2 |
| | 5 | 3.71 | 316.12 | 17.12 | 6.04 | 8.17 | 2 |
| | 6 | 5.37 | 274.57 | 16.75 | 4.98 | 9.67 | 1 |
| | 7 | 9.89 | 409.42 | 19.47 | 5.19 | 10.49 | 2 |
| | 1 | 5.22 | 330.34 | 18.19 | 4.96 | 9.61 | 2 |
| 第三类 | 2 | 4.71 | 331.47 | 21.26 | 4.30 | 13.72 | 3 |
| | 3 | 4.71 | 352.50 | 20.29 | 5.07 | 11.00 | 3 |
| | 4 | 3.36 | 347.31 | 17.90 | 4.65 | 11.19 | 3 |
| | 5 | 8.27 | 189.56 | 12.74 | 5.46 | 6.94 | 1 |

从表 9.3.1 的数据,求出类均值和总均值,所得的结果列在表 9.3.2 中

**表 9.3.2  类均值及总均值**

| | | $\bar{x}_1$ | $\bar{x}_2$ | $\bar{x}_3$ | $\bar{x}_4$ | $\bar{x}_5$ |
|---|---|---|---|---|---|---|
| 类均值 | 第一类 | 7.43727 | 238.55000 | 13.89182 | 5.47455 | 7.67364 |
| | 第二类 | 6.88857 | 342.84714 | 14.99714 | 5.25857 | 9.24714 |
| | 第三类 | 5.25400 | 310.23600 | 18.17600 | 4.88800 | 10.49200 |
| 总均值 | | 6.79565 | 285.87652 | 15.15957 | 5.28130 | 8.76522 |

经计算得组内离差矩阵为

$$
W = \begin{pmatrix}
95.28702 & 315.76995 & -12.41189 & -2.95104 & -4.88656 \\
315.76995 & 74980.23886 & 1181.09276 & -127.46817 & 1680.49968 \\
-12.41189 & 1181.09276 & 215.54843 & -5.60936 & 50.13791 \\
-2.95104 & -127.46817 & -5.60936 & 3.58864 & -10.40349 \\
-4.88656 & 1680.99968 & 50.13791 & -10.40349 & 69.39288
\end{pmatrix}
$$

总离差矩阵为

$$
T = \begin{pmatrix}
111.76937 & 168.96595 & -44.71654 & 1.42973 & -25.58778 \\
-168.96595 & 125304.51772 & 2143.69217 & -285.03710 & 2651.27452 \\
-44.71654 & 2143.69217 & 278.90650 & -14.21019 & 90.85595 \\
1.42973 & -285.03710 & -14.21019 & 4.77646 & -16.19626 \\
-25.58778 & 2651.27452 & 90.85595 & -16.19626 & 99.03457
\end{pmatrix}
$$

以上是逐步计算的准备,下面进行逐步计算。在逐步计算中,供检验用的 $F$ 变量的自由度随着选入自变量的个数不同而不同,和逐步回归分析一样,我们先为 $F$ 取定一个统一的临界值,在本例中取为 2.5。

第一步

(1) 计算 $U$ 值

$$
U_1 = \frac{w_{11}}{t_{11}} = \frac{95.28702}{111.76937} = 0.852532
$$

$$
U_2 = \frac{w_{22}}{t_{22}} = \frac{74980.23886}{125304.51772} = 0.598384
$$

$$
U_3 = \frac{w_{33}}{t_{33}} = \frac{215.54843}{278.90650} = 0.772834
$$

$$
U_4 = \frac{w_{44}}{t_{44}} = \frac{3.58864}{4.77646} = 0.751318
$$

$$
U_5 = \frac{w_{55}}{t_{55}} = \frac{69.39288}{99.03457} = 0.700694
$$

在 5 个 $U$ 值中 $U_2$ 最小,取 $U_+$ 为 $U_2$。

(2) 对 $U_2$ 对应的变量 $x_2$ 作检验

$$
F_+ = \frac{1-U_+}{U_+} \times \frac{N-G-l}{G-1} = \frac{1-0.598384}{0.598384} \times \frac{23-3-0}{3-1} = 6.712
$$

因 $F_+ = 6.712 > 2.5$,故引入变量 $x_2$。

(3) 对 $W$ 及 $T$ 做变换 $L_2$,得

$$W^{(1)} = \begin{pmatrix} 93.95720 & -0.00421 & -17.38592 & -2.41422 & -11.96377 \\ 0.00421 & 0.00001 & 0.01575 & -0.00170 & 0.02241 \\ -17.38592 & -0.01575 & 196.94379 & -3.60147 & 23.66659 \\ -2.41422 & 0.00170 & -3.60147 & 3.37194 & -7.54660 \\ -11.96377 & -0.02241 & 23.66659 & -7.54660 & 31.72856 \end{pmatrix}$$

$$T^{(1)} = \begin{pmatrix} 111.54152 & 0.00135 & -41.82590 & 1.04537 & -22.01269 \\ -0.00135 & 0.00001 & 0.01711 & -0.00227 & 0.02116 \\ -41.82590 & -0.01711 & 242.23251 & -9.33381 & 45.49832 \\ 1.04537 & 0.00227 & -9.33381 & 4.12807 & -10.16526 \\ -22.01269 & -0.02116 & 45.49832 & -10.16526 & 42.93718 \end{pmatrix}$$

第二步

(1) 不必考虑剔除,对未入选的变量 $x_1, x_3, x_4, x_5$,计算

$$U_{1|2} = \frac{93.95720}{111.54152} = 0.84243$$

$$U_{3|2} = \frac{196.94379}{242.23251} = 0.81304$$

$$U_{4|2} = \frac{3.37194}{4.12807} = 0.81683$$

$$U_{5|2} = \frac{31.72856}{42.93718} = 0.73895$$

$U_{5|2}$ 为最小,取 $U_+$ 为 $U_{5|2}$。

(2) 对 $x_5$ 作 $F$ 检验

$$F_+ = \frac{1-U_+}{U_+} \times \frac{N-G-l}{G-1} = \frac{1-0.73895}{0.73895} \times \frac{23-3-1}{3-1} = 3.356,$$

$F_+ = 3.356 > 2.5$,引入变量 $x_5$。

(3) 对 $W^{(1)}$ 及 $T^{(1)}$ 做变换 $L_5$,得

$$W^{(2)} = \begin{pmatrix} 89.44606 & -0.01266 & -8.46204 & -5.25979 & 0.37707 \\ 0.01266 & 0.00003 & -0.00097 & 0.00363 & -0.00071 \\ -8.46204 & 0.00097 & 179.29069 & 2.02760 & -0.74591 \\ -5.25979 & -0.00363 & 2.02760 & 1.57699 & 0.23785 \\ -0.37707 & -0.00071 & 0.74591 & -0.23785 & 0.03152 \end{pmatrix}$$

$$T^{(1)} = \begin{pmatrix} 100.24624 & -0.00950 & -18.50019 & -4.16607 & 0.51267 \\ 0.00950 & 0.00002 & -0.00531 & 0.00273 & -0.00049 \\ -18.50019 & 0.00531 & 194.02029 & 1.43779 & -1.05965 \\ -4.16607 & -0.00273 & 1.43779 & 1.72148 & 0.23675 \\ -0.51267 & -0.00049 & 1.05965 & -0.23675 & 0.02329 \end{pmatrix}$$

第三步

(一)首先考虑在已选入的变量中是否应剔除①

(1) 对已入选的变量 $x_2, x_5$,计算

$$U_{2(-)} = \frac{t_{22}^{(2)}}{w_{22}^{(2)}} = \frac{0.00002}{0.00003} = 0.66667$$

$$U_{5(-)} = \frac{t_{55}^{(2)}}{w_{55}^{(2)}} = \frac{0.02329}{0.03152} = 0.73890$$

$U_{5(-)}$ 较大,取为 $U_{(-)}$。

(2) 作 $F$ 检验,计算

$$F = \frac{1-U_{(-)}}{U_{(-)}} \times \frac{N-G-(l-1)}{G-1} = \frac{1-0.73890}{0.73890} \times \frac{23-3-1}{2}$$
$$= 3.37$$

不能删除。

(二)考虑引入新变量

(1) 对未入选的变量,计算

$$U_{1|25} = \frac{w_{11}^{(2)}}{t_{11}^{(2)}} = \frac{89.44606}{100.24624} = 0.89226$$

$$U_{3|25} = \frac{w_{33}^{(2)}}{t_{33}^{(2)}} = \frac{179.29069}{194.02029} = 0.92408$$

$$U_{4|25} = \frac{w_{44}^{(2)}}{t_{44}^{(2)}} = \frac{1.57699}{1.72148} = 0.91606$$

以 $U_{1|25}$ 为最小,取为 $U_+$。

(2) 对 $x_1$ 作 $F$ 检验

$$F_+ = \frac{1-U_+}{U_+} \times \frac{N-G-l}{G-1} = \frac{1-0.89226}{0.89226} \times \frac{23-3-2}{3-1} = 1.087$$

$F_+ < 2.5$,变量 $x_1$ 不能被引入。

至此,已引入的变量 $x_2, x_5$ 不能被剔除,又没有变量可被引入,筛选结束。

第四步

本例的基本参数是:$N = n_1 + n_2 + n_3 = 11 + 7 + 5 = 23, G = 3, p = 5$。

(1) 求判别函数



$$p_1 = \frac{n_1}{N} = \frac{11}{23}, \quad p_2 = \frac{n_2}{N} = \frac{7}{23}, \quad p_3 = \frac{n_3}{N} = \frac{5}{23}$$

① 在第三步可以不考虑剔除,在本例中仅为了给剔除的方法提供一个计算实例,才在此处予以考虑。

$$c_2^{(1)} = (N-G)(w_{22}^{(2)}\bar{x}_2^{(1)} + w_{25}^{(2)}\bar{x}_5^{(1)})$$

$$= 20 \times (0.00003 \times 238.55 + (-0.00071) \times 7.67364) = 0.03075$$

$$c_5^{(1)} = (N-G)(w_{52}^{(2)}\bar{x}_2^{(1)} + w_{55}^{(2)}\bar{x}_5^{(1)})$$

$$= 20 \times [(-0.00071) \times 238.55 + 0.03152 \times 7.67364] = 1.46689$$

同理，$c_2^{(2)} = 0.06937$，$c_5^{(2)} = 0.98527$，$c_2^{(3)} = 0.03276$，$c_5^{(3)} = 2.23068$

$$c_0^{(1)} = -\frac{1}{2}(c_2^{(1)}\bar{x}_2^{(1)} + c_5^{(1)}\bar{x}_5^{(1)})$$

$$= -\frac{1}{2} \times (0.03075 \times 238.55 + 1.46689 \times 7.67364) = -9.2963$$

$$c_0^{(2)} = -\frac{1}{2}(c_2^{(2)}\bar{x}_2^{(2)} + c_5^{(2)}\bar{x}_5^{(2)})$$

$$= -\frac{1}{2}(0.06937 \times 342.84714 + 0.98527 \times 9.24714) = -16.4467$$

$$c_0^{(3)} = -16.78321$$

所以，判断函数为

$$y_1(X) = \ln\frac{11}{23} - 9.2963 + 0.03075x_2 + 1.46689x_5$$

$$y_2(X) = \ln\frac{7}{23} - 16.4467 + 0.06937x_2 + 0.98527x_5$$

$$y_3(X) = \ln\frac{5}{23} - 16.78321 + 0.03276x_2 + 2.23068x_5$$

（2）检验由两个变量 $x_2$，$x_5$ 构建的判别函数的判别效果

$$U_{25} = \frac{w_{22}}{t_{22}} \times \frac{w_{55}^{(1)}}{t_{55}^{(1)}} = 0.59838 \times 0.73895 = 0.44217$$

$$\chi^2 = -\left[(N-1) - \frac{1}{2}(l+G)\right]\ln U_{25} = -\left[22 - \frac{1}{2}(2+3)\right]\ln 0.44217$$

$$= 15.9128^{**}$$

当 $df = 2 \times (3-1) = 4$ 时，$\chi_{0.01}^2 = 12.277$，故 $x_2$，$x_5$ 这两个指标对这三个总体的判别效果高度显著。

进一步检验两两总体之间的判别效果如下：

$$D_{12} = (c_2^{(1)} - c_2^{(2)})(\bar{x}_2^{(1)} - \bar{x}_2^{(2)}) + (c_5^{(1)} - c_5^{(2)})(\bar{x}_5^{(1)} - \bar{x}_5^{(2)})$$

$$= (0.03075 - 0.06937)(238.55 - 342.84714)$$

$$+ (1.46689 - 0.9852)(7.62364 - 9.24714) = 3.24953$$

$$F_{12} = \frac{N-G-l+1}{l(N-G)} \times \frac{n_1 n_2}{n_1 + n_2} D_{12} = \frac{(23-3-2+1)}{2 \times (23-3)}$$

$$\times \frac{11 \times 7}{11+7} \times 3.24953 = 6.60$$

同理可算得

$$D_{13} = 2.29621, \ F_{13} = 3.74928; \ D_{23} = 2.7443, \ F_{23} = 3.802$$

由于 $F_{0.05}(2,19) = 3.52, F_{0.01}(2,19) = 5.93$,因此由 $x_2, x_5$ 建立的判别函数在各类间的判别都是显著的。以所得到的判别函数对原样本进行分类,结果见表 9.3.1 最后一列。

设有一个体,各项指标分别为

$$x_1 = 5.76, \ x_2 = 267.88, \ x_3 = 13.72, \ x_4 = 4.71, \ x_5 = 10.66$$

将 $x_2, x_5$ 代入判别函数得各类判别值为

$$y_1 = \ln \frac{11}{23} - 9.2963 + 0.03075 \times 267.88 + 1.46689 \times 10.66 = 13.84$$

$$y_2 = \ln \frac{7}{23} - 16.4467 + 0.06937 \times 267.88 + 0.98527 \times 10.66 = 11.45$$

$$y_3 = \ln \frac{5}{23} - 16.78321 + 0.03276 \times 267.88 + 2.23068 \times 10.66 = 14.25$$

比较三个判别值,可见 $y_3$ 为最大,故应将该个体判为第三类。

# §9.4 聚类分析

在本章开始时我们已说过,聚类分析法也是研究事物分类的一种方法,它适用于对于事物类别的面貌尚不清楚,有时甚至连总共有几类事前都不能确定的情况下要进行分类的问题。在这里,我们取来作为样本的每一个事物事先不一定知道它属于哪一类,也就是说,我们没有作为分类依据的"历史资料"作为分类的指导,因此只能根据事物本身的"性质"来进行分类,亦即我们只能直接比较样本中各性状之间的特性,将性质相近的分在同一类,而将性质差异比较大的分在不同的类,这就是聚类分析法所依据的最基本的原则。聚类分析可分为 $Q$ 型和 $R$ 型两种,前者是关于样品的分类,后者是关于变量的分类,它们的基本方法都是选择一个统计量用来衡量样品间或变量间的相似程度。

## 一、衡量相似性的统计量

有很多种定义样品间或变量间相似性的方法,常用的有以下几种。

1. 距离系数

设考虑事物的 $p$ 个特征,同前面一样,记它们为 $X = \begin{pmatrix} x_1 \\ x_2 \\ \cdots \\ x_p \end{pmatrix}$,如已对 $N$ 个样品

进行了测定,把每一个样品 $X$ 看成 $p$ 维空间中的一个"点",对于空间中的任意两

个点,$X_1 = \begin{pmatrix} x_{11} \\ x_{12} \\ \cdots \\ x_{1p} \end{pmatrix}$,$X_2 = \begin{pmatrix} x_{21} \\ x_{22} \\ \cdots \\ x_{2p} \end{pmatrix}$,定义它们的距离为

$$D(X_1, X_2) = \sqrt{\sum_{i=1}^{p} w_i (x_{1i} - x_{2i})^2} \qquad (9.4.1)$$

$w_i > 0 (i = 1, 2, \cdots, p)$,它是每一变量在分类中的权重,可根据变量的重要性确定。当 $w_1 = w_2 = \cdots = w_p = 1$ 时,由式(9.4.1)定义的距离就是欧氏距离。

2. 相似系数

进行变量间的分类时,常用相似系数来衡量变量间的关联程度。定义变量 $i$,$j$ 之间的相似系数为

$$C_{ij} = \frac{\sum_{k=1}^{N} X_{ki} X_{kj}}{\sqrt{\sum_{k=1}^{N} X_{ki}^2 X_{kj}^2}} \qquad (9.4.2)$$

3. 相关系数

变量间的分类也常用相关系数。变量 $i, j$ 之间的相关系数为

$$r_{ij} = \frac{\sum_{k=1}^{N} (X_{ki} - \overline{X}_i)(X_{kj} - \overline{X}_j)}{\sqrt{\sum_{k=1}^{N} (X_{ki} - \overline{X}_i)^2 (X_{kj} - \overline{X}_j)^2}} \qquad (9.4.3)$$

这就是我们所熟知的相关系数。变量间的分类也常借助于相关系数来定义距离,如

$$D_{ij}^2 = 1 - r_{ij}^2 \qquad (9.4.4)$$

### 二、聚类方法

下面介绍两类常用的聚类分析方法。

1. 系统聚类法

系统聚类法是目前应用得最多的一种方法。它的基本方法是先将 $N$ 个样品(或变量)各看成一类,定义类与类之间的距离,把距离最小的两个样品(或变量)归作一类;然后计算新类与其他各类之间的距离,再将距离最小的两类并作一类,重复上述过程,直至所有的样品归作一类为止。

定义类与类之间的距离的方法很多,常用的有最短距离法和最大距离法。最

短距离法是把两类样品之间的最短距离作为类与类之间的距离。如用 $D_{hl}$ 表示第 $h$ 类 $G_h$ 和第 $l$ 类 $G_l$ 的距离,则

$$D_{hl} = \min_{i \in h, j \in l} D(X_i, X_j) \tag{9.4.5}$$

最长距离法则是把两类样品间的最长距离作为两类间的距离,即定义 $G_h$ 和 $G_l$ 的距离为

$$D_{hl} = \max_{i \in h, j \in l} D(X_i, X_j) \tag{9.4.6}$$

除了类与类之间的距离不同外,最短距离法和最长距离法的聚类方法与步骤完全一致。它们的步骤如下:

(1) 定义样品间的距离,先将 $N$ 个样品各成一类,并计算各类之间的距离;

(2) 在所有的 $\dfrac{N(N-1)}{2}$ 个距离中找出最小的距离,设为 $D(X_k, X_l)$,则将样品 $X_k$ 和 $X_l$ 合并作一类,记为 $G_r$。

(3) 计算新类 $G_r$ 与其他各类之间的距离,如采用最小距离法,对于 $G_r$ 与 $G_s$ 的距离

$$D_{rs} = \min_{i \in r, j \in s} D(X_i, X_j) = \min[D(X_k, X_s), D(X_l, X_s)] \tag{9.4.7}$$

(4) 找出最小的距离,并把这两类合并。

重复上述过程,直至所有的样品合并成一类。

如采用最大距离法,在以上第(3)步中,定义 $G_r$ 与 $G_s$ 的距离为

$$D_{rs} = \max_{i \in r, j \in s} D(X_i, X_j) = \max[D(X_k, X_s), D(X_l, X_s)] \tag{9.4.8}$$

### 2. $K$— 均值法

在系统分类法中,一旦样品被划到一个类后,就不再改变,这要求分类的方法比较准确。$K$— 均值法是根据经验或其他的分类方法,先假定这个 $N$ 个样品可分成 $K$ 类,并把 $N$ 个样品作一个初始分类,然后对初步分类进行检查和调整,使得经调整后的分类在某种意义下为最佳。

如果把每一个样品 $X$ 看成一个"点",把所有点的集合叫做"空间"。这样,分类就相当于把这个空间划分为一些互不相交的集合("子空间")$L_1, L_2, \cdots, L_K$。

对于空间内的任意两个点 $X_1, X_2$,规定他们之间的距离为

$$D(X_1, X_2) = \sqrt{\sum_{i=1}^{p} w_i (x_{1i} - x_{2i})^2}$$

定义了点之间的距离后,我们就可据此对样品进行分类。

首先根据经验或其他方法,对 $N$ 个样品进行初步的分类,设将他们分成了 $K$ 类:$L_1, L_2, \cdots, L_K$,把这一初步的分类叫做初始分解,记初始分解为 $P(X, L)$。

对于所有属于类 $L_k (k = 1, 2, \cdots, K)$ 的点 $X_{k_1}, X_{k_2}, \cdots, X_{kn_k} (n_1 + n_2 + \cdots +$

$n_k = N)$,求出他们的均值,它是一个 $p$ 维向量,并把这个均值叫做该类的类中心,记为 $\overline{X}_k$,即

$$\overline{X}_k = \frac{1}{n_k} \sum_{i=1}^{n_k} X_{k_i} \qquad (9.4.9)$$

在求得各类的类中心后,规定每一个点 $X$ 与每一类 $L_k$ 之间的距离为该点到 $\overline{X}_k$ 的距离,记为 $D_L(X, L_k)$,于是

$$D_L(X, L_k) = D(X, \overline{X}_k) \qquad (9.4.10)$$

我们当然希望分类的结果应当能使每一类中的点离该类的类中心的距离,较其他类的类中心的距离为小。

对于一个分解 $P(X, L)$ 来说,我们用

$$E[P(X, L)] = \sum_{k=1}^{K} \sum_{i=1}^{n_k} [D(X_{k_i}, \overline{X}_k)]^2 \qquad (9.4.11)$$

来表示这一分解所产生的总误差,则当每一个点都被分到离他最近的那一个类中时,总误差(9.4.11)将达到最小值。通常初始分解不能满足这一条件,因此,应当对初始分解进行调整。调整的方法是:逐一检查每一个点 $X_{h_i}(h = 1, 2, \cdots, K; i = 1, 2, \cdots, n_h)$,看它是否已在离它最近的那个类中,为此,计算

$$\Delta = \frac{n_k}{n_k + 1} D^2(X_{h_i}, L_k) - \frac{n_h}{n_h - 1} D^2(X_{h_i}, L_h) \quad k \neq h, k = 1, 2, \cdots, K$$

$$(9.4.12)$$

如果 $D^2(X_{h_i}, L_k) < D^2(X_{h_i}, L_h)$,则 $\Delta < 0$,说明此时 $X_{h_i}$ 不在离它最近的哪个类中,这就需要重新考虑 $X_{h_i}$ 所属的类别,如果将这个点从第 $h$ 类移置到第 $k$ 类,总误差的变化量可以近似地用 $\Delta$ 表示,因此当 $\Delta < 0$ 时,我们选取使 $\Delta$ 达到最小的那个类 $k$,为明确起见,记为 $k_{\min}$,并把所检验的点从第 $h$ 类移到第 $k_{\min}$ 类,此时,类 $L_{k_{\min}}$ 和类 $L_h$ 的类均值将随之而变,总误差也随之降低。

重复上述过程,对每个点都逐个检验反复调整,直至没有一个点需要移置时,调整结束。

**例 9.4.1** 鲅属鱼类各种之间外形十分相似,过去对鲅属鱼类种间的区分并不清楚,甚至不知道应将该属鱼类分为多少种。在传统的分类中,解剖特征是鉴别种的依据,但鲅属鱼类不同种间的解剖特征数据之间相互交错,这使得传统的分类方法无法对它们进行区分。要分清该属鱼类不同种间的区别,是一个聚类分析问题。

作为一个例子,我们取 39 尾鱼($N = 39$),就 5 项特征($p = 5$)进行分类,设根据经验,可把这些鱼分为 4 种($K = 4$),初始数据列在表 9.4.1 中。

**表 9.4.1　例 9.4.1 的观察数据**

| 编号 | 变量 | | | | | 聚类结果 | 经验分类 |
|---|---|---|---|---|---|---|---|
| | 椎骨数 | 幽门囊 | 体长/体高 | 吻长/眼径 | 颌骨/头长 | | |
| | $x_1$ | $x_2$ | $x_3$ | $x_4$ | $x_5$ | | |
| 1 | 82 | 19 | 6.70 | 1.80 | 1.20 | I | I |
| 2 | 78 | 17 | 6.20 | 1.10 | 1.10 | II | II |
| 3 | 80 | 17 | 5.90 | 1.60 | 1.10 | I | I |
| 4 | 73 | 20 | 6.30 | 1.10 | 1.00 | III | III |
| 5 | 68 | 9 | 6.30 | 1.80 | 1.30 | IV | IV |
| 6 | 69 | 8 | 6.50 | 1.20 | 1.20 | IV | IV |
| 7 | 76 | 19 | 6.40 | 1.00 | 1.10 | II | II |
| 8 | 77 | 18 | 6.30 | 1.30 | 1.00 | II | II |
| 9 | 83 | 19 | 5.70 | 1.80 | 1.20 | I | I |
| 10 | 79 | 19 | 6.10 | 1.30 | 1.10 | II | I |
| 11 | 80 | 15 | 5.30 | 1.30 | 1.10 | I | I |
| 12 | 75 | 18 | 6.30 | 1.00 | 1.00 | II | II |
| 13 | 68 | 11 | 6.50 | 1.20 | 1.20 | IV | IV |
| 14 | 67 | 8 | 6.70 | 1.10 | 1.20 | IV | IV |
| 15 | 68 | 8 | 6.70 | 1.10 | 1.20 | IV | IV |
| 16 | 76 | 15 | 6.96 | 1.20 | 1.27 | II | |
| 17 | 74 | 21 | 5.90 | 1.10 | 0.90 | III | III |
| 18 | 73 | 18 | 7.00 | 0.80 | 0.80 | III | III |
| 19 | 75 | 19 | 6.30 | 1.00 | 1.00 | III | III |
| 20 | 78 | 17 | 6.10 | 1.60 | 1.30 | I | I |
| 21 | 78 | 18 | 5.70 | 1.10 | 1.10 | II | II |
| 22 | 77 | 20 | 6.30 | 1.10 | 1.10 | II | II |
| 23 | 81 | 18 | 6.40 | 1.30 | 1.20 | I | I |
| 24 | 82 | 17 | 6.00 | 1.40 | 1.10 | I | I |
| 25 | 77 | 15 | 5.97 | 1.33 | 1.00 | II | |
| 26 | 74 | 17 | 6.50 | 1.20 | 1.00 | III | III |
| 27 | 75 | 19 | 6.50 | 1.10 | 0.90 | III | III |
| 28 | 77 | 19 | 6.20 | 1.10 | 1.10 | II | II |
| 29 | 69 | 8 | 5.70 | 1.10 | 1.20 | IV | IV |
| 30 | 69 | 7 | 5.70 | 1.40 | 1.20 | IV | IV |
| 31 | 79 | 18 | 6.11 | 1.08 | 1.27 | II | |
| 32 | 77 | 19 | 6.10 | 1.20 | 1.10 | II | II |
| 33 | 76 | 18 | 6.20 | 1.40 | 1.10 | II | II |
| 34 | 80 | 17 | 6.20 | 1.70 | 1.30 | I | I |
| 35 | 82 | 13 | 5.70 | 1.30 | 1.20 | I | I |
| 36 | 77 | 18 | 6.15 | 1.50 | 1.21 | II | |
| 37 | 75 | 18 | 5.20 | 1.30 | 1.00 | III | III |
| 38 | 77 | 21 | 7.03 | 1.06 | 0.93 | III | |
| 39 | 74 | 29 | 5.90 | 1.00 | 1.90 | III | III |

对于点 $X$ 及 $Y$ 定义距离为

$$D(X,Y) = \sqrt{\sum_{i=1}^{5} w_i(x_i - y_i)^2}$$

其中,根据各变量的变化幅度及作用大小,取

$$w_1 = 1.25, w_2 = 1.00, w_3 = 3.00, w_4 = 9.00, w_5 = 20.00。$$

初始分解可以这样确定:首先,在 39 条鱼中选出 4 尾鱼作为各类的代表(因这里预定分 4 类),我们称为这 4 条鱼为"种子"样品。例如,我们分别选择第 20,33,39,5 号样品分别为代表这 4 类的种子样品,将这 39 个样品分别归入与它最接近的种子样品所在的类中,这样,就形成了一个初始分解,见表 9.7.1 的最后一列"经验分类",其中,第 16,25,31,36,38 等 5 个样品,经验分类不能确定。

从初始分解开始,对分类进行反复调整,直至任一尾鱼都不需要进行调整为止,所得的分类结果见表 9.4.1 的第 7 列,各类的均值列在表 9.4.2 中。

表 9.4.2　聚类后分类均值

| 类 | 尾数 | 类 均 值 | | | | | 误差 |
|---|---|---|---|---|---|---|---|
| | | $x_1$ | $x_2$ | $x_3$ | $x_4$ | $x_5$ | |
| Ⅰ | 9 | 80.89 | 16.89 | 6.00 | 1.53 | 1.19 | 119.57 |
| Ⅱ | 13 | 77.23 | 17.92 | 6.21 | 1.21 | 1.20 | 110.02 |
| Ⅲ | 10 | 74.50 | 19.00 | 6.26 | 1.07 | 0.94 | 91.78 |
| Ⅳ | 7 | 68.29 | 8.43 | 6.16 | 1.27 | 1.21 | 61.01 |
| 总计 | 39 | | | | | | 382.58 |

# §9.5　习　题

1. Fisher(1936) 曾用 4 个指标对刚毛鸢尾和变色鸢尾两种花进行了判别。这 4 个指标分别是:萼片长度、萼片宽度、花瓣长度、花瓣宽度。分别对这两种花测定了 50 个样品,得到这 4 个指标的均值和组内协方差矩阵 $L = (l_{ij})$,

$$\left(l_{ij} = \sum_{k=1}^{50}(x_{ki}^{(1)} - \bar{x}_i^{(1)})(x_{kj}^{(1)} - \bar{x}_j^{(1)}) + \sum_{k=1}^{50}(x_{ki}^{(2)} - \bar{x}_i^{(2)})(x_{kj}^{(2)} - \bar{x}_j^{(2)})\right)$$

见表 9.5.1 和 9.5.2。利用上述结果建立这两种花的判别函数。

表 9.5.1　刚毛鸢尾和变色鸢尾鸢尾 4 个指标的均值

| 指　　标 | 刚毛鸢尾 | 变色鸢尾 |
|---|---|---|
| 萼片长度 $x_1$ | 5.936 | 6.588 |
| 萼片宽度 $x_2$ | 2.77 | 2.974 |
| 花瓣长度 $x_3$ | 4.26 | 5.552 |
| 花瓣宽度 $x_4$ | 1.326 | 2.026 |

表 9.5.2　协方差矩阵 **L**

|  | $x_1$ | $x_2$ | $x_3$ | $x_4$ |
|---|---|---|---|---|
| $x_1$ | 32.87 | 8.77 | 23.82 | 5.14 |
| $x_2$ |  | 9.92 | 7.55 | 4.35 |
| $x_3$ |  |  | 25.74 | 5.97 |
| $x_4$ |  |  |  | 5.61 |

2. 表 9.5.3 是从 Fisher(1936) 著名的判别分析论文中引进的数据(作为一个练习,这里仅取了其中的一部分数据),利用这些数据,用聚类分析把它们分成三类[Fisher(1936) 的论文中这三类是刚毛鸢尾、变色鸢尾和弗吉尼亚鸢尾]。

表 9.5.3　三种鸢尾花 4 个变量的测量值

| 花瓣 |  | 花萼 |  | 花瓣 |  | 花萼 |  | 花瓣 |  | 花萼 |  |
|---|---|---|---|---|---|---|---|---|---|---|---|
| 长 | 宽 | 长 | 宽 | 长 | 宽 | 长 | 宽 | 长 | 宽 | 长 | 宽 |
| 5.1 | 3.5 | 1.4 | 0.2 | 7 | 3.2 | 4.7 | 1.4 | 6.3 | 3.3 | 6 | 2.5 |
| 4.9 | 3 | 1.4 | 0.2 | 6.4 | 3.2 | 4.5 | 1.5 | 5.8 | 2.7 | 5.1 | 1.9 |
| 4.7 | 3.2 | 1.3 | 0.2 | 6.9 | 3.1 | 4.9 | 1.5 | 7.1 | 3 | 5.9 | 2.1 |
| 4.6 | 3.1 | 1.5 | 0.2 | 5.5 | 2.3 | 4 | 1.3 | 6.3 | 2.9 | 5.6 | 1.8 |
| 5 | 3.6 | 1.4 | 0.2 | 6.5 | 2.8 | 4.6 | 1.5 | 6.5 | 3 | 5.8 | 2.2 |
| 5.4 | 3.9 | 1.7 | 0.4 | 5.7 | 2.8 | 4.5 | 1.3 | 7.6 | 3 | 6.6 | 2.1 |
| 4.6 | 3.4 | 1.4 | 0.3 | 6.3 | 3.3 | 4.7 | 1.6 | 4.9 | 2.5 | 4.5 | 1.7 |
| 5 | 3.4 | 1.5 | 0.2 | 4.9 | 2.4 | 3.3 | 1 | 7.3 | 2.9 | 6.3 | 1.8 |
| 4.4 | 2.9 | 1.4 | 0.2 | 6.6 | 2.9 | 4.6 | 1.3 | 6.7 | 2.5 | 5.8 | 1.8 |
| 4.9 | 3.1 | 1.5 | 0.1 | 5.2 | 2.7 | 3.9 | 1.4 | 7.2 | 3.6 | 6.1 | 2.5 |
| 5.4 | 3.7 | 1.5 | 0.2 | 5 | 2 | 3.5 | 1 | 6.5 | 3.2 | 5.1 | 2 |
| 4.8 | 3.4 | 1.6 | 0.2 | 5.9 | 3 | 4.2 | 1.5 | 6.4 | 2.7 | 5.3 | 1.9 |
| 4.8 | 3 | 1.4 | 0.1 | 6 | 2.2 | 4 | 1 | 6.8 | 3 | 5.5 | 2.1 |
| 4.3 | 3 | 1.1 | 0.1 | 6.1 | 2.9 | 4.7 | 1.4 | 5.7 | 2.5 | 5 | 2 |
| 5.8 | 4 | 1.2 | 0.2 | 5.6 | 2.9 | 3.6 | 1.3 | 5.8 | 2.8 | 5.1 | 2.4 |
| 5.7 | 4.4 | 1.5 | 0.4 | 5.7 | 3.1 | 4.4 | 1.4 | 6.4 | 3.2 | 5.3 | 2.3 |
| 5.4 | 4.9 | 1.3 | 0.4 | 5.6 | 3 | 4.5 | 1.5 | 6.5 | 3 | 5.5 | 1.8 |

# 附录　　概率论与数理统计附表

### 附表 1　标准正态分布的密度函数表

$$\varphi(u) = \frac{1}{\sqrt{2\pi}} e^{-\frac{u^2}{2}}$$

| u | 0.00 | 0.01 | 0.02 | 0.03 | 0.04 | 0.05 | 0.06 | 0.07 | 0.08 | 0.09 |
|---|------|------|------|------|------|------|------|------|------|------|
| 0.0 | 0.3989 | 0.3989 | 0.3989 | 0.3988 | 0.3986 | 0.3984 | 0.3982 | 0.3980 | 0.3977 | 0.3973 |
| 0.1 | 0.3970 | 0.3965 | 0.3961 | 0.3956 | 0.3951 | 0.3945 | 0.3939 | 0.3932 | 0.3925 | 0.3918 |
| 0.2 | 0.3910 | 0.3902 | 0.3894 | 0.3885 | 0.3876 | 0.3867 | 0.3857 | 0.3847 | 0.3836 | 0.3825 |
| 0.3 | 0.3814 | 0.3802 | 0.3790 | 0.3778 | 0.3765 | 0.3752 | 0.3739 | 0.3725 | 0.3712 | 0.3697 |
| 0.4 | 0.3683 | 0.3668 | 0.3653 | 0.3637 | 0.3621 | 0.3605 | 0.3589 | 0.3572 | 0.3555 | 0.3538 |
| 0.5 | 0.3521 | 0.3503 | 0.3485 | 0.3467 | 0.3448 | 0.3429 | 0.3410 | 0.3391 | 0.3372 | 0.3352 |
| 0.6 | 0.3332 | 0.3312 | 0.3292 | 0.3271 | 0.3251 | 0.3230 | 0.3209 | 0.3187 | 0.3166 | 0.3144 |
| 0.7 | 0.3123 | 0.3101 | 0.3097 | 0.3056 | 0.3034 | 0.3011 | 0.2989 | 0.2966 | 0.2943 | 0.2920 |
| 0.8 | 0.2897 | 0.2874 | 0.2850 | 0.2827 | 0.2803 | 0.2780 | 0.2756 | 0.2732 | 0.2709 | 0.2685 |
| 0.9 | 0.2661 | 0.2637 | 0.2613 | 0.2589 | 0.2565 | 0.2541 | 0.2516 | 0.2492 | 0.2468 | 0.2444 |
| 1.0 | 0.2420 | 0.2396 | 0.2371 | 0.2347 | 0.2323 | 0.2299 | 0.2275 | 0.2251 | 0.2227 | 0.2203 |
| 1.1 | 0.2179 | 0.2155 | 0.2131 | 0.2107 | 0.2083 | 0.2059 | 0.2036 | 0.2012 | 0.1989 | 0.1965 |
| 1.2 | 0.1942 | 0.1919 | 0.1895 | 0.1872 | 0.1849 | 0.1826 | 0.1804 | 0.1781 | 0.1758 | 0.1736 |
| 1.3 | 0.1714 | 0.1691 | 0.1669 | 0.1647 | 0.1626 | 0.1604 | 0.1582 | 0.1561 | 0.1539 | 0.1518 |
| 1.4 | 0.1497 | 0.1476 | 0.1456 | 0.1435 | 0.1415 | 0.1394 | 0.1374 | 0.1354 | 0.1334 | 0.1315 |
| 1.5 | 0.1295 | 0.1276 | 0.1257 | 0.1238 | 0.1219 | 0.1200 | 0.1182 | 0.1163 | 0.1145 | 0.1127 |
| 1.6 | 0.1109 | 0.1092 | 0.1074 | 0.1057 | 0.1040 | 0.1023 | 0.1006 | 0.09898 | 0.09728 | 0.09566 |
| 1.7 | 0.09405 | 0.09246 | 0.09089 | 0.08933 | 0.08780 | 0.08628 | 0.08478 | 0.8329 | 0.08183 | 0.08038 |
| 1.8 | 0.07895 | 0.07754 | 0.07614 | 0.07477 | 0.07341 | 0.07206 | 0.07074 | 0.6943 | 0.06814 | 0.06687 |
| 1.9 | 0.06562 | 0.06438 | 0.06316 | 0.06195 | 0.06077 | 0.5959 | 0.05844 | 0.05730 | 0.05618 | 0.05508 |

续附表 1

| u | 0.00 | 0.01 | 0.02 | 0.03 | 0.04 | 0.05 | 0.06 | 0.07 | 0.08 | 0.09 |
|---|---|---|---|---|---|---|---|---|---|---|
| 2.0 | 0.05399 | 0.05292 | 0.05186 | 0.05082 | 0.04980 | 0.04879 | 0.04780 | 0.04682 | 0.04586 | 0.04491 |
| 2.1 | 0.04398 | 0.04307 | 0.04217 | 0.04128 | 0.04041 | 0.03955 | 0.03871 | 0.03788 | 0.03706 | 0.03626 |
| 2.2 | 0.03547 | 0.03470 | 0.03394 | 0.03319 | 0.03246 | 0.03174 | 0.03103 | 0.03034 | 0.02965 | 0.02898 |
| 2.3 | 0.02833 | 0.02768 | 0.02705 | 0.02643 | 0.02582 | 0.02522 | 0.02463 | 0.02406 | 0.02349 | 0.02294 |
| 2.4 | 0.02239 | 0.02186 | 0.02134 | 0.02083 | 0.02033 | 0.01984 | 0.01936 | 0.01888 | 0.01842 | 0.01797 |
| 2.5 | 0.01753 | 0.01709 | 0.01667 | 0.01625 | 0.01585 | 0.01545 | 0.01506 | 0.01468 | 0.01431 | 0.01394 |
| 2.6 | 0.01358 | 0.01323 | 0.01289 | 0.01256 | 0.01223 | 0.01191 | 0.01160 | 0.01130 | 0.01100 | 0.01071 |
| 2.7 | 0.01042 | 0.01014 | $0.0^2 9871$ | $0.0^2 9606$ | $0.0^2 9347$ | $0.0^2 9094$ | $0.0^2 8846$ | $0.0^2 8605$ | $0.0^2 8370$ | $0.0^2 8140$ |
| 2.8 | $0.0^2 7915$ | $0.0^2 7697$ | $0.0^2 7483$ | $0.0^2 7274$ | $0.0^2 7071$ | $0.0^2 6873$ | $0.0^2 6679$ | $0.0^2 6491$ | $0.0^2 6307$ | $0.0^2 6127$ |
| 2.9 | $0.0^2 5953$ | $0.0^2 5782$ | $0.0^2 5616$ | $0.0^2 545$ | $0.0^2 5296$ | $0.0^2 5143$ | $0.0^2 4993$ | $0.0^2 4847$ | $0.0^2 4705$ | $0.0^2 4567$ |
| 3.0 | $0.0^2 4432$ | $0.0^2 4301$ | $0.0^2 4173$ | $0.0^2 4049$ | $0.0^2 3928$ | $0.0^2 3810$ | $0.0^3 695$ | $0.0^2 3584$ | $0.0^2 3475$ | $0.0^2 3370$ |
| 3.1 | $0.0^2 3267$ | $0.0^2 3167$ | $0.0^2 3070$ | $0.0^2 2975$ | $0.0^2 2884$ | $0.0^2 2794$ | $0.0^2 2707$ | $0.0^2 2628$ | $0.0^2 2541$ | $0.0^2 2461$ |
| 3.2 | $0.0^2 2384$ | $0.0^2 2309$ | $0.0^2 2236$ | $0.0^2 2165$ | $0.0^2 2096$ | $0.0^2 2029$ | $0.0^2 1964$ | $0.0^2 1901$ | $0.0^2 1840$ | $0.0^2 1780$ |
| 3.3 | $0.0^2 1723$ | $0.0^2 1667$ | $0.0^2 1612$ | $0.0^2 1560$ | $0.0^2 1508$ | $0.0^2 1459$ | $0.0^2 1411$ | $0.0^2 1364$ | $0.0^2 1319$ | $0.0^2 1275$ |
| 3.4 | $0.0^2 1232$ | $0.0^2 1191$ | $0.0^2 1151$ | $0.0^2 1112$ | $0.0^2 1075$ | $0.0^2 1038$ | $0.0^2 1003$ | $0.0^3 9689$ | $0.0^3 9358$ | $0.0^3 9037$ |
| 3.5 | $0.0^3 8727$ | $0.0^3 8426$ | $0.0^3 8135$ | $0.0^3 7853$ | $0.0^3 7581$ | $0.0^3 7317$ | $0.0^3 7061$ | $0.0^3 6814$ | $0.0^3 6575$ | $0.0^3 6343$ |
| 3.6 | $0.0^3 6119$ | $0.0^3 5902$ | $0.0^3 5693$ | $0.0^3 5490$ | $0.0^3 5294$ | $0.0^3 5105$ | $0.0^3 4921$ | $0.0^3 4744$ | $0.0^3 4573$ | $0.0^3 4408$ |
| 3.7 | $0.0^3 4248$ | $0.0^3 4098$ | $0.0^3 3944$ | $0.0^3 3800$ | $0.0^3 3661$ | $0.0^3 3526$ | $0.0^3 3396$ | $0.0^3 3271$ | $0.0^3 3149$ | $0.0^3 3032$ |
| 3.8 | $0.0^3 2919$ | $0.0^3 2810$ | $0.0^3 2705$ | $0.0^3 2604$ | $0.0^3 2506$ | $0.0^3 2411$ | $0.0^3 2320$ | $0.0^3 2232$ | $0.0^3 2147$ | $0.0^3 2065$ |
| 3.9 | $0.0^3 1987$ | $0.0^3 1910$ | $0.0^3 1837$ | $0.0^3 1766$ | $0.0^3 1698$ | $0.0^3 1633$ | $0.0^3 1569$ | $0.0^3 1508$ | $0.0^3 1449$ | $0.0^3 1393$ |
| 4.0 | $0.0^3 1338$ | $0.0^3 1286$ | $0.0^3 1235$ | $0.0^3 1186$ | $0.0^3 1140$ | $0.0^3 1094$ | $0.0^3 1051$ | $0.0^3 1009$ | $0.0^4 9687$ | $0.0^4 9299$ |
| 4.1 | $0.0^4 8926$ | $0.0^4 8567$ | $0.0^4 8222$ | $0.0^4 7890$ | $0.0^4 7570$ | $0.0^4 7263$ | $0.0^4 6967$ | $0.0^4 6683$ | $0.0^4 6410$ | $0.0^4 6147$ |
| 4.2 | $0.0^4 5894$ | $0.0^4 5652$ | $0.0^4 5418$ | $0.0^4 5194$ | $0.0^4 4979$ | $0.0^4 4772$ | $0.0^4 4573$ | $0.0^4 4382$ | $0.0^4 4199$ | $0.0^4 4023$ |
| 4.3 | $0.0^4 3854$ | $0.0^4 3691$ | $0.0^4 3535$ | $0.0^4 3386$ | $0.0^4 3242$ | $0.0^4 3104$ | $0.0^4 2972$ | $0.0^4 2850$ | $0.0^4 2723$ | $0.0^4 2606$ |
| 4.4 | $0.0^4 2494$ | $0.0^4 2387$ | $0.0^4 2284$ | $0.0^4 2185$ | $0.0^4 2090$ | $0.0^4 1999$ | $0.0^4 1912$ | $0.0^4 1829$ | $0.0^4 1749$ | $0.0^4 1672$ |
| 4.5 | $0.0^4 1598$ | $0.0^4 1528$ | $0.0^4 1461$ | $0.0^4 1396$ | $0.0^4 1334$ | $0.0^4 1275$ | $0.0^4 1218$ | $0.0^4 1164$ | $0.0^4 1112$ | $0.0^4 1062$ |
| 4.6 | $0.0^4 1014$ | $0.0^5 9684$ | $0.0^5 9248$ | $0.0^5 8830$ | $0.0^5 8430$ | $0.0^5 8047$ | $0.0^5 7681$ | $0.0^5 7331$ | $0.0^5 6996$ | $0.0^5 6676$ |
| 4.7 | $0.0^5 6370$ | $0.0^5 6077$ | $0.0^5 5797$ | $0.0^5 5530$ | $0.0^5 5274$ | $0.0^5 5030$ | $0.0^5 4796$ | $0.0^5 4573$ | $0.0^5 4360$ | $0.0^5 4156$ |
| 4.8 | $0.0^5 3961$ | $0.0^5 3775$ | $0.0^5 3598$ | $0.0^5 3428$ | $0.0^5 3267$ | $0.0^5 3112$ | $0.0^5 2965$ | $0.0^5 2824$ | $0.0^5 2690$ | $0.0^5 2561$ |
| 4.9 | $0.0^5 2439$ | $0.0^5 2322$ | $0.0^5 2211$ | $0.0^5 2105$ | $0.0^5 2003$ | $0.0^5 1907$ | $0.0^5 1814$ | $0.0^5 1727$ | $0.0^5 1643$ | $0.0^5 1563$ |

### 附表 2　标准正态分布表

$$\varphi(u) = \frac{1}{\sqrt{2\pi}} \int_{-\infty}^{u} e^{-\frac{x^2}{2}} dx \quad (u \leqslant 0)$$

| u | 0.00 | 0.01 | 0.02 | 0.03 | 0.04 | 0.05 | 0.06 | 0.07 | 0.08 | 0.09 |
|---|---|---|---|---|---|---|---|---|---|---|
| −0.0 | 0.5000 | 0.4960 | 0.4920 | 0.4880 | 0.4840 | 0.4801 | 0.4761 | 0.4721 | 0.4681 | 0.4641 |
| −0.1 | 0.4602 | 0.4562 | 0.4522 | 0.4483 | 0.4443 | 0.4404 | 0.4364 | 0.4325 | 0.4286 | 0.4247 |
| −0.2 | 0.4207 | 0.4168 | 0.4129 | 0.4090 | 0.4052 | 0.4013 | 0.3974 | 0.3936 | 0.3897 | 0.3859 |
| −0.3 | 0.3821 | 0.3783 | 0.3745 | 0.3707 | 0.3669 | 0.3632 | 0.3594 | 0.3557 | 0.3520 | 0.3483 |
| −0.4 | 0.3446 | 0.3409 | 0.3372 | 0.3336 | 0.3300 | 0.3264 | 0.3228 | 0.3192 | 0.3156 | 0.3121 |
| −0.5 | 0.3085 | 0.3050 | 0.3015 | 0.2981 | 0.2946 | 0.2912 | 0.2877 | 0.2843 | 0.2810 | 0.2776 |
| −0.6 | 0.2743 | 0.2709 | 0.2676 | 0.2643 | 0.2611 | 0.2578 | 0.2546 | 0.2514 | 0.2483 | 0.2451 |
| −0.7 | 0.2420 | 0.2389 | 0.2358 | 0.2327 | 0.2297 | 0.2266 | 0.2236 | 0.2206 | 0.2177 | 0.2148 |
| −0.8 | 0.2119 | 0.2090 | 0.2061 | 0.2033 | 0.2005 | 0.1977 | 0.1949 | 0.1922 | 0.1894 | 0.1867 |
| −0.9 | 0.1841 | 0.1814 | 0.1788 | 0.1762 | 0.1736 | 0.1711 | 0.1685 | 0.1660 | 0.1635 | 0.1611 |
| −1.0 | 0.1587 | 0.1562 | 0.1539 | 0.1515 | 0.1492 | 0.1469 | 0.1446 | 0.1423 | 0.1401 | 0.1379 |
| −1.1 | 0.1357 | 0.1335 | 0.1314 | 0.1292 | 0.1271 | 0.1251 | 0.1230 | 0.1210 | 0.1190 | 0.1170 |
| −1.2 | 0.1151 | 0.1131 | 0.1112 | 0.1093 | 0.1075 | 0.1056 | 0.1038 | 0.1020 | 0.1003 | 0.09853 |
| −1.3 | 0.09680 | 0.09510 | 0.09342 | 0.09176 | 0.09012 | 0.08851 | 0.08691 | 0.08534 | 0.08379 | 0.08226 |
| −1.4 | 0.08076 | 0.07927 | 0.07780 | 0.07636 | 0.07493 | 0.07353 | 0.07215 | 0.07078 | 0.06944 | 0.06811 |
| −1.5 | 0.06681 | 0.06552 | 0.06426 | 0.06301 | 0.06178 | 0.06057 | 0.05938 | 0.05821 | 0.05705 | 0.05592 |
| −1.6 | 0.05480 | 0.05370 | 0.05262 | 0.05155 | 0.05050 | 0.04947 | 0.04846 | 0.04746 | 0.04648 | 0.04551 |
| −1.7 | 0.04457 | 0.04363 | 0.04272 | 0.04182 | 0.04093 | 0.04006 | 0.03920 | 0.03836 | 0.03754 | 0.03673 |
| −1.8 | 0.03593 | 0.03515 | 0.03438 | 0.03362 | 0.03288 | 0.03216 | 0.03144 | 0.03074 | 0.03005 | 0.02938 |
| −1.9 | 0.02872 | 0.02807 | 0.02743 | 0.02680 | 0.02619 | 0.02559 | 0.02500 | 0.02442 | 0.02385 | 0.02330 |
| −2.0 | 0.02275 | 0.02222 | 0.02169 | 0.02118 | 0.02068 | 0.02018 | 0.01970 | 0.01923 | 0.01876 | 0.01831 |
| −2.1 | 0.01786 | 0.01743 | 0.01700 | 0.01659 | 0.01618 | 0.01578 | 0.01539 | 0.01500 | 0.01463 | 0.01426 |
| −2.2 | 0.01390 | 0.01355 | 0.01321 | 0.01287 | 0.01255 | 0.01222 | 0.01191 | 0.01160 | 0.01130 | 0.01101 |
| −2.3 | 0.01072 | 0.01044 | 0.01017 | $0.0^2 9903$ | $0.0^2 9642$ | $0.0^2 9387$ | $0.0^2 9137$ | $0.0^2 8894$ | $0.0^2 8656$ | $0.0^2 8424$ |
| −2.4 | $0.0^2 8198$ | $0.0^2 7976$ | $0.0^2 7760$ | $0.0^2 7549$ | $0.0^2 7344$ | $0.0^2 7143$ | $0.0^2 6947$ | $0.0^2 6756$ | $0.0^2 6569$ | $0.0^2 6387$ |

**续附表 2**

| u | 0.00 | 0.01 | 0.02 | 0.03 | 0.04 | 0.05 | 0.06 | 0.07 | 0.08 | 0.09 |
|---|---|---|---|---|---|---|---|---|---|---|
| $-2.5$ | $0.0^{2}6210$ | $0.0^{2}6037$ | $0.0^{2}5868$ | $0.0^{2}5703$ | $0.0^{2}5543$ | $0.0^{2}5386$ | $0.0^{2}5234$ | $0.0^{2}5085$ | $0.0^{2}4940$ | $0.0^{2}4799$ |
| $-2.6$ | $0.0^{2}4661$ | $0.0^{2}4527$ | $0.0^{2}4396$ | $0.0^{2}4269$ | $0.0^{2}4145$ | $0.0^{2}4025$ | $0.0^{2}3907$ | $0.0^{2}3793$ | $0.0^{2}3681$ | $0.0^{2}3573$ |
| $-2.7$ | $0.0^{2}3467$ | $0.0^{2}3364$ | $0.0^{2}3264$ | $0.0^{2}3167$ | $0.0^{2}3072$ | $0.0^{2}2980$ | $0.0^{2}2890$ | $0.0^{2}2803$ | $0.0^{2}2718$ | $0.0^{2}2635$ |
| $-2.8$ | $0.0^{2}2555$ | $0.0^{2}2477$ | $0.0^{2}2401$ | $0.0^{2}2327$ | $0.0^{2}2256$ | $0.0^{2}2186$ | $0.0^{2}2118$ | $0.0^{2}2052$ | $0.0^{2}1988$ | $0.0^{2}1926$ |
| $-2.9$ | $0.0^{2}1866$ | $0.0^{2}1807$ | $0.0^{2}1750$ | $0.0^{2}1695$ | $0.0^{2}1641$ | $0.0^{2}1589$ | $0.0^{2}1538$ | $0.0^{2}1489$ | $0.0^{2}1441$ | $0.0^{2}1395$ |
| $-3.0$ | $0.0^{2}1350$ | $0.0^{2}1306$ | $0.0^{2}1264$ | $0.0^{2}1223$ | $0.0^{2}1183$ | $0.0^{2}1144$ | $0.0^{2}1107$ | $0.0^{2}1070$ | $0.0^{2}1035$ | $0.0^{2}1001$ |
| $-3.1$ | $0.0^{3}9676$ | $0.0^{3}9354$ | $0.0^{3}9043$ | $0.0^{3}8740$ | $0.0^{3}8447$ | $0.0^{3}8164$ | $0.0^{3}7888$ | $0.0^{3}7622$ | $0.0^{3}7364$ | $0.0^{3}7114$ |
| $-3.2$ | $0.0^{3}6871$ | $0.0^{3}6637$ | $0.0^{3}6410$ | $0.0^{3}6190$ | $0.0^{3}5976$ | $0.0^{3}5770$ | $0.0^{3}5571$ | $0.0^{3}5377$ | $0.0^{3}5190$ | $0.0^{3}5009$ |
| $-3.3$ | $0.0^{3}4834$ | $0.0^{3}4665$ | $0.0^{3}4501$ | $0.0^{3}4342$ | $0.0^{3}4189$ | $0.0^{3}4041$ | $0.0^{3}3897$ | $0.0^{3}3758$ | $0.0^{3}3624$ | $0.0^{3}3495$ |
| $-3.4$ | $0.0^{3}3369$ | $0.0^{3}3248$ | $0.0^{3}3131$ | $0.0^{3}3018$ | $0.0^{3}2909$ | $0.0^{3}2803$ | $0.0^{3}2701$ | $0.0^{3}2602$ | $0.0^{3}2507$ | $0.0^{3}2415$ |
| $-3.5$ | $0.0^{3}2326$ | $0.0^{3}2241$ | $0.0^{3}2158$ | $0.0^{3}2078$ | $0.0^{3}2001$ | $0.0^{3}1926$ | $0.0^{3}1854$ | $0.0^{3}1785$ | $0.0^{3}1718$ | $0.0^{3}1658$ |
| $-3.6$ | $0.0^{3}1591$ | $0.0^{3}1531$ | $0.0^{3}1473$ | $0.0^{3}1417$ | $0.0^{3}1363$ | $0.0^{3}1311$ | $0.0^{3}1261$ | $0.0^{3}1213$ | $0.0^{3}1166$ | $0.0^{3}1121$ |
| $-3.7$ | $0.0^{3}1078$ | $0.0^{3}1036$ | $0.0^{4}9961$ | $0.0^{4}9574$ | $0.0^{4}9201$ | $0.0^{4}8842$ | $0.0^{4}8496$ | $0.0^{4}8162$ | $0.0^{4}7841$ | $0.0^{4}7532$ |
| $-3.8$ | $0.0^{4}7235$ | $0.0^{4}6948$ | $0.0^{4}6673$ | $0.0^{4}6407$ | $0.0^{4}6152$ | $0.0^{4}5906$ | $0.0^{4}5669$ | $0.0^{4}5442$ | $0.0^{4}5223$ | $0.0^{4}5012$ |
| $-3.9$ | $0.0^{4}4810$ | $0.0^{4}4615$ | $0.0^{4}4427$ | $0.0^{4}4247$ | $0.0^{4}4074$ | $0.0^{4}3908$ | $0.0^{4}3747$ | $0.0^{4}3594$ | $0.0^{4}3446$ | $0.0^{4}3304$ |
| $-4.0$ | $0.0^{4}3167$ | $0.0^{4}3036$ | $0.0^{4}2910$ | $0.0^{4}2789$ | $0.0^{4}2673$ | $0.0^{4}2561$ | $0.0^{4}2454$ | $0.0^{4}2351$ | $0.0^{4}2252$ | $0.0^{4}2157$ |
| $-4.1$ | $0.0^{4}2066$ | $0.0^{4}1978$ | $0.0^{4}1894$ | $0.0^{4}1814$ | $0.0^{4}1737$ | $0.0^{4}1662$ | $0.0^{4}1591$ | $0.0^{4}1523$ | $0.0^{4}1458$ | $0.0^{4}1395$ |
| $-4.2$ | $0.0^{4}1335$ | $0.0^{4}1277$ | $0.0^{4}1222$ | $0.0^{4}1168$ | $0.0^{4}1118$ | $0.0^{4}1069$ | $0.0^{4}1022$ | $0.0^{5}9774$ | $0.0^{5}9345$ | $0.0^{5}8934$ |
| $-4.3$ | $0.0^{5}8540$ | $0.0^{5}8163$ | $0.0^{5}7801$ | $0.0^{5}7455$ | $0.0^{5}7124$ | $0.0^{5}6807$ | $0.0^{5}6503$ | $0.0^{5}6212$ | $0.0^{5}5934$ | $0.0^{5}5668$ |
| $-4.4$ | $0.0^{5}5413$ | $0.0^{5}5169$ | $0.0^{5}4935$ | $0.0^{5}4712$ | $0.0^{5}4498$ | $0.0^{5}4294$ | $0.0^{5}4098$ | $0.0^{5}3911$ | $0.0^{5}3732$ | $0.0^{5}3561$ |
| $-4.5$ | $0.0^{5}3398$ | $0.0^{5}3241$ | $0.0^{5}3092$ | $0.0^{5}2949$ | $0.0^{5}2813$ | $0.0^{5}2682$ | $0.0^{5}2558$ | $0.0^{5}2439$ | $0.0^{5}2325$ | $0.0^{5}2216$ |
| $-4.6$ | $0.0^{5}2112$ | $0.0^{5}2013$ | $0.0^{5}1919$ | $0.0^{5}1828$ | $0.0^{5}1742$ | $0.0^{5}1660$ | $0.0^{5}1581$ | $0.0^{5}1506$ | $0.0^{5}1434$ | $0.0^{5}1366$ |
| $-4.7$ | $0.0^{5}1301$ | $0.0^{5}1239$ | $0.0^{5}1179$ | $0.0^{5}1123$ | $0.0^{5}1069$ | $0.0^{5}1017$ | $0.0^{6}9680$ | $0.0^{6}9211$ | $0.0^{5}8765$ | $0.0^{5}8339$ |
| $-4.8$ | $0.0^{6}7933$ | $0.0^{6}7547$ | $0.0^{6}7178$ | $0.0^{6}6827$ | $0.0^{6}6492$ | $0.0^{6}6173$ | $0.0^{6}5869$ | $0.0^{6}5580$ | $0.0^{6}5304$ | $0.0^{6}5042$ |
| $-4.9$ | $0.0^{6}4792$ | $0.0^{6}4554$ | $0.0^{6}4327$ | $0.0^{6}4111$ | $0.0^{6}3906$ | $0.0^{6}3711$ | $0.0^{6}3525$ | $0.0^{6}3348$ | $0.0^{6}3179$ | $0.0^{6}3019$ |

**附表 3　正态分布上侧百分位数$(u_\alpha)$表**

$$\alpha = \frac{1}{\sqrt{2\pi}} \int_{u_\alpha}^{\infty} e^{-\frac{x^2}{2}} dx$$

| $\alpha$ | $u_\alpha$ | $\alpha$ | $u_\alpha$ | $\alpha$ | $u_\alpha$ | $\alpha$ | $u_\alpha$ |
|---|---|---|---|---|---|---|---|
| 0.000 | — | 0.125 | 1.150 | 0.250 | 0.674 | 0.375 | 0.319 |
| 0.005 | 2.576 | 0.130 | 1.126 | 0.255 | 0.659 | 0.380 | 0.305 |
| 0.010 | 2.326 | 0.135 | 1.103 | 0.260 | 0.643 | 0.385 | 0.292 |
| 0.015 | 2.170 | 0.140 | 1.080 | 0.256 | 0.628 | 0.390 | 0.279 |
| 0.020 | 2.054 | 0.145 | 1.058 | 0.270 | 0.613 | 0.395 | 0.266 |
| 0.025 | 1.960 | 0.150 | 1.036 | 0.275 | 0.598 | 0.400 | 0.253 |
| 0.030 | 1.881 | 0.155 | 1.015 | 0.280 | 0.583 | 0.405 | 0.240 |
| 0.035 | 1.812 | 0.160 | 0.994 | 0.285 | 0.568 | 0.410 | 0.228 |
| 0.040 | 1.751 | 0.165 | 0.974 | 0.290 | 0.553 | 0.415 | 0.215 |
| 0.045 | 1.695 | 0.170 | 0.954 | 0.295 | 0.539 | 0.420 | 0.202 |
| 0.050 | 1.645 | 0.175 | 0.935 | 0.300 | 0.524 | 0.425 | 0.189 |
| 0.055 | 1.598 | 0.180 | 0.915 | 0.305 | 0.510 | 0.430 | 0.176 |
| 0.060 | 1.555 | 0.185 | 0.896 | 0.310 | 0.496 | 0.435 | 0.164 |
| 0.065 | 1.514 | 0.190 | 0.878 | 0.315 | 0.482 | 0.440 | 0.151 |
| 0.070 | 1.476 | 0.195 | 0.860 | 0.320 | 0.468 | 0.445 | 0.138 |
| 0.075 | 1.440 | 0.200 | 0.842 | 0.325 | 0.454 | 0.450 | 0.127 |
| 0.080 | 1.405 | 0.205 | 0.824 | 0.330 | 0.440 | 0.455 | 0.113 |
| 0.085 | 1.372 | 0.210 | 0.806 | 0.335 | 0.426 | 0.460 | 0.100 |
| 0.090 | 1.341 | 0.215 | 0.789 | 0.340 | 0.412 | 0.465 | 0.088 |
| 0.095 | 1.311 | 0.220 | 0.772 | 0.345 | 0.399 | 0.470 | 0.075 |
| 0.100 | 1.282 | 0.225 | 0.755 | 0.350 | 0.385 | 0.475 | 0.063 |
| 0.105 | 1.254 | 0.230 | 0.739 | 0.355 | 0.372 | 0.480 | 0.050 |
| 0.110 | 1.227 | 0.235 | 0.722 | 0.360 | 0.358 | 0.485 | 0.038 |
| 0.115 | 1.200 | 0.240 | 0.706 | 0.365 | 0.345 | 0.490 | 0.025 |
| 0.120 | 1.175 | 0.245 | 0.690 | 0.370 | 0.332 | 0.495 | 0.013 |

### 附表 4　$\chi^2$ 分布的上侧百分位数($\chi^2_\alpha$) 表

$$P(\chi^2 > \chi^2_\alpha) = \alpha$$

| df | $\alpha$ | | | | | | $\alpha$ | | | | | |
|---|---|---|---|---|---|---|---|---|---|---|---|---|
| | 0.995 | 0.99 | 0.975 | 0.95 | 0.90 | 0.75 | 0.25 | 0.10 | 0.05 | 0.025 | 0.01 | 0.005 |
| 1 | — | — | 0.001 | 0.004 | 0.016 | 0.102 | 1.323 | 2.706 | 3.841 | 5.024 | 6.635 | 7.879 |
| 2 | 0.010 | 0.020 | 0.051 | 0.103 | 0.211 | 0.575 | 2.773 | 4.605 | 5.991 | 7.378 | 9.210 | 10.597 |
| 3 | 0.072 | 0.115 | 0.216 | 0.352 | 0.584 | 1.213 | 4.108 | 6.251 | 7.815 | 9.348 | 11.345 | 12.838 |
| 4 | 0.207 | 0.297 | 0.484 | 0.711 | 1.064 | 1.923 | 5.385 | 7.779 | 9.488 | 11.143 | 13.277 | 14.860 |
| 5 | 0.412 | 0.554 | 0.831 | 1.145 | 1.610 | 2.675 | 6.626 | 9.236 | 11.071 | 12.833 | 15.096 | 16.750 |
| 6 | 0.676 | 0.872 | 1.237 | 1.635 | 2.204 | 3.455 | 7.841 | 10.645 | 12.592 | 14.449 | 16.812 | 18.548 |
| 7 | 0.989 | 1.239 | 1.690 | 2.167 | 2.833 | 4.255 | 9.037 | 12.017 | 14.067 | 16.013 | 18.475 | 20.278 |
| 8 | 1.344 | 1.646 | 2.180 | 2.733 | 3.490 | 5.071 | 10.219 | 13.362 | 15.507 | 17.535 | 20.090 | 21.955 |
| 9 | 1.735 | 2.088 | 2.700 | 3.325 | 4.168 | 5.899 | 11.389 | 14.684 | 16.919 | 19.023 | 21.666 | 23.589 |
| 10 | 2.156 | 2.558 | 3.247 | 3.940 | 4.865 | 6.737 | 12.549 | 15.987 | 18.307 | 20.483 | 23.209 | 25.188 |
| 11 | 2.603 | 3.053 | 3.816 | 4.575 | 5.578 | 7.584 | 13.701 | 17.275 | 19.675 | 21.920 | 24.725 | 26.757 |
| 12 | 3.074 | 3.571 | 4.404 | 5.226 | 6.304 | 8.438 | 14.845 | 18.549 | 21.026 | 23.337 | 26.217 | 28.299 |
| 13 | 3.565 | 4.107 | 5.009 | 5.892 | 7.042 | 9.299 | 15.984 | 19.812 | 22.362 | 24.736 | 27.688 | 29.819 |
| 14 | 4.075 | 4.660 | 5.629 | 6.571 | 7.790 | 10.165 | 17.117 | 21.064 | 23.685 | 26.119 | 29.141 | 31.319 |
| 15 | 4.601 | 5.229 | 6.262 | 7.261 | 8.547 | 11.037 | 18.245 | 22.307 | 24.996 | 27.488 | 30.578 | 32.801 |
| 16 | 5.142 | 5.812 | 6.908 | 7.962 | 9.312 | 11.912 | 19.369 | 23.542 | 26.296 | 28.845 | 32.000 | 34.267 |
| 17 | 5.697 | 6.408 | 7.564 | 8.672 | 10.085 | 12.792 | 20.489 | 24.769 | 27.587 | 30.191 | 33.409 | 35.718 |
| 18 | 6.265 | 7.015 | 8.231 | 9.390 | 10.865 | 13.675 | 21.605 | 25.989 | 28.869 | 31.526 | 34.805 | 37.156 |
| 19 | 6.844 | 7.633 | 8.907 | 10.117 | 11.651 | 14.562 | 22.718 | 27.204 | 30.144 | 32.852 | 36.191 | 38.582 |
| 20 | 7.434 | 8.260 | 9.591 | 10.851 | 12.443 | 15.452 | 23.828 | 28.412 | 31.410 | 34.170 | 37.566 | 39.997 |
| 21 | 8.034 | 8.897 | 10.283 | 11.591 | 13.240 | 16.344 | 24.935 | 29.615 | 32.671 | 35.479 | 38.932 | 41.401 |
| 22 | 8.643 | 9.542 | 10.982 | 12.338 | 14.042 | 17.240 | 26.039 | 30.813 | 33.924 | 36.781 | 40.289 | 42.796 |
| 23 | 9.260 | 10.196 | 11.689 | 13.091 | 14.848 | 18.137 | 27.141 | 32.007 | 35.172 | 38.076 | 41.638 | 44.181 |
| 24 | 9.886 | 10.856 | 12.401 | 13.848 | 15.659 | 19.037 | 28.241 | 33.196 | 36.415 | 39.364 | 42.980 | 45.559 |
| 25 | 10.520 | 11.524 | 13.120 | 14.611 | 16.473 | 19.939 | 29.339 | 34.382 | 37.652 | 40.646 | 44.314 | 46.928 |
| 26 | 11.160 | 12.198 | 13.844 | 15.379 | 17.292 | 20.843 | 30.435 | 35.563 | 38.885 | 41.923 | 45.642 | 48.290 |
| 27 | 11.808 | 12.879 | 14.573 | 16.151 | 18.114 | 21.749 | 31.528 | 36.741 | 40.113 | 43.194 | 46.963 | 49.645 |
| 28 | 12.461 | 13.565 | 15.308 | 16.928 | 18.939 | 22.657 | 32.620 | 37.916 | 41.337 | 44.461 | 48.278 | 50.993 |
| 29 | 13.121 | 14.257 | 16.047 | 17.708 | 19.768 | 23.567 | 33.711 | 39.087 | 42.557 | 45.772 | 49.588 | 52.336 |
| 30 | 13.787 | 14.954 | 16.791 | 18.493 | 20.599 | 24.478 | 34.800 | 40.256 | 43.773 | 46.979 | 50.892 | 53.672 |
| 31 | 14.458 | 15.655 | 17.539 | 19.281 | 21.434 | 25.390 | 35.887 | 41.422 | 44.985 | 48.232 | 52.191 | 55.003 |
| 32 | 15.134 | 16.362 | 18.291 | 20.072 | 22.271 | 26.304 | 36.973 | 42.585 | 46.194 | 49.480 | 53.486 | 56.328 |
| 33 | 15.815 | 17.074 | 19.047 | 20.867 | 23.110 | 27.219 | 38.058 | 43.745 | 47.400 | 50.725 | 54.776 | 57.648 |
| 34 | 16.501 | 17.789 | 19.806 | 21.664 | 23.952 | 28.136 | 39.141 | 44.903 | 48.602 | 51.966 | 56.061 | 58.964 |
| 35 | 17.192 | 18.509 | 20.569 | 22.465 | 24.797 | 29.054 | 40.223 | 46.059 | 49.802 | 53.203 | 57.342 | 60.275 |
| 36 | 17.887 | 19.233 | 21.386 | 23.269 | 25.643 | 29.973 | 41.304 | 47.212 | 50.998 | 54.437 | 58.619 | 61.581 |
| 37 | 18.586 | 19.960 | 22.100 | 24.075 | 26.492 | 30.893 | 42.383 | 48.363 | 52.192 | 55.668 | 59.892 | 62.883 |
| 38 | 19.289 | 20.691 | 22.878 | 24.884 | 27.343 | 31.815 | 43.462 | 49.513 | 53.384 | 56.896 | 61.162 | 64.181 |
| 39 | 19.996 | 21.426 | 23.654 | 25.695 | 28.196 | 32.737 | 44.539 | 50.660 | 54.572 | 58.120 | 62.428 | 65.476 |
| 40 | 20.707 | 22.164 | 24.433 | 26.509 | 29.051 | 33.660 | 45.616 | 51.805 | 55.758 | 59.342 | 63.691 | 66.766 |
| 41 | 21.421 | 22.906 | 25.215 | 27.326 | 29.907 | 34.585 | 46.692 | 52.949 | 56.942 | 60.561 | 64.950 | 68.053 |
| 42 | 22.188 | 23.650 | 25.999 | 28.144 | 30.765 | 35.510 | 47.766 | 54.090 | 58.124 | 61.777 | 66.206 | 69.336 |
| 43 | 22.859 | 24.398 | 26.785 | 28.965 | 31.625 | 36.436 | 48.840 | 55.230 | 59.304 | 62.990 | 67.459 | 70.616 |
| 44 | 23.584 | 25.148 | 27.575 | 29.787 | 32.487 | 37.363 | 49.913 | 56.369 | 60.481 | 64.201 | 68.710 | 71.893 |
| 45 | 24.311 | 25.901 | 28.366 | 30.613 | 33.350 | 38.291 | 50.985 | 57.505 | 61.656 | 65.410 | 69.957 | 73.166 |

续附表 4

| df | α | | | | | | α | | | | | |
|----|--------|--------|--------|--------|--------|--------|--------|---------|---------|---------|---------|---------|
|    | 0.995  | 0.99   | 0.975  | 0.95   | 0.90   | 0.75   | 0.25   | 0.10    | 0.05    | 0.025   | 0.01    | 0.005   |
| 46 | 25.041 | 26.657 | 29.160 | 31.439 | 34.215 | 39.220 | 52.065 | 58.641  | 62.830  | 66.617  | 71.201  | 74.437  |
| 47 | 25.775 | 27.416 | 29.956 | 32.268 | 35.081 | 40.149 | 53.127 | 59.774  | 64.001  | 67.821  | 72.443  | 75.704  |
| 48 | 26.511 | 28.177 | 30.755 | 33.098 | 35.949 | 41.079 | 54.196 | 60.907  | 65.171  | 69.023  | 73.683  | 76.969  |
| 49 | 27.249 | 28.941 | 31.555 | 33.930 | 36.818 | 42.010 | 55.265 | 62.038  | 66.339  | 70.222  | 74.919  | 78.231  |
| 50 | 27.991 | 29.707 | 32.357 | 34.764 | 37.689 | 42.942 | 56.334 | 63.167  | 67.505  | 71.420  | 76.154  | 79.490  |
| 51 | 28.735 | 30.475 | 33.162 | 35.600 | 38.560 | 43.874 | 57.401 | 64.295  | 68.669  | 72.616  | 77.386  | 80.747  |
| 52 | 29.481 | 31.246 | 22.968 | 36.437 | 39.433 | 44.808 | 58.468 | 65.422  | 69.832  | 73.810  | 78.616  | 82.001  |
| 53 | 30.230 | 32.018 | 34.776 | 37.276 | 40.308 | 45.741 | 59.534 | 66.548  | 70.993  | 75.002  | 79.843  | 83.253  |
| 54 | 30.981 | 32.793 | 35.475 | 38.116 | 41.183 | 46.676 | 60.600 | 67.673  | 72.153  | 76.192  | 81.069  | 84.502  |
| 55 | 31.735 | 33.570 | 36.398 | 38.958 | 42.060 | 47.610 | 61.665 | 68.796  | 73.311  | 77.380  | 82.292  | 85.749  |
| 56 | 32.490 | 34.350 | 37.212 | 39.801 | 42.937 | 48.546 | 62.729 | 69.919  | 74.468  | 78.567  | 83.513  | 86.994  |
| 57 | 33.248 | 35.131 | 38.027 | 40.646 | 43.816 | 49.482 | 63.793 | 71.040  | 75.624  | 79.752  | 84.733  | 88.236  |
| 58 | 34.008 | 35.913 | 38.844 | 41.492 | 44.696 | 50.419 | 64.857 | 72.160  | 76.778  | 80.936  | 85.950  | 89.477  |
| 59 | 34.770 | 36.698 | 39.662 | 42.339 | 45.577 | 51.356 | 65.919 | 73.279  | 77.931  | 82.117  | 87.166  | 90.715  |
| 60 | 35.534 | 37.485 | 40.482 | 43.188 | 46.459 | 52.294 | 66.981 | 74.397  | 79.082  | 83.298  | 88.379  | 91.952  |
| 61 | 36.300 | 38.273 | 41.303 | 44.038 | 47.342 | 53.232 | 68.043 | 75.514  | 80.232  | 84.476  | 89.591  | 93.186  |
| 62 | 37.068 | 39.063 | 42.126 | 44.889 | 48.226 | 54.171 | 69.104 | 76.630  | 81.381  | 85.654  | 90.802  | 94.419  |
| 63 | 37.838 | 39.855 | 42.950 | 45.741 | 49.111 | 55.110 | 70.165 | 77.745  | 82.529  | 86.830  | 92.010  | 95.649  |
| 64 | 38.610 | 40.649 | 43.776 | 46.595 | 49.996 | 56.050 | 71.225 | 78.860  | 83.675  | 88.004  | 93.217  | 96.878  |
| 65 | 39.383 | 41.444 | 44.603 | 47.450 | 50.883 | 56.990 | 72.285 | 79.973  | 84.821  | 89.177  | 94.422  | 98.105  |
| 66 | 40.158 | 42.240 | 45.431 | 48.305 | 51.770 | 57.931 | 73.344 | 81.085  | 85.965  | 90.349  | 95.626  | 99.330  |
| 67 | 40.935 | 43.038 | 46.261 | 49.162 | 52.659 | 57.872 | 74.403 | 82.197  | 87.108  | 91.519  | 96.828  | 100.554 |
| 68 | 41.713 | 43.838 | 47.092 | 50.020 | 53.548 | 59.814 | 75.461 | 83.308  | 88.250  | 92.689  | 98.023  | 101.776 |
| 69 | 42.494 | 44.639 | 47.924 | 50.879 | 54.438 | 60.756 | 76.519 | 84.418  | 89.391  | 93.856  | 99.228  | 102.996 |
| 70 | 43.275 | 45.442 | 48.758 | 51.739 | 55.329 | 61.698 | 77.577 | 85.527  | 90.531  | 95.023  | 100.425 | 104.215 |
| 71 | 44.058 | 46.246 | 49.592 | 52.600 | 56.221 | 62.641 | 78.634 | 86.635  | 91.670  | 96.189  | 101.621 | 105.432 |
| 72 | 44.843 | 47.051 | 50.428 | 53.462 | 57.113 | 63.585 | 79.690 | 87.743  | 92.808  | 97.353  | 102.816 | 106.648 |
| 73 | 45.629 | 47.858 | 51.265 | 54.325 | 58.006 | 64.528 | 80.747 | 88.850  | 93.945  | 98.516  | 104.010 | 107.862 |
| 74 | 46.417 | 48.666 | 52.103 | 55.189 | 58.900 | 65.472 | 81.808 | 89.956  | 95.081  | 99.678  | 105.202 | 109.074 |
| 75 | 47.206 | 49.475 | 52.942 | 56.054 | 59.795 | 66.417 | 82.858 | 91.061  | 96.217  | 100.839 | 106.393 | 110.286 |
| 76 | 47.997 | 50.286 | 53.782 | 56.920 | 60.690 | 67.362 | 83.913 | 92.166  | 97.351  | 101.999 | 107.583 | 111.495 |
| 77 | 48.788 | 51.097 | 54.623 | 57.786 | 61.586 | 68.307 | 84.968 | 93.270  | 98.484  | 103.158 | 108.771 | 112.704 |
| 78 | 49.582 | 51.910 | 55.466 | 58.654 | 62.483 | 69.252 | 86.022 | 94.374  | 99.617  | 104.316 | 109.958 | 113.911 |
| 79 | 50.376 | 52.725 | 56.309 | 59.522 | 63.380 | 70.198 | 87.077 | 95.476  | 100.749 | 105.473 | 111.144 | 115.117 |
| 80 | 51.172 | 53.540 | 57.153 | 60.391 | 64.278 | 71.145 | 88.130 | 96.578  | 101.879 | 106.629 | 112.329 | 116.321 |
| 81 | 51.969 | 54.357 | 57.998 | 61.261 | 65.176 | 72.091 | 89.184 | 97.680  | 103.010 | 107.783 | 113.512 | 117.524 |
| 82 | 52.767 | 55.174 | 58.845 | 62.132 | 66.076 | 73.038 | 90.237 | 98.780  | 104.139 | 108.937 | 114.695 | 118.726 |
| 83 | 53.567 | 55.993 | 59.692 | 63.004 | 66.976 | 73.985 | 91.289 | 99.880  | 105.267 | 110.090 | 115.876 | 119.927 |
| 84 | 54.368 | 56.813 | 60.540 | 63.876 | 67.876 | 74.933 | 92.342 | 100.980 | 106.395 | 111.242 | 117.057 | 121.126 |
| 85 | 55.170 | 57.634 | 61.389 | 64.749 | 68.777 | 75.881 | 93.394 | 102.079 | 107.522 | 112.393 | 118.236 | 122.325 |
| 86 | 55.973 | 58.456 | 62.239 | 63.623 | 69.679 | 76.829 | 94.446 | 103.177 | 108.648 | 113.544 | 119.414 | 123.522 |
| 87 | 56.777 | 59.279 | 63.089 | 66.498 | 70.581 | 77.777 | 95.497 | 104.275 | 109.773 | 114.693 | 120.591 | 124.718 |
| 88 | 57.582 | 60.103 | 63.941 | 67.373 | 71.484 | 78.726 | 96.497 | 105.372 | 110.898 | 115.841 | 121.767 | 125.913 |
| 89 | 58.389 | 60.928 | 64.793 | 68.249 | 72.387 | 79.675 | 97.599 | 106.469 | 112.022 | 116.989 | 122.942 | 127.106 |
| 90 | 59.196 | 61.754 | 65.647 | 69.126 | 73.291 | 80.625 | 98.650 | 107.565 | 113.145 | 118.136 | 124.116 | 128.299 |

**附表 5　*t* 分布的上侧百分位数($t_\alpha$) 表**

$$P(t > t_\alpha) = \alpha$$

| df | $\alpha$(单侧) | | | | | | | | |
|---|---|---|---|---|---|---|---|---|---|
| | 0.25 | 0.2 | 0.15 | 0.1 | 0.05 | 0.025 | 0.01 | 0.005 | 0.0005 |
| 1 | 1.000 | 1.376 | 1.963 | 3.078 | 6.314 | 12.706 | 31.821 | 63.657 | 636.619 |
| 2 | 0.816 | 1.061 | 1.386 | 1.886 | 2.920 | 4.303 | 6.965 | 9.925 | 31.598 |
| 3 | 0.765 | 0.978 | 1.250 | 1.638 | 2.353 | 3.182 | 4.541 | 5.841 | 12.924 |
| 4 | 0.741 | 0.941 | 1.190 | 1.533 | 2.132 | 2.776 | 3.747 | 4.604 | 8.610 |
| 5 | 0.727 | 0.920 | 1.156 | 1.476 | 2.015 | 2.571 | 3.365 | 4.032 | 6.859 |
| 6 | 0.718 | 0.906 | 1.134 | 1.440 | 1.943 | 2.447 | 3.143 | 3.707 | 5.959 |
| 7 | 0.711 | 0.896 | 1.119 | 1.415 | 1.895 | 2.365 | 2.998 | 3.499 | 5.405 |
| 8 | 0.706 | 0.889 | 1.108 | 1.397 | 1.860 | 2.306 | 2.896 | 3.355 | 5.041 |
| 9 | 0.703 | 0.883 | 1.100 | 1.383 | 1.833 | 2.262 | 2.821 | 3.250 | 4.781 |
| 10 | 0.700 | 0.879 | 1.093 | 1.372 | 1.812 | 2.228 | 2.764 | 3.169 | 4.587 |
| 11 | 0.697 | 0.876 | 1.088 | 1.363 | 1.796 | 2.201 | 2.718 | 3.106 | 4.437 |
| 12 | 0.695 | 0.873 | 1.083 | 1.356 | 1.782 | 2.179 | 2.681 | 3.055 | 4.318 |
| 13 | 0.694 | 0.870 | 1.079 | 1.350 | 1.771 | 2.160 | 2.650 | 3.012 | 4.221 |
| 14 | 0.692 | 0.868 | 1.076 | 1.345 | 1.761 | 2.145 | 2.624 | 2.977 | 4.140 |
| 15 | 0.691 | 0.866 | 1.074 | 1.341 | 1.753 | 2.131 | 2.602 | 2.947 | 4.073 |
| 16 | 0.690 | 0.865 | 1.071 | 1.337 | 1.746 | 2.120 | 2.583 | 2.921 | 4.015 |
| 17 | 0.689 | 0.863 | 1.069 | 1.333 | 1.740 | 2.110 | 2.567 | 2.898 | 3.965 |
| 18 | 0.688 | 0.862 | 1.067 | 1.330 | 1.734 | 2.101 | 2.552 | 2.878 | 3.922 |
| 19 | 0.688 | 0.861 | 1.066 | 1.328 | 1.729 | 2.093 | 2.539 | 2.861 | 2.883 |
| 20 | 0.687 | 0.860 | 1.064 | 1.325 | 1.725 | 2.086 | 2.528 | 2.845 | 3.850 |
| 21 | 0.686 | 0.859 | 1.063 | 1.323 | 1.721 | 2.080 | 2.518 | 2.831 | 3.819 |
| 22 | 0.686 | 0.858 | 1.061 | 1.321 | 1.717 | 2.074 | 2.508 | 2.819 | 3.792 |
| 23 | 0.685 | 0.858 | 1.060 | 1.319 | 1.714 | 2.069 | 2.500 | 2.807 | 2.767 |
| 24 | 0.685 | 0.857 | 1.059 | 1.318 | 1.711 | 2.064 | 2.492 | 2.797 | 3.745 |
| 25 | 0.684 | 0.856 | 1.058 | 1.316 | 1.708 | 2.060 | 2.485 | 2.787 | 3.725 |
| 26 | 0.684 | 0.856 | 1.058 | 1.315 | 1.706 | 2.056 | 2.479 | 2.779 | 3.707 |
| 27 | 0.684 | 0.855 | 1.057 | 1.314 | 1.703 | 2.052 | 2.473 | 2.771 | 3.690 |
| 28 | 0.683 | 0.855 | 1.056 | 1.313 | 1.701 | 2.048 | 2.467 | 2.763 | 3.674 |
| 29 | 0.683 | 0.854 | 1.055 | 1.311 | 1.699 | 2.045 | 2.462 | 2.756 | 3.659 |
| 30 | 0.683 | 0.854 | 1.055 | 1.310 | 1.697 | 2.042 | 2.457 | 2.750 | 3.646 |
| 40 | 0.681 | 0.851 | 1.050 | 1.303 | 1.684 | 2.021 | 2.423 | 2.704 | 3.551 |
| 60 | 0.679 | 0.848 | 1.046 | 1.296 | 1.671 | 2.000 | 2.390 | 2.660 | 3.460 |
| 120 | 0.677 | 0.845 | 1.041 | 1.289 | 1.658 | 1.980 | 2.358 | 2.617 | 3.373 |
| $\infty$ | 0.674 | 0.842 | 1.036 | 1.282 | 1.645 | 1.960 | 2.326 | 2.576 | 3.291 |

## 附表6　F 分布的临界值($F_\alpha$) 表

$$P\{F(n_1,n_2) > F_\alpha(n_1,n_2)\} = \alpha$$

$$\alpha = 0.10$$

| $n_2$\\$n_1$ | 1 | 2 | 3 | 4 | 5 | 6 | 7 | 8 | 9 | 10 | 12 | 15 | 20 | 24 | 30 | 40 | 60 | 120 | ∞ |
|---|---|---|---|---|---|---|---|---|---|---|---|---|---|---|---|---|---|---|---|
| 1 | 39.86 | 49.50 | 53.59 | 55.83 | 57.24 | 58.20 | 58.91 | 59.44 | 59.86 | 60.19 | 60.71 | 61.22 | 61.74 | 62.00 | 62.26 | 62.53 | 62.79 | 63.06 | 63.33 |
| 2 | 8.53 | 9.00 | 9.16 | 9.24 | 9.29 | 9.33 | 9.35 | 9.37 | 9.38 | 9.39 | 9.41 | 9.42 | 9.44 | 9.45 | 9.46 | 9.47 | 9.47 | 9.48 | 9.49 |
| 3 | 5.54 | 5.46 | 5.39 | 5.34 | 5.31 | 5.28 | 5.27 | 5.25 | 5.24 | 5.23 | 5.22 | 5.20 | 5.18 | 5.18 | 5.17 | 5.16 | 5.15 | 5.14 | 5.13 |
| 4 | 4.54 | 4.32 | 4.19 | 4.11 | 4.05 | 4.01 | 3.98 | 3.95 | 3.94 | 3.92 | 3.90 | 3.87 | 3.84 | 3.83 | 3.82 | 3.80 | 3.79 | 3.78 | 3.76 |
| 5 | 4.06 | 3.78 | 3.62 | 3.52 | 3.45 | 3.40 | 3.37 | 3.34 | 3.32 | 3.30 | 3.27 | 3.24 | 3.21 | 3.19 | 3.17 | 3.16 | 3.14 | 3.12 | 3.10 |
| 6 | 3.78 | 3.46 | 3.29 | 3.18 | 3.11 | 3.05 | 3.01 | 2.98 | 2.96 | 2.94 | 2.90 | 2.87 | 2.84 | 2.82 | 2.80 | 2.78 | 2.76 | 2.74 | 2.72 |
| 7 | 3.59 | 3.26 | 3.07 | 2.96 | 2.88 | 2.83 | 2.78 | 2.75 | 2.72 | 2.70 | 2.67 | 2.63 | 2.59 | 2.58 | 2.56 | 2.54 | 2.51 | 2.49 | 2.47 |
| 8 | 3.46 | 3.11 | 2.92 | 2.81 | 2.73 | 2.67 | 2.62 | 2.59 | 2.56 | 2.54 | 2.50 | 2.46 | 2.42 | 2.40 | 2.38 | 2.36 | 2.34 | 2.32 | 2.29 |
| 9 | 3.36 | 3.01 | 2.81 | 2.69 | 2.61 | 2.55 | 2.51 | 2.47 | 2.44 | 2.42 | 2.38 | 2.34 | 2.30 | 2.28 | 2.25 | 2.23 | 2.21 | 2.18 | 2.16 |
| 10 | 3.29 | 2.92 | 2.73 | 2.61 | 2.52 | 2.46 | 2.41 | 2.38 | 2.35 | 2.32 | 2.28 | 2.24 | 2.20 | 2.18 | 2.16 | 2.13 | 2.11 | 2.08 | 2.06 |
| 11 | 3.23 | 2.86 | 2.66 | 2.54 | 2.45 | 2.39 | 2.34 | 2.30 | 2.27 | 2.25 | 2.21 | 2.17 | 2.12 | 2.10 | 2.08 | 2.05 | 2.03 | 2.00 | 1.97 |
| 12 | 3.18 | 2.81 | 2.61 | 2.48 | 2.39 | 2.33 | 2.28 | 2.24 | 2.21 | 2.19 | 2.15 | 2.10 | 2.06 | 2.04 | 2.01 | 1.99 | 1.96 | 1.93 | 1.90 |
| 13 | 3.14 | 2.76 | 2.56 | 2.43 | 2.35 | 2.28 | 2.23 | 2.20 | 2.16 | 2.14 | 2.10 | 2.05 | 2.01 | 1.98 | 1.96 | 1.93 | 1.90 | 1.88 | 1.85 |
| 14 | 3.10 | 2.73 | 2.52 | 2.39 | 2.31 | 2.24 | 2.19 | 2.15 | 2.12 | 2.10 | 2.05 | 2.01 | 1.96 | 1.94 | 1.91 | 1.89 | 1.86 | 1.83 | 1.80 |
| 15 | 3.07 | 2.70 | 2.49 | 2.36 | 2.27 | 2.21 | 2.16 | 2.12 | 2.09 | 2.06 | 2.02 | 1.97 | 1.92 | 1.90 | 1.87 | 1.85 | 1.82 | 1.79 | 1.76 |
| 16 | 3.05 | 2.67 | 2.46 | 2.33 | 2.24 | 2.18 | 2.13 | 2.09 | 2.06 | 2.03 | 1.99 | 1.94 | 1.89 | 1.87 | 1.84 | 1.81 | 1.78 | 1.75 | 1.72 |
| 17 | 3.03 | 2.64 | 2.44 | 2.31 | 2.22 | 2.15 | 2.10 | 2.06 | 2.03 | 2.00 | 1.96 | 1.91 | 1.86 | 1.84 | 1.81 | 1.78 | 1.75 | 1.72 | 1.69 |
| 18 | 3.01 | 2.62 | 2.42 | 2.29 | 2.20 | 2.13 | 2.08 | 2.04 | 2.00 | 1.98 | 1.93 | 1.89 | 1.84 | 1.81 | 1.78 | 1.75 | 1.72 | 1.69 | 1.66 |
| 19 | 2.99 | 2.61 | 2.40 | 2.27 | 2.18 | 2.11 | 2.06 | 2.02 | 1.98 | 1.96 | 1.91 | 1.86 | 1.81 | 1.79 | 1.76 | 1.73 | 1.70 | 1.67 | 1.63 |
| 20 | 2.97 | 2.59 | 2.38 | 2.25 | 2.16 | 2.09 | 2.04 | 2.00 | 1.96 | 1.94 | 1.89 | 1.84 | 1.79 | 1.77 | 1.74 | 1.71 | 1.68 | 1.64 | 1.61 |
| 21 | 2.96 | 2.57 | 2.36 | 2.23 | 2.14 | 2.08 | 2.02 | 1.98 | 1.95 | 1.92 | 1.87 | 1.83 | 1.78 | 1.75 | 1.72 | 1.69 | 1.66 | 1.62 | 1.59 |
| 22 | 2.95 | 2.56 | 2.35 | 2.22 | 2.13 | 2.06 | 2.01 | 1.97 | 1.93 | 1.90 | 1.86 | 1.81 | 1.76 | 1.73 | 1.70 | 1.67 | 1.64 | 1.60 | 1.57 |
| 23 | 2.94 | 2.55 | 2.34 | 2.21 | 2.11 | 2.05 | 1.99 | 1.95 | 1.92 | 1.89 | 1.84 | 1.80 | 1.74 | 1.72 | 1.69 | 1.66 | 1.62 | 1.59 | 1.55 |
| 24 | 2.93 | 2.54 | 2.33 | 2.19 | 2.10 | 2.04 | 1.98 | 1.94 | 1.91 | 1.88 | 1.83 | 1.78 | 1.73 | 1.70 | 1.67 | 1.64 | 1.61 | 1.57 | 1.53 |
| 25 | 2.92 | 2.53 | 2.32 | 2.18 | 2.09 | 2.02 | 1.97 | 1.93 | 1.89 | 1.87 | 1.82 | 1.77 | 1.72 | 1.69 | 1.66 | 1.63 | 1.59 | 1.56 | 1.52 |
| 26 | 2.91 | 2.52 | 2.31 | 2.17 | 2.08 | 2.01 | 1.96 | 1.92 | 1.88 | 1.86 | 1.81 | 1.76 | 1.71 | 1.68 | 1.65 | 1.61 | 1.58 | 1.54 | 1.50 |
| 27 | 2.90 | 2.51 | 2.30 | 2.17 | 2.07 | 2.00 | 1.95 | 1.91 | 1.87 | 1.85 | 1.80 | 1.75 | 1.70 | 1.67 | 1.64 | 1.60 | 1.57 | 1.53 | 1.49 |
| 28 | 2.89 | 2.50 | 2.29 | 2.16 | 2.06 | 2.00 | 1.94 | 1.90 | 1.87 | 1.84 | 1.79 | 1.74 | 1.69 | 1.66 | 1.63 | 1.59 | 1.56 | 1.52 | 1.48 |
| 29 | 2.89 | 2.50 | 2.28 | 2.15 | 2.06 | 1.99 | 1.93 | 1.89 | 1.86 | 1.83 | 1.78 | 1.73 | 1.68 | 1.65 | 1.62 | 1.58 | 1.55 | 1.51 | 1.47 |
| 30 | 2.88 | 2.49 | 2.28 | 2.14 | 2.05 | 1.98 | 1.93 | 1.88 | 1.85 | 1.82 | 1.77 | 1.72 | 1.67 | 1.64 | 1.61 | 1.57 | 1.54 | 1.50 | 1.46 |
| 40 | 2.84 | 2.44 | 2.23 | 2.09 | 2.00 | 1.93 | 1.87 | 1.83 | 1.79 | 1.76 | 1.71 | 1.66 | 1.61 | 1.57 | 1.54 | 1.51 | 1.47 | 1.42 | 1.38 |
| 60 | 2.79 | 2.39 | 2.18 | 2.04 | 1.95 | 1.87 | 1.82 | 1.77 | 1.74 | 1.71 | 1.66 | 1.60 | 1.54 | 1.51 | 1.48 | 1.44 | 1.40 | 1.35 | 1.29 |
| 120 | 2.75 | 2.35 | 2.13 | 1.99 | 1.90 | 1.82 | 1.77 | 1.72 | 1.68 | 1.65 | 1.60 | 1.55 | 1.48 | 1.45 | 1.41 | 1.37 | 1.32 | 1.26 | 1.19 |
| ∞ | 2.71 | 2.30 | 2.08 | 1.94 | 1.85 | 1.77 | 1.72 | 1.67 | 1.63 | 1.60 | 1.55 | 1.49 | 1.42 | 1.38 | 1.34 | 1.30 | 1.24 | 1.17 | 1.00 |

**续附表 6**

$$\alpha = 0.05$$

| $n_2$ \ $m_1$ | 1 | 2 | 3 | 4 | 5 | 6 | 7 | 8 | 9 | 10 | 12 | 15 | 20 | 24 | 30 | 40 | 60 | 120 | $\infty$ |
|---|---|---|---|---|---|---|---|---|---|---|---|---|---|---|---|---|---|---|---|
| 1 | 161.4 | 199.5 | 215.7 | 224.6 | 230.2 | 234.0 | 236.8 | 238.9 | 240.5 | 241.9 | 243.9 | 245.9 | 248.0 | 249.1 | 250.1 | 251.1 | 252.2 | 253.3 | 254.3 |
| 2 | 18.51 | 19.00 | 19.16 | 19.25 | 19.30 | 19.33 | 19.35 | 19.37 | 19.38 | 19.40 | 19.41 | 19.43 | 19.45 | 19.45 | 19.46 | 19.47 | 19.48 | 19.49 | 19.50 |
| 3 | 10.13 | 9.55 | 9.28 | 9.12 | 9.01 | 8.94 | 8.89 | 8.85 | 8.81 | 8.79 | 8.74 | 8.70 | 8.66 | 8.64 | 8.62 | 8.59 | 8.57 | 8.55 | 8.53 |
| 4 | 7.71 | 6.94 | 6.59 | 6.39 | 6.26 | 6.16 | 6.09 | 6.04 | 6.00 | 5.96 | 5.91 | 5.86 | 5.80 | 5.77 | 5.75 | 5.72 | 5.69 | 5.66 | 5.63 |
| 5 | 6.61 | 5.79 | 5.41 | 5.19 | 5.05 | 4.95 | 4.88 | 4.82 | 4.77 | 4.74 | 4.68 | 4.62 | 4.56 | 4.53 | 4.50 | 4.46 | 4.43 | 4.40 | 4.36 |
| 6 | 5.99 | 5.14 | 4.76 | 4.53 | 4.39 | 4.28 | 4.21 | 4.15 | 4.10 | 4.06 | 4.00 | 3.94 | 3.87 | 3.84 | 3.81 | 3.77 | 3.74 | 3.70 | 3.67 |
| 7 | 5.59 | 4.74 | 4.35 | 4.12 | 3.97 | 3.87 | 3.79 | 3.73 | 3.68 | 3.64 | 3.57 | 3.51 | 3.44 | 3.41 | 3.38 | 3.34 | 3.30 | 3.27 | 3.23 |
| 8 | 5.32 | 4.46 | 4.07 | 3.84 | 3.69 | 3.58 | 3.50 | 3.44 | 3.39 | 3.35 | 3.28 | 3.22 | 3.15 | 3.12 | 3.08 | 3.04 | 3.01 | 2.97 | 2.93 |
| 9 | 5.12 | 4.26 | 3.86 | 3.63 | 3.48 | 3.37 | 3.29 | 3.23 | 3.18 | 3.14 | 3.07 | 3.01 | 2.94 | 2.90 | 2.86 | 2.83 | 2.79 | 2.75 | 2.71 |
| 10 | 4.96 | 4.10 | 3.71 | 3.48 | 3.33 | 3.22 | 3.14 | 3.07 | 3.02 | 2.98 | 2.91 | 2.85 | 2.77 | 2.74 | 2.70 | 2.66 | 2.62 | 2.58 | 2.54 |
| 11 | 4.84 | 3.98 | 3.59 | 3.36 | 3.20 | 3.09 | 3.01 | 2.95 | 2.90 | 2.85 | 2.79 | 2.72 | 2.65 | 2.61 | 2.57 | 2.53 | 2.49 | 2.45 | 2.40 |
| 12 | 4.75 | 3.89 | 3.49 | 3.26 | 3.11 | 3.00 | 2.91 | 2.85 | 2.80 | 2.75 | 2.69 | 2.62 | 2.54 | 2.51 | 2.47 | 2.43 | 2.38 | 2.34 | 2.30 |
| 13 | 4.67 | 3.81 | 3.41 | 3.18 | 3.03 | 2.92 | 2.83 | 2.77 | 2.71 | 2.67 | 2.60 | 2.53 | 2.46 | 2.42 | 2.38 | 2.34 | 2.30 | 2.25 | 2.21 |
| 14 | 4.60 | 3.74 | 3.34 | 3.11 | 2.96 | 2.85 | 2.76 | 2.70 | 2.65 | 2.60 | 2.53 | 2.46 | 2.39 | 2.35 | 2.31 | 2.27 | 2.22 | 2.18 | 2.13 |
| 15 | 4.54 | 3.68 | 3.29 | 3.06 | 2.90 | 2.79 | 2.71 | 2.64 | 2.59 | 2.54 | 2.48 | 2.40 | 2.33 | 2.29 | 2.25 | 2.20 | 2.16 | 2.11 | 2.07 |
| 16 | 4.49 | 3.63 | 3.24 | 3.01 | 2.85 | 2.74 | 2.66 | 2.59 | 2.54 | 2.49 | 2.42 | 2.35 | 2.28 | 2.24 | 2.19 | 2.15 | 2.11 | 2.06 | 2.01 |
| 17 | 4.45 | 3.59 | 3.20 | 2.96 | 2.81 | 2.70 | 2.61 | 2.55 | 2.49 | 2.45 | 2.38 | 2.31 | 2.23 | 2.19 | 2.15 | 2.10 | 2.06 | 2.01 | 1.96 |
| 18 | 4.41 | 3.55 | 3.16 | 2.93 | 2.77 | 2.66 | 2.58 | 2.51 | 2.46 | 2.41 | 2.34 | 2.27 | 2.19 | 2.15 | 2.11 | 2.06 | 2.02 | 1.97 | 1.92 |
| 19 | 4.38 | 3.52 | 3.13 | 2.90 | 2.74 | 2.63 | 2.54 | 2.48 | 2.42 | 2.38 | 2.31 | 2.23 | 2.16 | 2.11 | 2.07 | 2.03 | 1.98 | 1.93 | 1.88 |
| 20 | 4.35 | 3.49 | 3.10 | 2.87 | 2.71 | 2.60 | 2.51 | 2.45 | 2.39 | 2.35 | 2.28 | 2.20 | 2.12 | 2.08 | 2.04 | 1.99 | 1.95 | 1.90 | 1.84 |
| 21 | 4.32 | 3.47 | 3.07 | 2.84 | 2.68 | 2.57 | 2.49 | 2.42 | 2.37 | 2.32 | 2.25 | 2.18 | 2.10 | 2.05 | 2.01 | 1.96 | 1.92 | 1.87 | 1.81 |
| 22 | 4.30 | 3.44 | 3.05 | 2.82 | 2.66 | 2.55 | 2.46 | 2.40 | 2.34 | 2.30 | 2.23 | 2.15 | 2.07 | 2.03 | 1.98 | 1.94 | 1.89 | 1.84 | 1.78 |
| 23 | 4.28 | 3.42 | 3.03 | 2.80 | 2.64 | 2.53 | 2.44 | 2.37 | 2.32 | 2.27 | 2.20 | 2.13 | 2.05 | 2.01 | 1.96 | 1.91 | 1.86 | 1.81 | 1.76 |
| 24 | 4.26 | 3.40 | 3.01 | 2.78 | 2.62 | 2.51 | 2.42 | 2.36 | 2.30 | 2.25 | 2.18 | 2.11 | 2.03 | 1.98 | 1.94 | 1.89 | 1.84 | 1.79 | 1.73 |
| 25 | 4.24 | 3.39 | 2.99 | 2.76 | 2.60 | 2.49 | 2.40 | 2.34 | 2.28 | 2.24 | 2.16 | 2.09 | 2.01 | 1.96 | 1.92 | 1.87 | 1.82 | 1.77 | 1.71 |
| 26 | 4.23 | 3.37 | 2.98 | 2.74 | 2.59 | 2.47 | 2.39 | 2.32 | 2.27 | 2.22 | 2.15 | 2.07 | 1.99 | 1.95 | 1.90 | 1.85 | 1.80 | 1.75 | 1.69 |
| 27 | 4.21 | 3.35 | 2.96 | 2.73 | 2.57 | 2.46 | 2.37 | 2.31 | 2.25 | 2.20 | 2.13 | 2.06 | 1.97 | 1.93 | 1.88 | 1.84 | 1.79 | 1.73 | 1.67 |
| 28 | 4.20 | 3.34 | 2.95 | 2.71 | 2.56 | 2.45 | 2.36 | 2.29 | 2.24 | 2.19 | 2.12 | 2.04 | 1.96 | 1.91 | 1.87 | 1.82 | 1.77 | 1.71 | 1.65 |
| 29 | 4.18 | 3.33 | 2.93 | 2.70 | 2.55 | 2.43 | 2.35 | 2.28 | 2.22 | 2.18 | 2.10 | 2.03 | 1.94 | 1.90 | 1.85 | 1.81 | 1.75 | 1.70 | 1.64 |
| 30 | 4.17 | 3.32 | 2.92 | 2.69 | 2.53 | 2.42 | 2.33 | 2.27 | 2.21 | 2.16 | 2.09 | 2.01 | 1.93 | 1.89 | 1.84 | 1.79 | 1.74 | 1.68 | 1.62 |
| 40 | 4.08 | 3.23 | 2.84 | 2.61 | 2.45 | 2.34 | 2.25 | 2.18 | 2.12 | 2.08 | 2.00 | 1.92 | 1.84 | 1.79 | 1.74 | 1.69 | 1.64 | 1.58 | 1.51 |
| 60 | 4.00 | 3.15 | 2.76 | 2.53 | 2.37 | 2.25 | 2.17 | 2.10 | 2.04 | 1.99 | 1.92 | 1.84 | 1.75 | 1.70 | 1.65 | 1.59 | 1.53 | 1.47 | 1.39 |
| 120 | 3.92 | 3.07 | 2.68 | 2.45 | 2.29 | 2.17 | 2.09 | 2.02 | 1.96 | 1.91 | 1.83 | 1.75 | 1.66 | 1.61 | 1.55 | 1.50 | 1.43 | 1.35 | 1.25 |
| $\infty$ | 3.84 | 3.00 | 2.60 | 2.37 | 2.21 | 2.10 | 2.01 | 1.94 | 1.88 | 1.83 | 1.75 | 1.67 | 1.57 | 1.52 | 1.46 | 1.39 | 1.32 | 1.22 | 1.00 |

续附表6

$$\alpha = 0.025$$

| $m_1$ / $n_2$ | 1 | 2 | 3 | 4 | 5 | 6 | 7 | 8 | 9 | 10 | 12 | 15 | 20 | 24 | 30 | 40 | 60 | 120 | ∞ |
|---|---|---|---|---|---|---|---|---|---|---|---|---|---|---|---|---|---|---|---|
| 1 | 647.8 | 799.5 | 864.2 | 899.6 | 921.8 | 937.1 | 948.2 | 956.7 | 963.3 | 968.6 | 976.7 | 984.9 | 993.1 | 997.2 | 1001 | 1006 | 1010 | 1014 | 1018 |
| 2 | 38.51 | 39.00 | 39.17 | 39.25 | 39.30 | 39.33 | 39.36 | 39.37 | 39.39 | 39.40 | 39.41 | 39.43 | 39.45 | 39.46 | 39.46 | 39.47 | 39.48 | 39.49 | 39.50 |
| 3 | 17.44 | 16.04 | 15.44 | 15.10 | 14.88 | 14.73 | 14.62 | 14.54 | 14.47 | 14.42 | 14.34 | 14.25 | 14.17 | 14.12 | 14.08 | 14.04 | 13.99 | 13.95 | 13.90 |
| 4 | 12.22 | 10.65 | 9.98 | 9.60 | 9.36 | 9.20 | 9.07 | 8.98 | 8.90 | 8.84 | 8.75 | 8.66 | 8.56 | 8.51 | 8.46 | 8.41 | 8.36 | 8.31 | 8.26 |
| 5 | 10.01 | 8.43 | 7.76 | 7.39 | 7.15 | 6.98 | 6.85 | 6.76 | 6.68 | 6.62 | 6.52 | 6.43 | 6.33 | 6.28 | 6.23 | 6.18 | 6.12 | 6.07 | 6.02 |
| 6 | 8.81 | 7.26 | 6.60 | 6.23 | 5.99 | 5.82 | 5.70 | 5.60 | 5.52 | 5.46 | 5.37 | 5.27 | 5.17 | 5.12 | 5.07 | 5.01 | 4.96 | 4.90 | 4.85 |
| 7 | 8.07 | 6.54 | 5.89 | 5.52 | 5.29 | 5.12 | 4.99 | 4.90 | 4.82 | 4.76 | 4.67 | 4.57 | 4.47 | 4.42 | 4.36 | 4.31 | 4.25 | 4.20 | 4.14 |
| 8 | 7.57 | 6.06 | 5.42 | 5.05 | 4.82 | 4.65 | 4.53 | 4.43 | 4.36 | 4.30 | 4.20 | 4.10 | 4.00 | 3.95 | 3.89 | 3.84 | 3.78 | 3.73 | 3.67 |
| 9 | 7.21 | 5.71 | 5.08 | 4.72 | 4.48 | 4.32 | 4.20 | 4.10 | 4.03 | 3.96 | 3.87 | 3.77 | 3.67 | 3.61 | 3.56 | 3.51 | 3.45 | 3.39 | 3.33 |
| 10 | 6.94 | 5.46 | 4.83 | 4.47 | 4.24 | 4.07 | 3.95 | 3.85 | 3.78 | 3.72 | 3.62 | 3.52 | 3.42 | 3.37 | 3.31 | 3.26 | 3.20 | 3.14 | 3.08 |
| 11 | 6.72 | 5.26 | 4.63 | 4.28 | 4.04 | 3.88 | 3.76 | 3.66 | 3.59 | 3.53 | 3.43 | 3.33 | 3.23 | 3.17 | 3.12 | 3.06 | 3.00 | 2.94 | 2.88 |
| 12 | 6.55 | 5.10 | 4.47 | 4.12 | 3.89 | 3.73 | 3.61 | 3.51 | 3.44 | 3.37 | 3.28 | 3.18 | 3.07 | 3.02 | 2.96 | 2.91 | 2.85 | 2.79 | 2.72 |
| 13 | 6.41 | 4.97 | 4.35 | 4.00 | 3.77 | 3.60 | 3.48 | 3.39 | 3.31 | 3.25 | 3.15 | 3.05 | 2.95 | 2.89 | 2.84 | 2.78 | 2.72 | 2.66 | 2.60 |
| 14 | 6.30 | 4.86 | 4.24 | 3.89 | 3.66 | 3.50 | 3.38 | 3.29 | 3.21 | 3.15 | 3.05 | 2.95 | 2.84 | 2.79 | 2.73 | 2.67 | 2.61 | 2.55 | 2.49 |
| 15 | 6.20 | 4.77 | 4.15 | 3.80 | 3.58 | 3.41 | 3.29 | 3.20 | 3.12 | 3.06 | 2.96 | 2.86 | 2.76 | 2.70 | 2.64 | 2.59 | 2.52 | 2.46 | 2.40 |
| 16 | 6.12 | 4.69 | 4.08 | 3.73 | 3.50 | 3.34 | 3.22 | 3.12 | 3.05 | 2.99 | 2.89 | 2.79 | 2.68 | 2.63 | 2.57 | 2.51 | 2.45 | 2.38 | 2.32 |
| 17 | 6.04 | 4.62 | 4.01 | 3.66 | 3.44 | 3.28 | 3.16 | 3.06 | 2.98 | 2.92 | 2.82 | 2.72 | 2.62 | 2.56 | 2.50 | 2.44 | 2.38 | 2.32 | 2.25 |
| 18 | 5.98 | 4.56 | 3.95 | 3.61 | 3.38 | 3.22 | 3.10 | 3.01 | 2.93 | 2.87 | 2.77 | 2.67 | 2.56 | 2.50 | 2.44 | 2.38 | 2.32 | 2.26 | 2.19 |
| 19 | 5.92 | 4.51 | 3.90 | 3.56 | 3.33 | 3.17 | 3.05 | 2.96 | 2.88 | 2.82 | 2.72 | 2.62 | 2.51 | 2.45 | 2.39 | 2.33 | 2.27 | 2.20 | 2.13 |
| 20 | 5.87 | 4.46 | 3.86 | 3.51 | 3.29 | 3.13 | 3.01 | 2.91 | 2.84 | 2.77 | 2.68 | 2.57 | 2.46 | 2.41 | 2.35 | 2.29 | 2.22 | 2.16 | 2.09 |
| 21 | 5.83 | 4.42 | 3.82 | 3.48 | 3.25 | 3.09 | 2.97 | 2.87 | 2.80 | 2.73 | 2.64 | 2.53 | 2.42 | 2.37 | 2.31 | 2.25 | 2.18 | 2.11 | 2.04 |
| 22 | 5.79 | 4.38 | 3.78 | 3.44 | 3.22 | 3.05 | 2.93 | 2.84 | 2.76 | 2.70 | 2.60 | 2.50 | 2.39 | 2.33 | 2.27 | 2.21 | 2.14 | 2.08 | 2.00 |
| 23 | 5.75 | 4.35 | 3.75 | 3.41 | 3.18 | 3.02 | 2.90 | 2.81 | 2.73 | 2.67 | 2.57 | 2.47 | 2.36 | 2.30 | 2.24 | 2.18 | 2.11 | 2.04 | 1.97 |
| 24 | 5.72 | 4.32 | 3.72 | 3.38 | 3.15 | 2.99 | 2.87 | 2.78 | 2.70 | 2.64 | 2.54 | 2.44 | 2.33 | 2.27 | 2.21 | 2.15 | 2.08 | 2.01 | 1.94 |
| 25 | 5.69 | 4.29 | 3.69 | 3.35 | 3.13 | 2.97 | 2.85 | 2.75 | 2.68 | 2.61 | 2.51 | 2.41 | 2.30 | 2.24 | 2.18 | 2.12 | 2.05 | 1.98 | 1.91 |
| 26 | 5.66 | 4.27 | 3.67 | 3.33 | 3.10 | 2.94 | 2.82 | 2.73 | 2.65 | 2.59 | 2.49 | 2.39 | 2.28 | 2.22 | 2.16 | 2.09 | 2.03 | 1.95 | 1.88 |
| 27 | 5.63 | 4.24 | 3.65 | 3.31 | 3.08 | 2.92 | 2.80 | 2.71 | 2.63 | 2.57 | 2.47 | 2.36 | 2.25 | 2.19 | 2.13 | 2.07 | 2.00 | 1.93 | 1.85 |
| 28 | 5.61 | 4.22 | 3.63 | 3.29 | 3.06 | 2.90 | 2.78 | 2.69 | 2.61 | 2.55 | 2.45 | 2.34 | 2.23 | 2.17 | 2.11 | 2.05 | 1.98 | 1.91 | 1.83 |
| 29 | 5.59 | 4.20 | 3.61 | 3.27 | 3.04 | 2.88 | 2.76 | 2.67 | 2.59 | 2.53 | 2.43 | 2.32 | 2.21 | 2.15 | 2.09 | 2.03 | 1.96 | 1.89 | 1.81 |
| 30 | 5.57 | 4.18 | 3.59 | 3.25 | 3.03 | 2.87 | 2.75 | 2.65 | 2.57 | 2.51 | 2.41 | 2.31 | 2.20 | 2.14 | 2.07 | 2.01 | 1.94 | 1.87 | 1.79 |
| 40 | 5.42 | 4.05 | 3.46 | 3.13 | 2.90 | 2.74 | 2.62 | 2.53 | 2.45 | 2.39 | 2.29 | 2.18 | 2.07 | 2.01 | 1.94 | 1.88 | 1.80 | 1.72 | 1.64 |
| 60 | 5.29 | 3.93 | 3.34 | 3.01 | 2.79 | 2.63 | 2.51 | 2.41 | 2.33 | 2.27 | 2.17 | 2.06 | 1.94 | 1.88 | 1.82 | 1.74 | 1.67 | 1.58 | 1.48 |
| 120 | 5.15 | 3.80 | 3.23 | 2.89 | 2.67 | 2.52 | 2.39 | 2.30 | 2.22 | 2.16 | 2.05 | 1.94 | 1.82 | 1.76 | 1.69 | 1.61 | 1.53 | 1.43 | 1.31 |
| ∞ | 5.02 | 3.69 | 3.12 | 2.79 | 2.57 | 2.41 | 2.29 | 2.19 | 2.11 | 2.05 | 1.94 | 1.83 | 1.71 | 1.64 | 1.57 | 1.48 | 1.39 | 1.27 | 1.00 |

**续附表 6**

$$\alpha = 0.01$$

| $n_2$ \ $n_1$ | 1 | 2 | 3 | 4 | 5 | 6 | 7 | 8 | 9 | 10 | 12 | 15 | 20 | 24 | 30 | 40 | 60 | 120 | ∞ |
|---|---|---|---|---|---|---|---|---|---|---|---|---|---|---|---|---|---|---|---|
| 1 | 4052 | 4999.5 | 5403 | 5625 | 5764 | 5859 | 5928 | 5981 | 6022 | 6056 | 6106 | 6157 | 6209 | 6235 | 6261 | 6287 | 6313 | 6339 | 6366 |
| 2 | 98.50 | 99.00 | 99.17 | 99.25 | 99.30 | 99.33 | 99.36 | 99.37 | 99.39 | 99.40 | 99.42 | 99.43 | 99.45 | 99.46 | 99.47 | 99.47 | 99.48 | 99.49 | 99.50 |
| 3 | 34.12 | 30.82 | 29.46 | 28.71 | 28.24 | 27.91 | 27.67 | 27.49 | 27.35 | 27.23 | 27.05 | 26.87 | 26.69 | 26.60 | 26.50 | 26.41 | 26.32 | 26.22 | 26.13 |
| 4 | 21.20 | 18.00 | 16.69 | 15.98 | 15.52 | 15.21 | 14.98 | 14.80 | 14.66 | 14.55 | 14.37 | 14.20 | 14.02 | 13.93 | 13.84 | 13.75 | 13.65 | 13.56 | 13.46 |
| 5 | 16.26 | 13.27 | 12.06 | 11.39 | 10.97 | 10.67 | 10.46 | 10.29 | 10.16 | 10.05 | 9.89 | 9.72 | 9.55 | 9.47 | 9.38 | 9.29 | 9.20 | 9.11 | 9.02 |
| 6 | 13.75 | 10.92 | 9.78 | 9.15 | 8.75 | 8.47 | 8.26 | 8.10 | 7.98 | 7.87 | 7.72 | 7.56 | 7.40 | 7.31 | 7.23 | 7.14 | 7.06 | 6.97 | 6.88 |
| 7 | 12.25 | 9.55 | 8.45 | 7.85 | 7.46 | 7.19 | 6.99 | 6.84 | 6.72 | 6.62 | 6.47 | 6.31 | 6.16 | 6.07 | 5.99 | 5.91 | 5.82 | 5.74 | 5.65 |
| 8 | 11.26 | 8.65 | 7.59 | 7.01 | 6.63 | 6.37 | 6.18 | 6.03 | 5.91 | 5.81 | 5.67 | 5.52 | 5.36 | 5.28 | 5.20 | 5.12 | 5.03 | 4.95 | 4.86 |
| 9 | 10.56 | 8.02 | 6.99 | 6.42 | 6.06 | 5.80 | 5.61 | 5.47 | 5.35 | 5.26 | 5.11 | 4.96 | 4.81 | 4.73 | 4.65 | 4.57 | 4.48 | 4.40 | 4.31 |
| 10 | 10.04 | 7.56 | 6.55 | 5.99 | 5.64 | 5.39 | 5.20 | 5.06 | 4.94 | 4.85 | 4.71 | 4.56 | 4.41 | 4.33 | 4.25 | 4.17 | 4.08 | 4.00 | 3.91 |
| 11 | 9.65 | 7.21 | 6.22 | 5.67 | 5.32 | 5.07 | 4.89 | 4.74 | 4.63 | 4.54 | 4.40 | 4.25 | 4.10 | 4.02 | 3.94 | 3.86 | 3.78 | 3.69 | 3.60 |
| 12 | 9.33 | 6.93 | 5.95 | 5.41 | 5.06 | 4.82 | 4.64 | 4.50 | 4.39 | 4.30 | 4.16 | 4.01 | 3.86 | 3.78 | 3.70 | 3.62 | 3.54 | 3.45 | 3.36 |
| 13 | 9.07 | 6.70 | 5.74 | 5.21 | 4.86 | 4.62 | 4.44 | 4.30 | 4.19 | 4.10 | 3.96 | 3.82 | 3.66 | 3.59 | 3.51 | 3.43 | 3.34 | 3.25 | 3.17 |
| 14 | 8.86 | 6.51 | 5.56 | 5.04 | 4.69 | 4.46 | 4.28 | 4.14 | 4.03 | 3.94 | 3.80 | 3.66 | 3.51 | 3.43 | 3.35 | 3.27 | 3.18 | 3.09 | 3.00 |
| 15 | 8.68 | 6.36 | 5.42 | 4.89 | 4.56 | 4.32 | 4.14 | 4.00 | 3.89 | 3.80 | 3.67 | 3.52 | 3.37 | 3.29 | 3.21 | 3.13 | 3.05 | 2.96 | 2.87 |
| 16 | 8.53 | 6.23 | 5.29 | 4.77 | 4.44 | 4.20 | 4.03 | 3.89 | 3.78 | 3.69 | 3.55 | 3.41 | 3.26 | 3.18 | 3.10 | 3.02 | 2.93 | 2.84 | 2.75 |
| 17 | 8.40 | 6.11 | 5.18 | 4.67 | 4.34 | 4.10 | 3.93 | 3.79 | 3.68 | 3.59 | 3.46 | 3.31 | 3.16 | 3.08 | 3.00 | 2.92 | 2.83 | 2.75 | 2.65 |
| 18 | 8.29 | 6.01 | 5.09 | 4.58 | 4.25 | 4.01 | 3.84 | 3.71 | 3.60 | 3.51 | 3.37 | 3.23 | 3.08 | 3.00 | 2.92 | 2.84 | 2.75 | 2.66 | 2.57 |
| 19 | 8.18 | 5.93 | 5.01 | 4.50 | 4.17 | 3.94 | 3.77 | 3.63 | 3.52 | 3.43 | 3.30 | 3.15 | 3.00 | 2.92 | 2.84 | 2.76 | 2.67 | 2.58 | 2.49 |
| 20 | 8.10 | 5.85 | 4.94 | 4.43 | 4.10 | 3.87 | 3.70 | 3.56 | 3.46 | 3.37 | 3.23 | 3.09 | 2.94 | 2.86 | 2.78 | 2.69 | 2.61 | 2.52 | 2.42 |
| 21 | 8.02 | 5.78 | 4.87 | 4.37 | 4.04 | 3.81 | 3.64 | 3.51 | 3.40 | 3.31 | 3.17 | 3.03 | 2.88 | 2.80 | 2.72 | 2.64 | 2.55 | 2.46 | 2.36 |
| 22 | 7.95 | 5.72 | 4.82 | 4.31 | 3.99 | 3.76 | 3.59 | 3.45 | 3.35 | 3.26 | 3.12 | 2.98 | 2.83 | 2.75 | 2.67 | 2.58 | 2.50 | 2.40 | 2.31 |
| 23 | 7.88 | 5.66 | 4.76 | 4.26 | 3.94 | 3.71 | 3.54 | 3.41 | 3.30 | 3.21 | 3.07 | 2.93 | 2.78 | 2.70 | 2.62 | 2.54 | 2.45 | 2.35 | 2.26 |
| 24 | 7.82 | 5.61 | 4.72 | 4.22 | 3.90 | 3.67 | 3.50 | 3.36 | 3.26 | 3.17 | 3.03 | 2.89 | 2.74 | 2.66 | 2.58 | 2.49 | 2.40 | 2.31 | 2.21 |
| 25 | 7.77 | 5.57 | 4.68 | 4.18 | 3.85 | 3.63 | 3.46 | 3.32 | 3.22 | 3.13 | 2.99 | 2.85 | 2.70 | 2.62 | 2.54 | 2.45 | 2.36 | 2.27 | 2.17 |
| 26 | 7.72 | 5.53 | 4.64 | 4.14 | 3.82 | 3.59 | 3.42 | 3.29 | 3.18 | 3.09 | 2.96 | 2.81 | 2.66 | 2.58 | 2.50 | 2.42 | 2.33 | 2.23 | 2.13 |
| 27 | 7.68 | 5.49 | 4.60 | 4.11 | 3.78 | 3.56 | 3.39 | 3.26 | 3.15 | 3.06 | 2.93 | 2.78 | 2.63 | 2.55 | 2.47 | 2.38 | 2.29 | 2.20 | 2.10 |
| 28 | 7.64 | 5.45 | 4.57 | 4.07 | 3.75 | 3.53 | 3.36 | 3.23 | 3.12 | 3.03 | 2.90 | 2.75 | 2.60 | 2.52 | 2.44 | 2.35 | 2.26 | 2.17 | 2.06 |
| 29 | 7.60 | 5.42 | 4.54 | 4.04 | 3.73 | 3.50 | 3.33 | 3.20 | 3.09 | 3.00 | 2.87 | 2.73 | 2.57 | 2.49 | 2.41 | 2.33 | 2.23 | 2.14 | 2.03 |
| 30 | 7.56 | 5.39 | 4.51 | 4.02 | 3.70 | 3.47 | 3.30 | 3.17 | 3.07 | 2.98 | 2.84 | 2.70 | 2.55 | 2.47 | 2.39 | 2.30 | 2.21 | 2.11 | 2.01 |
| 40 | 7.31 | 5.18 | 4.31 | 3.83 | 3.51 | 3.29 | 3.12 | 2.99 | 2.89 | 2.80 | 2.66 | 2.52 | 2.37 | 2.29 | 2.20 | 2.11 | 2.02 | 1.92 | 1.80 |
| 60 | 7.08 | 4.98 | 4.13 | 3.65 | 3.34 | 3.12 | 2.95 | 2.82 | 2.72 | 2.63 | 2.50 | 2.35 | 2.20 | 2.12 | 2.03 | 1.94 | 1.84 | 1.73 | 1.60 |
| 120 | 6.85 | 4.79 | 4.95 | 3.48 | 3.17 | 2.96 | 2.79 | 2.66 | 2.56 | 2.47 | 2.34 | 2.19 | 2.03 | 1.95 | 1.86 | 1.76 | 1.66 | 1.53 | 1.38 |
| ∞ | 6.63 | 4.61 | 3.78 | 3.32 | 3.02 | 2.80 | 2.64 | 2.51 | 2.41 | 2.32 | 2.18 | 2.04 | 1.88 | 1.79 | 1.70 | 1.59 | 1.47 | 1.32 | 1.00 |

**附表 7 秩和检验临界值 $(T_1, T_2)$ 表**

$$P(T_1 < T < T_2) = 1 - \alpha$$

| $n_1$ | $n_2$ | $\alpha = 0.025$ | | $\alpha = 0.05$ | | $n_1$ | $n_2$ | $\alpha = 0.025$ | | $\alpha = 0.05$ | |
|---|---|---|---|---|---|---|---|---|---|---|---|
| | | $T_1$ | $T_2$ | $T_1$ | $T_2$ | | | $T_1$ | $T_2$ | $T_1$ | $T_2$ |
| 2 | 4 | | | 3 | 11 | 5 | 5 | 18 | 37 | 19 | 36 |
| | 5 | | | 3 | 13 | | 6 | 19 | 41 | 20 | 40 |
| | 6 | 3 | 15 | 4 | 14 | | 7 | 20 | 45 | 22 | 43 |
| | 7 | 3 | 17 | 4 | 16 | | 8 | 21 | 49 | 23 | 47 |
| | 8 | 3 | 19 | 4 | 18 | | 9 | 22 | 53 | 25 | 50 |
| 3 | 9 | 3 | 21 | 4 | 20 | 6 | 10 | 24 | 56 | 26 | 54 |
| | 10 | 4 | 22 | 5 | 21 | | 6 | 26 | 52 | 28 | 50 |
| | 3 | | | 6 | 15 | | 7 | 28 | 56 | 30 | 54 |
| | 4 | 6 | 18 | 7 | 17 | | 8 | 29 | 61 | 32 | 58 |
| | 5 | 6 | 21 | 7 | 20 | | 9 | 31 | 65 | 33 | 63 |
| | 6 | 7 | 23 | 8 | 22 | 7 | 10 | 33 | 69 | 35 | 67 |
| | 7 | 8 | 25 | 9 | 24 | | 7 | 37 | 68 | 39 | 66 |
| | 8 | 8 | 28 | 9 | 27 | | 8 | 39 | 73 | 41 | 71 |
| | 9 | 9 | 30 | 10 | 29 | | 9 | 41 | 78 | 43 | 76 |
| | 10 | 9 | 33 | 11 | 31 | | 10 | 43 | 83 | 46 | 80 |
| 4 | 4 | 11 | 25 | 12 | 24 | 8 | 8 | 49 | 87 | 52 | 84 |
| | 5 | 12 | 28 | 13 | 27 | | 9 | 51 | 93 | 54 | 90 |
| | 6 | 12 | 32 | 14 | 30 | | 10 | 54 | 98 | 57 | 95 |
| | 7 | 13 | 35 | 15 | 33 | 9 | 9 | 63 | 108 | 66 | 105 |
| | 8 | 14 | 38 | 16 | 36 | | 10 | 66 | 114 | 69 | 111 |
| | 9 | 15 | 41 | 17 | 39 | 10 | 10 | 79 | 131 | 83 | 127 |
| | 10 | 16 | 44 | 18 | 42 | | | | | | |

**附表 8　多重比较中的 $q$ 临界值表**

$$\alpha = 0.05$$

| $f$ \ $k$ | 2 | 3 | 4 | 5 | 6 | 7 | 8 | 9 | 10 | 11 | 12 | 13 | 14 | 15 | 16 | 17 | 18 | 19 | 20 |
|---|---|---|---|---|---|---|---|---|---|---|---|---|---|---|---|---|---|---|---|
| 1 | 17.97 | 26.98 | 32.82 | 37.08 | 40.41 | 43.12 | 45.40 | 47.36 | 49.07 | 50.59 | 51.96 | 53.20 | 54.33 | 55.36 | 56.32 | 57.22 | 58.04 | 58.83 | 59.56 |
| 2 | 6.08 | 8.33 | 9.30 | 10.33 | 11.74 | 12.44 | 13.03 | 13.54 | 13.99 | 14.39 | 14.75 | 15.08 | 15.38 | 15.65 | 15.91 | 16.14 | 16.37 | 16.57 | 16.77 |
| 3 | 4.50 | 5.91 | 6.82 | 7.50 | 8.04 | 8.43 | 8.85 | 9.18 | 9.46 | 9.72 | 9.95 | 10.15 | 10.35 | 10.52 | 10.69 | 10.84 | 10.98 | 11.11 | 11.24 |
| 4 | 3.93 | 5.04 | 5.76 | 6.29 | 6.71 | 7.05 | 7.35 | 7.60 | 7.83 | 8.03 | 8.21 | 8.37 | 8.52 | 8.66 | 8.79 | 8.91 | 9.03 | 9.13 | 9.23 |
| 5 | 3.64 | 4.60 | 5.22 | 5.67 | 6.03 | 6.33 | 6.58 | 6.80 | 6.99 | 7.17 | 7.32 | 7.47 | 7.60 | 7.72 | 7.83 | 7.93 | 8.03 | 8.12 | 8.21 |
| 6 | 3.46 | 4.34 | 4.90 | 5.30 | 5.63 | 5.90 | 6.12 | 6.32 | 6.49 | 6.65 | 6.79 | 6.92 | 7.03 | 7.14 | 7.24 | 7.34 | 7.43 | 7.51 | 7.59 |
| 7 | 3.34 | 4.16 | 4.68 | 5.06 | 5.36 | 5.61 | 5.82 | 6.00 | 6.16 | 6.30 | 6.43 | 6.55 | 6.66 | 6.76 | 6.85 | 6.94 | 7.02 | 7.10 | 7.17 |
| 8 | 3.26 | 4.04 | 4.53 | 4.89 | 5.17 | 5.40 | 5.60 | 5.77 | 5.92 | 6.05 | 6.18 | 6.29 | 6.39 | 6.48 | 6.57 | 6.65 | 6.73 | 6.80 | 6.87 |
| 9 | 3.20 | 3.95 | 4.41 | 4.76 | 5.02 | 5.24 | 5.43 | 5.59 | 5.74 | 5.87 | 5.98 | 6.09 | 6.19 | 6.28 | 6.36 | 6.44 | 6.51 | 6.58 | 6.64 |
| 10 | 3.15 | 3.88 | 4.33 | 4.65 | 4.91 | 5.12 | 5.30 | 5.46 | 5.60 | 5.72 | 5.83 | 5.93 | 6.03 | 6.11 | 6.19 | 6.27 | 6.34 | 6.40 | 6.47 |
| 11 | 3.11 | 3.82 | 4.26 | 4.57 | 4.82 | 5.03 | 5.20 | 5.35 | 5.49 | 5.61 | 5.71 | 5.81 | 5.90 | 5.98 | 6.06 | 6.13 | 6.20 | 6.27 | 6.33 |
| 12 | 3.08 | 3.77 | 4.20 | 4.51 | 4.75 | 4.95 | 5.12 | 5.27 | 5.39 | 5.51 | 5.61 | 5.71 | 5.80 | 5.88 | 5.95 | 6.02 | 6.09 | 6.15 | 6.21 |
| 13 | 3.06 | 3.73 | 4.15 | 4.45 | 4.69 | 4.88 | 5.05 | 5.19 | 5.32 | 5.43 | 5.53 | 5.63 | 5.71 | 5.79 | 5.86 | 5.93 | 5.99 | 6.05 | 6.11 |
| 14 | 3.03 | 3.70 | 4.11 | 4.41 | 4.64 | 4.83 | 4.99 | 5.13 | 5.25 | 5.36 | 5.46 | 5.55 | 5.64 | 5.71 | 5.79 | 5.85 | 5.91 | 5.97 | 6.03 |
| 15 | 3.01 | 3.67 | 4.08 | 4.37 | 4.59 | 4.78 | 4.94 | 5.08 | 5.20 | 5.31 | 5.40 | 5.49 | 5.57 | 5.65 | 5.72 | 5.78 | 5.85 | 5.90 | 5.96 |
| 16 | 3.00 | 3.65 | 4.05 | 4.33 | 4.56 | 4.74 | 4.90 | 5.03 | 5.15 | 5.26 | 5.35 | 5.44 | 5.52 | 5.59 | 5.66 | 5.73 | 5.79 | 5.84 | 5.90 |
| 17 | 2.98 | 3.63 | 4.02 | 4.30 | 4.52 | 4.70 | 4.86 | 4.99 | 5.11 | 5.21 | 5.31 | 5.39 | 5.47 | 5.54 | 5.61 | 5.67 | 5.73 | 5.79 | 5.84 |
| 18 | 2.97 | 3.61 | 4.00 | 4.28 | 4.49 | 4.67 | 4.82 | 4.96 | 5.07 | 5.17 | 5.27 | 5.35 | 5.43 | 5.50 | 5.57 | 5.63 | 5.69 | 5.74 | 5.79 |
| 19 | 2.96 | 3.59 | 3.98 | 4.25 | 4.47 | 4.65 | 4.79 | 4.92 | 5.04 | 5.14 | 5.23 | 5.31 | 5.39 | 5.46 | 5.53 | 5.59 | 5.65 | 5.70 | 5.75 |
| 20 | 2.95 | 3.58 | 3.96 | 4.23 | 4.45 | 4.62 | 4.77 | 4.90 | 5.01 | 5.11 | 5.20 | 5.28 | 5.36 | 5.43 | 5.49 | 5.55 | 5.61 | 5.66 | 5.71 |
| 24 | 2.92 | 3.53 | 3.90 | 4.17 | 4.37 | 4.54 | 4.68 | 4.81 | 4.92 | 5.01 | 5.10 | 5.18 | 5.25 | 5.32 | 5.38 | 5.44 | 5.49 | 5.55 | 5.59 |
| 30 | 2.89 | 3.49 | 3.85 | 4.10 | 4.30 | 4.46 | 4.60 | 4.72 | 4.82 | 4.92 | 5.00 | 5.08 | 5.15 | 5.21 | 5.27 | 5.33 | 5.38 | 5.43 | 5.47 |
| 40 | 2.86 | 3.44 | 3.79 | 4.04 | 4.23 | 4.39 | 4.52 | 4.63 | 4.73 | 4.82 | 4.90 | 4.98 | 5.04 | 5.11 | 5.16 | 5.22 | 5.27 | 5.31 | 5.36 |
| 60 | 2.83 | 3.40 | 3.74 | 3.98 | 4.16 | 4.31 | 4.44 | 4.55 | 4.65 | 4.73 | 4.81 | 4.88 | 4.94 | 5.00 | 5.06 | 5.11 | 5.15 | 5.20 | 5.24 |
| 120 | 2.80 | 3.36 | 3.68 | 3.92 | 4.10 | 4.24 | 4.36 | 4.47 | 4.56 | 4.64 | 4.71 | 4.78 | 4.84 | 4.90 | 4.95 | 5.00 | 5.04 | 5.09 | 5.13 |
| $\infty$ | 2.77 | 3.31 | 3.63 | 3.86 | 4.03 | 4.17 | 4.29 | 4.39 | 4.47 | 4.55 | 4.62 | 4.68 | 4.74 | 4.80 | 4.85 | 4.89 | 4.93 | 4.97 | 5.01 |

**续附表 8**

$$\alpha = 0.01$$

| f \ k | 2 | 3 | 4 | 5 | 6 | 7 | 8 | 9 | 10 | 11 | 12 | 13 | 14 | 15 | 16 | 17 | 18 | 19 | 20 |
|---|---|---|---|---|---|---|---|---|---|---|---|---|---|---|---|---|---|---|---|
| 1 | 90.03 | 135.0 | 164.3 | 185.6 | 202.2 | 215.8 | 227.2 | 237.0 | 245.6 | 253.2 | 260.0 | 266.2 | 271.8 | 277.0 | 281.8 | 286.3 | 290.4 | 294.3 | 298.0 |
| 2 | 14.04 | 19.02 | 22.29 | 24.72 | 26.63 | 28.20 | 29.53 | 30.68 | 31.69 | 32.59 | 33.40 | 34.13 | 34.81 | 35.43 | 36.00 | 36.53 | 37.03 | 37.50 | 37.95 |
| 3 | 8.26 | 10.62 | 12.17 | 13.33 | 14.24 | 15.00 | 15.64 | 16.20 | 16.69 | 17.13 | 17.53 | 17.89 | 18.22 | 18.52 | 18.81 | 19.07 | 19.32 | 19.55 | 19.77 |
| 4 | 6.51 | 8.12 | 9.17 | 9.96 | 10.58 | 11.10 | 11.55 | 11.93 | 12.27 | 12.57 | 12.84 | 13.09 | 13.32 | 13.53 | 13.73 | 13.91 | 14.08 | 14.24 | 14.40 |
| 5 | 5.70 | 6.98 | 7.80 | 8.42 | 8.91 | 9.32 | 9.67 | 9.97 | 10.24 | 10.48 | 10.70 | 10.89 | 11.08 | 11.24 | 11.40 | 11.55 | 11.68 | 11.81 | 11.93 |
| 6 | 5.24 | 6.33 | 7.03 | 7.56 | 7.97 | 8.32 | 8.61 | 8.87 | 9.10 | 9.30 | 9.48 | 9.65 | 9.81 | 9.95 | 10.08 | 10.21 | 10.32 | 10.43 | 10.54 |
| 7 | 4.95 | 5.92 | 6.54 | 7.01 | 7.37 | 7.68 | 7.94 | 8.17 | 8.37 | 8.55 | 8.71 | 8.86 | 9.00 | 9.12 | 9.24 | 9.35 | 9.46 | 9.55 | 9.65 |
| 8 | 4.75 | 5.64 | 6.20 | 6.62 | 6.96 | 7.24 | 7.47 | 7.68 | 7.86 | 8.03 | 8.18 | 8.31 | 8.44 | 8.55 | 8.66 | 8.76 | 8.85 | 8.94 | 9.03 |
| 9 | 4.60 | 5.43 | 5.96 | 6.35 | 6.66 | 6.91 | 7.13 | 7.33 | 7.49 | 7.65 | 7.78 | 7.91 | 8.03 | 8.13 | 8.23 | 8.33 | 8.41 | 8.49 | 8.57 |
| 10 | 4.48 | 5.27 | 5.77 | 6.14 | 6.43 | 6.67 | 6.87 | 7.05 | 7.21 | 7.36 | 7.49 | 7.60 | 7.71 | 7.81 | 7.91 | 7.99 | 8.08 | 8.15 | 8.23 |
| 11 | 4.39 | 5.15 | 5.62 | 5.97 | 6.25 | 6.48 | 6.67 | 6.84 | 6.99 | 7.13 | 7.25 | 7.36 | 7.46 | 7.56 | 7.65 | 7.73 | 7.81 | 7.88 | 7.95 |
| 12 | 4.32 | 5.05 | 5.50 | 5.84 | 6.10 | 6.32 | 6.51 | 6.67 | 6.81 | 6.94 | 7.06 | 7.17 | 7.26 | 7.36 | 7.44 | 7.52 | 7.59 | 7.66 | 7.73 |
| 13 | 4.26 | 4.96 | 5.40 | 5.73 | 5.98 | 6.19 | 6.37 | 6.53 | 6.67 | 6.79 | 6.90 | 7.01 | 7.10 | 7.19 | 7.27 | 7.35 | 7.42 | 7.48 | 7.55 |
| 14 | 4.21 | 4.89 | 5.32 | 5.63 | 5.88 | 6.08 | 6.26 | 6.41 | 6.54 | 6.66 | 6.77 | 6.87 | 6.96 | 7.05 | 7.13 | 7.20 | 7.27 | 7.33 | 7.39 |
| 15 | 4.17 | 4.84 | 5.25 | 5.56 | 5.80 | 5.99 | 6.16 | 6.31 | 6.44 | 6.55 | 6.66 | 6.76 | 6.84 | 6.93 | 7.00 | 7.07 | 7.14 | 7.20 | 7.26 |
| 16 | 4.13 | 4.79 | 5.19 | 5.49 | 5.72 | 5.92 | 6.08 | 6.22 | 6.35 | 6.46 | 6.56 | 6.66 | 6.74 | 6.82 | 6.90 | 6.97 | 7.03 | 7.09 | 7.15 |
| 17 | 4.10 | 4.74 | 5.14 | 5.43 | 5.66 | 5.85 | 6.01 | 6.15 | 6.27 | 6.38 | 6.48 | 6.57 | 6.66 | 6.73 | 6.81 | 6.87 | 6.94 | 7.00 | 7.05 |
| 18 | 4.07 | 4.70 | 5.09 | 5.38 | 5.60 | 5.79 | 5.94 | 6.08 | 6.20 | 6.31 | 6.41 | 6.50 | 6.58 | 6.65 | 6.73 | 6.79 | 6.85 | 6.91 | 6.97 |
| 19 | 4.05 | 4.67 | 5.05 | 5.33 | 5.55 | 5.73 | 5.89 | 6.02 | 6.14 | 6.25 | 6.34 | 6.43 | 6.51 | 6.58 | 6.65 | 6.72 | 6.78 | 6.84 | 6.89 |
| 20 | 4.02 | 4.64 | 5.02 | 5.29 | 5.51 | 5.69 | 5.84 | 5.97 | 6.09 | 6.19 | 6.28 | 6.37 | 6.45 | 6.52 | 6.59 | 6.65 | 6.71 | 6.77 | 6.82 |
| 24 | 3.96 | 4.55 | 4.91 | 5.17 | 5.37 | 5.54 | 5.69 | 5.81 | 5.92 | 6.02 | 6.11 | 6.19 | 6.26 | 6.33 | 6.39 | 6.45 | 6.51 | 6.56 | 6.61 |
| 30 | 3.89 | 4.45 | 4.80 | 5.05 | 5.24 | 5.40 | 5.54 | 5.65 | 5.76 | 5.85 | 5.93 | 6.01 | 6.08 | 6.14 | 6.20 | 6.26 | 6.31 | 6.36 | 6.41 |
| 40 | 3.82 | 4.37 | 4.70 | 4.93 | 5.11 | 5.26 | 5.39 | 5.50 | 5.60 | 5.69 | 5.76 | 5.83 | 5.90 | 5.96 | 6.02 | 6.07 | 6.12 | 6.16 | 6.21 |
| 60 | 3.76 | 4.28 | 4.59 | 4.82 | 4.99 | 5.13 | 5.25 | 5.36 | 5.45 | 5.53 | 5.60 | 5.67 | 5.73 | 5.78 | 5.84 | 5.89 | 5.93 | 5.97 | 6.01 |
| 120 | 3.70 | 4.20 | 4.50 | 4.71 | 4.87 | 5.01 | 5.12 | 5.21 | 5.30 | 5.37 | 5.44 | 5.50 | 5.56 | 5.61 | 5.66 | 5.71 | 5.75 | 5.79 | 5.83 |
| ∞ | 3.64 | 4.12 | 4.40 | 4.60 | 4.76 | 4.88 | 4.99 | 5.08 | 5.16 | 5.23 | 5.29 | 5.35 | 5.40 | 5.45 | 5.49 | 5.54 | 5.57 | 5.61 | 5.65 |

**附表 9　多重比较中的 S 临界值表**

$$\alpha = 0.05$$

| $f$ \ $k-1$ | 2 | 3 | 4 | 5 | 6 | 7 | 8 | 9 | 10 | 12 | 15 | 20 | 24 | 30 |
|---|---|---|---|---|---|---|---|---|---|---|---|---|---|---|
| 1 | 19.97 | 25.44 | 29.97 | 33.92 | 37.47 | 40.71 | 43.72 | 46.53 | 49.18 | 54.10 | 60.74 | 70.43 | 77.31 | 86.62 |
| 2 | 6.16 | 7.58 | 8.77 | 9.82 | 10.77 | 11.64 | 12.45 | 13.21 | 13.93 | 15.26 | 17.07 | 19.72 | 21.61 | 24.16 |
| 3 | 4.37 | 5.28 | 6.04 | 6.71 | 7.32 | 7.89 | 8.41 | 8.91 | 9.37 | 10.24 | 11.47 | 13.16 | 14.40 | 16.08 |
| 4 | 3.73 | 4.45 | 5.06 | 5.59 | 6.08 | 6.53 | 6.95 | 7.35 | 7.72 | 8.42 | 9.37 | 10.77 | 11.77 | 13.13 |
| 5 | 3.40 | 4.03 | 4.56 | 5.03 | 5.45 | 5.84 | 6.21 | 6.55 | 6.88 | 7.49 | 8.32 | 9.55 | 10.43 | 11.61 |
| 6 | 3.21 | 3.78 | 4.26 | 4.68 | 5.07 | 5.43 | 5.76 | 6.07 | 6.37 | 6.93 | 7.69 | 8.80 | 9.60 | 10.69 |
| 7 | 3.08 | 3.61 | 4.06 | 4.46 | 4.82 | 5.15 | 5.46 | 5.75 | 6.03 | 6.55 | 7.26 | 8.30 | 9.05 | 10.06 |
| 8 | 2.99 | 3.49 | 3.92 | 4.29 | 4.64 | 4.95 | 5.24 | 5.52 | 5.79 | 6.28 | 6.95 | 7.94 | 8.65 | 9.61 |
| 9 | 2.92 | 3.40 | 3.81 | 4.17 | 4.50 | 4.80 | 5.08 | 5.35 | 5.60 | 6.07 | 6.72 | 7.66 | 8.34 | 9.27 |
| 10 | 2.86 | 3.34 | 3.73 | 4.08 | 4.39 | 4.68 | 4.96 | 5.21 | 5.46 | 5.91 | 6.53 | 7.45 | 8.10 | 9.00 |
| 11 | 2.82 | 3.28 | 3.66 | 4.00 | 4.31 | 4.59 | 4.86 | 5.11 | 5.34 | 5.78 | 6.39 | 7.28 | 7.91 | 8.78 |
| 12 | 2.79 | 3.24 | 3.61 | 3.94 | 4.24 | 4.52 | 4.77 | 5.02 | 5.25 | 5.68 | 6.27 | 7.13 | 7.75 | 8.60 |
| 13 | 2.76 | 3.20 | 3.57 | 3.89 | 4.18 | 4.45 | 4.70 | 4.94 | 5.17 | 5.59 | 6.16 | 7.01 | 7.62 | 8.45 |
| 14 | 2.73 | 3.17 | 3.53 | 3.85 | 4.13 | 4.40 | 4.65 | 4.88 | 5.10 | 5.51 | 6.08 | 6.91 | 7.51 | 8.32 |
| 15 | 2.71 | 3.14 | 3.50 | 3.81 | 4.09 | 4.35 | 4.60 | 4.83 | 5.04 | 5.45 | 6.00 | 6.82 | 7.41 | 8.21 |
| 16 | 2.70 | 3.12 | 3.47 | 3.76 | 4.06 | 4.31 | 4.55 | 4.78 | 4.99 | 5.39 | 5.94 | 6.75 | 7.33 | 8.11 |
| 17 | 2.68 | 3.10 | 3.44 | 3.75 | 4.02 | 4.23 | 4.51 | 4.74 | 4.95 | 5.34 | 5.88 | 6.68 | 7.25 | 8.03 |
| 18 | 2.67 | 3.08 | 3.42 | 3.72 | 4.00 | 4.25 | 4.48 | 4.70 | 4.91 | 5.30 | 5.83 | 6.62 | 7.18 | 7.95 |
| 19 | 2.65 | 3.06 | 3.40 | 3.70 | 3.97 | 4.22 | 4.45 | 4.67 | 4.88 | 5.26 | 5.79 | 6.57 | 7.12 | 7.88 |
| 20 | 2.64 | 3.05 | 3.39 | 3.68 | 3.95 | 4.20 | 4.42 | 4.64 | 4.85 | 5.23 | 5.75 | 6.52 | 7.07 | 7.82 |
| 24 | 2.61 | 3.00 | 3.33 | 3.62 | 3.88 | 4.12 | 4.34 | 4.55 | 4.75 | 5.12 | 5.62 | 6.37 | 6.90 | 7.63 |
| 30 | 2.58 | 2.96 | 3.28 | 3.56 | 3.81 | 4.04 | 4.26 | 4.46 | 4.65 | 5.01 | 5.50 | 6.22 | 6.73 | 7.43 |
| 40 | 2.54 | 2.92 | 3.23 | 3.50 | 3.74 | 3.97 | 4.18 | 4.37 | 4.56 | 4.90 | 5.37 | 6.06 | 6.56 | 7.23 |
| 60 | 2.51 | 2.88 | 3.18 | 3.44 | 3.68 | 3.89 | 4.10 | 4.28 | 4.46 | 4.80 | 5.25 | 5.91 | 6.39 | 7.03 |
| 120 | 2.48 | 2.84 | 3.13 | 3.38 | 3.61 | 3.82 | 4.02 | 4.20 | 4.37 | 4.69 | 5.12 | 5.76 | 6.21 | 6.83 |
| $\infty$ | 2.45 | 2.80 | 3.08 | 3.33 | 3.55 | 3.75 | 3.94 | 4.11 | 4.28 | 4.59 | 5.00 | 5.60 | 6.04 | 6.62 |

**续附表 9**

$$\alpha = 0.01$$

| k-1 \ f | 2 | 3 | 4 | 5 | 6 | 7 | 8 | 9 | 10 | 12 | 15 | 20 | 24 | 30 |
|---|---|---|---|---|---|---|---|---|---|---|---|---|---|---|
| 1 | 100.0 | 127.3 | 150.0 | 169.8 | 187.5 | 203.7 | 218.8 | 232.8 | 246.1 | 270.7 | 303.9 | 352.4 | 386.8 | 433.4 |
| 2 | 14.07 | 17.25 | 19.92 | 22.28 | 24.41 | 26.37 | 28.20 | 29.91 | 31.53 | 34.54 | 38.62 | 44.60 | 48.86 | 54.63 |
| 3 | 7.85 | 9.40 | 10.72 | 11.88 | 12.94 | 13.92 | 14.83 | 15.69 | 16.50 | 18.02 | 20.08 | 23.10 | 25.27 | 28.20 |
| 4 | 6.00 | 7.08 | 7.99 | 8.81 | 9.55 | 10.24 | 10.88 | 11.49 | 12.06 | 13.13 | 14.59 | 16.74 | 18.28 | 20.37 |
| 5 | 5.15 | 6.02 | 6.75 | 7.41 | 8.00 | 8.56 | 9.07 | 9.56 | 10.03 | 10.89 | 12.08 | 13.82 | 15.07 | 16.77 |
| 6 | 4.67 | 5.42 | 6.05 | 6.61 | 7.13 | 7.60 | 8.05 | 8.47 | 8.87 | 9.62 | 10.65 | 12.16 | 13.25 | 14.73 |
| 7 | 4.37 | 5.04 | 5.60 | 6.11 | 6.57 | 7.00 | 7.40 | 7.78 | 8.14 | 8.81 | 9.73 | 11.10 | 12.08 | 13.41 |
| 8 | 4.16 | 4.77 | 5.29 | 5.76 | 6.18 | 6.58 | 6.94 | 7.29 | 7.63 | 8.25 | 9.10 | 10.35 | 11.26 | 12.49 |
| 9 | 4.01 | 4.58 | 5.07 | 5.50 | 5.90 | 6.27 | 6.61 | 6.94 | 7.25 | 7.83 | 8.63 | 9.81 | 10.65 | 11.81 |
| 10 | 3.89 | 4.43 | 4.90 | 5.31 | 5.68 | 6.03 | 6.36 | 6.67 | 6.96 | 7.51 | 8.27 | 9.39 | 10.19 | 11.29 |
| 11 | 3.80 | 4.32 | 4.76 | 5.16 | 5.52 | 5.85 | 6.16 | 6.46 | 6.74 | 7.26 | 7.99 | 9.05 | 9.82 | 10.87 |
| 12 | 3.72 | 4.23 | 4.65 | 5.03 | 5.38 | 5.70 | 6.00 | 6.28 | 6.55 | 7.06 | 7.76 | 8.78 | 9.53 | 10.54 |
| 13 | 3.66 | 4.15 | 4.56 | 4.93 | 5.27 | 5.58 | 5.87 | 6.14 | 6.40 | 6.89 | 7.57 | 8.56 | 9.28 | 10.26 |
| 14 | 3.61 | 4.09 | 4.49 | 4.85 | 5.17 | 5.47 | 5.76 | 6.02 | 6.28 | 6.75 | 7.41 | 8.37 | 9.07 | 10.02 |
| 15 | 3.57 | 4.03 | 4.42 | 4.77 | 5.09 | 5.38 | 5.66 | 5.92 | 6.17 | 6.63 | 7.27 | 8.21 | 8.89 | 9.82 |
| 16 | 3.53 | 3.98 | 4.37 | 4.71 | 5.02 | 5.31 | 5.58 | 5.83 | 6.08 | 6.53 | 7.15 | 8.07 | 8.74 | 9.64 |
| 17 | 3.50 | 3.94 | 4.32 | 4.66 | 4.96 | 5.24 | 5.51 | 5.76 | 5.99 | 6.44 | 7.05 | 7.95 | 8.60 | 9.49 |
| 18 | 3.47 | 3.91 | 4.28 | 4.61 | 4.91 | 5.18 | 5.44 | 5.69 | 5.92 | 6.36 | 6.96 | 7.84 | 8.48 | 9.36 |
| 19 | 3.44 | 3.88 | 4.24 | 4.57 | 4.86 | 5.13 | 5.39 | 5.63 | 5.86 | 6.29 | 6.88 | 7.75 | 8.37 | 9.24 |
| 20 | 3.42 | 3.85 | 4.21 | 4.53 | 4.82 | 5.09 | 5.34 | 5.58 | 5.80 | 6.23 | 6.81 | 7.67 | 8.28 | 9.13 |
| 24 | 3.35 | 3.76 | 4.11 | 4.41 | 4.69 | 4.95 | 5.19 | 5.41 | 5.63 | 6.03 | 6.58 | 7.40 | 7.99 | 8.79 |
| 30 | 3.28 | 3.68 | 4.01 | 4.30 | 4.57 | 4.81 | 5.04 | 5.25 | 5.46 | 5.84 | 6.36 | 7.14 | 7.70 | 8.46 |
| 40 | 3.22 | 3.60 | 3.91 | 4.19 | 4.44 | 4.68 | 4.89 | 5.10 | 5.29 | 5.65 | 6.15 | 6.88 | 7.41 | 8.13 |
| 60 | 3.16 | 3.52 | 3.82 | 4.09 | 4.33 | 4.55 | 4.75 | 4.95 | 5.13 | 5.47 | 5.94 | 6.63 | 7.13 | 7.80 |
| 120 | 3.09 | 3.44 | 3.73 | 3.98 | 4.21 | 4.42 | 4.62 | 4.80 | 4.97 | 5.29 | 5.73 | 6.38 | 6.84 | 7.47 |
| ∞ | 3.03 | 3.37 | 3.64 | 3.88 | 4.10 | 4.30 | 4.48 | 4.65 | 4.82 | 5.12 | 5.53 | 6.13 | 6.56 | 7.13 |

### 附表 10  Duncan's 多重极差检验(新复极差检验)临界值(SSR$_\alpha$) 表

$$(\alpha = 0.05, \alpha = 0.01)$$

| 自由度 ($v$) | 显著水平 ($\alpha$) | 测验极差的平均数个数 ($P$) | | | | | | | | | | | | | |
|---|---|---|---|---|---|---|---|---|---|---|---|---|---|---|---|
| | | 2 | 3 | 4 | 5 | 6 | 7 | 8 | 9 | 10 | 12 | 14 | 16 | 18 | 20 |
| 1 | 0.05 | 18.0 | 18.0 | 18.0 | 18.0 | 18.0 | 18.0 | 18.0 | 18.0 | 18.0 | 18.0 | 18.0 | 18.0 | 18.0 | 18.0 |
| | 0.01 | 90.0 | 90.0 | 90.0 | 90.0 | 90.0 | 90.0 | 90.0 | 90.0 | 90.0 | 90.0 | 90.0 | 90.0 | 90.0 | 90.0 |
| 2 | 0.05 | 6.09 | 6.09 | 6.09 | 6.09 | 6.09 | 6.09 | 6.09 | 6.09 | 6.09 | 6.09 | 6.09 | 6.09 | 6.09 | 6.09 |
| | 0.01 | 14.0 | 14.0 | 14.0 | 14.0 | 14.0 | 14.0 | 14.0 | 14.0 | 14.0 | 14.0 | 14.0 | 14.0 | 14.0 | 14.0 |
| 3 | 0.05 | 4.50 | 4.50 | 4.50 | 4.50 | 4.50 | 4.50 | 4.50 | 4.50 | 4.50 | 4.50 | 4.50 | 4.50 | 4.50 | 4.50 |
| | 0.01 | 8.26 | 8.5 | 8.6 | 8.7 | 8.8 | 8.9 | 8.9 | 9.0 | 9.0 | 9.0 | 9.1 | 9.2 | 9.3 | 9.3 |
| 4 | 0.05 | 3.93 | 4.01 | 4.02 | 4.02 | 4.02 | 4.02 | 4.02 | 4.02 | 4.02 | 4.02 | 4.02 | 4.02 | 4.02 | 4.02 |
| | 0.01 | 6.51 | 6.8 | 6.9 | 7.0 | 7.1 | 7.1 | 7.2 | 7.2 | 7.3 | 7.3 | 7.4 | 7.4 | 7.5 | 7.5 |
| 5 | 0.05 | 3.64 | 3.74 | 3.79 | 3.83 | 3.83 | 3.83 | 3.83 | 3.83 | 3.83 | 3.83 | 3.83 | 3.83 | 3.83 | 3.83 |
| | 0.01 | 5.70 | 5.96 | 6.11 | 6.18 | 6.26 | 6.33 | 6.40 | 6.44 | 6.5 | 6.6 | 6.6 | 6.7 | 6.7 | 6.8 |
| 6 | 0.05 | 3.46 | 3.58 | 3.64 | 3.68 | 3.68 | 3.68 | 3.68 | 3.68 | 3.68 | 3.68 | 3.68 | 3.68 | 3.68 | 3.68 |
| | 0.01 | 5.24 | 5.51 | 5.65 | 5.73 | 5.81 | 5.88 | 5.95 | 6.0 | 6.0 | 6.1 | 6.2 | 6.2 | 6.3 | 6.3 |
| 7 | 0.05 | 3.35 | 3.47 | 3.54 | 3.58 | 3.60 | 3.61 | 3.61 | 3.61 | 3.61 | 3.61 | 3.61 | 3.61 | 3.61 | 3.61 |
| | 0.01 | 4.95 | 5.22 | 5.37 | 5.45 | 5.53 | 5.61 | 5.69 | 5.73 | 5.8 | 5.8 | 5.9 | 5.9 | 6.0 | 6.0 |
| 8 | 0.05 | 3.26 | 3.39 | 3.47 | 3.52 | 3.55 | 3.56 | 3.56 | 3.56 | 3.56 | 3.56 | 3.56 | 3.56 | 3.56 | 3.56 |
| | 0.01 | 4.74 | 5.00 | 5.14 | 5.23 | 5.32 | 5.40 | 5.47 | 5.51 | 5.5 | 5.6 | 5.7 | 5.7 | 5.8 | 5.8 |
| 9 | 0.05 | 3.20 | 3.34 | 3.41 | 3.47 | 3.50 | 3.52 | 3.52 | 3.52 | 3.52 | 3.52 | 3.52 | 3.52 | 3.52 | 3.52 |
| | 0.01 | 4.60 | 4.86 | 4.99 | 5.08 | 5.17 | 5.25 | 5.32 | 5.36 | 5.4 | 5.5 | 5.5 | 5.6 | 5.7 | 5.7 |
| 10 | 0.05 | 3.15 | 3.30 | 3.37 | 3.43 | 3.46 | 3.47 | 3.47 | 3.47 | 3.47 | 3.47 | 3.47 | 3.47 | 3.47 | 3.47 |
| | 0.01 | 4.48 | 4.73 | 4.88 | 4.96 | 5.06 | 5.13 | 5.20 | 5.24 | 5.28 | 5.36 | 5.42 | 5.48 | 5.54 | 5.55 |
| 11 | 0.05 | 3.11 | 3.27 | 3.35 | 3.39 | 3.43 | 3.44 | 3.45 | 3.46 | 3.46 | 3.46 | 3.46 | 3.46 | 3.47 | 3.48 |
| | 0.01 | 4.39 | 4.63 | 4.77 | 4.86 | 4.94 | 5.01 | 5.06 | 5.12 | 5.15 | 5.24 | 5.28 | 5.34 | 5.38 | 5.39 |
| 12 | 0.05 | 3.08 | 3.23 | 3.33 | 3.36 | 3.40 | 3.42 | 3.44 | 3.44 | 3.46 | 3.46 | 3.46 | 3.46 | 3.47 | 3.48 |
| | 0.01 | 4.32 | 4.55 | 4.68 | 4.76 | 4.84 | 4.92 | 4.96 | 5.02 | 5.07 | 5.13 | 5.17 | 5.22 | 5.24 | 5.26 |
| 13 | 0.05 | 3.06 | 3.21 | 3.30 | 3.35 | 3.38 | 3.41 | 3.42 | 3.44 | 3.45 | 3.45 | 3.46 | 3.46 | 3.47 | 3.47 |
| | 0.01 | 4.26 | 4.48 | 4.62 | 4.69 | 4.74 | 4.84 | 4.88 | 4.94 | 4.98 | 5.04 | 5.08 | 5.08 | 5.14 | 5.15 |
| 14 | 0.05 | 3.03 | 3.18 | 3.27 | 3.33 | 3.37 | 3.39 | 3.41 | 3.42 | 3.44 | 3.45 | 3.46 | 3.46 | 3.47 | 3.47 |
| | 0.01 | 4.21 | 4.42 | 4.55 | 4.63 | 4.70 | 4.78 | 4.83 | 4.87 | 4.91 | 4.96 | 5.00 | 5.04 | 5.06 | 5.07 |

**续附表 10**

| 自由度<br>(υ) | 显著水<br>平(α) | 测 验 极 差 的 平 均 数 个 数 (P) | | | | | | | | | | | | | |
|---|---|---|---|---|---|---|---|---|---|---|---|---|---|---|---|
| | | 2 | 3 | 4 | 5 | 6 | 7 | 8 | 9 | 10 | 12 | 14 | 16 | 18 | 20 |
| 15 | 0.05 | 3.01 | 3.16 | 3.25 | 3.31 | 3.36 | 3.38 | 3.40 | 3.42 | 3.43 | 3.44 | 3.45 | 3.46 | 3.47 | 3.47 |
| | 0.01 | 4.17 | 4.37 | 4.50 | 4.58 | 4.64 | 4.72 | 4.77 | 4.81 | 4.84 | 4.90 | 4.94 | 4.97 | 4.99 | 5.00 |
| 16 | 0.05 | 3.00 | 3.15 | 3.23 | 3.30 | 3.34 | 3.37 | 3.39 | 3.41 | 3.43 | 3.44 | 3.45 | 3.46 | 3.47 | 3.47 |
| | 0.01 | 4.13 | 4.34 | 4.45 | 4.54 | 4.60 | 4.67 | 4.72 | 4.76 | 4.79 | 4.84 | 4.88 | 4.91 | 4.93 | 4.94 |
| 17 | 0.05 | 2.98 | 3.13 | 3.22 | 3.28 | 3.33 | 3.36 | 3.38 | 3.40 | 3.42 | 3.44 | 3.45 | 3.46 | 3.47 | 3.47 |
| | 0.01 | 4.10 | 4.30 | 4.41 | 4.50 | 4.56 | 4.63 | 4.68 | 4.72 | 4.75 | 4.80 | 4.83 | 4.86 | 4.88 | 4.89 |
| 18 | 0.05 | 2.97 | 3.12 | 3.21 | 3.27 | 3.32 | 3.35 | 3.37 | 3.39 | 3.41 | 3.43 | 3.45 | 3.46 | 3.47 | 3.47 |
| | 0.01 | 4.07 | 4.27 | 4.38 | 4.46 | 4.53 | 4.59 | 4.64 | 4.68 | 4.71 | 4.76 | 4.79 | 4.82 | 4.84 | 4.85 |
| 19 | 0.05 | 2.96 | 3.11 | 3.19 | 3.26 | 3.31 | 3.35 | 3.37 | 3.39 | 3.41 | 3.43 | 3.44 | 3.46 | 3.47 | 3.47 |
| | 0.01 | 4.05 | 4.24 | 4.35 | 4.43 | 4.50 | 4.56 | 4.61 | 4.64 | 4.67 | 4.72 | 4.76 | 4.79 | 4.81 | 4.82 |
| 20 | 0.05 | 2.95 | 3.10 | 3.18 | 3.25 | 3.30 | 3.34 | 3.36 | 3.38 | 3.40 | 3.43 | 3.44 | 3.46 | 3.46 | 3.47 |
| | 0.01 | 4.02 | 4.22 | 4.33 | 4.40 | 4.47 | 4.53 | 4.58 | 4.61 | 4.65 | 4.69 | 4.73 | 4.76 | 4.78 | 4.79 |
| 22 | 0.05 | 2.93 | 3.08 | 3.17 | 3.24 | 3.29 | 3.32 | 3.35 | 3.37 | 3.39 | 3.42 | 3.44 | 3.45 | 3.46 | 3.47 |
| | 0.01 | 3.99 | 4.17 | 4.28 | 4.36 | 4.42 | 4.48 | 4.53 | 4.57 | 4.60 | 4.65 | 4.68 | 4.71 | 4.74 | 4.75 |
| 24 | 0.05 | 2.92 | 3.07 | 3.15 | 3.22 | 3.28 | 3.31 | 3.34 | 3.37 | 3.38 | 3.41 | 3.44 | 3.45 | 3.46 | 3.47 |
| | 0.01 | 3.96 | 4.14 | 4.24 | 4.33 | 4.39 | 4.44 | 4.49 | 4.53 | 4.57 | 4.62 | 4.64 | 4.67 | 4.70 | 4.72 |
| 26 | 0.05 | 2.91 | 3.06 | 3.14 | 3.21 | 3.27 | 3.30 | 3.34 | 3.36 | 3.38 | 3.41 | 3.43 | 3.45 | 3.46 | 3.47 |
| | 0.01 | 3.93 | 4.11 | 4.21 | 4.30 | 4.36 | 4.41 | 4.46 | 4.50 | 4.53 | 4.58 | 4.62 | 4.65 | 6.67 | 4.69 |
| 28 | 0.05 | 2.90 | 3.04 | 3.13 | 3.20 | 3.26 | 3.30 | 3.33 | 3.35 | 3.37 | 3.40 | 3.43 | 3.45 | 3.46 | 3.47 |
| | 0.01 | 3.91 | 4.08 | 4.18 | 4.28 | 4.34 | 4.39 | 4.43 | 4.47 | 4.51 | 4.56 | 4.60 | 4.62 | 4.65 | 4.67 |
| 30 | 0.05 | 2.89 | 3.04 | 3.12 | 3.20 | 3.25 | 3.29 | 3.32 | 3.35 | 3.37 | 3.40 | 3.43 | 3.44 | 3.46 | 3.47 |
| | 0.01 | 3.89 | 4.06 | 4.16 | 4.22 | 4.32 | 4.36 | 4.41 | 4.45 | 4.48 | 4.54 | 4.58 | 4.61 | 4.63 | 4.65 |
| 40 | 0.05 | 2.86 | 3.01 | 3.10 | 3.17 | 3.22 | 3.27 | 3.30 | 3.33 | 3.35 | 3.39 | 3.42 | 3.44 | 3.46 | 3.47 |
| | 0.01 | 3.82 | 3.99 | 4.10 | 4.17 | 4.24 | 4.30 | 4.34 | 4.37 | 4.41 | 4.46 | 4.51 | 4.54 | 4.57 | 4.59 |
| 60 | 0.05 | 2.83 | 2.98 | 3.08 | 3.14 | 3.20 | 3.24 | 3.28 | 3.31 | 3.33 | 3.37 | 3.40 | 3.43 | 3.45 | 3.47 |
| | 0.01 | 3.76 | 3.92 | 4.03 | 4.12 | 4.17 | 4.23 | 4.27 | 4.31 | 4.34 | 4.39 | 4.44 | 4.47 | 4.50 | 4.53 |
| 100 | 0.05 | 2.80 | 2.95 | 3.05 | 3.12 | 3.18 | 3.22 | 3.26 | 3.29 | 3.32 | 3.36 | 3.40 | 3.42 | 3.45 | 3.47 |
| | 0.01 | 3.71 | 3.86 | 3.98 | 4.06 | 4.11 | 4.17 | 4.21 | 4.25 | 4.29 | 4.35 | 4.38 | 4.42 | 4.45 | 4.48 |
| ∞ | 0.05 | 2.77 | 2.92 | 3.02 | 3.09 | 3.15 | 3.19 | 3.23 | 3.26 | 3.29 | 3.34 | 3.38 | 3.41 | 3.44 | 3.47 |
| | 0.01 | 3.64 | 3.80 | 3.90 | 3.98 | 4.04 | 4.09 | 4.14 | 4.17 | 4.20 | 4.26 | 4.31 | 4.34 | 4.38 | 4.41 |

**附表 11　相关系数检验的临界值($r_a$) 表**

$$P(\mid r \mid > r_a) = \alpha$$

| $f$ | $\alpha$ | | | | | $f$ |
|---|---|---|---|---|---|---|
| | 0.1 | 0.05 | 0.02 | 0.01 | 0.001 | |
| 1 | 0.98769 | 0.99692 | 0.999507 | 0.999877 | 0.9999988 | 1 |
| 2 | 0.90000 | 0.95000 | 0.98000 | 0.99000 | 0.999000 | 2 |
| 3 | 0.8054 | 0.8783 | 0.93433 | 0.95873 | 0.99116 | 3 |
| 4 | 0.7293 | 0.8114 | 0.8822 | 0.91720 | 0.97406 | 4 |
| 5 | 0.6694 | 0.7545 | 0.8329 | 0.8745 | 0.95074 | 5 |
| 6 | 0.6215 | 0.7067 | 0.7887 | 0.8343 | 0.92493 | 6 |
| 7 | 0.5822 | 0.6664 | 0.7498 | 0.7977 | 0.8982 | 7 |
| 8 | 0.5494 | 0.6319 | 0.7155 | 0.7646 | 0.8721 | 8 |
| 9 | 0.5214 | 0.6021 | 0.6851 | 0.7348 | 0.8471 | 9 |
| 10 | 0.4973 | 0.5760 | 0.6581 | 0.7079 | 0.8233 | 10 |
| 11 | 0.4762 | 0.5529 | 0.6339 | 0.6835 | 0.8010 | 11 |
| 12 | 0.4575 | 0.5324 | 0.6120 | 0.6614 | 0.7800 | 12 |
| 13 | 0.4409 | 0.5139 | 0.5923 | 0.6411 | 0.7603 | 13 |
| 14 | 0.4259 | 0.4973 | 0.5742 | 0.6226 | 0.7420 | 14 |
| 15 | 0.4124 | 0.4821 | 0.5577 | 0.6055 | 0.7246 | 15 |
| 16 | 0.4000 | 0.4683 | 0.5425 | 0.5897 | 0.7084 | 16 |
| 17 | 0.3887 | 0.4555 | 0.5285 | 0.5751 | 0.6932 | 17 |
| 18 | 0.3783 | 0.4438 | 0.5155 | 0.5614 | 0.6787 | 18 |
| 19 | 0.3687 | 0.4329 | 0.5034 | 0.5487 | 0.6652 | 19 |
| 20 | 0.3598 | 0.4227 | 0.4921 | 0.5368 | 0.6524 | 20 |
| 25 | 0.3233 | 0.3809 | 0.4451 | 0.4869 | 0.5974 | 25 |
| 30 | 0.2960 | 0.3494 | 0.4093 | 0.4487 | 0.5541 | 30 |
| 35 | 0.2746 | 0.3246 | 0.3810 | 0.4182 | 0.5189 | 35 |
| 40 | 0.2573 | 0.3044 | 0.3578 | 0.3932 | 0.4896 | 40 |
| 45 | 0.2428 | 0.2875 | 0.3384 | 0.3721 | 0.4648 | 45 |
| 50 | 0.2306 | 0.2732 | 0.3218 | 0.3541 | 0.4433 | 50 |
| 60 | 0.2960 | 0.2500 | 0.2948 | 0.3248 | 0.4078 | 60 |
| 70 | 0.1954 | 0.2319 | 0.2737 | 0.3017 | 0.3799 | 70 |
| 80 | 0.1829 | 0.2172 | 0.2565 | 0.2830 | 0.3568 | 80 |
| 90 | 0.1726 | 0.2150 | 0.2422 | 0.2673 | 0.3375 | 90 |
| 100 | 0.1638 | 0.1946 | 0.2301 | 0.2540 | 0.3211 | 100 |

# 参考文献

[1]复旦大学. 概率论. 第一册 概率论基础. 北京：人民教育出版社，1980.

[2]复旦大学. 概率论. 第二册 数理统计. 北京：人民教育出版社，1980.

[3] 盛骤，谢式千，潘承毅. 概率论与数理统计. （第三版）. 北京：高等教育出版社，2001.

[4][美] Douglas C. Montgomery. 实验设计与分析(第三版). 北京：中国统计出版社，1998.

[5]林德光. 生物统计的数学原理. 沈阳：辽宁人民出版社，1982.

[6]杨持. 生物统计学. 呼和浩特：内蒙古大学出版社，2002.

[7]袁志发，周静芋. 试验设计与分析. 北京：高等教育出版社，2001.

[8][美]A. M. 穆德，F. A. 格雷比尔. 史定华(译). 统计学导论. 北京：科学出版社，1978.

[9]茆诗松，丁元，周纪芗，吕乃刚. 回归分析及其试验设计. 上海：华东师范大学出版社，1986.

[10]中国科学院计算中心概率统计组. 概率统计计算. 北京：科学出版社，1979.

[11][英]M. 肯德尔. 多元分析. 北京：科学出版社，1983.

[12][美] R. G. D. 斯蒂尔，J. H. 托里. 数理统计的原理和方法 适用于生物科学. 北京：科学出版社，1979.

[13]中国科学院数学研究所概率统计室. 常用数理统计表. 北京：科学出版社. 1979.